從技術到趨勢,半導體的生活應用與產業未來

半導體大時代

作者
葉國光
唐元亭
葉晏瑋

推薦序

　　這本關於半導體知識科普與趨勢發展的書《半導體大時代》，是我的好友葉國光教授的精心著作，我很樂意推薦給大家。我與葉國光教授結識於 2021 年初秋，那時正值新冠疫情最嚴重的時期。因爲我非常關心中美科技競爭的發展，我對這位當時在中國大陸半導體產業工作的同宗小老弟格外關注，葉教授在海外工作多年，具有日本、歐洲與中國大陸的留學與工作經歷，我發現他具有臺灣六年級世代少有的宏觀視野與格局，跟他結識之後，他成爲我瞭解中國與世界半導體科技發展狀況的重要窗口，也使得我得以對半導體科技與地緣政治的關係有更多的背景資料可參考。

　　葉教授也是我了解臺灣的科技專業人士在中國大陸發展狀況的重要訊息來源，好幾次我與他在臺灣喝咖啡聊天，聽他侃侃而談的分析世界半導體科技趨勢與中國對美國科技戰的反擊，都讓我受益良多。今年春季，我到上海看望台商朋友，適逢上海舉辦一個非常大規模的半導體展，感謝葉教授的安排，爲我導覽，使我得以一窺大陸半導體產業的蓬勃發展。

　　本書用比較通俗易懂的方式將半導體知識呈現給大家，尤其是大量的圖表引用與說明，相信只要具有高中程度的物理化學知識，要理解這些看似很難的半導體科技，應該不會太困難。除了

技術的介紹，本書還有大量的第三視角來看待中美科技戰之下，中美兩個半導體體系如何形成、如何競合？在這兩個體系下，各個國家與企業要如何因應？這本書都有精彩獨特的視角來分析。在中國大陸工作多年，葉教授在這本書裡也對中國大陸半導體發展的狀況著墨甚多，尤其是在美國的限制下，中國大陸半導體設備與先進製程先進封裝的發展情況，作者有身歷其境的描寫，不是其他專家可以輕易掌握的。

　　葉教授遊走於兩岸與世界，本書也是他看兩岸與世界的心得之作，兩岸在科技專有名詞翻譯的異同，臺灣人在中國大陸的發展狀況，中國大陸近三十年的科技發展，未來的科技世界，人類要如何自處！這本書都有非比尋常的看法。

　　除了帶回他 27 年的知識積累與周遊世界的心得著作，葉教授即將回臺灣投資經營一家新的半導體科技公司，冀望能將他在海外工作多年學習與實踐的技術與經驗回饋臺灣。我祝他的書能在臺灣廣受重視，也祝福他在臺灣的新事業順利。

前交通部長／葉匡時

推薦序

　　一次偶然的機會，透過社交媒體，在 2023 年底認識了葉國光教授，我發現他是在中國大陸半導體產業中發展、很特殊的一位臺灣人。當時我受臺灣公共電視英語頻道 Taiwan Plus 委託，正在製作一個有關地緣政治下的全球半導體產業節目，內容設計了一部分臺灣人在中國大陸工作與發展的報導，葉教授不但在節目中發表他的親身心得，還以獨特的觀點，比較大陸與臺灣半導體產業發展的今昔，令我印象深刻。

　　通過這次的合作，我對葉教授有了一定的認識，他的經歷跟臺灣六年級與七年級理工科系學生、畢業後直接進入半導體大廠格外不同。出國留學在他們那個世代漸漸成為少數，他選擇留學日本，更是少數中的少數。後來在歐洲芬蘭與中國大陸的工作經歷，更滋養了他成為具有宏觀視界的工程師，這種學經歷背景在臺灣非常少見。

　　國光兄也是我接收中國與世界半導體科技發展現況的「信源」之一，讓我在研究中美大國科技戰這個領域時，可以得到真實的大陸半導體產業發展參考資料。

　　2024 年 9 月，我開播了我的 YouTube 自媒體節目《烏鴉・笑笑》，在製播節目過程中，葉教授更是熱心鼎力襄助，有一集甚至客串我的「駐外記者」，詳實報導了 2025 年 3 月 Semicon

China 的狀況。同年 11 月，我又開始主持談話性 YouTube 節目《論政天下》，葉教授當然成為我們的座上賓，他總是樂於分享他的知識與經驗，還能幫助我營造輕鬆歡快的氛圍，深入淺出分享了半導體科技與中國半導體產業的最新進展。有他現身的節目，點閱率都超高。

年初，葉教授跟我說他要寫一本關於半導體知識科普與趨勢發展的書，也分享了部分內容給我，這本書跟《烏鴉・笑笑》想要傳遞的內容與精神不謀而合，引用大量的圖表與說明，外加有趣的生活實例來解釋科學知識，讀者只要具有中學的物理化學背景，要吸收這些看似抽象的半導體知識，就一點也不難。

這本書用平實又生動的文字，詳實又全面的介紹了半導體知識，包括：簡單易懂的半導體原理、以生活中使用的科技介紹各種半導體元件、立體化的製程、材料與設備的介紹；還有最近新聞報導中大家比較關注的高科技新聞熱點「先進製程」與「先進封裝」，例如：什麼是線寬 5 奈米或 3 奈米？CoWoS 與 HBM 每個英文字母代表的意思、以及這些專有名詞簡單易懂的說明，都可以在葉教授這本大作中找到答案。

不只科技層面，葉教授根據在海外留學與工作的經歷，對中美科技戰的原因與過程、以及中美兩個大國如何割裂全球半導體產業成為兩個「半球」、臺灣在中美兩大板塊間如何自處……等等，也有很多獨到視角的見解。葉教授因為身歷其境、甚至參與了中國科技業如何受到美國科技戰的衝擊、以及中國半導體生態系突圍求生的實境，才能在本書中寫出非常多的精彩心得。

葉教授兼職大學教師，也指導了很多兩岸學生，本書也可以

作為兩岸科技人的橋梁，每個章節後面科技專有名詞翻譯，是他與另外兩位博士激盪出來的神來之筆。另外，本書是少有的兩岸科技人一同參與的著作，其中有很多「兩岸觀點」，大家可以細細品讀。

《半導體大時代》是葉教授與他的學生在半導體行業積累多年的經驗，結合理論與實務的著作，想要進入這個行業或是對這個行業有興趣的讀者，絕對不能錯過，所以我特別在此推薦。

科技力智庫執行長／烏凌翔博士

推薦序

2022年8月，在日揚科技與明遠科技和大陸知名半導體公司的合作專案中認識了葉國光教授，發現他是我們母校清華大學在海外發展非常特別與突出的學弟。癸卯仲夏，我邀請葉國光教授跟我的公司同事們分享半導體知識與他的海外經驗，葉教授的報告非常生動有趣，內容深入淺出，讓聽講者能在輕鬆的狀況下學習到半導體理論知識與實務技術，2025年初，聽聞葉教授要寫一本關於半導體的書，收到他的邀請，我非常高興能跟大家分享《半導體大時代》這本書，葉教授在幽默風趣文字中將科學知識娓娓道來：

書中共分為六大部分，第一部分講述整個半導體行業發展的**趨勢**，在美中科技戰的大背景下，中國大陸的半導體產業狀況，美國在2022年以後加大力度的半導體制裁原委，在這一章都有詳細的描述，另外內容中也分析了川普當選美國總統之後，中國大陸半導體在2025年川普就職後，國際形勢變化對中國大陸半導體產業的影響。本章的最後一段給我非常深刻的印象，內容是透過近代史講述兩岸在外來名詞的翻譯，葉教授在臺灣長大，日本留學後到中國大陸發展，深深了解兩岸半導體行業的差異，因此，本書另一個特色就是半導體英文專有名詞的翻譯，葉教授把兩岸的翻譯都呈現出來，透過翻譯的同與不同，讀者可以看到兩

岸對外來事物觀點上的差異性，相當有趣。

第二部分的內容講的是半導體裡面相關的物理與化學知識，葉教授還是以他的豐富想像力，將半導體裡面最生硬的科學知識用最生活化的方式呈現出來，裡面更有很多令人拍案叫絕的類比，例如用人的個性描述原子裡面的基本粒子，把婚姻家庭與愛情來說明週期表內原子與原子間的鍵結，本章的最後一部分，葉教授宏觀的解說近代科學史，讓讀者可以知道學習科學的目的與如何學習科學，最後更直指我們東方社會科學教育的問題以及他對未來科學教育改革的看法，內容從基礎科學的有趣講述到核心問題的坦白初心，本章內容在生動的文字中給大家一個認真的反省與反思。

第三部分幾乎把所有我們生活中的半導體元件都系統的，由淺而深的介紹，從基本二極體元件衍生到生活中的 LED 與雷射，從 MOS 結構延伸到類似大腦功能的邏輯與記憶體元件，當然還有感測元件 CIS 也算是 MOS 結構。葉教授的專長是化合物半導體，所以在電力電子與射頻元件的解說內容也非常豐富，尤其是砷化鎵、氮化鎵與碳化矽材料的元件，大家都可以在本章的內容中學習到。濾波器與磁記憶體元件是一般半導體書籍很少提到的半導體元件，本章最後一段從基本原理深入到元件介紹與應用，大家可以在內容中學習到很多其它半導體書本裡面忽略的關鍵元件。

在介紹設備與製程的第四部分內容中，葉教授將設備與製程原理做一個全面性與系統性的介紹，最大的特點就是將各種半導體晶片關鍵製程與設備連結在一起做一個全面性的說明，再加上

製程過程中需要的分析與檢測的設備介紹，讀者可以在閱讀的過程中，非常立體的了解設備、製程與測試分析的關係，內容還客觀中立的兼述國際上的競爭與中國大陸國產化的進展，在美中科技戰的大環境下，讀者在了解製程與設備的同時，還可以知道中國大陸國產化跟世界水平的差距還有多少。本章最後還貼切的補充真空原理的基本知識，對想要了解半導體設備的初學者，這個章節你一定不能錯過。

　　本書也非常貼近時事的熱點，第五部分的內容將最近在新聞報導上出現最多的先進晶片與先進封裝做一個非常詳細的技術發展介紹，尤其是針對目前中國大陸發展先進晶片技術難點的說明與遇到卡脖子困境的原因，在先進封裝的關鍵技術與關鍵設備上，中國大陸可能突破的機會！這裡都有讀者可以得到的參考答案。本章給我最深刻的印象就是先進晶片與先進封裝的技術說明上，葉教授用我們生活上熟悉的事物，具象化與類比化的深入淺出說明，讓你在幾次莞爾一笑的閱讀中，吸收到被認為是高精尖的先進半導體知識。

　　第六部分介紹中國大陸半導體過去和現在的發展，也推測未來的可能進展方向。葉教授對兩岸半導體的合作與競爭，尤其是兩岸情勢變化，臺灣工程師在大陸發展的狀況也有所著墨，葉教授對中國歷史與地理相當熟稔，由他親自述說兩岸產業發展的大歷史與大交流，內容非常精彩。本章後面提到 21 世紀，中國科技發展的成果與經驗，這些經驗如何繼續用在半導體科技，葉教授以宏觀的角度來看待中國大陸半導體的發展，更提出建議與箴言，值得我們品讀和思考。

推薦序

　　葉教授以更廣闊的觀點來看待與預測未來科技如何影響我們人類，我們人類要往哪裡去？華人如何為未來世界做貢獻？本章最後都有獨特的看法，期待大家的共鳴！

日揚科技執行長／寇崇善博士
2025 年 6 月 15 日

前言

　　半導體這個行業目前在全世界處在風口浪尖上,討論的熱度幾乎是我從事這個行業 27 年來無法想像的,我很喜歡看書,尤其是世界各地不同觀點的書,但是我查閱了很多中文版本關於半導體的相關書籍,有的太專業,不適合初學者,有的翻譯日語相關書籍,但是有點太簡單無法讓讀者更全面的了解這個行業,而關於半導體歷史與地緣政治的書籍,目前也充斥在書店醒目的位置上,可惜內容都是千篇一律,觀點也因立場而涇渭分明。去年夏天,我和我的學生唐元亭博士與葉晏瑋博士開完工作會議後,我突然有一個念頭,我要寫一本觀點中立,內容盡可能涵蓋半導體的技術進展與行業趨勢的書,這本書還要讓讀者可以毫無壓力的學習半導體知識,難度可謂巨大,但是他們兩個還是同意跟我一起接受這個挑戰,經過半年的努力,本書終於定稿,我們完成了一本兩岸半導體人一起合作的《半導體大時代》入門書。

　　本書內容涵蓋面非常廣泛,從半導體相關理論、元件與設備介紹、製程與材料、先進製程、先進封裝以及觀點中立的半導體發展與趨勢探討,都在我們的內容中毫無保留的呈現給想要進入或是想要更深入了解這個行業的讀者。本書還有一個特色就是在每個章節的附錄中對英文專有名詞的兩岸翻譯進行了羅列,以供不同地區的讀者查閱。

前言

這本書的出版，我要感謝日揚科技寇崇善執行長對我出書的大力支持，我還要感謝前交通部長與高雄市副市長葉匡時教授的鼓勵，讓我可以利用這本書成為兩岸科技人溝通的橋樑，烏凌翔博士在《論政天下》與他的自媒體《烏鴉・笑笑》對這本書的大力宣傳，我也在此致上誠摯與衷心的感謝，真誠感謝兩岸的優秀半導體公司：青輝半導體、日揚科技、天虹科技、明遠科技、邑文科技、亞科電子、奈米科學、青禾晶元、天芯微、特思迪、全芯微、艾恩半導體、中微半導體、文德半導體、蘇州瑞霏光電、鐳昱光電、富臨科技、芯聚半導體與上海微電子在本書撰寫過程中提供的協助。

感謝我的同事倪林益總監、穆洪楊總監、戴建波總監與上海中微半導體羅長得經理在蝕刻與薄膜技術資料撰寫的協助。最後感謝邑文科技銷售副總劉鋒、銷售總監邵鑫、海欣盛電子科技總經理海國輝、先為科技銷售總監程曉燕與元夫半導體銷售總監施金花，他們五位不是半導體專業出身，但是在這個行業已經做的非常好，他們常常跟我抱怨自己的底子不夠好，希望我可以寫一本書給他們學習，夯實自己的專業知識基礎，他們是我當初寫這本書的目標讀者，他們的需求就是我寫這本書的源起與初衷。

未來，本書還會陸續出版簡體字版與英文版，正如我常常在上課的時候跟我的學生們這樣介紹自己：世界需要海峽兩岸扮演重要的角色，兩岸也需要跟世界更積極的融合，我堅信我就是那個橋樑，《半導體大時代》這本書就是見證！

葉國光
2025 年 6 月 8 日

推薦序　前交通部長／葉匡時	003
科技力智庫執行長／烏凌翔博士	005
日揚科技執行長／寇崇善博士	008
前言	012

Part 1　緒論

1.1 半導體市場及競爭	019
1.2 半導體技術概述	025
1.3 未來半導體的走勢	037
1.4 兩岸翻譯的同與不同	042
1.5 附錄	046

Part 2　半導體理論基礎

2.1 光與波	049
2.2 電磁波	059
2.3 電磁波與無線通訊	070
2.4 量子力學與週期表	077
2.5 半導體能帶理論與半導體特性	101
2.6 PN 接面與異質接面原理介紹	132
2.7 我對科學教育的看法	142
2.8 附錄	147

目 錄

Part 3　半導體元件

3.1 半導體元件概論　　150
3.2 半導體光元件　　155
3.3 電力電子元件　　187
3.4 射頻元件　　201
3.5 CMOS 相關元件　　219
3.6 磁性記憶體　　234
3.7 附錄　　243

Part 4　關鍵半導體設備

4.1 蝕刻　　250
4.2 離子佈植　　265
4.3 薄膜沉積設備　　274
4.4 原子層沉積的介紹　　302
4.5 化學機械研磨　　319
4.6 測試與材料特性檢測設備　　322
4.7 空無一物的科學：真空科技　　340
4.8 附錄　　354

Part 5　先進製程介紹

5.1 積體電路先進製程介紹　359

5.2 先進製程及其關鍵設備：曝光機與相關設備介紹　372

5.3 先進製程及其關鍵設備：原子層蝕刻介紹　390

5.4 先進封裝技術　399

5.5 先進封裝製程與設備介紹　408

5.6 先進封裝技術的進展與趨勢　423

5.7 附錄　442

Part 6　我對未來科技的看法

6.1 中國半導體未來發展的趨勢與看法　446

6.2 我看未來科技的趨勢　465

6.3 附錄　471

參考資料　472

Part 1

緒論

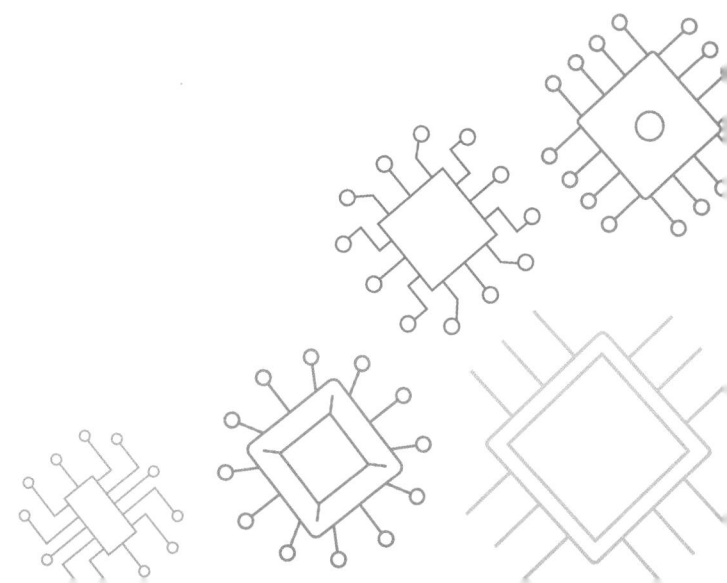

從 2018 年貿易戰開始的華為被制裁，到 2020 年台積電（Taiwan Semiconductor Manufacturing Company, TSMC）被迫到美國設廠和斷供先進晶圓代工晶片給華為海思半導體，再到後來的中美科技戰，美國聯合歐洲、日本、韓國半導體供應鏈限制中國大陸先進半導體製程的發展，近年來的一系列事件將半導體行業推上了全球輿論舞臺的中心，激發了人們對半導體產業的廣泛關注。

事實上，半導體科技早已滲透到了我們生活中的每一個角落，如圖 1-1 所示，不論是我們每天都在使用的智慧手機、電腦、電視等電子產品，還是我們日常出行所依賴的汽車及其他智慧交通系統，這些設備能夠如此智慧、高效地為我們服務，其背後離

圖 1-1　生活中的半導體科技

不開整個半導體產業鏈的強大支撐。在享受這些科技產品給我們生活帶來的樂趣與便利的同時,我們也應該對其背後的半導體產業有所瞭解。不論你是想要瞭解半導體行業的「好奇者」,還是即將進入半導體行業的「新鮮人」,亦或是已經置身於半導體行業的業內人士,我們希望通過這本書,和你一起探討半導體相關知識、感受這個爆發於「毫釐之間」的科技魅力。

1.1 半導體市場及競爭

1.1.1 全球市場

半導體產業是現代科技的支柱產業,支撐著從智慧手機到超級電腦、從電動車到智慧家居等眾多應用場景,得益於 5G 通訊、人工智慧(Artificial intelligence, AI)、物聯網(Internet of Things, IoT)、智慧駕駛等新興技術的快速發展,全球半導體市

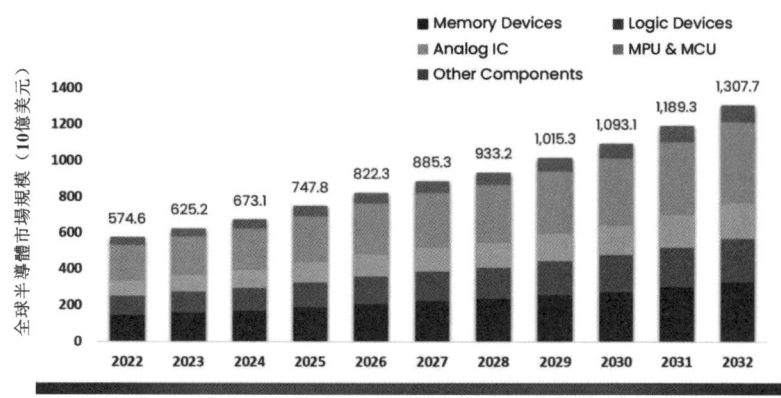

圖 1-2　全球半導體市場規模趨勢

場規模近年來持續增長。如圖 1-2 所示，據上海積體電路產業報告統計，2023 年全球積體電路市場規模約為 6000 億美元，並有望在未來幾年進一步增長，根據 US Markets 的預測，到 2029 年全球半導體市場規模將突破一兆美元。

從區域分佈的角度來講，全球半導體產業表現出明顯的區域化特徵。亞洲一方面是全球最大的半導體消費市場，如圖 1-3 所示，2023 年中國大陸的晶片需求占了全球晶片市場的 30%；另一方面也是全球重要的半導體生產基地，以台積電為代表的晶圓代工企業，憑藉其先進製程技術，掌握了全球 50% 以上的半導體代工市場份額，同時，韓國則憑藉三星電子和 SK 海力士，在記憶體晶片領域佔據壓倒性優勢，壟斷了全球主要的 DRAM 和 NAND Flash 供應。美國則在半導體設計領域擁有絕對優勢，高通、輝達、超微半導體（Advanced Micro Devices, AMD）等企業在高性能計算和移動通訊領域表現突出，同時美國也掌控著關

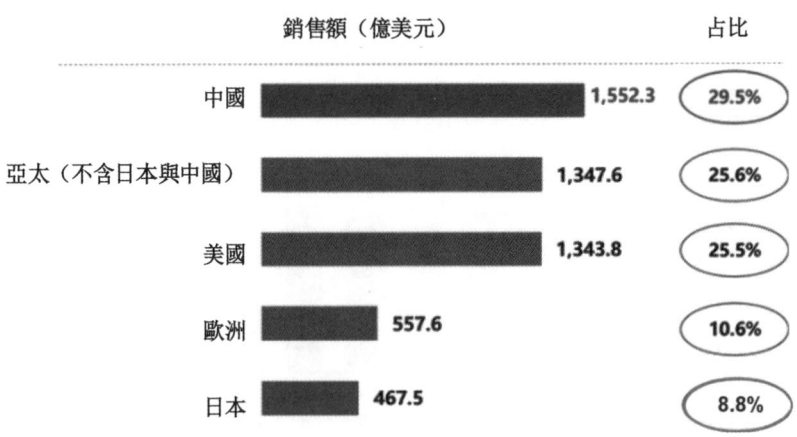

圖 1-3　2023 年半導體市場全球各區域占比

鍵的電子設計自動化（Electronic design automation, EDA）工具和智慧財產權。另外，荷蘭的 ASML 公司則幾乎壟斷了極紫外曝光機（EUV）設備的市場，成為支撐 5 奈米及以下製程不可或缺的設備供應商。

1.1.2 制裁與突圍

隨著中國大陸在世界舞臺上的崛起，美國在經濟和科技等多個領域對中國大陸進行打壓，半導體科技更是成了「主戰場」，從技術封鎖到供應鏈斷供，美國對中國大陸半導體產業的制裁持續升級，面對重重壓力，中國大陸半導體產業不斷謀求突破與發展，從加大研發投入到完善產業鏈佈局，一系列舉措逐步落地生效，展現出了頑強的韌性與崛起的潛力。這裡我們不妨一起回顧一下 2018 年以來中國大陸面臨的「芯」的煩惱與應對之策。

（1）2018-2020 年：美國初步封鎖，中國大陸「臨危應戰」

2018 年，美國啟動對中興通訊的出口禁令，隨後進一步升級為對華為的打壓。這一波的打壓主要集中在電信設備領域，特別是基地台所需的射頻晶片（Radio Frequency chip）、現場可程式設計閘陣列（Field Programmable Gate Array）和資料轉換晶片（Data Converter Chip）。在這一設備領域美國廠商幾乎佔據主導地位，這波打擊對華為有不小的影響，但是對華為而言，還是可以有替代方案的。第二波衝擊是禁售企業網路通訊伺服器所需的英特爾微處理器和微軟作業系統。這波制裁雖然只影響了華為 10% 的銷售額，但由於缺乏替代方案，打擊力度較大。不過，因

其占比不高，影響總體可控。第三波衝擊是禁止華為授權使用谷歌和微軟的作業系統，導致華為手機、平板和筆記型電腦在海外市場銷售受阻，對其海外市場份額造成了巨大衝擊。

　　面對突如其來的打壓，中國大陸科技企業和政府迅速展開「臨危應戰」：華為啟動「備胎計畫」，通過自研麒麟晶片緩解斷供壓力，發佈並開始在其移動設備上使用鴻蒙作業系統；與此同時，中國大陸企業開始推動「去美化」進程，提升國產供應鏈的自主比例。儘管中國大陸在此階段成功穩住部分關鍵領域，但在高端晶片、設備和材料等方面仍依賴進口，根本問題尚未解決。

（2）2021-2022年：封鎖加劇，中國大陸展開「產業自救」

　　美國延續對中國科技制裁，並聯合盟友升級對中國大陸的全面封鎖，包括禁止荷蘭ASML公司向中國出口EUV光刻機，同時限制含有美國技術的設備進入中國大陸市場，2022年，美國在發現中國大陸已實現7 nm製程晶片後，進一步升級對中國大陸半導體領域的打壓，將氧化鎵、氮化鎵等先進材料（這些材料可用於製造更先進的射頻設備和高功率半導體元件）被納入出口管制名單，同時限制中國大陸使用3 nm及以下製程所需的晶片設計工具、這些措施不僅打擊了中國大陸在先進製程領域的追趕能力，還直接影響到部分企業的日常生產。2022年10月，美國針對中國大陸高端半導體產業提出了更嚴苛的限制政策，包括禁止美國相關人員或綠卡持有人參與中國大陸高端半導體企業發展；禁止中國大陸企業使用含美國技術的設備；所有半導體相

關產品需通過美國政府審批，即使該產品涉及消費電子等民用領域。這一系列制裁給中國大陸半導體產業鏈帶來了全面衝擊，包括晶片設計、製造、設備採購等多個產業環節。

面對愈發嚴峻的封鎖，中國大陸也加大對晶片設計、製造和設備研發的投資力度。中國大陸國內企業逐步攻克 14 nm 製程所需設備和材料，並在記憶體晶片領域實現量產突破。儘管中國大陸在成熟製程領域取得一定突破，但高端晶片的短板依然未能填補。

（3）2023-2024 年：全面攻防

2023 年，美國進一步擴大對中國禁令，涉及從晶片設計到生產的全產業鏈：禁止製造 10 nm 及以下晶片的設備出口至中國大陸；限制中國大陸企業購買高性能 AI 晶片，如輝達 A100；對涉及中國的半導體企業進行嚴格技術審查，壓制其國際業務擴展。2024 年 12 月初，美國商務部出臺對中國大陸新一輪晶片出口禁令，涉及積體電路設計的 3 款軟體工具，先進高頻寬記憶體（HBM）的「HBM2」及以上更先進的晶片，以及 140 家中國大陸實體企業。筆者看了這波制裁的企業清單，幾乎把中國大陸目前表現最突出的晶片設計（華大九天 EDA、晶源微、國微集成與清芯科技），晶片製造（中芯國際、聞泰科技與青島芯恩），關鍵設備（北方華創、華海清科、上海微、盛美、拓荊科技、凱世通半導體、芯源微、中科飛測與屹唐半導體），重要材料與備件（新昇半導體與光科芯圖）與高純化學品與氣體（南大光電、基石科技、科源芯氟與至純電子）的企業都列入了，這已經是美

方近三年來對中國大陸半導體行業發起的第三次大規模打擊。

儘管如此，中國大陸並未放棄突破的努力。2024年9月，中國大陸工信部宣佈已研發出氟化氪光源曝光機，雖然仍未達到28nm以下的先進製程水準，但這一進展標誌著中國大陸逐步實現半導體關鍵技術的自主可控。

12月3日，中國互聯網協會、中國半導體行業協會、中國汽車工業協會和中國通訊企業協會發佈聲明，認為美國晶片產品「不再安全、不再可靠」，呼籲中企謹慎採購美國晶片。同一時間，中國商務部發佈公告，宣佈嚴控對美出口鎵、鍺、銻、超硬材料、石墨等相關材料，這些都是半導體製程與軍工非常重要的材料。

在人工智慧方面，拜登政府開啟新措施阻止中企從協力廠商採購先進人工智慧（AI）晶片，新的出口管制措施將側重用於AI模型訓練的圖形處理單元（GPU）的全球出貨，新措施將防止中企通過第三國獲得GPU等受限硬體，目的是監管美國產品的「擴散」，以確保美國保持全球AI領導地位。12月9日，中方監管部門因輝達（Nvidia）涉嫌違反反壟斷法而依法對其開展立案調查，據計算，輝達面臨罰款金額最高可能達到20.6億美元至50.15億美元。

上述內容便是近年來美國與中國大陸的科技戰交鋒的基本情況，2025年1月20日，川普即將上任，科技戰或將來到關鍵時刻，筆者認為美國不會再加碼半導體相關的新禁令，但是其將逼迫外移的半導體產業鏈回到美國投資，台積電會被脅迫在美國建立更先進的晶片廠，尤其是3 nm與2 nm晶片會加速在美國建廠；

與此同時，美國優先的政策會促使之前一起配合美國科技制裁的國家有所動搖，甚至轉向中立。日本、歐洲、韓國的半導體公司或將採用兩套系統的設計與生產，一套是完全沒有美國元素的系統提供給中國大陸或對美國有疑慮的國家，另一套系統給美國以及相關西方國家。筆者認為川普的MAGA（Make America Great Again）孤立主義，非美化的系統會有越來越大的市場，時間的天平似乎又開始對中國大陸有利，中國大陸的半導體從業者應該會利用未來這四年非常難得的機遇，除了發展自己，也要跟非美國的西方與日韓國家建立更友好與緊密的關係，破解拜登時代執行的非中國半導體體系，完成非美國的全球半導體生態體系。

1.2 半導體技術概述

1.2.1 半導體技術的過去與現在

什麼是半導體？顧名思義，導電性質介於導體與絕緣體之間的材料就是半導體，這類材料在常溫下的電阻率通常在 $10^{-3}\Omega \cdot cm^{-1} \sim 10^{9}\Omega \cdot cm^{-1}$ [1,2]。半導體的發展最早可追溯到18世紀30年代，英國物理學家法拉第在對硫化銀材料的電性研究中發現其電阻隨溫度的升高而降低[3,4]，而這正是半導體材料有別於傳統導體材料的一大特性，即負溫度係數效應（negative temperature coefficient, NTC）[5]。此後100餘年的時間裡，半導體材料的光電導效應、整流效應等相繼被發現，同時隨著相對論、量子力學、固體能帶論等物理理論的發展與完善，半導體材料的神秘面紗逐漸被揭下。

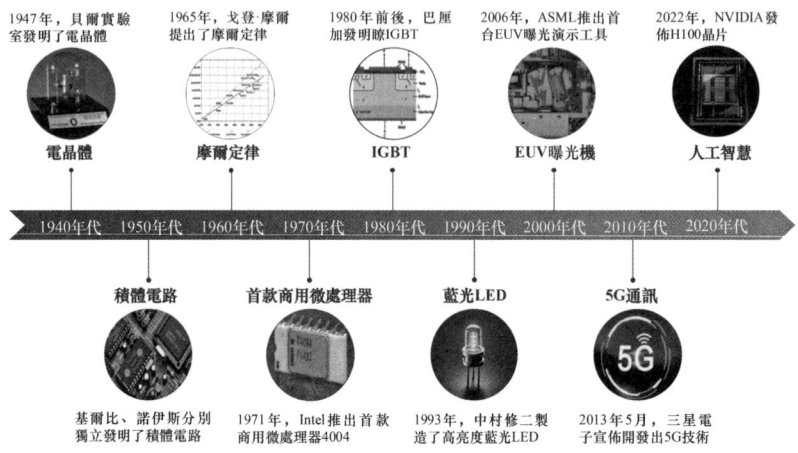

圖 1-4　自 1947 年以來泛半導體領域的發展

　　1947 年美國貝爾實驗室製造出了世界上第一個電晶體[6]，自此屬於半導體的榮光時代正式開啟。如圖 1-4 所示，在第一個電晶體面世 11 年後，美國德州儀器（Texas Instruments, TI）的工程師傑克·基爾比和英特爾（Intel）公司的羅伯特·諾伊斯分別獨立的發明瞭積體電路[7-9]，實現了在同一基板上放置多個半導體元件，這一創新為電腦技術、通訊技術等帶來了飛躍性的發展打下了基礎，也讓基爾比在 2000 年拿到了諾貝爾物理學獎；1965 年，戈登·摩爾提出了大名鼎鼎的摩爾定律[10-12]，預測積體電路上電晶體的數量約每 18 個月翻一倍，在摩爾定律的推動下積體電路以驚人的速度飛快發展[13,14]；1971 年，Intel 推出首款商用微處理器，正式拉開了個人電腦（PC）時代的序幕；1980 年前後，絕緣閘雙極型電晶體（IGBT）被發明，其結合了 MOSFET 的高輸入阻抗和 BJT 的低導通損耗，極大地提高了電

力電子系統的效率和穩定性；1993 年，日本的中村修二博士成功製造了高亮度的藍光 LED，掀起了一場顯示革命；2006 年，ASML 推出全球首台極紫外光（EUV）曝光機原型，將積體電路的製程節點進一步縮小。2013 年，三星公司宣佈成功開發出 5G 通訊技術，5G 的部署不僅加速了全球無線通訊技術的革新，還為智慧設備、增強現實（AR）、虛擬實境（VR）等應用提供了強大的支援。2022 年，輝達（NVIDIA）發佈 H100 晶片，為以 Chat GPT 為代表的生成式 AI 提供了硬體支援。

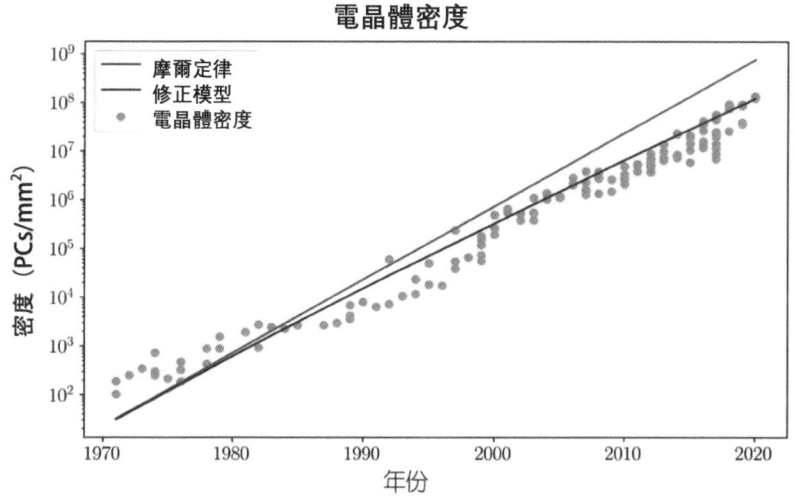

圖 1-5　摩爾定律預測的積體電路發展與實際的集成度發展情況對比 [11]

聊完半導體科技的「過去」，我們不妨著眼於「現在」，談一談如今半導體科技都被應用到哪些方面。正如本書開篇所提及的，從消費電子到通訊行業，再到能源、醫療、交通等多個領

域，半導體的應用無處不在，且在不斷推動著各行各業的變革與發展。首先，就消費電子領域而言，幾乎所有現代電子產品，如智慧手機、平板電腦、電視機以及家用電器，都離不開半導體元件，電晶體、積體電路、微處理器等半導體元件是這些設備的核心，支撐著計算、通訊、影像處理等基本功能，它們使得這些設備具備了強大的性能和功能，成為現代生活中必不可少的部分；在通訊行業，半導體的應用更是至關重要。隨著 5G 技術的普及和物聯網（IoT）的興起，對通訊設備的半導體晶片需求日益增加。半導體材料在訊號處理、資料傳輸和網路通訊中的應用，使得通訊設備能夠實現高速、穩定的傳輸與接入。除了傳統的移動通訊設備，衛星通訊、光纖通訊等高端領域也在廣泛應用半導體技術，推動著全球通訊基礎設施的不斷升級。

　　除了傳統的消費電子和通訊行業，半導體技術還在能源、醫療和交通等多個高端領域得到了深入應用。在能源領域，太陽能電池、LED 照明和其他能源轉換設備依賴半導體材料進行高效的能量轉換與利用，推動了綠色能源的發展；在醫療領域，半導體材料被廣泛應用於醫學成像、生命體征監測等設備，推動了健康管理和診療技術的革新；在交通領域，自動駕駛、智慧交通系統和車載導航等技術的核心也離不開半導體晶片的支援，使得現代交通更智慧、更高效。

　　總之，半導體技術不僅是現代資訊時代的基石，更在各個行業中扮演著推動創新和變革的核心角色。從日常消費品到高端工業應用，半導體無處不在，已經成為提升生活品質、推動科技進步的重要力量。

1.2.2 半導體材料簡介

關於半導體材料的分類方式有兩種，一種是按照半導體材料的組成進行分類，另一種則是按照半導體材料代際演進。按照材料組成，半導體材料可以分為元素半導體和化合物半導體兩類，其中元素半導體主要以 Si、Ge 為代表，化合物半導體則包括砷化鎵（GaAs）、氮化鎵（GaN）、碳化矽（SiC）等；在中國大陸，半導體材料通常按照代際演進來分類，半導體材料通常被劃分為四代，從以矽 Si 為代表的第一代半導體開始，以砷化鎵（GaAs）為代表的第二代半導體，到以氮化鎵（GaN）、碳化矽（SiC）寬能隙材料為代表的第三代半導體，再到以氧化鎵（Ga_2O_3）、金剛石等超寬能隙半導體材料為代表的第四代半導體[15]。這裡，筆者將按照第二種分類方式，對每一代半導體材料的相關內容進行簡單的介紹，值得說明的一點是，並不是第四代半導體就一定比前前幾代半導體更好了，這裡幾代半導體的分類更多是基於材料性能特點以及適用領域等進行劃分的。

第一代半導體材料以矽（Si）與鍺（Ge）為代表，其作為現代電子工業的基石，推動了資訊技術的飛速發展。矽在邏輯晶片和儲存晶片的製造中發揮了不可替代的作用，為電腦、智慧手機等消費電子提供了高速運算能力。如今物聯網（IoT）、增強現實與虛擬實境（AR/VR）、人工智慧（AI）、大數據中心（Big Data）等新興領域的快速發展，對高性能、低功耗晶片的需求持續增長，而矽材料依然是滿足這些需求的主要載體。可以說，第一代半導體材料的創新，不僅奠定了現代資訊社會的基礎，也為後續半導體材料的發展開闢了道路。

第二代半導體材料主要包括砷化鎵（GaAs）和磷化銦（InP）。砷化鎵不僅在紅外光源（如安防監控和紅外攝像）中廣泛應用[16]，更是 4G 及未來 5G 手機中功率放大器（PA）的核心材料[17]。而磷化銦雷射晶片在光纖通訊中的重要性不可替代，不僅支援高速寬頻網路，還在矽光子技術中扮演關鍵角色[18]。此外，砷化鎵面射型雷射器（VCSEL）是大數據中心最重要的傳輸光源，同時在 3D 感測技術和未來自動駕駛中也展現了極高的應用潛力[19]。這些光電子元件和功率元件的性能，很大程度上取決於新材料的開發和優化。例如，通過調整材料組成比例，可以進一步提升元件的性能和功能。可以這樣說，第二代半導體材料的創新，為人類的通訊、生活便利性和安全性提供了重要保障。

第三代半導體材料主要指的是氮化鎵、碳化矽，氮化鎵不僅引領了半導體照明的革命，其雷射二極體（LD）更有望推動顯示技術的革新，尤其是在 3D 全像投影領域，為視覺體驗帶來極致提升。同時，GaN 與 SiC 的功率元件在電力電子與新能源交通運輸方面可以降低電力轉換損耗，讓能源使用更高效，當然未來 5G 與 6G 的無線基地台、無線區域網路（WLAN）與 5G 通訊，氮化鎵 GaN 高電子遷移率電晶體 HEMT 也會扮演非常重要的角色[20]。

第四代半導體材料如金剛石和氧化鎵，或將引領一場全新的技術革命。金剛石憑藉其超高的熱導率和極高的能隙寬度，在高功率、高頻電子元件中具有無可比擬的優勢，可大幅提升元件的散熱性能和功率密度，尤其在極端環境下的應用中表現出色。

而氧化鎵因其超寬能隙特性和優異的擊穿電場強度，被認為是下一代電力電子元件的理想材料，未來可在新能源車載充電、特高壓輸電以及超快充領域實現更高效的電力轉換[21]。此外，金剛石與氧化鎵在先進光電元件和深紫外光源等前沿領域的應用潛力巨大，或將為量子通訊、深空探測和高精密儀器提供顛覆性支援[22,23]。

1.2.3 半導體製造流程

儘管半導體製造流程複雜多樣，但是從宏觀層面來看，半導體製造無非包括以下三個方面：（1）設計；（2）前道工序；（3）後道工序。接下來，筆者將就上述三個方面進行簡單的介紹，讓大家對整個半導體製造流程建立基本的認知。

（1）**設計**：半導體主要製造流程如圖 1-6 所示，首先需要先進行晶片設計繪圖，這就好比在建造大樓前先要畫建築設計圖，就像一棟教學樓需要擁有教室、辦公室、報告廳、廁所等不同的配置，提前繪製建築設計圖正是要將這些不同的功能分區進行提前規劃，半導體元件也需要提前佈局將不同功能單元製作在晶片上的哪個區域。積體電路的製作和蓋大樓最大的不同在於，積體電路是按照設計圖「縮小」，而蓋大樓是按照設計圖「放大」，這樣的縮小在生活中最常使用在照相的時候，照相機可以將摩天大樓縮小到一張小小的底片上，就是由於照相機的「鏡頭」具有聚光的功能，可以將很大的物體彙聚成很小的影像，再投射在底片上。上面所提到的「透鏡組」就好像是「照相機的鏡頭」一樣，而「光罩」就好像是「照相機所拍攝的景物」一樣。

（2）前道製程：在完成設計圖後，下一步是光罩製作，將設計圖上的圖形經過第一次縮小，例如以電子束刻在石英片上，由於電子束的直徑大約 1μm，所以使用電子束刻在石英片上的圖形線寬大約 1μm。依照設計圖的規劃將不同功能單元的圖形刻在不同的區域，即形成光罩（mask）。將光罩放入曝光機內，進行第二次縮小到大約十分之一，將光罩放在曝光機中的光學系統（透鏡組）上方，再以紫外光雷射照射，紫外光經過透鏡組將光罩上的圖形（線寬大約 1μm）縮小十分之一後投射到矽（Silicon, Si）或者其它半導體材料晶圓上（線寬大約 0.1μm），稱為圖形轉移，由於製程技術的進步，目前可以縮小到 0.13μm、90 nm、65 nm、45 nm、22 nm 甚至 7 nm 等，光罩上的圖形轉移到矽晶圓以後還要經過高溫氧化、摻雜技術、蝕刻技術與薄膜成長等化學或物理的製造過程，才能完成晶片的製造工作。

（3）後道製程：在得到帶有製程圖形的晶圓後，還要繼續對其進行封裝和測試，才能得到最後的成品晶片，其中封裝指的是將來自晶圓前道製程的晶圓通過切割製程後被分割為小的晶片，然後將切割好的晶片貼裝到相應的基板（引線框架）上，再利用超細的金屬（金錫銅鋁）導線或者導電性樹脂將晶片的接合焊點（Bond Pad）連接到基板的相應引腳（Lead），並構成所要求的電路，然後再對獨立的晶片用塑膠或陶瓷外殼加以封裝保護；測試則包括晶圓測試和成品測試。晶圓測試指的是在對晶圓上的晶片進行切割前先進行初步的電氣性能測試，以篩選出有缺陷的晶片；成品測試則是指在封裝完成後根據需求對晶片的電氣以及熱性能等進行相應的測試，以確保其可以穩定運行，測試與

封裝的過程就好像蓋大樓的最後一步要將蓋好的大樓交由監工單位驗收。以上便是一個典型的半導體製造過程,其中所涉及的具體製程技術與相關設備將在本書的後續章節中予以介紹。

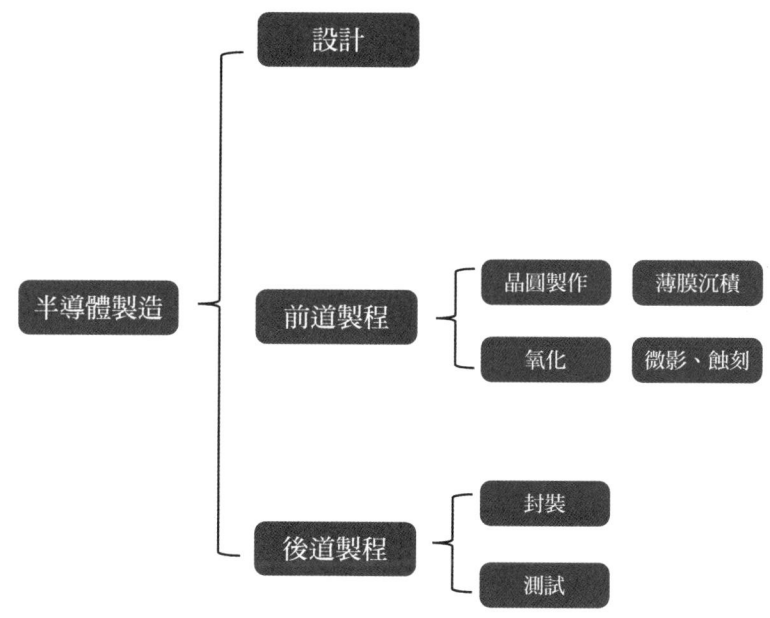

圖 1-6　半導體製造流程示意圖

1.2.4 半導體產業鏈概述

上一小節,我們對半導體製造流程進行了簡單的介紹,那麼業界實際生產組織形式又是怎麼樣的呢?當下整個半導體產業鏈可以大致分為以下幾部分:設計、製造、封裝與測試以及設備和材料供應。以下將對此產業鏈中的每個環節進行簡單的介紹。

半導體設計處於整個產業鏈的上游,也是目前中國大陸半

導體產業發展最迅速也最具潛力的,例如,華為海思半導體的設計能力已經處於全球第一梯隊。目前半導體設計都是在電腦的協助下完成的,我們將這種利用電腦的協助來實現半導體設計的方式稱為電腦輔助設計(Computer Assisted Design, CAD),而相關的工具軟體則被稱為電子設計自動化工具(Electronic Design Automation, EDA)。目前市面上 EDA 軟體已經非常多了,其中使用較為廣泛的包括 Verification Logic(Verilog)和 Very high speed IC Hardware Description Language(VHDL)等。

光罩以及半導體元件製造處於整個半導體產業鏈的「中游」,其中光罩產業有專門製作光罩的公司,例如,臺灣光罩、翔准先進等公司專門為晶圓廠生產光罩,也有的晶圓廠自行生產光罩;製造產業有專門晶圓代工的晶圓廠,例如,台積電 TSMC、聯華電子(UMC)與中芯國際(SMIC)等公司,也有專門生產自有產品的晶圓廠(Integrated Device Manufacture, IDM),例如,英特爾、三星等公司。測試與封裝在整個半導體產業鏈的「下游」,封裝和測試效果直接影響著最後成品半導體元件的性能及可靠性。目前做的比較好的封裝與測試公司包括盛和晶微、長電科技、日月光、矽品、華泰與華天等。

正所謂巧婦難為無米之炊,除了上述設計、製造、封裝測試,設備和材料供應在整個半導體產業鏈中也扮演著至關重要的角色,涵蓋從前道製程的晶圓製造到後道的封裝和測試所需的設備與材料。主要的設備供應商包括應用材料公司(Applied Materials)、荷蘭的艾斯摩爾(ASML)等,這些公司提供曝光機、蝕刻機等核心設備,近些年在中國大陸設備國產化的大趨勢下,

包括北方華創、中微、上海微、新凱萊等在內的設備廠商也表現出強勁的勢頭。材料供應方面，包括晶圓、光阻、化學試劑、導線等，供應商如日本的信越化學、住友化學與國產廠商如南大光電、安德科銘等公司。

按照設計與生產的組織形式，半導體製造商以分成專業代工廠（OEM）、原始設計製造商（ODM）與整合元件製造商（IDM）三大類，分別有不同的產業技術能力與重要性，要瞭解積體電路產業的特性，就必須先瞭解積體電路產業的分類，以下分別討論這三種不同廠商的特性。

IDM 半導體製造商是從設計、製造、測試、封裝一手包辦的垂直整合型公司，像早期的半導體製造商都是這一類的公司，例如：德州儀器（Texas Instruments）、Intel、摩托羅拉（Motorola）、三星（Samsung）、日本電子（Nippon Electric Company, NEC）、東芝（Toshiba）等公司。OEM 半導體製造商則依照客戶需求，為客戶代工生產符合客戶要求的產品，之後掛上客戶的商標品牌，由客戶自行銷售。例如：台積電、中芯國際、新加坡的特許半導體（Charted Semiconductor）等公司。一般半導體設計公司會下單給 OEM 半導體製造商，是基於節省生產成本和部分管銷費用成本為主要考慮，特別是半導體圓晶廠，投資金額動輒上百億美元，並非一般的設計公司可以負擔得起，因此交由專業代工廠可以節省許多製造研發的成本，轉而進行設計研發的工作。ODM 半導體製造商則介於 IDM 和 OEM 之間，專注於設計和生產，幫助客戶完成產品的研發和生產流程，但最終產品的品牌屬於客戶。ODM 廠商在生產方面具有較高的自主權，但

在產品的銷售、品牌和市場策略方面依賴客戶，這種模式使其既可以專注於技術研發，也無需承擔品牌推廣的壓力。

IDM 與 OEM 哪個比較有優勢？2000 年以前由於電腦、網路、多媒體（例如：DVD）、無線通訊（例如：2G）的快速發展，全球積體電路產品持續成長而供不應求，造成晶圓代工廠產能滿載，設計公司的產品上市常常受制於晶圓廠，產品製作常常費時一年以上，不幸的是積體電路的產品生命週期很短，等一年以後產品才能上市，可能已經過時而要被淘汰了。所以有些規模較小設計公司也嘗試自建晶圓廠，所以景氣好的時候，有晶圓廠的設計公司可以掌握自己的產品，不過份依賴晶圓代工廠，如果產能被別人掌握，只要分不到產能，產品就不能準時上市，因此自建晶圓廠不失為一個好方法。但是 2000 年以後，網路泡沫化，全球積體電路產品需求持續下滑而供過於求，造成晶圓代工廠產能閒置，以往設計公司的產品受制於晶圓廠的現象已經不存在，因此自建晶圓廠的必要性並不大，而且一但加入了製造產業，則每年必須支出龐大的製造研發成本，這筆費用動輒數百億，會嚴重影響設計研發的支出而使公司顧此失彼，2004 年臺灣矽統科技將晶圓廠賣給聯華電子公司，同樣的，超微半導體（Advanced Micro Devices, AMD）當初也做出了重要決定，將晶圓廠剝離與中東合資成立專業代工廠格羅方德半導體（GLOBAL FOUND-RIES）。因此，半導體設計公司自建晶圓廠有利有弊，必須衡量公司的財務狀況，以及公司未來的營運規劃，才能做出最合適的決定，我認為未來半導體產業的趨勢就是分工與降低風險，晶圓代工集中化會越來越明顯，除非有品牌或是廣闊的出海口，否

則 IDM 半導體製造商將越來越少。

1.3 未來半導體的走勢

1.3.1 地緣格局與雙生態系統的形成

筆者認為未來十年將會是兩個半導體生態的形成，強化與競爭的時代。從 1990 年代開始，世界開始了全球化趨勢，全球化加速了地球的融合，但也加劇了每個國家內部階層矛盾與國家與國家之間的摩擦。很幸運的是，半導體科技是全球化結出來最美好的果實，尤其是全球半導體產業鏈的分工合作，讓摩爾定律持續到今天。在半導體科技上，美國將中國大陸曾經在半導體生態鏈分工的工作，孤立與分化到其它地區，但是由於中國大陸的體量太大，所以美國要孤立中國大陸的企圖不是那麼成功，現在幾乎處於僵持階段，於是世界半導體分工的格局漸漸成為兩個半球的生態，如圖 1-7 所示：

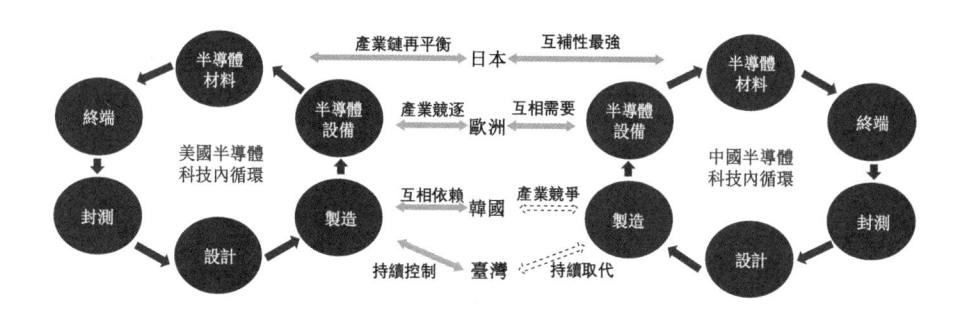

圖 1-7　中美各自主導的半導體生態

一個是以美國為主導的半導體內循環半球。美國政策的核心就是將高端半導體晶片製造回流美國，未來美國將會繼續把一些國家拉入陣營，完善美國的先進晶片製造與半導體設備配套工程，再完善自己的晶片設計，從新開始自己的內循環。

另一個是以中國大陸為主導的半導體內循環半球：中國大陸將大力發展自己的晶圓代工產業，晶圓代工作為半導體承上啟下的核心，能否主導獨立自主的晶圓廠 fab，將成為國家或地區之間競爭的關鍵，中國大陸將會以晶圓廠自給自足為基礎，重塑產業鏈格局，中國大陸晶圓廠產能建設分為三個階段，外資主導，內資主導（以歐美日韓設備為主），內資主導（基於國產設備為主），由於美國的技術封鎖，未來晶圓廠建設將更大的比例使用國產設備。逐步建立如圖 1-8 所示的半導體中國國產化 5.0 系統。

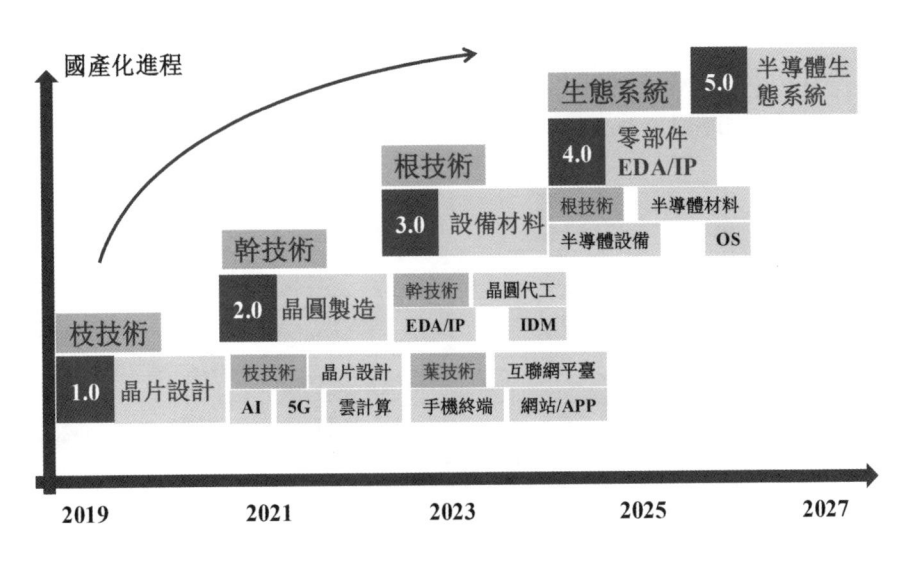

圖 1-8　中國大陸半導體國產化系統

在這樣的大環境之下，兩個半球之間的國家或地區都會面臨選擇，尤其是日本、韓國、歐洲與臺灣。除了歐洲與日本部分公司之外，他們幾乎都站隊在美國這一邊，但是隨著時間的推移，筆者認為歐洲、日本和韓國會回到中立的位置，甚至歐洲會跟中國更密切一點。所以，筆者認為中國大陸的半導體科技將以華為這個公司為核心，加大力度產業鏈的國產化，如圖 1-9 所示，從 Mate10 到 Mate60 Pro，華為的供應鏈，除了部分光學與射頻元件使用臺灣地區的穩懋科技（射頻）與大立光電（光學），處理器晶片使用中芯國際代工的 7nm~5nm 效能之間的晶片；都徹底的由中國大陸廠家供應，將高端手機的國產化幾乎已經做到極致。

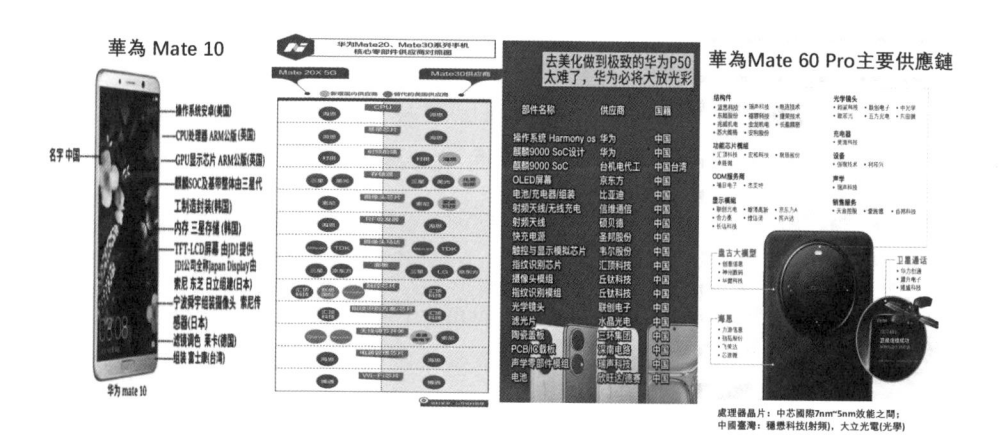

圖 1-9 Mate 10 到 Mate 60 Pro 手機組件的國產化程度對比

所以，未來五年的中國大陸，半導體等相關科技產業的發展註定將成為「英雄輩出」的時代。以華為為代表的科技企業，

正在通過國產化供應鏈建設不斷突破封鎖。從 Mate10 到 Mate60 Pro，高端手機國產化率幾乎達到極限，成為自主生態構建的典範。這一過程不僅需要技術創新，更需要年輕一代人才的持續努力。總結而言，半導體的未來走勢不僅關乎技術進步，還與全球政治經濟格局深度交織。在這一關鍵十年中，誰能掌握核心技術，誰將主導全球競爭格局。

1.3.2 半導體的未來發展

在過去幾十年裡半導體製程技術逐步從 90 nm、65 nm、45 nm、32 nm、22 nm，一直到如今的 10 nm 以下。各代製程背後都是技術上的重大飛躍，每一次製程的進步都推動了計算能力和節能效率的提升。

當前世界領先的半導體製程已經達到了 3nm 甚至 2nm 階段。像 TSMC 和 Samsung 這樣的公司已經具備了生產 3 nm 製程晶片的能力，而未來的目標是逐步向 2nm 甚至 1 nm 推進。台積電（TSMC）：目前全球領先的半導體代工廠之一，主導著全球最先進的制程技術，包括 5nm、3nm 的晶片製造，客戶包括蘋果、高通、AMD 等。三星電子（Samsung Electronics）：同樣具備先進製程能力，正在推動 2nm 以及更小線寬製程的商業化生產。英特爾（Intel），雖然曾經在先進製程領域落後，但近年來也在積極追趕，致力於重回全球前沿技術。先進製程應用的蘋果 A17 仿生晶片：這是台積電 5 nm 製程的代表作之一，應用於 iPhone 等電子設備中，大幅提高了處理器性能與能效比。高通的驍龍 8 系列：使用三星的 5nm 或 4nm 製程，用於安卓旗艦手機中，提

升了手機的計算性能和續航能力。

筆者最關注的是「2 奈米」，因為台積電 2 nm 製程應該是摩爾定律（Moore's Law）下電晶體製程微縮的可能最後節點，也將是關鍵的轉捩點，以銜接 1nm 製程和 1nm 以下的次奈米新材料技術。所以台積電 2 nm 將牽涉佈局量子電腦（quantum computer）1nm 以下的次奈米新技術和材料，這個技術革命可能改變全球半導體產業的生態，如果真的實現，人類將在 21 世紀第三個十年進入次奈米時代，目前的超級電腦每秒運算能力是 30 兆次每秒，人類的大腦是 50 兆次每秒，半導體技術越來越趨近人類大腦的算力。

但是，隨著摩爾定律的逐漸放緩，製程與材料成本越來越高，摩爾定律似乎即將走向終結，半導體積體電路行業面臨著新的挑戰和機遇，本書第五章會介紹未來的積體電路技術，從目前的趨勢來看，未來的技術將更加依賴異構集成、先進封裝、三維堆疊、光子與電子元件集成的矽光子技術。當然，量子計算、光子晶片等新興領域也有可能成為積體電路行業的發展趨勢，我相信在我有生之年，我們應該可以見證這些技術的突破。

最後，我一直認為 21 世紀，美國是中國最好的老師，大家可以想一想，美國價值最高的高科技公司有哪些？應該是這七家公司 GANFTAM（谷歌 Google、蘋果 Apple、輝達 Nvidia、臉書 Facebook 或 Meta、特斯拉 Tesla、亞馬遜 Amazon 與微軟 Microsoft），我認為美國的高科技發展是英雄造時勢，他們把握機會把自己的想法變成世界的潮流與趨勢。中國大陸目前也有六家公司緊跟著美國，靠著中國巨大的需求與市場，成為一代豪

傑，他們是 BAT 與 HBT，我歸類為時勢造英雄的中國大陸高科技產業是 BAT（百度 Baidu、阿里巴巴 Alibaba 與騰訊 Tencent）而後面的 HBT（華為 Huawei、比亞迪 BYD 與抖音 Tik Tok）是時勢造英雄後的英雄再造時勢，這三家公司跟前面三家發展軌跡很類似，但是這三家企業在發展成功後又繼續砸大錢再創新，開創出新的時勢，甚至威脅到美國的科技巨頭，我認為以中國大陸的科技發展來看，BAT 已經成為過去，HBT 是現在，美國的 GAFTAMN 模式才是她想要的未來，所以現在中國大陸一直在積極培養能夠產生創造科技時勢英雄的土壤，讓這個地方的 80 後、90 後甚至 00 後有機會成為引領世界潮流與趨勢的英雄。

1.4 兩岸翻譯的同與不同

　　2023 年夏天，我回到故鄉臺灣，參加一所大學的論壇，並發表一個演講，大家討論的主題是半導體相關科技的進展，在大陸生活了近二十年的我，發現我在演講的時候很多技術的專有名詞因為兩岸翻譯或說法的差異都需要將腦袋稍微轉一下才可以向聽眾清楚的表達出來，經過這次的經歷，我覺得有必要跟大家分享我對如此差異的個人見解，所以這本書在每個章節的最後面，我會將兩岸專有科學名詞都翻譯出來，讓大家做一個比較。

　　其實不只是科學名詞翻譯的不同，很多領域在兩岸三地都會因為不同的歷史與文化小差異造成不同的翻譯，造成這樣的狀態，主要就是源自於 1949 年 10 月 1 號，中國大陸這裡改朝換代了，但是那個前政府卻沒有消失，他們跑到臺灣了，而香港一直

被英國統治一百五十年直到1997年才回歸，而且保存了很多粵語文化，所以兩岸三地在對待外來文化與名詞的翻譯會有很多的不同之處，我舉個例子吧，比如電影的翻譯，記得幾年前有一部很火爆的印度電影，英文名字叫「Dangal」，結果在大陸的中文翻譯是「摔跤吧爸爸」，臺灣翻譯是「我和我的冠軍女兒」，香港翻譯就更絕了，「打死不離3父女」。大家是不是覺得很有趣？當然還有更多因為兩岸三地翻譯不同造成非常有趣的對比，我在此就不多說了。

說到對外國名詞的翻譯，不得不說明治維新時期的日本，因為在19世紀末到20世紀初，日本是接觸西方世界最積極的地方，而當時日本還是使用比較多的漢字，所以很多西方先進的政治經濟文化與科學都是經由日本翻譯成漢字名詞，同一時期，中國的精英也大部分都去日本留學，所以很自然日本翻譯西方的東西，我們就直接使用了，我舉幾個例子大家就會豁然明瞭，我們在政治上使用的名詞，例如民主democracy、文明civilization、文化culture、政黨party、主義principle、政策方針policy，還有像交響樂，漫畫這些西方外來的名詞都是經過日本翻譯傳入中國的，科學方面：科學、邏輯、時間、空間、量子、電子都是日本翻譯西方的名詞之後中國直接沿用的。當然這樣的狀況在20世紀初開始發生改變，19世紀末日本人因為脫亞入歐的政策開始去漢字化，日本對外來的名詞直接用片假名拼音翻譯，尤其是歐美專有名詞，所以中國開始自己翻譯外國名詞，但是由於當時中國對外最開放的地方是廣東，尤其是香港變成英國殖民地之後，這樣就造成了很多中國對外翻譯的粵語化，大家如果細心觀察，

就會發現我們現在很多外國名詞用普通話跟英語差異比較大,但是你用粵語發音就很接近了,例如瑞士、瑞典、西班牙、葡萄牙、三藩市、約翰(John)、杯葛(boycott)、摩登(modern)等等名詞用粵語發音就非常接近原音,而中國的名詞很多也是直接用粵語轉成英文,孫逸仙博士(Dr. Sun Yat-Sen),蔣介石總統(Chiang Kai-shek)等等民國人物他們的英文翻譯就是使用粵語拼音。

民國時代,中國開始使用普通話,但是使用的是另一種拼音系統,所以中華民國時代與中華人民共和國時代在中文名詞的翻譯還是有差別的,清華大學與青島啤酒在民國就很有名了,所以目前你看到的清字的拼音還是使用 Tsing 而不是 Qing,北京大學是 Peking University 而不是 Beijing University。當然兩岸翻譯最大的不同還是在 1949 年之後。我現在就跟大家分享科學方面尤其是半導體科技的名詞,它是近代發展的一門新科技,因為大部分的技術發展於 1949 年之後,所以很多翻譯名詞出現了較大差異,例如像半導體領域最為常見的 Si,大陸地區通常翻譯為硅,臺灣地區則翻譯為矽,更多的科學與技術名詞翻譯,兩岸都有一定的差異,半導體專有名詞 diode,大陸地區喜歡用二極管,臺灣地區則翻譯成二極體,還有大陸地區將 nuclear fusion 翻譯為核聚變,臺灣地區翻譯為核融合,大陸地區將 hole 翻譯為空穴,臺灣地區則翻譯為電洞,大陸地區將 electric potential 翻譯為電勢,臺灣地區則翻譯為電位。

電腦方面的專有名詞也有常見的翻譯差異,例如:Computer 計算機/電腦;DRAM(memory)動態隨機存儲器/動態隨

機記憶體；Internet 互聯網／網際網路；Software 軟件／軟體；Program 程序／程式；Server 服務器／伺服器；Digit 數碼／數位；Hacker 黑客／駭客；blog 博客／部落格……等等。

　　手機的出現時間，是兩岸擴大交流之後的科技，所以差異比較小，只有幾個名詞有點不同，例如：Jobs 喬布斯／賈博斯；portable battery 充電寶／行動電源；Mega pixel 兆像素／百萬畫素；Trillion 萬億／兆……等等。

　　上面提到的，只是其中一部分，其實兩岸很多其他的名詞翻譯還是差異挺大的，我記得兩岸剛剛開始開放交流的時候，有時候確實雙方聊到一半，會出現不懂對方的意思的時候，主要原因就是對外來名詞翻譯的不同導致突然無法瞭解對方說什麼，如果不解釋，誤會自然就會發生，但是解釋完了，大家會互相覺得對方翻譯挺有趣的，笑一笑就化解雙方的尷尬了，而隨著兩岸的交流越來越頻繁，尤其是電視媒體傳播與互聯網的發達，很多外來名詞翻譯漸漸成為通用的兩種說法，彼此都知道雙方的翻譯，有時候還會互相吐槽對方好笑，但是漸漸都習慣了。最後，對我們這樣遊走於兩岸的人來說，有時候可以自動轉換，但是最期待的，還是兩岸在這個方面可以統一起來，當然前提是要放下各自先入為主的成見，覺得別人翻譯不好，自己的比較好。未來，如果兩岸的科技人在客觀公正的前提下，選出一個最好的翻譯讓兩岸通用，我想這也是我出書把這一部分放在內容裡面的原因吧！

1.5 附錄

本章相關名詞的中英文對照表

英文	中文翻譯（中國大陸翻譯）
Advanced Micro Devices, AMD	超微半導體（超威半導體）
Advanced semiconductor material lithography, ASML	艾斯摩爾（阿斯麥）
Applied Materials	應用材料
Artificial intelligence, AI	人工智慧（人工智能）
Charted Semiconductor	特許半導體
Data conversion chip	資料轉換晶片（資料轉換芯片）
Deep ultra violet, DUV	深紫外
Electronic design automation, EDA	電子設計自動化
Field Programmable Gate Array, FPGA	現場可程式設計閘陣列（現場可程式設計門陣列）
GaAs	砷化鎵
GaN	氮化鎵
gate-all-around filed effect transistor, GAAFET	環繞式閘極場效應電晶體（全環柵場效應晶體管）
High K Metal Gate, HKMG	高介電常數金屬閘極（高介電層金屬柵極）
Integrated circuit, IC	積體電路（集成電路）
Intel	英特爾
Internet of Things, IoT	物聯網（萬物互聯）
Mask	光罩（光刻掩膜版）
Motorla	摩托羅拉
Nippon Electric Company, NEC	日本電子
Programmable Logic Contrler, PLC	可程式設計邏輯控制器（可程序設計邏輯控制器）
Radio frequency chip, RF chip	射頻晶片（射頻芯片）
Samsung	三星
SiC	碳化矽（碳化硅）
Silicon	矽（硅）
Taiwan Semiconductor Manufacturing Company, TSMC	台積電
Texas Instruments	德州儀器
Toshiba	東芝

Part 2

半導體理論基礎

你想要瞭解半導體原理嗎？你高中的物理化學與數學常識與知識還記得嗎？如果你的答案都是「是（Yes）」，這個章節應該可以滿足你們對半導體知識的渴求。

　　我很喜歡跟我的同事與學生們上課，尤其是半導體相關知識，當他們在上課過程中瞭解到他們過去學習的數理化知識可以用在高大上的半導體科技的時候，那種突然開竅與學生時代數理化沒有認真學習的懊惱，都顯現在他們的表情中。所以我認為未來的科普教育非常重要，我的科普定義就是科學知識不是屬於精英階層獨有的，解釋權也不是專屬於理工科系專有的，它是每個人在日常生活都可以接觸到的，由於東方社會對知識的強制分類與青少年啟蒙時期文理過早的分科。結果導致學文科的沒有科學常識，學理科的沒有人文情懷，由於對國外專業資訊的翻譯書籍較少更導致學外語的不懂專業，專業的人外語不通。為了讓普羅大眾能夠對現實生活中使用的科技產品的基本科學原理能夠有基本的認識，我希望利用這個章節教大家最簡單易懂的科學知識，讓學經濟與貿易的、學金融與投資的、學文學與法律的都可以簡單的知道精密複雜的科技產品裡面的簡單道理。但是這個章節還是不可避免的需要用到很多公式，我儘量把這些數學公式表達的淺顯易懂，我始終認為，數學是科學的語言，沒有數學，科學可能只是我們古時候的工程學與應用技術。本章的內容，我的目標是：如果你有大學物理一年級的程度，你應該可以很容易的看完這一章；如果你只有高中物理程度，不懂的部分你可以跳過，你還是可以全盤的瞭解半導體知識裡面的物理化學知識；如果你以前學的數理化知識都還給你的高中老師了，只看文字也應該可以

懂一半的半導體基礎理論知識。

本章首先從光的本質出發，如圖 2-1 所示，介紹光的波動性質和粒子性質，揭示其波粒二象性的核心概念。隨後，闡述物質波的概念，進一步引入量子力學的基本原理，解釋量子力學如何改變人類對微觀世界的理解。接著，深入探討元素週期表的構建及其規律性，揭示元素間的關係以及化學行為的基礎，最終引出半導體能帶理論，讓讀者對半導體的基本特性、結構和應用有一個初步且清晰的認知，為後續深入瞭解半導體元件及其在現代科技中的應用奠定堅實的基礎。

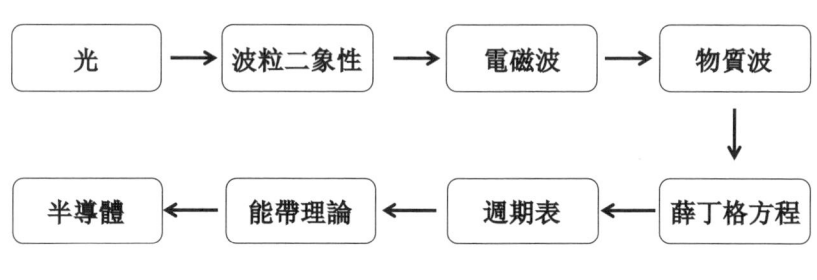

圖 2-1　本章整體介紹思路

2.1 光與波

我記得幾年前世界首顆量子科學實驗衛星「墨子號」發射升空，我在想為什麼要用「墨子號」？大家可能不相信，第一個描述光的科學書籍是我們的老祖宗，他是戰國時代的墨子，大約兩千四百多年以前，墨翟（墨子）和他的學生，做了世界上第一個小孔成倒像的實驗，《墨經》中這樣記錄了小孔成像：「景到，

在午有端,與景長,說在端。」「景,光之人,煦若射。下者之人也高,高者之人也下。足蔽下光,故成景於上;首蔽上光,故成景於下。在遠近有端,與於光,故景庫內也」。這幾句話不但解釋了小孔成倒像的原因,也指出了光的直線進行的性質,這是對光直線傳播的第一次科學解釋。

圖 2-2　無處不在的光

　　進入光的主題前,還是想跟大家分享一下有趣的古文小知識,前面大家看到墨子對光的描述,是不是很不能理解為什麼他要用讓一般人很難懂的文言文來描述,難道他們說話都是這樣的嗎?

　　事實上不是這樣的,古人說話溝通跟我們應該是差不多的白話文,當然不是我們現在的普通話,但是古時候使用很貴的竹簡來書寫文章,我小時候母親要我好好讀書,閩南語說成「好好讀

冊」，這個「冊」字就是竹簡的象形文字，所以古人著書立傳，雖然不至於一字千金，但是也需要惜字如金，我們的祖先把要傳達的內容用最少的文字寫出來，這個難度與功力非一般人可以做到，這些文章都是古代精英們的智慧結晶。所以我很鼓勵中小學生們學古文，因為他們不但可以從文字中學會了道理，也可以瞭解這些大師們如何將這個道理的內容用最簡潔的文字表達出來，我認為這才是我們語文課學古文最大的意義。

當然，關於光的本質的討論還是集中在近代科學萌芽之後。1675年，「站在巨人肩膀上」的牛頓根據光沿直線傳播的現象，提出了光是粒子的假設，他認為光是從光源發出的一種物質粒子，其在均勻介質中傳播速度恆定。粒子說開啟了幾何光學，它解釋了光的直線性、反射、折射與色散（圖 2-3），例如，大家

圖 2-3　光的散射現象示意圖

都知道折射產生的原因是光通過不同物質時候的速度不同造成的，利用粒子說解釋光的折射比較容易讓人理解，就像你開車在硬質路面快速行駛，當你斜向駛入沙地的時候，因為一個輪子先進入沙地，它的速度立即減慢，而另一個輪子還在硬質路上還保持原速，於是整輛車的方向就發生了偏轉。同理光由空氣進入水或玻璃這些比較密的介質會產生光速減慢因而產生偏折的折射現象。

然而光的粒子假說在解釋光的繞射、兩束光相交後可以繼續各自沿原來的方向傳播等現象時卻束手無策。彼時，荷蘭的科學家惠更斯敏銳的察覺到了這些問題，光是一種波，所以才會產生繞射等現象，並提出了著名惠更斯原理。惠更斯的波動學說較好的解釋了光的繞射、牛頓環實驗等現象，然而，那時候人們還沒有橫波的概念，光是縱波這一假說又無法解釋光的偏振現象，再加上牛頓在整個學界備受推崇，光的波動學說並未能撼動牛頓關於光是粒子的假說。1801年英國物理學家湯瑪斯‧楊設計了雙狹縫干涉實驗，這是牛頓的光粒子說無法解釋的，湯瑪斯‧楊基於其雙狹縫干涉實驗結果提出了波動理論，之後，法國科學菲涅爾基於湯瑪斯‧楊提出的波動理論，設計了雙稜鏡干涉實驗進一步驗證了光的波動性。而且，湯瑪斯‧楊和菲涅爾關於光波是橫波的猜想，很好的解釋了光的極化現象，到這裡光的波動學說似乎佔據了上風。19世紀下半葉，德國開始研究熔鐵爐中光與顏色以瞭解熔爐中的溫度，這一過程也引發了關於黑體輻射的討論，當時光的波動理論在解釋黑體輻射時遇到了障礙，無法準確預測鐵熔爐溫度與輻射光譜之間的關係。為了解決這一問題，德

國物理學家馬克斯‧普朗克提出了一個革命性的想法，能量的交換不是連續的，而是分立的，即能量只能以一定的最小單位（量子）進行傳遞。這一理論成功地解釋了黑體輻射現象，雖然普朗克的量子理論在當時並未立刻得到廣泛接受，但它為後來光的本質研究提供了關鍵線索。隨後的光電效應實驗又進一步挑戰了經典波動理論。1905年，阿爾伯特‧愛因斯坦基於普朗克的量子理論，成功解釋了光電效應現象：當光照射到金屬表面時，只有當光的頻率達到一定值時，才會激發出電子。這一現象無法用純粹的波動理論解釋，愛因斯坦提出，光是由離散的粒子（光子）構成的，每個光子的能量與光的頻率成正比。隨著普朗克和愛因斯坦的理論相繼被驗證，科學界逐漸接受了光的波粒二象性觀點：光在不同的實驗條件下，可以同時表現出波動性和粒子性。自此關於光的本質討論告一段落。

波動是解釋光為什麼會出現干涉與繞射現象最好的理解方法。小時候，我們對波的想像是大海的波浪，我們對波的瞭解是聲音，波的特徵有波長，振幅與頻率，這三個參數可以從我們日常生活的聲音來理解（圖2-4），大家以前應該都有將水倒入水瓶的經驗，如果注意倒入水之後回聲聲音的細節，就可以發現隨著水瓶水位越來越高，回音聲音會越來越尖銳，不妨就用這個生活的細節來解釋波，如果把水倒入水瓶，隨著水瓶的水位越來越高，聲音會越小，水位的高低影響聲音的大小，這是因為水的位能轉化為往下衝擊的動能會影響聲波的振動幅度大小，振幅就是聲音音量的大小。水瓶裝的水越多，所能容納的波就會變短，這表示聲音的頻率越來越大，頻率就是單位時間震動的次數，當然

還有一個參數是波長，波長和頻率是描述波的最重要的參數，波與波之間距離越寬，表示頻率越低，波長與頻率呈現反比的關係，這也就是為什麼倒水的聲音會隨著水位越來越滿，聲音會越來越小聲而音頻越來越高，聲音越尖銳的原因了。

圖 2-4　波原理示意圖

2.1.1 光與電磁波

在討論光的波粒二象性時已經提及光在某些情況下展現出波動特性，比如干涉和繞射現象。既然光有波的特性，那它應該滿足波的條件，以下內容將以一維弦振動為例，推導波動方程；再來講述電磁波相關的內容；最後對比電磁波與波動方程，我們會驚奇的發現光速和電磁波的傳播速度是一致的，換言之，光就是一種電磁波。

物理學上，一維弦振動是推導波動方程的一個經典模型，這裡不妨通過牛頓力學和簡單的微分方程來推導出一維波動方程，

並借此理解波的傳播規律。

如圖 2-5 所示，我們需要瞭解速度是距離對時間的導數（微分），加速度是速度對時間的導數。

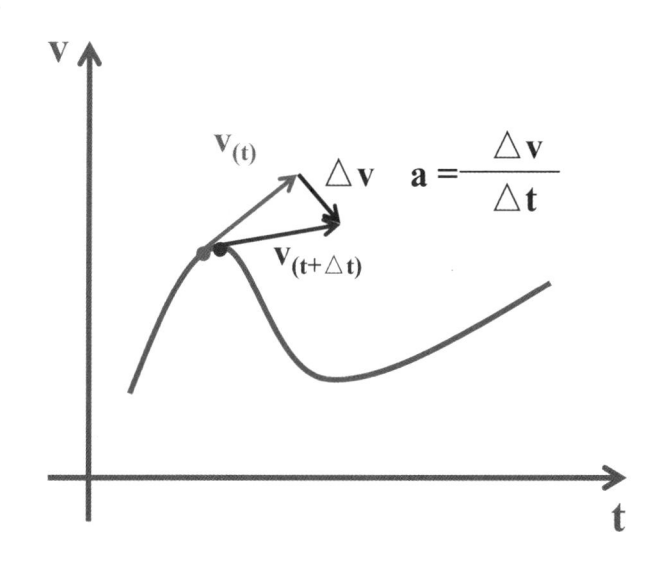

圖 2-5　導數概念圖解

如圖 2-6 所示，根據牛頓第二定律力等於質量乘以被施力物體的加速度 F ＝m・a，可以推導出，**F= T・sin（θ+Δθ）-T・sin θ，m=μ・Δx，a=∂²f/∂t²**，其中

$F = m \cdot a$（F 表示力，m 代表質量，a 代表加速度）

$F = T \cdot sin(\theta + \Delta\theta) - T \cdot sin\theta$（T 為繩子中的張力）

$m = \mu \cdot \Delta x$（μ 和 Δx 分別表示繩子的線密度和所取微單位長度）

$$a = \frac{\partial^2 f}{\partial t^2}$$（f 代表波函數）

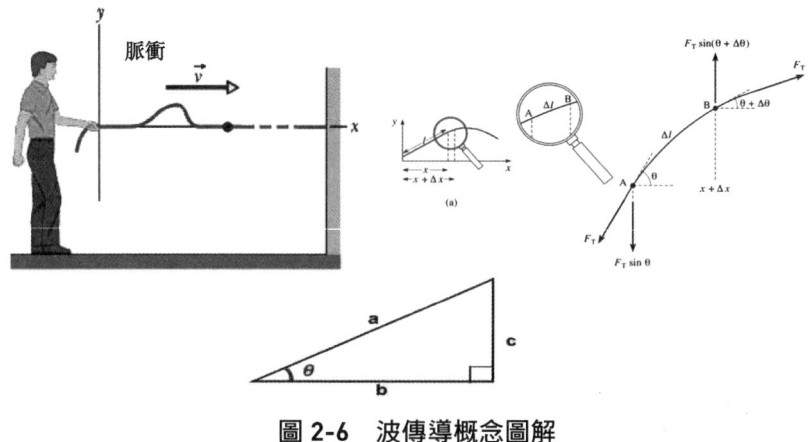

圖 2-6 波傳導概念圖解

　　將圖2-6上下振動的繩子某一段放大後（Δl或Δx）可以發現，向上或向下的拉力會是這段繩子質量（μΔx，μ是繩子的線密度）與前進的加速度的乘積。

　　我們可以得到：$T[sin(\theta + \Delta\theta) - sin\theta] = \mu\Delta x \frac{\partial^2 f}{\partial t^2}$

$$sin\theta = \frac{c}{a}$$

$$cos\theta = \frac{b}{a}$$

$$tan\theta = \frac{c}{b}$$

因為這段繩子非常短，利用微積分極限近似的原理，可以得到：

$$sin\theta \approx tan\theta = \frac{\partial f}{\partial x}$$

$$\frac{c}{b} \approx \frac{c}{a}$$

$$tan\theta \approx sin\theta$$

$$tan\theta = \frac{dy}{dx}$$

所以變成： $T\left(\left.\frac{\partial f}{\partial x}\right|_{x+\Delta x} - \left.\frac{\partial f}{\partial x}\right|_{x}\right) = \mu \Delta x \frac{\partial^2 f}{\partial t^2}$

最後我們可以得到： $\frac{\partial^2 f}{\partial x^2} = \frac{\mu}{T}\frac{\partial^2 f}{\partial t^2}$

因為速度： $v = \sqrt{\frac{T}{\mu}}$

最後我們可以得到： $\frac{\partial^2 f}{\partial x^2} = \frac{1}{v^2}\frac{\partial^2 f}{\partial t^2}$

這段繩子對距離的二次微分與對時間的二次微分會呈現正比關係，正比係數就是波動的速度平方之一。

這個波動方程不就是中學物理學到的這個正弦函數公式：

$y = -A\sin(kx - \omega t)$ 的代數公式說明嗎？

其中，A 表示振幅，k 代表波數，ω 代表角頻率，t 表示時間，x 表示位置，y 代表波動的位移，f 代表波函數。

光的波動理論幾乎貫穿了 18 世紀與 19 世紀，波動方程也是解釋光是波的最好論證，為 19 世紀末發現光是電磁波的理論與實驗驗證提供了最好的依據，在下一個章節，我們將看到電磁

波的發現過程與電磁波如何影響到生活的方方面面,甚至直到現在的 5G 通訊,都還是依據這個理論為基礎持續的發展。

2.1.2 光到底是什麼?

光確實是一個很難捉摸的東西,每一次對光有了新發現,都會讓人類進行一次科學大躍進。牛頓的粒子說開啟了幾何光學,解釋了光的直線性、反射、折射與色散(三稜鏡將太陽光的白光分為各種顏色的光的現象)。光的波粒二象性,以及電與磁的感應現象的發現與理論的證實,人類由蒸汽機時代轉換為電氣時代,隨著赫茲對電磁波的證實,人類更進入了無線電通訊時代。但是人類對事物的探究永遠不會停止,尤其在 19 世紀下半,德國開啟了熔鐵爐的光與顏色的研究以瞭解熔爐中的溫度,這就是關於黑體輻射之謎,由於波動說在解釋黑體輻射遇到了障礙,無法滿足鐵熔爐溫度與輻射光譜的預測,德國科學家普朗克大膽的提出了能量量子化假設解決了黑體輻射實驗與理論的契合,從此開始了量子力學時代,人類因此進入電腦與光資訊時代。

兩千四百多年前,人類開始對光產生興趣,並描述了它的基本特性,四百多年來,每一次對光的性質爭論所產生的原理與定律,都推動著人類科技像光一樣的快速前進,波動說無法解釋黑體輻射催生了量子力學,量子力學最終解釋了光與物質的定義就是它具有粒子與波動兩者性質的波粒二象性。對光的性質,人類到目前還是無法窺探全貌,這留給未來「光」的研究者無窮的空間,去打破現在光的原理描述,讓人類再一次因為光的爭論發現新的原理,我們可以利用新的原理瞭解萬物的本質,進而去探索

無邊無際的未知宇宙！

2.2 電磁波

電力與磁力的發現開啟了電磁學的新篇章，因為半導體內電子的行為與記錄和儲存大量資訊的磁儲存都跟這門學科息息相關，而最近熱門的 5G 無線通訊技術，跟電磁學理論被證明出來的電磁波，更是有千絲萬縷的關係，所以這裡先跟大家一起複習一下大家中學時學習的電磁學，再看看如何利用電磁學的理論證明光就是電磁波。

在這之前，不妨先回顧一點必要的數學知識：數學符號「X」外積（Cross）、「•」內積（dot）與向量微分運算元 ∇ 的意義。

外積 X 是一個向量運算符號，常用於描述旋轉與力矩的概念，如圖 2-7 所示。

Cross X 的定義

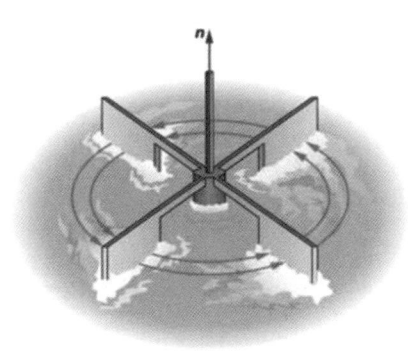

圖 2-7　外積示意圖

內積反映了兩個向量在方向上的相似程度，常用於描述兩個方向投影的關係，如圖 2-8 所示。

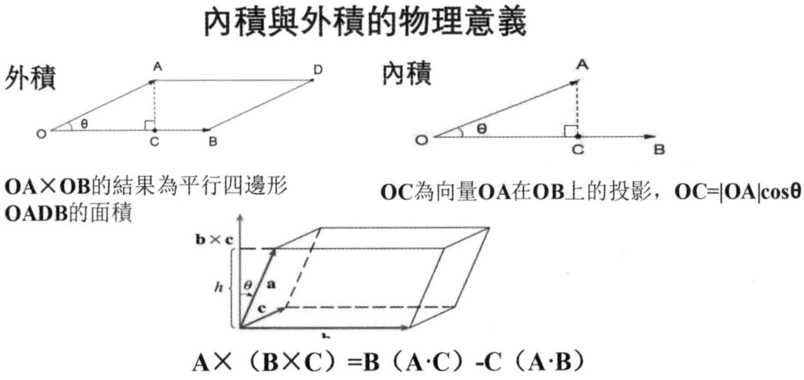

內積與外積的物理意義

外積

OA×OB 的結果為平行四邊形 OADB 的面積

內積

OC 為向量 OA 在 OB 上的投影，OC=|OA|cosθ

A×（B×C）=B（A·C）-C（A·B）

圖 2-8　內積與外積示意圖

算符 ∇ 主要用於向量場的微分，包含梯度（∇z）、散度（∇·E）和旋度（∇×E）的概念。

$$\nabla = \frac{\partial}{\partial x}\hat{x} + \frac{\partial}{\partial y}\hat{y} + \frac{\partial}{\partial z}\hat{z}$$

$$\nabla^2 = \frac{\partial^2}{\partial x^2} + \frac{\partial^2}{\partial y^2} + \frac{\partial^2}{\partial z^2}$$

$$\nabla^2 v = (\nabla^2 v_x)\hat{x} + (\nabla^2 v_y)\hat{y} + (\nabla^2 v_z)\hat{z}$$

$$\nabla^2 T = \nabla \cdot (\nabla T) = \left(\frac{\partial}{\partial x}\hat{x} + \frac{\partial}{\partial y}\hat{y} + \frac{\partial}{\partial z}\hat{z}\right) \cdot \left(\frac{\partial T}{\partial x}\hat{x} + \frac{\partial T}{\partial y}\hat{y} + \frac{\partial T}{\partial z}\hat{z}\right) = \frac{\partial^2 T}{\partial x^2} + \frac{\partial^2 T}{\partial y^2} + \frac{\partial^2 T}{\partial z^2}$$

其中，∇ 表示梯度算符，用於描述空間中純量場的變化率；∇^2 是拉普拉斯算符，表示純量場在空間中的二階空間導數；v 和 T 是純量場，可以是任意物理量，如速度、場勢、溫度等；x^、 ŷ、ẑ 分別表示 x、y、z 方向的單位向量。

首先複習一下電磁學的四大理論：

1. 高斯電場定律說穿過閉合曲面的電通量正比於這個曲面包含的電荷量（圖 2-9）。

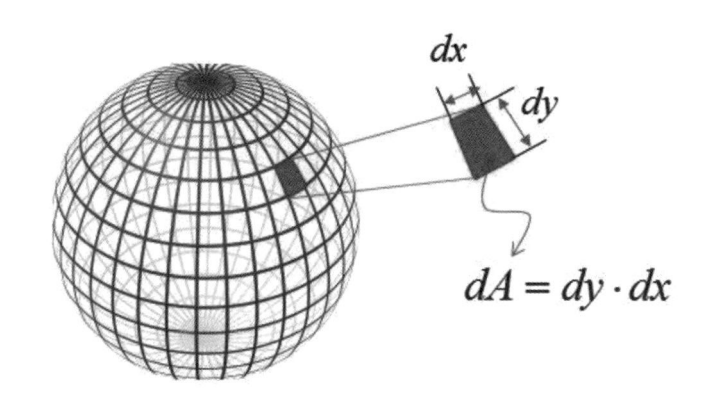

$$dA = dy \cdot dx$$

圖 2-9　通量概念圖解

2. 高斯磁場定律說穿過閉合曲面的磁通量恆等於 0（圖 2-10）。

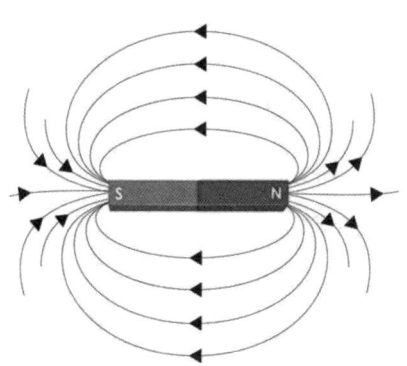

圖 2-10　高斯磁場定律示意圖

3. 法拉第定律說穿過曲面的磁通量的變化率等於感生電場的環流（圖 2-11）。

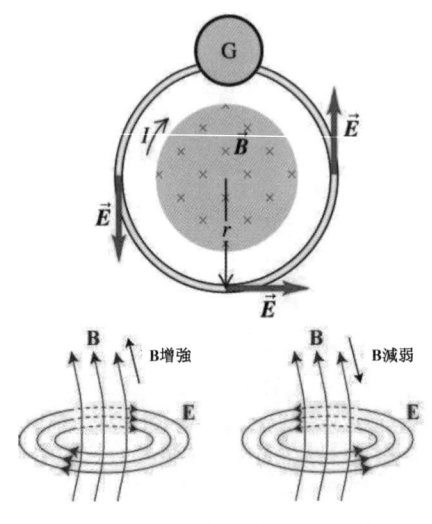

圖 2-11　法拉第定律示意圖

4. 安培─馬克士威定律說穿過曲面的電通量的變化率和曲面包含的電流等於感生磁場的環流（圖 2-12）。

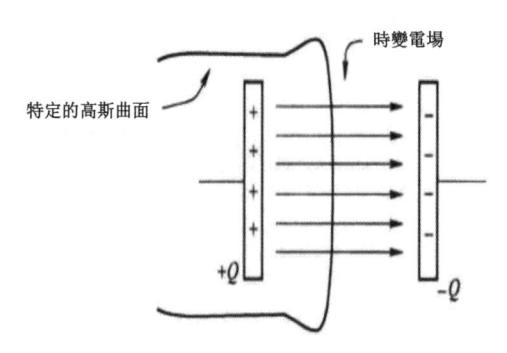

圖 2-12　安培 - 麥克斯韋定律示意圖

電與磁的四個發現，最後由馬克士威整理出最美的四個數學方程（圖 2-13），後人稱為馬克士威方程組，目前使用的無線通訊技術，理論都源起於這四個方程與馬克士威對第四個方程的修正。

圖 2-13　麥克斯韋與麥克斯韋方程組

2.2.1 光為什麼是電磁波？

光為什麼是電磁波，這是馬克士威利用四個方程推導出來的，我給大講解一下這個過程，這裡面的數學需要大學程度，如果消化不了，只有高中物理與數學程度的可以直接跳過。

有了前面解釋的數學概念，就可以推導馬克士威方程證明光就是電磁波了，這是真空中的馬克士威方程組：

$$\nabla \cdot E = 0$$

$$\nabla \cdot B = 0$$

$$\nabla \times E = -\frac{\partial B}{\partial t}$$

$$\nabla \times B = \mu_0 \varepsilon_0 \frac{\partial E}{\partial t}$$

其中，E是電場，B是磁場，μ0是真空磁導率，ε0是真空介電常數，t是時間。

利用馬克士威真空方程組，再使用前面外積內積與向量微分算符的概念，可以將四個方程進行推導，推導的過程如下：

$$\nabla \times (\nabla \times E) = \nabla(\nabla \cdot E) - \nabla^2 E$$

$$\nabla(\nabla \cdot E) - \nabla^2 E = -\frac{\partial}{\partial t}(\nabla \times B)$$

$$\nabla \cdot E = 0 \qquad \nabla \times B = \mu_0 \varepsilon_0 \frac{\partial E}{\partial t}$$

$$-\nabla^2 E = -\frac{\partial}{\partial t}\left(\mu_0 \varepsilon_0 \frac{\partial E}{\partial t}\right)$$

最後得到電場與磁場的方程式

$$\nabla^2 E = \mu_0 \varepsilon_0 \frac{\partial^2 E}{\partial t^2}$$

$$\nabla^2 B = \mu_0 \varepsilon_0 \frac{\partial^2 B}{\partial t^2}$$

是不是很像前面推導的波動方程？

$$\frac{\partial^2 f}{\partial x^2} = \frac{1}{v^2}\frac{\partial^2 f}{\partial t^2}$$

對比前面推導出來的電場與磁場的波動方程式，可以得到：

$$v = \frac{1}{\sqrt{\mu_0 \varepsilon_0}}$$

於是馬克士威可以利用這個公式將電磁波的速度算出來，經過運算得到電磁波的速度是

$v = \sqrt{\frac{1}{\left(4\pi \times 10^{-7} m \cdot \frac{kg}{C^2}\right)\left[8.8541878 \times 10^{-12} C^2 \cdot s^2 / (kg \cdot m^3)\right]}} = \sqrt{8.987552 \times 10^{16} m^2/s^2} = 2.9979 \times 10^8 m/s$

馬克士威運氣很好，當他1865年發現這個電磁波的速度時，這個速度很接近法國物理學家艾曼達菲索與萊昂傅科在實驗室用旋轉齒輪法（圖2-14）測量出來的光速，於是他大膽推測光就是電磁波，經過邁克爾遜在1879年的更加精密的實驗，測出來的光速與馬克士威預測的電磁波速度幾乎一致，光是電磁波幾乎沒有懸念。

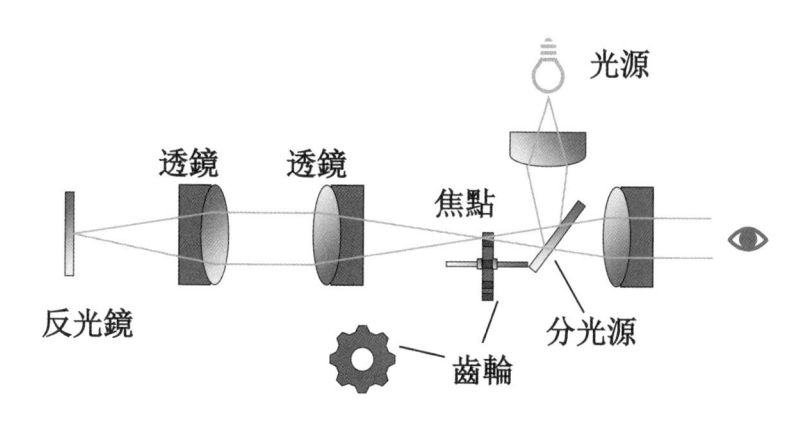

圖 2-14 旋轉齒輪法示意圖圖

最後在 1886 年，德國科學家赫爾姆赫茲在做放電實驗時發現近處的線圈也發出火花，敏銳地意識到可能是電磁波的作用。他設計了一個振盪電路在兩個金屬球間週期性發出電火花，又設置一個有缺口的金屬環來檢測電磁波。結果，當振盪電路發出火花時，金屬缺口處也有較小火花出現，由此證明瞭電磁波的存在，從此人類開啟了新時代，電磁波在生活無所不在，尤其是無線通訊技術。

2.2.2 光與電磁波的波長（Wave Length）

德國科學家赫茲證明瞭光是一種電磁波，電磁波是由電場與磁場交互作用而產生的一種能量，這種能量在前進的時候就像水波或聲波一樣會依照一定的頻率不停地振動，如圖 2-15 所示。光波（電磁波）具有振幅（Amplitude）、波長（Wavelength）與頻率（Frequency），其中最重要的特性就是：光波的波長與頻率成反比；頻率與能量成正比；波長與能量成反比，通俗的說光的頻率或波長決定它的顏色，而波的振幅決定亮度，你可以把光色彩的色調與亮度和聲音的頻率與音量畫上等號。

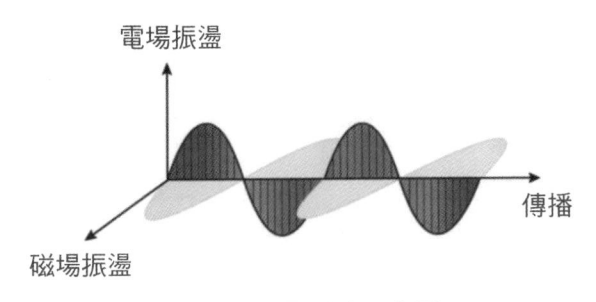

圖 2-15　電磁波示意圖

波長（Wavelength）：波長是指光波的波峰到波峰的距離，如圖 2-16 所示，光波的波長很小，通常以「微米（μm）」或「奈米（nm）」為單位，例如：紅光的波長約為 0.78μm（等於 780nm），紫光的波長約為 0.38μm（等於 380nm）。

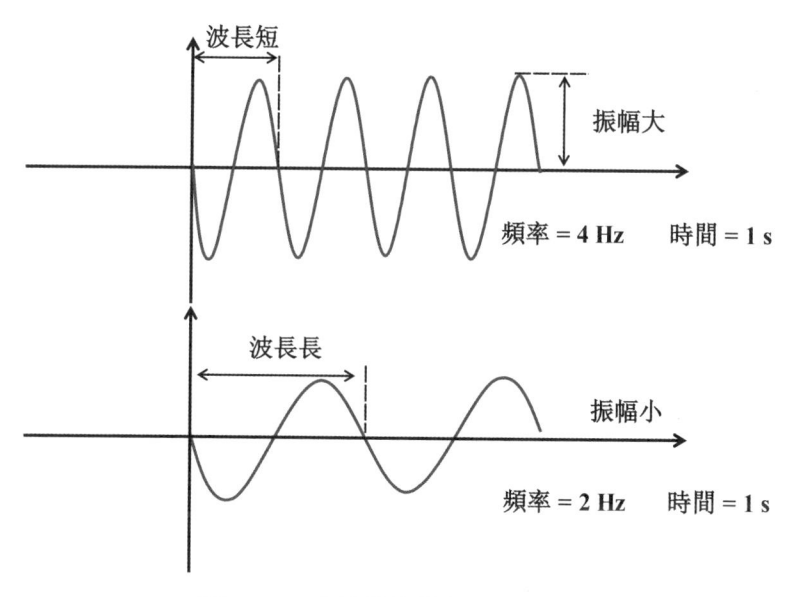

圖 2-16　光波的波長與頻率的關係

頻率（Frequency）：頻率是指光波一秒鐘振動的次數，單位為「赫茲（Hz）」。這是為了紀念偉大的德國科學家赫茲證實馬克士威的電磁波預測，因此波的頻率單位是赫茲 Hz，表示每秒波動震動的次數。

2.2.3 電磁波頻譜（Electromagnetic spectrum）

電磁波頻譜的定義。光波與電磁波的關係如圖 2-17 所示，我們稱為「電磁波頻譜（Spectrum）」，由圖 2-17 中可以看出，光波主要是指紅外光（IR：Infrared）、可見光（人類肉眼可以看見的光）與紫外光（VU：Ultraviolet）等三個部分，其實只是所有電磁波頻譜的中央部分，可以說：光是電磁波的一小部分。

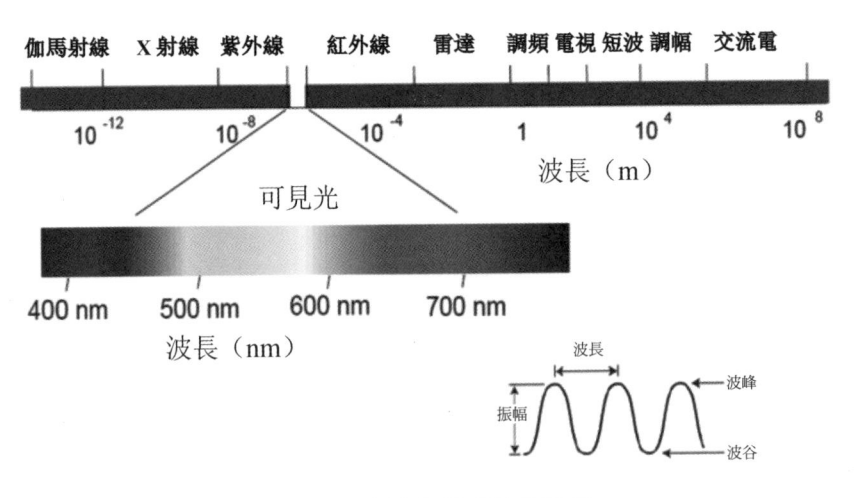

圖 2-17　光波與電磁波的關係

不同波長的可見光人眼看到的顏色不同。可見光是人類眼睛可以看見的光，大約可以分為紅、橙、黃、綠、藍、靛、紫等七大顏色區塊，由圖 2-17 可以看出，紅光的波長約為 0.78μm，相當於頻率 3.85×10^{14} Hz，亦相常於能量 1.59eV（電子伏特 eV：電子伏特是微小能量的單位，電子伏特是一個電子其所帶電量為 e = -1.6 * 10^{-19} 庫倫在電位增加一伏特時所獲得的能量，所以

一個電子伏特 1ev =1e*1V =1.60*10^{-19} 庫倫 * 1 伏特 = 1.6*10^{-19} 焦耳）；紫光的波長約為 0.38μm，相當於頻率 7.89×10^{14}Hz，亦相當於能量 3.26eV，所以紅光的波長較長，頻率較低，能量較低；紫光的波長較短，頻率較高，能量較高。顯然光波的波長與頻率成反比；頻率與能量成正比。

生活中常見的電磁波大部分是在可見光左邊的電磁波，他們的波長比紫光更短（能量更高），依序為紫外光、X 射線與 Y 射線，這些電磁波因為頻率較高（能量較高），對人類都有一定程度的傷害。

紫外光（UV：Ultraviolet）：波長比紫光更短（能量更高）的電磁波，通常用來殺菌、消毒或除臭。

X 射線（X-ray）：波長比紫外光更短（能量更高）的電磁波，通常在醫院裡用來穿透人體拍攝 X 光片，或在實驗室裡用來進行繞射實驗決定固體材料的原子排列方式，也就是未來基礎電子材料科學所提到的簡單立方結晶、體心立方結晶、面心立方結晶、鑽石結構結晶與單晶、多晶、非晶材料的晶格材料分析。

Y 射線（Y-ray）：波長比 X 射線更短（能量更高）的電磁波，是由放射性物質所發出來的輻射線，能量最高，也最危險，就是照射以後會產生「畸形人」的那種可怕射線，通常在醫院裡用來對病人進行放射線治療殺死癌細胞，或在實驗室裡用來進行光譜實驗決定材料的電子特性。

在可見光右邊的電磁波波長比紅光更長（能量更低），依序為紅外光、微波與無線電波，這些電磁波因為頻率較低（能量較低），對人類的傷害較小，因此常常使用在無線通訊的產品上。

紅外光（IR：Infrared）：波長比紅光更長（能量更低）的電磁波，通常使用在無線通訊，例如：搖控器與無線鍵盤、無線滑鼠等短距離通訊。

　　微波（MW：Microwave）：波長比紅外光更長（能量更低）的電磁波，通常使用在無線通訊，例如：手機 GSM、GPRS、WCDMA 等）、衛星通訊（GPS、DBS、DTH 等）、數位廣播（DTV、DAB 等）、無線電視與廣播。

　　無線電波（Radio wave）：波長比微波更長（能量更低）的電磁波，通常使用在無線通訊，例如：軍警所使用的無線電、還有工廠為了配線或工程施工方便溝通所使用的無線對講機。

2.3 電磁波與無線通訊

　　現代意義上最早的無線通訊，來自於 19 世紀末的義大利人馬可尼發明的無線電報。他成功的讓資訊瞬間跨越大西洋，這標誌著無線通訊的誕生。之後的幾十年，隨著技術不斷進步，無線電廣播成為了全球通訊的基礎。接下來人類進入了類比通訊時代，通過調製載波把資訊傳送出去，廣播電視和電報系統都依賴這種技術。然後到了數位通訊時代，電腦開始普及，資訊的傳輸方式也發生了變化。數位訊號抗干擾能力更強，傳輸效率也更高，這為互聯網和無線通訊的發展奠定了基礎。

　　要了解手機與基地台以及網路的工作原理，就必須先瞭解通訊的基本概念，所以訊號的調變與解調、訊號傳輸技術、訊號傳輸方式等，都是非常重要的通訊原理。通訊最基本的概念就是訊

號的「調變」與「解調」,以下詳細說明兩者的概念與意義:

調變(Modulation):通訊設備的發射端將「低頻訊號(聲音)」處理成「高頻訊號(電磁波)」以後,再傳送出去稱為「調變」。

解調(Demodulation):通訊設備的接收端將「高頻訊號(電磁波)」接收以後,再還原成「低頻訊號(聲音)」稱為「解調」。

低頻訊號:以前的科學家發現低頻訊號(聲音)傳輸時損耗比較大,容易受到干擾,所以無法傳遞很遠,例如:人類的聲音頻率大約 300~3400 Hz,只能傳遞數百公尺。

高頻訊號:後來的科學家發現高頻訊號(電磁波)傳輸時損耗比較小,不容易受到干擾,所以可以傳遞很遠,例如:FM 收音機的頻率大約 88~108 MHz,可以傳遞數百公里。

2.3.1 高頻載波技術

由於低頻訊號(聲音)無法傳遞很遠,而高頻訊號(電磁波)可以傳遞很遠,因此科學家就想到了要以高頻的電磁波「載著」低頻的聲音,如此一來就可以傳遞數百公里了。人類講話的聲音頻率大約 300~3400 Hz(低頻訊號),而第二代行動電話 GSM900 系統的通訊頻率大約 890~960 MHz(高頻訊號),換句話說,當我們對著手機講話,傳送端的手機會先將低頻的聲音調變成高頻的電磁波,再經由天線傳送出去,如圖 2-18(a)所示,接收端的手機經由天線將高頻的電磁波接收進來,再解調成低頻的聲音,才能讓我們的耳朵聽見,如圖 2-18(b)所示,這就是現代通訊技術的基本概念。

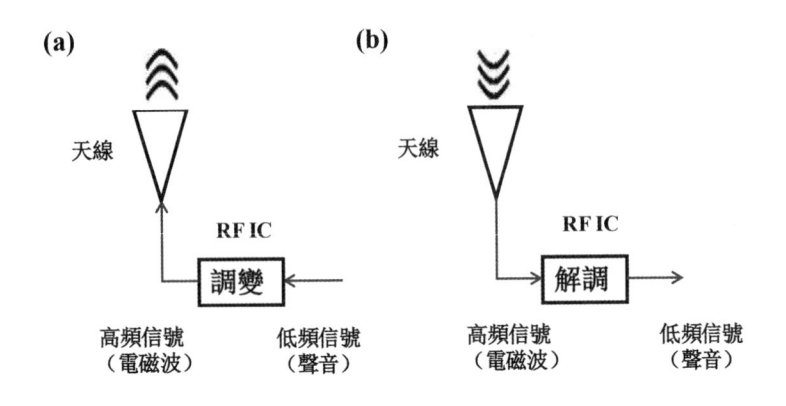

(a) 天線　RF IC　調變　高頻信號（電磁波）　低頻信號（聲音）

(b) 天線　RF IC　解調　高頻信號（電磁波）　低頻信號（聲音）

圖 2-18　射頻示意圖

因此可以用來進行高頻電磁波的調變與解調的積體電路（IC）稱為「射頻積體電路（RF IC：Radio Frequency Integrated Circuit）」，通常是使用 GaAs 晶圓或矽鍺晶圓製作，成本較高，也不容易和使用矽晶圓製作的積體電路（IC）整合成系統單晶片（SoC），所以很難將體積縮小。當然完全使用矽晶圓 CMOS 制程的射頻積體電路（RF IC）的技術也可以，體積小、成本低，更可以和使用矽晶圓製作的積體電路（IC）整合成系統單晶片（SoC），這種技術稱為「數位射頻處理器（DRP：Digital RF Processor）」。

2.3.2 頻寬（Bandwidth）

在電磁波通訊中我們經常聽到頻寬一詞，如圖 2-19 所示，一般常用的解釋是「頻寬就好像高速公路，頻寬越寬，通訊時資料傳輸速率就越快，其實這樣的解釋是不科學的，以下將說明在科學上如何定義頻寬。

Part 2 半導體理論基礎

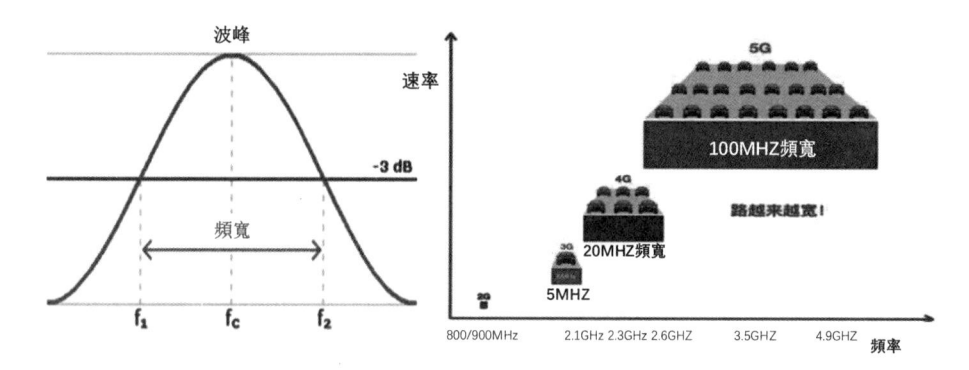

圖 2-19 頻寬示意圖

　　頻寬的定義為「可以傳遞訊號的頻率範圍」，這裡以下面兩個觀念來說明頻寬的意義，大家一定要記得，通訊有傳送端與接收端，所以是成對的。每一對通訊者必須使用一個頻率範圍來通話，通訊時不能只使用一個頻率，而必須使用一個頻率範圍，這個頻率範圍就稱為頻寬（Bandwidth）。任何一個人說話不可能只有一種頻率，即使同一個人說話也可能有高音（高頻）與低音（低頻）的變化，因此說話其實是發出某一個頻率範圍（頻寬）的聲波（聲音）。同理，當以高頻電磁波來傳送語音訊號時，也必須使用某一個頻率範圍（頻寬）。

　　因此，電磁波的頻寬是指其頻率範圍的寬度，它決定了電磁波所能攜帶的信息量。頻譜則是電磁波在頻域上的分佈，反映了電磁波在不同頻率上的能量分佈。隨著通訊技術的不斷發展，對電磁波頻寬和頻譜資源的需求也在不斷增加。

　　有了前面電磁波與無線通訊的概念，無線通訊裡面的 3G，4G 與 5G 通訊技術估計我就可以跟大家科普了，

2.3.3 無線通訊技術的演進

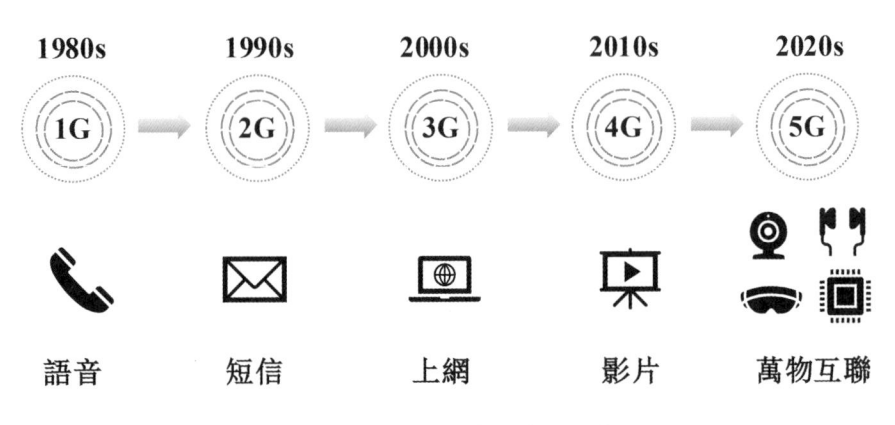

1980s → 1990s → 2000s → 2010s → 2020s
1G → 2G → 3G → 4G → 5G
語音　　短信　　上網　　影片　　萬物互聯

圖 2-20　無線通訊技術演進示意圖

如圖 2-20 所示，幾乎十年就有新一代無線通訊革命，目前已經進入 5G 時代，很多人說 5G 將開啟人類新紀元，這裡的 G，就是 Generation，世代！

當然想要理解無線通訊，你需要了解這個公式：

$$c = \lambda v$$

波長與頻率的乘積就是光或電磁波的速度 c，曾經的諾基亞手機屬於 2G 的 GSM900 系統所使用的電磁波，所以它的中心頻率大約 900 MHz，因此其波長大約 32 cm（公分）。波長越長的電磁波，產生繞射的機率越大，波繞過障礙物的能力當然與障礙物的大小有關。對於一倍到兩倍波長的障礙物，波能夠完全繞過，對於更大維度的障礙物，波只能夠繞過邊緣部分。因此可以利用高中低頻電磁波的特性，優化通訊的品質。現在就讓大家了

解一下無線通訊電磁波的特性。

(1) 中低頻電磁波（MHz、KHz）

因為中低頻電磁波的波長較長，所以天線比較長；中低頻電磁波的能量比較低，所以不需要消耗較大的電力，就能有足夠的功率傳送比較遠，而且中低頻電磁波的繞射性質比較好，比較容易繞過障礙物，接收訊號品質比較好。例如：FM 收音機使用大約 100MHz 的電磁波（波長大約 1 公尺），所以天線大約 50 公分，我們在室內就可以接收到 FM 的訊號。值得注意的是，天線其實只是一條長長的金屬線而已（長度大約是電磁波波長的 1/2），不一定要像收音機一樣拉著一條很長的金屬，可以將金屬線直接以濺鍍（Sputter）與蝕刻（Etching）的方式沉積在矽晶片上，製作出體積極小的微型天線，這樣就能夠隱藏在手機、PDA 等裝置裡，也可以利用其他金屬線來代替。例如：耳機本身就是長長的金屬線，所以目前的 MP3 都是利用耳機當做天線來接收無線廣播資訊；某些汽車會將細細長長的金屬線直接印刷在後檔風玻璃上，這樣就不用在車頂上拉一條長長的金屬天線了。

(2) 高頻電磁波（GHz）

因為高頻電磁波的波長很短，所以天線比較短；因為高頻電磁波的能量比較高，所以需要消耗比較大的電力才能有足夠的功率傳送到比較遠的地方，就算可以傳送比較遠，但是高頻電磁波的繞射性質比較差，不容易繞過障礙物，所以接收訊號品質比較差，例如：直傳衛星電視（DTH）屬於衛星通訊，其通訊頻率屬

於 GHz，所以在室內根本接收不到，目前 5G 也屬於這個通訊波段。

波的 diffraction 繞射能力與頻率（波長）有關，頻率越低（波長越長），其繞射能力越強。如圖 2-21 所示，波長越長每秒鐘傳遞資訊的能力越低，所謂的 4G 就是第四代無線通訊技術，使用的波長是十公分級的電磁波，5G 使用釐米或毫米波，如此的差別傳遞的信息量就會有有一個到兩個數量級的差別。所以很多人說，進入 5G 時代，我們可以進行萬物互聯，無延遲的資訊傳遞。

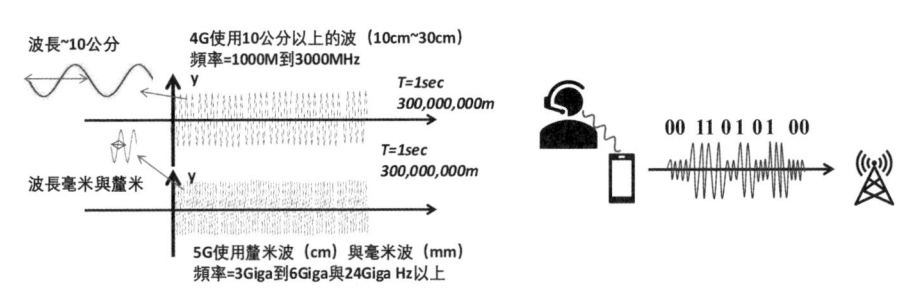

圖 2-21　4G 通訊與 5G 通訊對比

理想雖然很美好，但是完美的事物一定也會有缺點，目前全球 5G 網路還不能普及的原因之一是用於傳輸 5G 資訊使用非常短波長的電磁波，電磁波是電場和磁場的傳播，波峰和波谷是電場的兩個極值，當電磁波頻率越高，則波長越短，波峰和波谷離得越近，經過介質某一點附近電場的差異就越大，相應電流就越大，所以損耗在介質裡的能量就越多，所以 5G 使用的電磁波在傳遞過程中衰減會更多，需要的基地台密度要更高。雖然它的

體積比較小（天線長度是半波長），而短波長意味著繞射能力很弱，只要遇到障礙物基本都無法繞過，對基地台位置的要求很嚴格，只要稍微有死角，就無法傳遞資訊，所以未來要實現萬物互聯，智慧交通系統與人工智慧的普及，5G的基地台將無所不在，密度會超乎你的想像。

2.4 量子力學與週期表

當人類探索越來越小的物質結構之後，所使用的設備越來越精密，探索微觀世界得到的認知與圖像就越來越與人類理解的世界差距越來越大，所以除了少部分精英科學家瞭解原子的微觀世界，大部分的人都對這個微觀原子世界一知半解，而微觀世界探索的成果讓人類得到越來越大的力與能量，尤其是不可控制可以毀滅世界的能量，所以科學家在探索微觀的極限時，忽略了大眾對未知事物的無知與恐懼，於是一般人聽到原子的時候是可怕的原子彈與輻射，所以我要以輕鬆的文筆，帶大家進入原子的世界，利用原子裡面的質子、中子與電子的奇異與有趣的特性，進而無形中了解原子裡面的科學簡單道理。

原子是什麼？是湯姆生的葡萄土司麵包模型？還是拉塞福（Rutherford）的太陽系模型？還是最真實的量子力學派的原子核與電子雲霧模型？（圖2-22）。兩千五百多年前，希臘哲學家與科學家德謨克利特認為，萬物的本源或根本元素是「原子」和「虛空」，「原子」在希臘文中是「不可分」的意思，所以物質不是連續的，最小的不可分割單位是原子的理論開始根深蒂固的深植

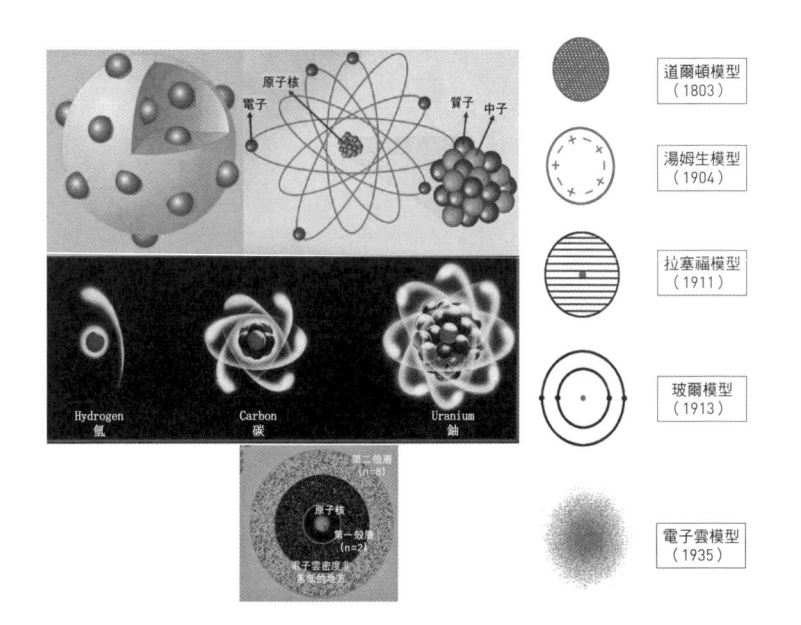

圖 2-22 原子結構模型的演進：原子結構模型的演進，象徵著人類對微觀世界巨大潛能的掌握與發掘，人類開始進入原子能時代。

於西方世界，同一個時間，中國的太極圖（圖 2-23）就讓人聯想到宇宙的組成是陰與陽，所謂太極即是闡明宇宙從無極而太極，以至萬物化生的過程，易經繫辭：「是故易有太極，是生兩儀」，兩儀即為太極的陰、陽二儀。

這兩個東西方古老的學說給了我們最小物質是不可分割的原子以及陰與陽（正負）的概念，近代科學的蓬勃發展更讓人類對原子的內部構造有更清晰的了解，這裡就用簡單的概念來了解原子結構裡面最重要的質子（proton）、中子（neutron）與電子（electron）吧！

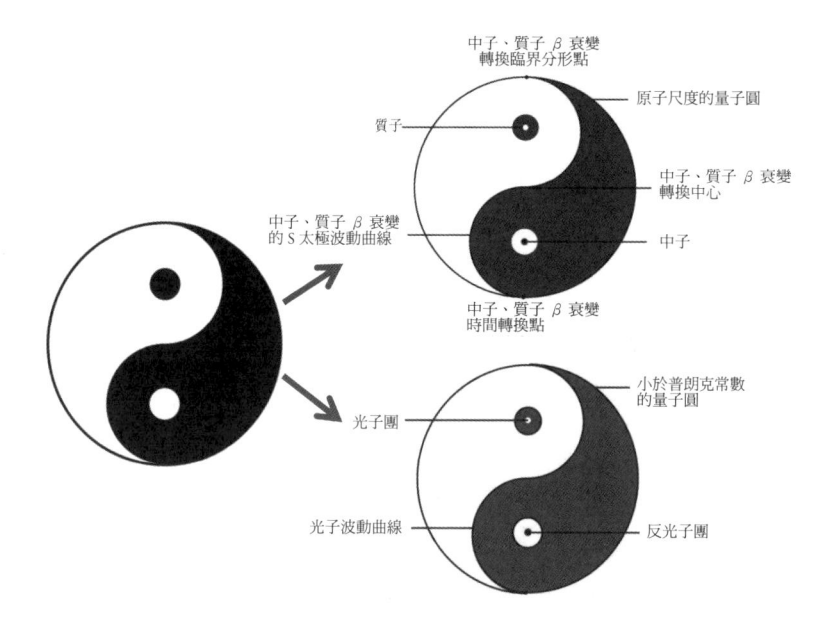

圖 2-23 太極與原子或量子是不是有異曲同工之妙呢？中國太極圖與原子內的微細構造發生了不可思議的相連

（1）電子：像霧像雨又像風的捉摸不定

電子繞原子核的方式並不像小小的衛星或行星，我們確實不知道電子怎麼跑？像雲霧一樣，電子就在裡面，如果我們真的要去找電子的話，這些雲霧就是電子可能出現的位置。我們先看看電子的行為，電子是捉摸不定的粒子，德國科學家海森堡的測不準原理（不確定性原理 uncertainty principle）就是描述電子的不可預測，你永遠無法同時確認電子的位置與動量。原來電子從不輕易說出自己的秘密，她根本就是低調到讓人抓狂！如果你有女兒或是你是一個有眾人追求女孩，電子的特性或許可以當做你的

行為模範，如果你想吸引某人的注意，試試就像電子一樣，讓他們覺得你的行為難以捉摸與深不可測，只讓他們知道你在哪裡，可是不知道你在做什麼，或是反過來也行，只知其一不知其二，我常常跟我女兒說，如果有男生電話來了，不要顯露出上氣不接下氣，急急忙忙的樣子，而是要練習平心靜氣的等鈴聲響過好幾下再接，就算他是你喜歡的人；追求你的人發了短信給你，開始的時候可以不著邊際的回復，永遠不要在剛開始的時候暴露你對他的愛惡，像電子一樣有時候既像粒子又像波，確定了在哪裡，但永遠不知到你在做什麼，這不就是不確定性原理的精髓嗎？

電子就像童話故事裡面國王的舞會派對裡最神秘的女孩灰姑娘，講話有種腔調，你不太確定她從哪裡來的，也從來不知道她已經來了，就算她真的來了，你根本搞不清楚她在講什麼，然後她就走了，身穿美麗的晚禮服與水晶鞋消失在夜色裡，只留下一股茉莉花香氣、一個美麗的背影與她故意留下的一隻水晶鞋。這就是電子，用一句優美的文句來形容電子就是「過度暴露會扼殺浪漫，保持神秘則會滋養興趣」。

如果你是一個女孩，我會建議你多了解電子。

（2）質子：近看是團結的領導核心，遠看是有堅強專注特質的魅力男人

大家都知道，原子核是原子的核心，是由質子與中子組成，質子帶正電，如何在這麼近的距離讓質子克服電磁排斥力凝聚在一起，這樣的力量幾乎大的讓你無法想像，這個力就叫做強作用力或核力，強作用力有多大呢？想想核融合或是核分裂產生的能

量,現在你應該有一定的概念了吧!能讓原子核凝聚在一起,一定要有核心,而且他們要非常團結,這種團結的力量就像強作用力,可以為組織產生非常大的凝聚力,如果這個核心力量分裂了,產生的破壞力就像原子彈的爆炸,損傷也非常巨大,這種穩定的力量就像核力或強作用力,強大到無法想像。

如果你有兒子,你要讓他像質子一樣的男子漢,你要讓他成為堅定的中心,不管電子的她如何捉摸不定,你就像質子一樣始終堅定的在這個中心位置,沉著穩定的吸引著她們,雖然內部排斥力非常強大,這種排斥力就像男人面對社會、家庭與事業的所有壓力一樣,你還是要用男子漢的堅強克服了這個排斥力,這個堅強的力就叫做強作用力或核力,沒有這個專一,沉著與穩定的堅強之力,你將失去所有魅力,那被你所吸引的那個捉摸不定的電子也將灰飛煙滅得不知所終。

(3)中子:親切的幾乎讓人毫無防備的巨大隱形力量

有一種粒子,讓人不知道它是陰性還是陽性!所以你很難偵測到它的存在,它就像一個演技高超的明星,可以扮演多重角色,你永遠無法知道,這些角色都是同一個人演的,它就是中子。跟它的名字很類似,走的是中庸之道,不張揚,不誇耀自己,其實它可能是很多大事背後的真正「大佬」,壞的時候像古代的奸臣或宦官,就像觸發原子核分裂,破壞力堪比人類的終極武器「原子彈」;好的時候,它就是質子之間的「和事佬」,創造安定團結的和諧原子核社會,中子還有另一個更重要的正面角色:促發核反應的「核電」與未來人類終極能源「核融合」,解

決現在與未來能源的問題,但是只有少部分人像核子物理學家才了解它的重要,就像王朝末日與偉大盛世的背後,那些不爲人知的隱形力量,只有聰敏睿智的歷史學家,才知道這些不爲人知的眞相。

從人的特質來看,中子像是一個好閨蜜,不管是男閨蜜還是女閨蜜,總是淡化自己的屬性,讓人不知道是陰還是陽?中子始終維持中性,很容易親近屬性很強的人,不管他是多麼堅強像質子一樣的男子漢,中子都可以讓他無防備的在身邊,軟化他那顆勇敢的心。捉摸不定的電子有時候會促發對中子的吸引力,讓中子有了厭倦當好閨蜜的時候,就在某個瞬間就像電子行爲一樣讓人捉摸不定的貝塔衰變(β beta decay)發生的時候,在這個瞬間,中子變成像質子一樣的男子漢!這就驗證了一件事,異性好閨蜜也許也有可能變成男女朋友,貝塔衰變就像閨蜜間的友情變成愛情一樣,有時候眞的來的不可思議。

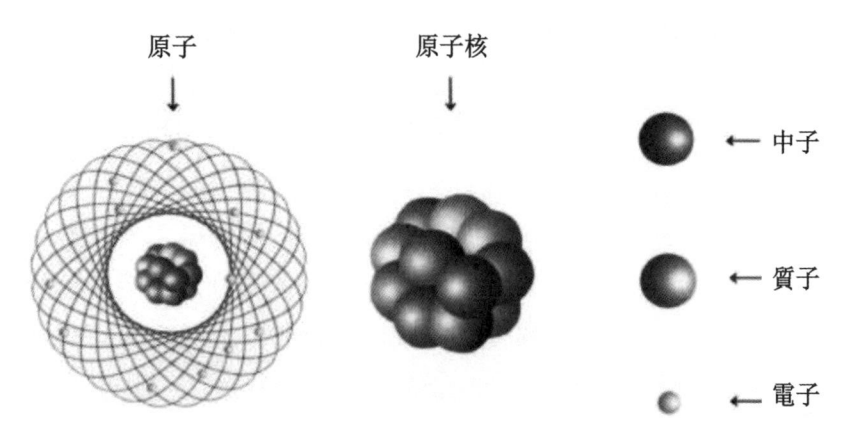

圖 2-24 質子、中子、電子示意圖:質子、中子與電子的特性裡面蘊含著很多人生大道理,所以學物理也可發掘很多意想不到的哲理

2.4.1 描述微觀世界的定律：量子力學與薛丁格方程

我們生活周遭的宏觀環境，已經發展出牛頓力學來描述物體的運動狀態，經典力學中使用位置和動量來描述物理系統的狀態。例如，如果你有一桌子移動的撞球，並且你知道每個撞球在某個時刻的位置和動量，那麼你就完全瞭解了該系統在時刻 t 的一切：每件物品的位置、去向以及速度。但是對微觀的世界呢？我們提出相同的問題，但答案卻沒有辦法用牛頓第二定律來回答，因為位置和動量不再是描述系統的正確變數。

問題就在於我們描述的物體並不總是表現得像微小的撞球，有時，最好將它們視為波！丹麥物理學家波爾領導的哥本哈根學派就是研究微觀世界的殿堂，這個殿堂發展出了描述微觀世界粒子的運動規律，我們稱之為量子力學，海森堡的矩陣力學與薛丁格的波動方程就是用來描述微觀世界裡面粒子的能量時間與位置動量的兩個重要定理，由於矩陣力學比較抽象，讓人很難理解，所以波動方程是理解微觀世界最好的數學工具，為什麼會使用波動方程來描述像電子這樣的微觀粒子的運動？這就要跟大家複習一下近代物理的歷史了，前面說到，光是粒子還是波？這個問題爭論了近 300 年，它的行為跟波長（能量）有密切的關係，而 19 世紀末 20 世紀初，當電子被發現之後，它的特性就讓人難以捉摸，原子模型也一直在修正，因為那時候實驗技術還無法驗證原子的新理論，所以近代物理的發展幾乎都是理論先行，後面的實驗驗證了理論，1925 年，法國物理學家德布羅意的博士論文大膽的推測，既然光是粒子也是波，他認為一般的物質也有粒子與波的特性，他把這個波稱為物質波，所以一束電子會像一束光

一樣擴散出去,它們應該會出現繞射的現象,如圖 2-25 所示。

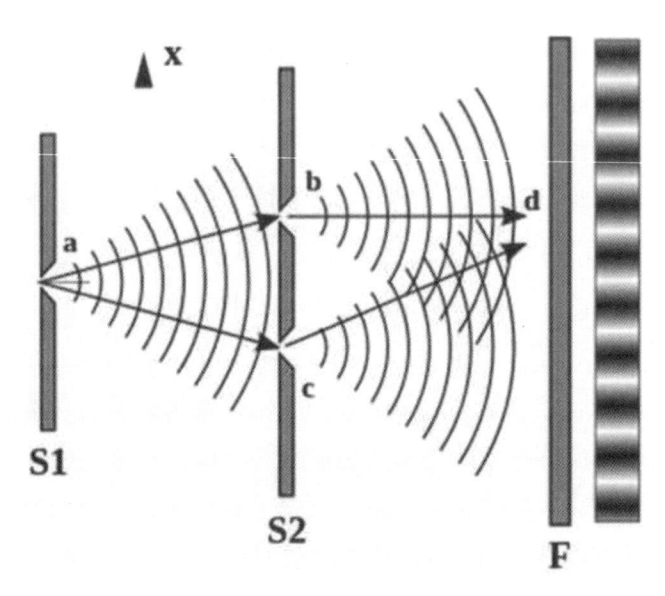

圖 2-25 繞射示意圖

「既然光有波動方程,那麼電子或物質應該也有它們的波動方程,在數學上證明它是一種波」。

電子雖然有波的特性,但是又跟光或電磁波有所不同,如何找出電子的波動方程呢?這個方程式既需滿足能量守恆,把動量加位能等於總能量,又要有波動方程的性質,為了滿足這樣的特性,薛丁格引入了數學的虛數 i(就是中學解一元二次方程的時候,得到的虛數解,這個 i 就代表負一的平方根)與自然指數 e(e 是由雅各·白努利於 1683 年在研究複合效應和關於投資隨時間指數增長的不同計算時首創的,這個極限收斂,約等於 2.71828),有

了這兩個數學工具,這樣就能滿足在時間演化的過程中波函數的模態保持恆定(波函數對時間的一次微分後的模態保持與原來的模態一致);而虛數i的作用確保了時間導數項(能量與頻率的關係)和空間導數項(動量的微分定義)之間的平衡關係,可以滿足前面所說的能量守恆關係。得到這個波動方程之前,先將歐拉公式的定義與泰勒級數展開得到三角函數與虛數i的公式連結:

$$e^{ix} = cos\, x + i\, sin\, x$$

$$e = \lim_{n \to \infty} \left(1 + \frac{1}{n}\right)^n$$

$$e^x = 1 + x + \frac{x^2}{2!} + \ldots + \frac{x^n}{n!} + o\,(x^n)$$

$$sin\, x = x - \frac{x^3}{3!} + \frac{x^5}{5!} + \ldots + (-1)^{2n-1} * \frac{x^{2n-1}}{(2n-1)!} + o\,(x^{2n-1})$$

$$cos\, x = 1 - \frac{x^2}{2!} + \frac{x^4}{4!} + \ldots + (-1)^{2n} * \frac{x^{2n}}{(2n)!} + o\,(x^{2n})$$

最後得到正弦波轉換成歐拉公式的波函數

$$e^{ix} = cos\, x + i\, sin\, x$$

薛丁格總結上面的結論,再將德布羅意物質波論文裡面的能量$E = h\nu$,$\nu = E/h$與動量$P = h/\lambda$的公式連動在一起,引入他的波動方程,其中 E 是微觀粒子的能量,P 是微觀粒子的動量,h 是普朗克常數,ν 是頻率,λ 是波長,滿足上面的條件波動方程

$u(x,t)$ 推導成為物質波方程 $\Psi(x,t)$ 的過程如下：

$$u(x,t) = u_0 e^{-2\pi i (vt - \frac{x}{\lambda})}$$

$$v = \frac{E}{h} \qquad \lambda = \frac{h}{p}$$

$$\boxed{u(x,t) = u_0 e^{-i\frac{2\pi}{h}(Et-px)}}$$

（用能量和動量分別替換經典的波函數中的頻率和波長）
還可以定義一個約化的普朗克常數：

$$\hbar = \frac{h}{2\pi}$$

讓波函數變成：

$$u(x,t) = u_0 e^{-i\frac{Et-px}{\hbar}}$$

由於物質波很特殊，所以用一個專門符號 Ψ 來表示物質波的波函數：

$$\psi(x,t) = \psi_0 e^{-i\frac{Et-px}{\hbar}}$$

也可以寫的簡單一點：

$$\psi = \psi_0 e^{-i\frac{Et-px}{\hbar}}$$

薛丁格將他的電子波動方程取了一個符號 Ψ，現在都把它稱為薛丁格波動函數算符，這個波動函數取時間的偏微分與空間

的偏微分，推導如下：

$$\frac{\partial \psi}{\partial t} = -\frac{iE}{\hbar}\psi$$

$$\frac{\partial \psi}{\partial x} = i\frac{p}{\hbar}\psi$$

$$\frac{\partial^2 \psi}{\partial x^2} = -\frac{p^2}{\hbar^2}\psi$$

這樣就可以將波動方程裡面的能量與動量提取出來了，提取出來後帶入能量守恆的公式，總能 E 等於動能加位能，可以得到薛丁格的波動方程；

$$E\psi = \frac{p^2}{2m}\psi + V\psi$$

其中

$$E\psi = i\hbar\frac{\partial \psi}{\partial t} \qquad p^2\psi = -\hbar^2\frac{\partial^2 \psi}{\partial x^2}$$

得到

$$i\hbar\frac{\partial \psi}{\partial t} = -\frac{\hbar^2}{2m}\frac{\partial^2 \psi}{\partial x^2} + V\psi$$

其中，u（x,t）和 ψ（x,t）代表波函數，描述粒子的狀態（位置和時間的依賴）。u_0 和 ψ_0 分別是波函數的振幅。為頻率，λ 為波長，E 代表能量，h 為普朗克常數，p 為動量，ℏ 為約化普朗克常數，ℏ=h/2π，m 代表粒子的質量，V 為位能，∂/∂t 和

∂/∂x 分別表示時間和空間的偏導數。

　　薛丁格驚喜地發現，方程的解對應了玻爾氫原子模型中的量子化軌道。事實證明，薛丁格方程正確描述了人類對原子行為的所有了解。它是所有化學和大部分物理學的基礎。這一發現對薛丁格和其他人來說都是一個完全的驚喜。但是當時有人說波函數裡有 i，i 是個虛數，計算出來的值也會是虛數，而虛數、複平面這些東西在現實生活中是看不到的，這個問題爭論了很久。最後，德國物理學家馬克斯 - 玻恩解釋說「波函數的值再給它平方一下，就等於粒子出現的那個時間和地點的機率」，這就意味著，沒觀測前，粒子出現在哪個地方是機率問題，觀測了，波函數就坍縮了，只呈現你看到的狀態。波恩的解釋非常重要，因為這個解釋讓原子的樣子跳脫了電子駐波軌道模型變成電子雲模型，也是現在最準確的原子模型！電子沒有確切的位置，只有發現它的機率大小，這將是發展半導體最重要的理論之一。

　　可是，在觀測前粒子都處於疊加態，一觀測波函數就坍縮，難道粒子有思想？沒准還真有，所以薛丁格的那只貓就出現了。

2.4.2 薛丁格的貓

　　這個解釋確實無法讓創造出波動方程的薛丁格接受，為了反駁機率論的解釋，於是他的貓出現了，薛丁格的貓是一個思想實驗，是他為了反駁波爾、海森堡與波恩提出來的。

　　這個思想實驗是這樣的，有一個裝置，裡面放著一隻貓和一個毒藥瓶子和放射性元素，元素衰變了毒藥就出來把貓毒死，不衰變貓就活著。

那貓到底是死是活呢?這個問題有好多種解釋:

波爾說:打開盒子之前貓同時處於死掉和活著兩種狀態,量子處在疊加態,可以衰變也可以不衰變。打開後就一種狀態,要麼生要麼死。

薛丁格說:打開盒子前貓的狀態就確定了。

費曼的師弟休‧艾弗雷特三世(Hugh Everett III)說:打開盒子的一剎那,宇宙分裂成兩個,在這個宇宙中的你看到了貓死,另外一個宇宙中的你就看到了貓活著,因為資訊守恆,開箱一刻只有一個結果,另一個結果的資訊自動到了另一個世界。

量子力學有太多解釋了,迷霧下面到底如何誰也不知道,只能根據現有的實驗現象去推論。

但無論如何推論,最讓人信服的解釋,都是建立在波函數的基礎上的,因為它是數學公式,它能描述粒子的狀態,無論是實驗現象還是迷霧之下的部分,都符合波函數,所以物理學家說波函數有一種實在性,波函數可以讓他們對量子力學有了大部分的掌控性,薛丁格也因為這個方程獲得了諾貝爾物理獎。

現在這個方程在很多領域都有應用,量子力學自不必說。在化學上,波函數分析法被廣泛應用到量子化學的研究中,如電荷轉移分析、化學鍵的分析、電位分析等。如果你不懂這個方程,在研究元素、原子特性上,你很難完整性的了解。

半導體時代來臨之後,它的理論基礎就是用波函數解釋電子在固態材料的行為,而且非常合理,因為電子也是一種波,後面在介紹半導體能帶模型理論的內容中,還會再用到這個觀念。

2.4.3 原子的吸引與鍵結

大家很喜歡用星座,生肖與血型來了解一個人,女孩子喜歡用星座來分析男女戀愛配對,傳統中國人喜歡看生肖與八字來分析事業婚姻與財富,血型可以分析一個人的個性與人格特質,有趣的是大家都喜歡分析別人比較多,尤其是透過所謂的星座生肖與血型來分析別人跟自己合不合適,但是最後你知道自己是那一型的嗎?人類最不了解的事情就是人類永遠不了解自己,於是我們用星座生肖與血型來歸納人的屬性,不是那麼精確,但是也寧可信其有,不可信其無,這些規律也許就是統計學的歸類吧,像我一樣是天秤座十月出生的人由於出生的時候氣候、環境與社會氣氛的相似性,這些人應該會有一些共同的屬性吧,同樣的生肖也有這點意思,也許這就是西方的星座與東方的生肖最大意義吧。

同樣的道理,對於包羅萬象的萬物規律與物質的如何組成,也一直困擾著人類,但是古時候用歸類法像是古希臘將所有事物歸類為土、火、空氣和水四種物質成分已經無法滿足與解釋萬物的組成,而人類也一直試著尋找萬物構成的規律,一百多年前的 1869 年,門德列夫 Mendeleev 終於看到了物質組成的規律,他於是做成了一個表格,這個表格不但找到了組成物質的基本單位原子的規律,排出了一個元素週期表,甚至預言了人類還沒發現的物質,大家初中或高中的時候,都要背元素週期表,但是很多人都不知到這些符號與數字所代表的意義,只是為了考試死記這些看不懂的符號與不知所以然的數字。所以今天我要用人格特質來描述元素的特性,男女之間的互動來分析原子與原子之間的鍵結,也許可以給大家較為有趣與深刻的認識。

週期表裡面元素周圍有幾個數字是很重要的，左上角的數字是原子序，就是前面敘述像男子漢一樣的質子數目，碳 C 的數字是 6，表示碳原子核裡面的質子有 6 個，像飄忽不定的美少女電子也有 6 個，另一個數字原子量是 12，表示中子也是 6 個，但是有時候同樣一個碳 C 原子，原子量會有所不同，我們稱一樣的原子序但是不同的原子量的元素為同位素，碳 14（C14）是碳 12 的同位素，會與正常的碳元素均勻混在一起，他的半衰期（某元素含量衰減成一半的時間）是 5700 年，由於人類的歷史大約只有幾萬年，所以我們通過碳 C14 含量就可以知道這個物質有幾千年的歷史，考古學都是使用碳 C14 含量分析文物來判定它們是什麼時期或朝代。

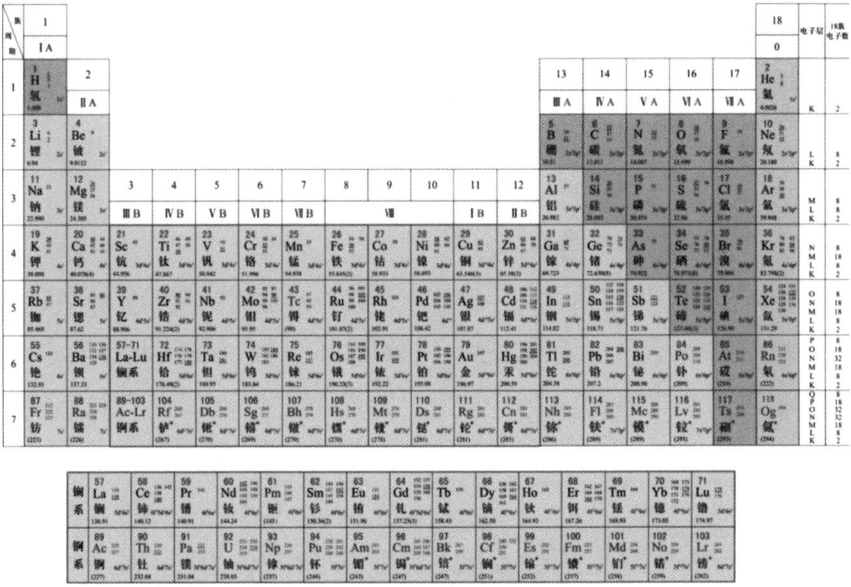

圖 2-26　元素週期表

言歸正傳，圖2-26就是我們以前上化學課最討厭的週期表，我現在從最左邊第一族開始介紹，你也可以看看你是偏左邊的人還是偏右邊的人。

　　我們人類的欲望就是十全十美，五子登科，同樣的道理週期表的原子們他們的欲望是什麼呢？就是把最外層環繞的電子填滿，所有的化學反應過程就像人類奮鬥過程一樣，成功取得圓滿，把電子填滿八個，跟中國人對八的情有獨鍾一樣，電子也很喜歡神奇數字八。最外層不滿八個電子的原子，寂寞而不滿足，他們想跟別的原子結合，因此會把彼此的最外層軌道混在一起，共同使用共有的電子。

　　氬，原子序18，最靠近原子核的軌道有兩個電子，下一層有八個，第三層再加八個。氬完成了[2，8，8]的電子配置，而且不需要更多的電子，十分愉快滿意。氯是氬在週期表的左邊鄰居，原子序是17。這表示它的核心有17個質子，外頭有17個電子圍繞著它，氯的電子從內到外配置是[2，8，7]，氯很想再得到一個電子，有誰外層是一個電子的呢？就是它，寂寞的、小小的氫原子，像一個渴望愛情的虛榮少女，穿著夏天的洋裝坐在門廊，夢想一個富二代把它帶走。所以一旦像富二代的氯原子開著超跑飛馳而過，氫就被電到了。氫原子伸出手表示我願意，用它的電子軌道纏繞著氯原子，十分願意拿最外層的電子和氯所擁有的七個共用。他們彼此都很滿意，開始守著八個共有電子的關係，這就是八隅規則；原子彼此共用電子，好讓外層填滿，週期表的每一欄（或稱為族），各自具有相同的鍵結特性，這有助於我們當個現成紅娘，幫他們找到理想的另一半。

Part 2 半導體理論基礎

圖 2-27 元素週期表與性格

　　如圖 2-27 所示，週期表的最左邊，也是第一欄的最上方，寫著第一族。氫和它下方一整欄的好朋友們全部都像愛美的少女一樣有著閃亮的外表，愛慕虛榮的個性（第一族原子有金屬光澤和絕佳的柔軟度），它們最外層軌道只有一個電子，不喜歡落單與需要人陪的個性，使它們在鍵結的時候有點天雷勾動地火，乾柴烈火的程度，所以它們比較不挑，只希望有人愛，所以她們的婚姻與愛情來得快去得也快，過度主動永遠會是弱勢的一方這個道理用在這一族還蠻貼切的。

　　週期表的第二欄，就是第二族，包含了長期受到忽視的鹼土族，它們最外層軌道有兩個可用的電子，和第一族一樣樂於分享，第二族的原子很努力的想高攀擁有六個電子的原子，比如跟氧原子，好讓最外層的電子軌道填滿，這一族的外在條件不是很好，但是勇於追求，追求之後得到的也許會比較忍讓與珍惜，結局也許比第一族好多了。

從第三欄到第十二欄，每一欄的人丁都比較單薄，是所謂的過度金屬，這個稱呼有時候會讓你迷惑，但是我只在乎十一欄的金屬：銅、銀、金。它們是金屬群中的明星：可延展但夠強韌，美麗又實用，它們從土裡挖出來，和其他沒那麼耀眼的原子們分離，因為純粹的時候最美。這些漂亮的明星讓其他人相形失色，因為它們不容易生銹，也難以偽造，雖然有一個或兩個電子可以分享，但是要看上門的是誰，以及如何提出邀約，它們令人著迷，即使邀請也不會正面回應，但也是因為如此才大受歡迎。

第十三到第十五欄是我們後面文章的重點，就是半導體族群，像志趣相投，因了解而結合，門當戶對的婚姻一樣，它們知道怎麼跟其他人交往，共創家庭，一起開拓事業，硼族擁有三個共價電子，矽有四個，氮有五個，跟第一欄與第二欄的屬性不同，它們結合是基於共有的價值，沒有太多的算計，所以它們結合之後創造了更大的奇蹟：矽、鍺、砷化鎵、磷化銦與氮化鎵，每一對結合都產生巨大的效益，創造人類的現代科技文明。

第十六和第十七欄，隊長是氧和氟，外層分別擁有六個和七個電子，它們跟花花公子一樣很清楚自己的本錢，所以常常跟不同的原子交往，這讓它們對自己滿懷信心，而且覺得是件順理成章的事，它們樂於分享自己的電子，不過生性火爆（這兩族的化學反應有時候確實容易爆炸），而且要求很多。

週期表最右邊，你總算遇到一整欄不需要任何電子的原子：惰性氣體。它們最外層有滿滿的八個電子，所以不想和別人結合，也只想獨善其身，其它原子認為這一族很無趣，但是它們也有不同的屬性，稀有又昂貴的氙與氪就像優秀的女博士高才生或

只想遊戲人間的鑽石王老五，它們看不上世俗的男男女女，單著比在一起快樂，當然像氖氣一樣的宅男也是在這一族，氖氣就像單身的電影明星一樣，可以作為彩色霓虹燈照耀夜空，但是永遠就是單著，因為它們高不可攀。

人與人的關係有男女的婚姻關係，親情關係與朋友關係，同事關係，同樣的原子與原子之間也會存在著很多關係，共價鍵結合關係，離子鍵結合關係，金屬鍵結合關係，如前面所述，共價鍵結合是穩定的婚姻關係，婚姻是否美滿要看這個結合是否有相同的價值觀與共有的價值，半導體的共價結合給了我們典範。

離子鍵結合就有點戀愛的味道了，第一族的鈉需要一位元擁有七個電子的原子跟它分享，好湊滿八個，它不顧反對愛上了氯，奉上了自己唯一多出來的電子，你以為氯會把自己的電子拿出來分享嗎？錯了，它抓了鈉的一個電子填滿了自己的外層，少了外層電子，鈉變成帶正電，氯變成帶負電，還因為氯的自私行為造成的電磁力而靠在一起，於是它們是註定要在一起的激情離子對，一個愛的多，一個有愛但比較少，雖然彼此都不滿足，卻也難以短期內分開，但是要結婚還有很長的路呢？女的給了男的全部，男的還不想結婚，這樣的關係不知道要持續多久，這不就是目前男男女女戀愛的最佳描述嗎！

金屬鍵是自由的電子與排列成晶格狀的金屬離子之間的靜電吸引力組合而成的，金屬鍵因為沒有固定的方向，所以是非極性鍵。金屬鍵就像同儕之間的友誼，男的叫兄弟，女的叫閨蜜，這樣的關係是超性別的，這樣的友誼是長久的，很難破壞的，所以金屬晶體受外力時，雖然會變形，金屬原子發生位移，但是自

由電子的連接作用沒有變,金屬鍵沒有被破壞,所以金屬晶體具有延展性,這不就是友誼天長地久的最佳寫照嗎!

(1)原子中電子的分佈

「原子(atom)」的大小約為 0.1nm(奈米),原子的中心是原子核,原子核外則圍繞著許多帶負電的「電子(electron)」,電子(帶負電)受到原子核(帶正電)的吸引而繞著原子核運行,就好像太陽系的九大行星繞著太陽運行一樣的情形,先了解原子裡面電子的分佈,才能說明原子發光的原理。

以鉿(Hf)原子為例,鉿的原子序為 72,代表原子核外有 72 個電子,這 72 個電子在沒有外加能量時會在固定的軌道上繞原子核運行,這種軌道稱為內層能階,如圖 2-28 所示;另外在

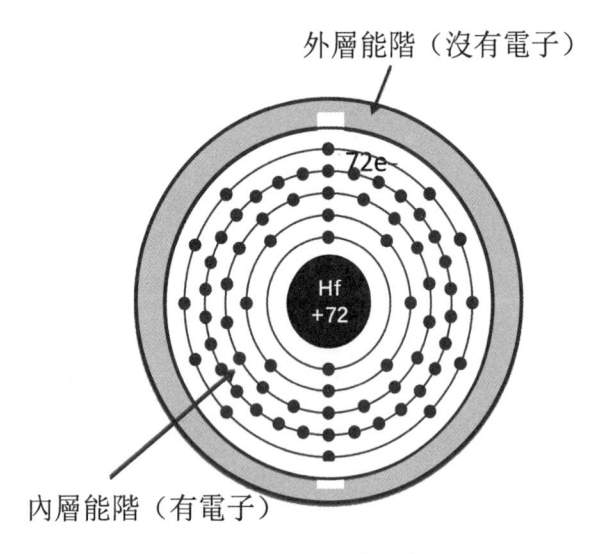

圖 2-28　Hf 原子結構示意圖

距離原子核更遠的地方,也就是在內層能階周邊,還有一種空的軌道稱為外層能階,在沒有外加能量時並沒有電子存在。換句話說,在沒有外加能量時,電子只會在內層能階繞原子核運行;而在有外加能量(光能或電能)時,少數電子會跳到外層能階以後再繞原子核運行。

能階(Energy level):科學家們將電子可以存在於原子中,並且繞原子核運行的區域稱為能階(Energy level),原子的能階分為內層能階與外層能階,如圖 2-29(a)與(c)所示。可以將電子在原子的內層能階與外層能階的行為,想像成某人在大樓的一樓與頂樓,如圖 2-29(b)與(d)所示。

內層能階(能量較低):在沒有外加能量時,原子核外所有的電子都在內層能階繞著原子核運行,內層能階的電子能量較低,比較穩定,如圖 2-29(a)所示。就好像大樓的一樓,大樓內的某人在大樓的一樓,一樓的能量較低,比較穩定,也比較安全,如圖 2-29(b)所示。

外層能階(能量較高):在有外加能量(光能或電能)時,則其中一個電子會由內層能階跳躍到外層能階,外層能階的電子能量較高,比較不穩定,如圖二(c)所示。就好像大樓的頂樓,對大樓內的某人外加能量(爬樓梯或坐電梯),則某人會由一樓升高到頂樓,頂樓的能量較高,比較不穩定,也比較危險,如圖二(d)所示。

能隙(Energy gap):科學家發現,在內層能階與外層能階之間的區域是沒有電子存在的,換句話說,電子原本在內層能階,當對原子外加能量,電子並不是慢慢地爬到外層能階,而是

電子吸收了這個能量以後直接跳躍到外層能階。內層能階與外層能階之間沒有電子存在的區域稱為能隙（Energy gap），而能隙的大小就是內層能階與外層能階之間的能量差（類似位能差）。能隙（Energy gap）是半導體科技最重要的觀念，也是光電工程師的專業術語，所有的材料會發出什麼顏色的光就是由固態材料（Solid state material）原子的能隙來決定。

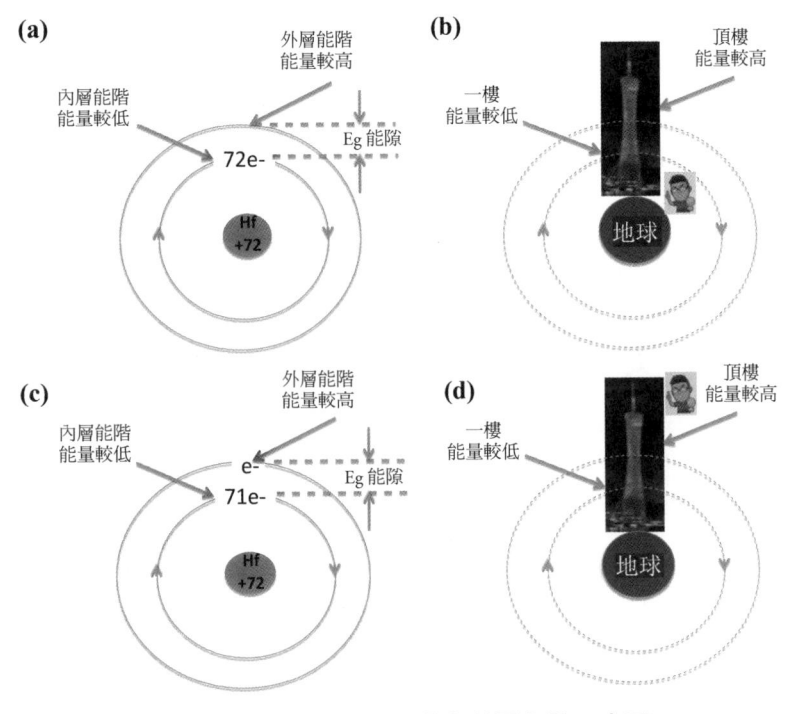

圖 2-29　原子的內層能階與外層能階示意圖

（2）原子的發光原理

圖 2-30（a）為鉿原子的能階示意圖，如果仔細觀察圖 2-30

（a）會發現，其實圖中真正有意義的部分只有鉿原子的上方，因此科學家將鉿原子上方虛線的部分畫成如圖 2-30（b）的簡圖。鉿原子的 72 個電子在沒有外加能量時都在內層能階，外層能階則是空的，如圖 2-30（b）所示。對鉿原子外加能量（光能或電能），則其中一個電子會由內層能階跳躍到外層能階，如圖 2-30（c）所示。由於外層能階的電子能量較高，比較不穩定，因此電子會由外層能階落回內層能階，並且將剛才吸收的能量以光能或熱能的形式釋放出來，最後電子回到原先的狀態，如圖 2-30（d）所示，這是所有光電科技產品必定遵守的定律，我們稱為能量守恆定律（Energy conservation）。

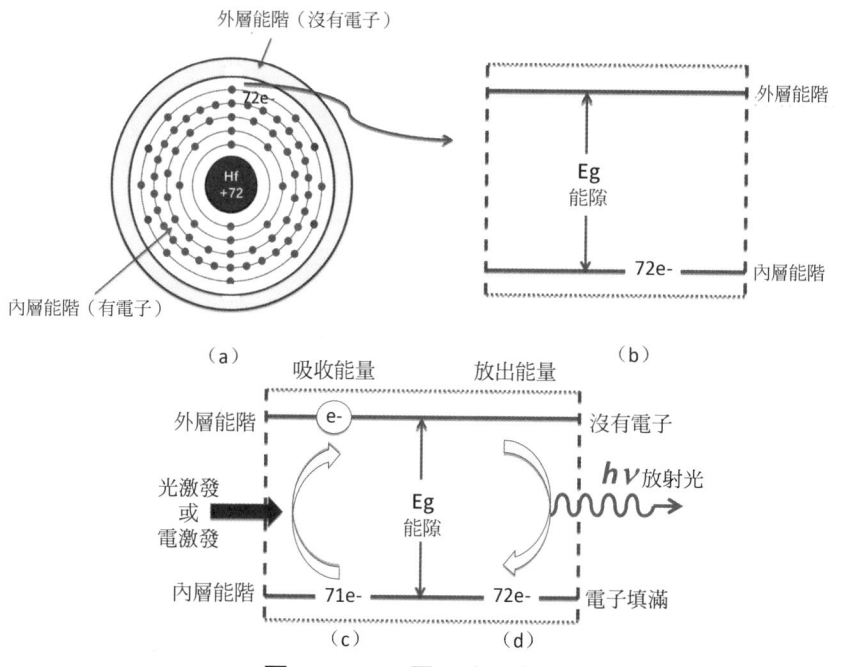

圖 2-30　Hf 原子的發光原理

內層能階又稱基態（Ground state），外層能階又稱激發態（Excited state）。

對原子外加能量（光能或電能），使電子由內層能階跳躍到外層能階的動作稱為激發（Pumping）。

2.4.4 粒子還有繼續再細分的空間嗎？

乘著近代科學蓬勃發展的東風，掌握高能粒子加速技術與微觀分析技術的迅猛發展，人類開始對物質最小單位是什麼進行無邊無際的探索，慢慢的知道原子裡面有電子，然後知道原子裡面的核心是原子核，電子像行星繞太陽一樣繞著原子核運動，慢慢的發現這樣的模型無法解釋原子發光光譜，於是導入了電子雲霧狀機率分佈的軌道模型，再來我們發現原子核裡面有質子與中子，在裡面又發現更小更小無數粒子如夸克、介子、膠子、中微子……，最後為了完成統一的萬物理論，甚至發展了更微細構造的超炫理論，無論如何，人類目前除了探索浩瀚的宇宙之外，對物質的本質還在利用最精密的設備與超高能的粒子加速器無止境的窮究與探索之中，2013 年發現了希格斯玻色子，也許再過幾年，你又會在新聞裡面看到瑞士日內瓦的歐洲核子研究組織又發現了什麼子了，但是 2020 年以後，楊振寧與多位科學家吵得沸沸揚揚的中國中科院高能物理研究所宣佈建造世界最大粒子加速器如果成功，以後發現物質最小單位的工作也許就要交給財大氣粗的中國了。

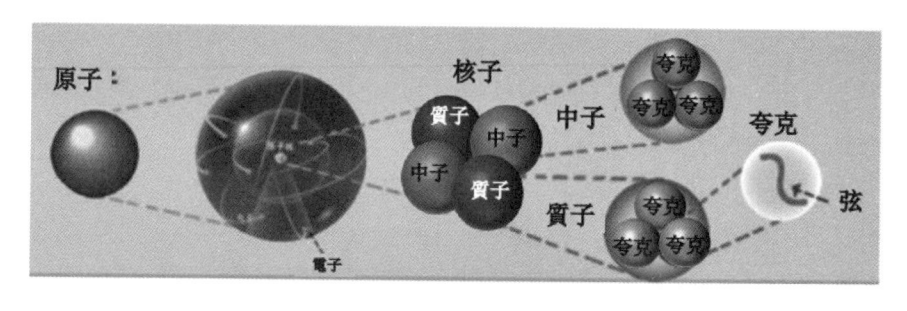

圖 2-31　微觀粒子示意圖

2.5 半導體能帶理論與半導體特性

我們對物質的組成與原子的特性都已經非常瞭解了，最後我們要開始講最難的半導體物理。講到半導體，大家都很喜歡這門科技，因為半導體科技是我們可以享受現代生活最大貢獻的科學，幾乎我們生活的方方面面都離不開它的影子：電視、電腦、手機、汽車電子、家電用品與照明顯示工具都離不開半導體的技術，但是如果要知道半導體的科技知識，大家可能都會搖搖頭，尤其部分理論牽涉到量子力學的觀念，太多看不懂的術語，太多沒聽過的專有名詞：電子、電洞、傳導帶、價電帶、能隙、摻雜、P型、N型、費米能階、二極體、電晶體、IC……這些專有名詞對我們都是有聽沒有懂，所以今天我要用淺顯易懂與有趣的比喻介紹這個的主角：半導體！

2.5.1 半導體的鍵結

前面提到，人與人之間，價值觀與條件相當的結合是最好最

長久的，同樣的，3A 族、4A 族與 5A 族的原子與原子之間的結合也是最完美的結合，所以創造出了不可思議的科技結晶：半導體晶體，它們結合的媒介就是鍵結，如圖 2-32 所示。

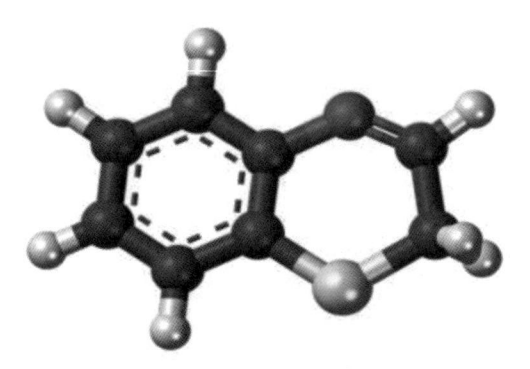

圖 2-32　鍵結示意圖

　　介紹鍵結之前，再一次說說電子與原子的構造。電子可以說是所有高科技產品的趨動者，要了解電子，就必須先認識原子的構造。「原子（Atom）」的大小約為 0.1nm（奈米），原子的中心是原子核，原子核帶正電，原子核外則圍繞著許多帶負電的「電子（Electron）」，電子（帶負電）受到原子核（帶正電）的吸引而繞著原子核運行（實際上並不是這樣的，這樣只是為了讓大家比較好的理解）。如果將「原子」想像成是「棒球場」，則「原子核」只有「棒球的大小」，而「電子」只有地上「一粒砂的大小」而已，故電子可以存在的空間是很大的，不管原子核外有多少電子，都可以繞著原子核運行而不必擔心會產生碰撞的問題。要注意，原子核雖然很小，但是原子的質量幾乎等於原子核的質量，而電子的質量很小，幾乎可以被忽略。

如圖 2-33 所示，矽原子的原子核帶電量為 +14，原子核外有 14 個電子（帶電量為 -14）繞著原子核運轉，對整個矽原子來說，其總帶電量為零，稱為「電中性」，不論任何原子在正常的狀態下必定保持電中性，原子核帶多少正電，原子核外就有多少電子，而整個原子的總帶電量必定為零。

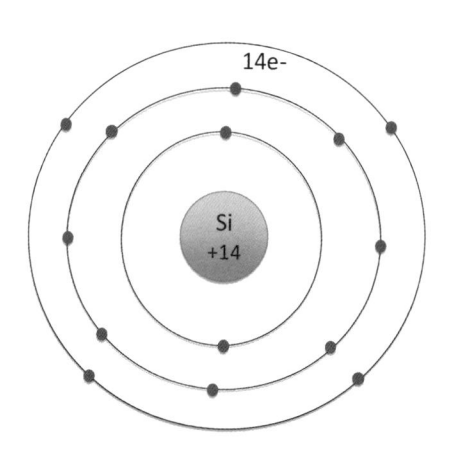

圖 2-33　矽原子結構示意圖

（1）鍵結電子（Bonding electron）

當物質以固態存在時，原子與原子或分子與分子相距很近而形成鍵結，但是物體是如何形成鍵結的呢？在前面已經介紹過原子的構造，原子包括原子核與電子，電子（帶負電）受到原子核（帶正電）的吸引而繞著原子核運行。

例如：矽元素的原子序為 14，代表原子核外有 14 個電子，

這 14 個電子在繞原子核運行時，必然有些電子比較靠近原子核，有些電子則比較遠離原子核，如圖 2-34（a）所示。

當兩個矽原子互相靠近時，比較遠離原子核的電子會先互相重迭而產生作用力，形成鍵結，這些可以形成鍵結的電子稱為「鍵結電子（Bonding electron）」，如圖 2-34（b）所示。

不論原子有多少電子（原子序＝電子數），鍵結電子永遠是最周邊的幾個電子，因此要判斷原子有幾個鍵結電子，可以利用元素週期表中 A 族元素的特性「幾 A 族元素就有幾個鍵結電子」。

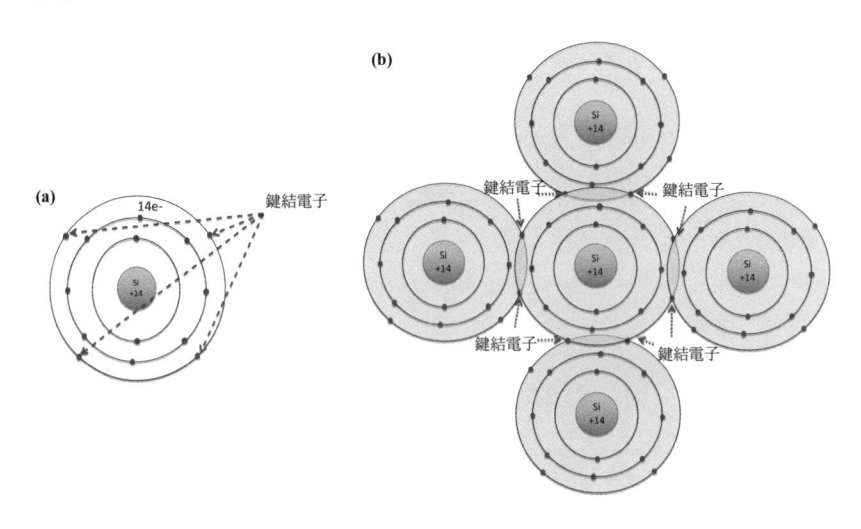

圖 2-34　原子的鍵結電子

「硼、鋁、鎵、銦、鉈」均為 3A 族元素，不論它們有多少個電子，鍵結電子都只有 3 個。

「碳、矽、鍺、錫、鉛」均為 4A 族元素，不論它們有多少個電子，鍵結電子都只有 4 個。

「氮、磷、砷、銻、鉍」均為 5A 族元素，不論它們有多少

個電子,鍵結電子都只有 5 個。

(2) 化學鍵 (Chemical bond)

在原子產生鍵結時,必須遵守下列兩個規則:

每 2 個鍵結電子形成 1 個化學鍵。每個原子的周圍存在 8 個鍵結電子時最安定,稱為「八隅規則」。

以矽晶圓(單晶)為例,如圖 2-35(a)所示,矽元素為 4A 族元素,有 4 個鍵結電子。如圖 2-34(a)左邊虛線方格的矽原子有 4 個鍵結電子,右邊實線方格的矽原子也有 4 個鍵結電子,當許多矽原子鍵結在一起時,每個矽原子的周圍都有 8 個鍵結電子(4 個是自己的,4 個是別人的),因此滿足八隅規則,形成安定的矽晶體。因為「每 2 個鍵結電子形成 1 個化學鍵」,因此可以將圖形簡化成圖 2-35(b),其中長條狀的直線即代表化學鍵,每個化學鍵由兩個鍵結電子組成。

以 GaAs 晶圓(單晶)為例,如圖 2-35(c)所示,鎵元素為 3A 族元素,有 3 個鍵結電子,砷元素為 5A 族元素,有 5 個鍵結電子。如圖 2-35(c)左邊虛線方格的鎵原子有三個鍵結電子,右邊實線方格的砷原子有五個鍵結電子,當許多鎵原子與砷原子鍵結在一起時,每個鎵原子的周圍都有八個鍵結電子(3 個是自己的,5 個是別人的),每個砷原子的周圍也都有八個鍵結電子(5 個是自己的,3 個是別人的),因此滿足「八隅規則」,形成安定的 GaAs 固體。因為每 2 個鍵結電子形成 1 個化學鍵,因此,可以將圖形簡化成圖 2-35(d),其中長條狀的直線即代表化學鍵,每個化學鍵由兩個鍵結電子組成。

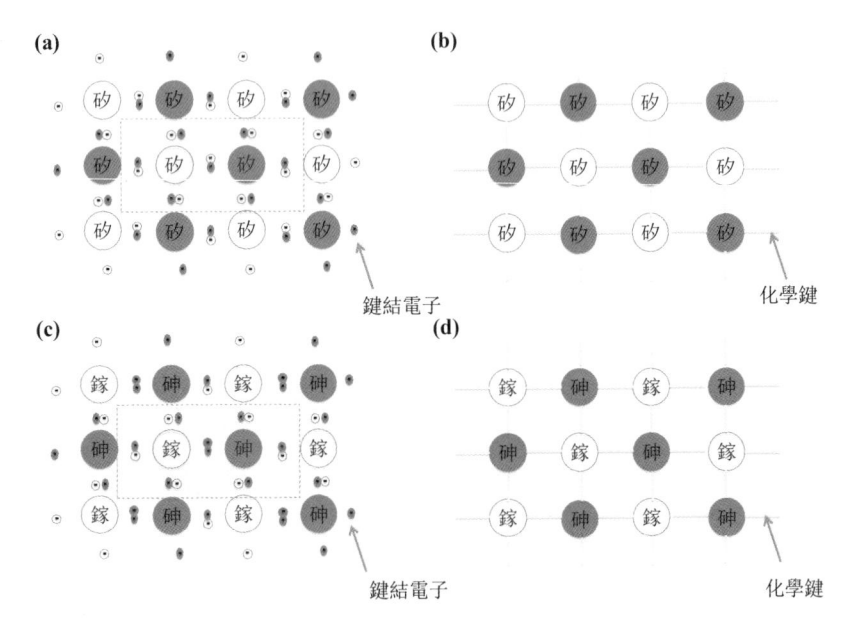

圖 2-35　鍵結電子與化學鍵

2.5.2 半導體的導電特性

　　由於半導體的導電性不夠好，所以必須使用「單晶」來製作積體電路（IC）以增加導電性，但是科學家發現如果只是使用單晶矽或單晶 GaAs 導電性仍然不夠，要再增加導電性則必須使用摻雜（Doping）技術。「摻雜（Doping）」是指在固體材料中「加一點點」另外一種固體原子，

　　在矽晶圓中加入不同的原子則會形成兩種不同型態的半導體，分別稱為「N 型半導體」與「P 型半導體」。

（1）N 型半導體（N type：Negative type）

當在矽固體（4A 族）摻雜少量的氮原子（5A 族）時，稱為 N 型半導體，N 型半導體最大的特性是容易傳導電子，電子帶負電（Negative）故稱為 N 型。

由於矽原子有 4 個鍵結電子，氮原子有 5 個鍵結電子，當矽與氮鍵結時總共有 9 個鍵結電子，每個氮原子的周圍均比八隅規則多出 1 個電子，如果整塊矽固體中有某些位置換成氮原子，則結果如圖 2-35（a）所示，整塊半導體多出許多電子，這些是滿足八隅規則後多出來的電子，可以自由在半導體中移動，故 N 型半導體容易傳導電子。

（2）P 型半導體（P type：Positive type）

當在矽固體（4A 族）摻雜少量的硼原子（3A 族）時，稱為 P 型半導體，P 型半導體最大的特性是容易傳導電洞，電洞帶正電（Positive）故稱為 P 型。

由於矽原子有 4 個鍵結電子，硼原子有 3 個鍵結電子，當矽與硼鍵結時總共有 7 個電子，每個硼原子的周圍均比八隅規則少了 1 個電子，少了一個電子反過來說就是多了一個電洞（⊕），如果整塊矽固體中有某些位置換成硼原子，則結果如圖四（b）所示，整塊半導體多出許多電洞（⊕），這些是滿足八隅規則後多出來的電洞，可以自由在半導體中移動，故 P 型半導體容易傳導電洞。

看完上面的說明，各位有沒有覺得怪怪的，不是說原子的四周最多只能有八個鍵結電子存在嗎（八隅規則）？為什麼在 N 型

半導體內原子的四周卻有 9 個電子呢？（如圖 2-36 所示）。沒錯，9 個電子的材料不穩定根本無法存在，這就意謂著利用摻雜（doping）加入的原子數目一定不能很多，所以說摻雜（doping）是指在固體材料中「加一點點」另外一種固體原子，至於這個一點點是多少呢？一般而言大約是百萬分之一（$1/10^6$），是不是真的只有加了一點點！

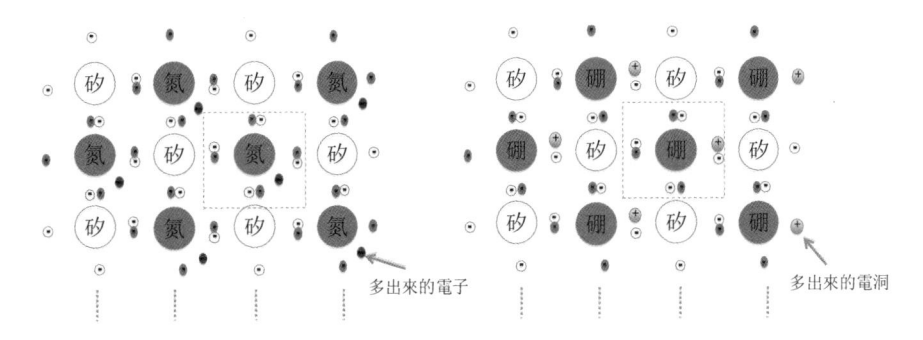

圖 2-36　N 型與 P 型半導體示意圖

（3）電子與電洞的定義

半導體介於導體和絕緣體之間，可通過改變外界條件在兩種角色間轉換。半導體中含有大量電子，受到一定能量的電場溫度或光照後，它們會變得活潑，「逃離」原來的位置，原來的位置就變成了一個「空位」，稱為電洞，而這個「離家出走」的電子就是自由電子。

想像一組乾電池如圖 2-37 所示，電池的正極帶正電，電池的負極帶負電，分別以電線將電池連接到一塊半導體的兩端，則正極與負極會發生下面的反應：

電洞流（Hole current）：電池的正極會流出「電洞（Hole）」，形成電洞流，電洞帶正電。

電子流（Electron current）：電池的負極會流出「電子（Electron）」，形成電子流，電子帶負電。

只要電池的電能存在，則電池的負極就會有電子不斷流出並且注入半導體，而電池的正極會有電洞不斷流出並且注入半導體，如果半導體會發光，例如：使用 GaAs 晶圓製作的發光二極體，則這個科技產品就會替我們進行發光的工作；如果半導體不會發光，例如：使用矽晶圓製作個人電腦的中央處理器（CPU），則這個科技產品就會替我們進行運算的工作。半導體會不停地為我們工作，直到電池的電能消耗完畢為止，這就是所有高科技產品工作的基本原理。

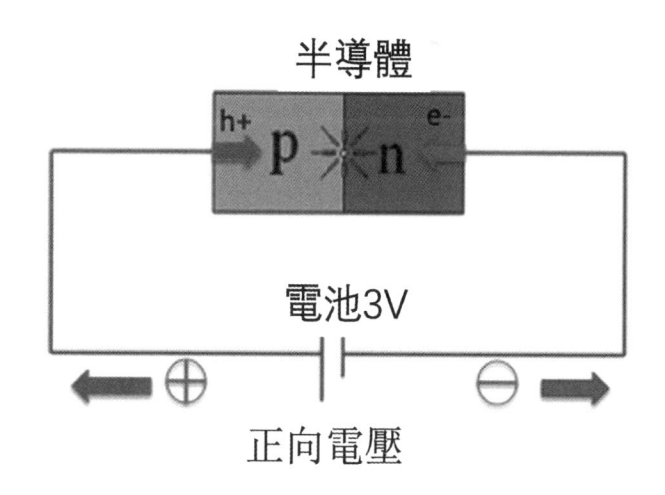

圖 2-37　電池中的電子流與電洞流

2.5.3 半導體的種類
（1）元素半導體
　　一種元素鍵結形成的半導體，稱為「元素半導體」。例如碳（C）、矽（Si）等固體材料，大多屬於 4A 族元素。元素半導體的發光效率很差，因此我們多利用它來製作操作元件，例如：矽（Si）是屬於「間接能隙（Indirect bandgap）」，所以矽晶圓所製作的元件不會發光，一般都用來製作電腦的處理器（CPU）、記憶體等積體電路（IC）。

（2）化合物半導體
　　二種以上的元素鍵結形成的半導體，稱為「化合物半導體」。例如：GaAs 屬於三五族化合物半導體（3A 族的鎵與 5A 族的砷）等固體材料。化合物半導體的發光效率極佳，因此我們多利用它來製作發光元件，例如：GaAs 是屬於「直接能隙（Direct band gap）」，所以 GaAs 晶圓所製作的元件會發光，一般都用來製作發光二極體（LED）、雷射二極體（LD）等元件。

　　GaAs 除了可以製作發光元件以外，由於 GaAs 晶圓中的原子振動頻率比矽晶圓高（每秒鐘振動的次數較多），而且電子在 GaAs 晶圓中移動的速度比在矽晶圓中快，因此 GaAs 晶圓還可以用來製作高頻元件。

　　化合物半導體的種類很多，只要具有兩種以上的元素混合起來就可以形成，但是必須遵守八隅規則，也就是每一個原子的周圍必須都有八個電子，因此化合物半導體有以下幾種：

　　三五族「二元素」化合物半導體元素週期表上 3A 族任選一

個元素與 5A 族任選一個元素混合形成，例如：GaAs、磷化銦（InP）、磷化鎵（GaP）、氮化鎵（GaN）等。

三五族「多元素」化合物半導體元素週期表上 3A 族任選二個以上的元素與 5A 族任選二個以上的元素混合形成，例如：砷化鋁鎵（AlGaAs）、磷砷化鎵（GaAsP）、磷化鋁鎵銦（AlGaInP）、砷化鋁銦鎵（AlInGaAs）等，只要固體中所含有的 3A 族原子總數與 5A 族原子總數相等即可。

二六族「二元素」化合物半導體元素週期表上 2A 族任選一個元素與 6A 族任選一個元素混合形成，例如：硒化鎘（CdSe）、硫化鎘（CdS）、硒化鋅（ZnSe）等。值得注意的是，元素週期表上 2A 族元素包括：鈹（Be）、鎂（Mg）、鈣（Ca）、鍶（Sr）、鋇（Ba）、鐳（Ra），而上面所提到的鎘（Cd）、鋅（Zn）等元素其實是在元素週期表中央的 B 族元素（過渡金屬），但是它們的性質仍然與 2A 族元素類似，因此仍然將它們「視為」2A 族元素。

科學家們製作出那麼多種類的三五族與二六族化合物半導體，目的是什麼？

當對不同的化合物半導體材料施加電壓時，會使化合物半導體發出「不同顏色的光」，科學家們利用這種原理可以製作出不同顏色的發光元件，例如：交通號誌紅綠燈的紅光（砷化鋁鎵 AlGaAs）、黃光（鋁銦鎵磷 AlInGaP）與綠光（銦鎵氮 InGaN）等發光二極體（LED）。

2.5.4 半導體的理論基礎:能帶模型

在前面的章節已經提及,半導體是原子與原子之間結合的最佳典範,所以創造出了 20 世紀與 21 世紀人類的科技文明,它用什麼樣的理論來解釋半導體的特性呢?後面又要開始有一些抽象的原理與觀念要用到數學公式了,但是我會努力試著讓大家盡可能了解。

前面的原子模型部分,利用波動方程解釋了電子在原子的運動,但是當我們解定態薛丁格方程(Schrödinger Equation),就是沒有時間項的微分方程,得到的定態方程推導過程如下所示:

前面推導的薛丁格方程為:

$$i\hbar \frac{\partial \psi(r,t)}{\partial t} = \frac{-\hbar^2}{2m}\frac{\partial^2 \psi(r,t)}{\partial r^2} + V(r,t)$$

將時間函數與空間函數分開,得到:

$$\psi(r,t) = \psi(r)\phi(t)$$

帶入薛丁格方程:

$$i\hbar \psi(r) \frac{\partial \phi(t)}{\partial t} = \frac{-\hbar^2}{2m}\frac{\partial^2 \psi(r)}{\partial r^2}\phi(t) + V(r)\psi(r)\phi(t)$$

乘以 $\frac{1}{\psi(r)\phi(t)}$

得到:

$$i\hbar \frac{\partial \phi(t)}{\partial t}\frac{1}{\phi(t)} = \frac{1}{\psi(r)}\left[\frac{-\hbar^2}{2m}\frac{\partial^2 \psi(r)}{\partial r^2} + V(r)\psi(r)\right] = C$$

解前面的時間微分項：$i\hbar \dfrac{\partial \phi(t)}{\partial t} = C\phi(t)$

得到 $\phi(t) = \phi_0 e^{\frac{-iCt}{\hbar}}$

因為 $\dfrac{C}{\hbar} = \omega = 2\pi v$

所以 $v = \dfrac{C}{2\pi\hbar}$

得到 $C = hv = E$

最後解出定態薛丁格方程 Timeindependent Schrödinger Equation

$$E\Psi(r) = \dfrac{-\hbar^2}{2m}\dfrac{d^2\Psi(r)}{dr^2} + V(r)\Psi(r)$$

可以用這個方程求解原子內電子波函數，就是 V(r)=0 的函數解，我們得到：

$$E\psi(r) = \dfrac{-\hbar^2}{2m}\dfrac{\partial^2\psi(r)}{\partial r^2}$$

$$\dfrac{\partial^2\psi(r)}{\partial r^2} + \dfrac{2mE}{\hbar^2}\psi(r) = 0$$

得到 $\psi(r) = \varphi_0 sin(kr) + \varphi_0 i cos(kr) = \varphi_0 e^{ikr}$

$$k = \sqrt{\dfrac{2mE}{\hbar^2}}$$

其中，$\Psi(r)$ 和 $\psi(r,t)$ 分別為波函數，表示粒子的狀態（位置 r 和時間 t 的依賴），E 為能量，$\hbar$ 為約化普朗克常數，m 為粒子品質，$V(r)$ 為位能，$\partial/\partial r$ 和 $\partial/\partial t$ 分別表示空間和時間的偏導數，$\phi(t)$ 為時間部分的波函數，ϕ_0 為常數，C 為常數，ω 為角頻率，ν 為頻率，h 為普朗克常數，k 為波數，r 為位置。

這個定態薛丁格方程就是下面要解釋電子在半導體晶體內運動要用到的理論依據，由這個方程，可以得出兩點重要的結論：（1）原子內電子的能量是量子化的（波動方程的解）；（2）電子的運動有穿隧效應（波恩的機率波解釋）如圖 2-38 所示。

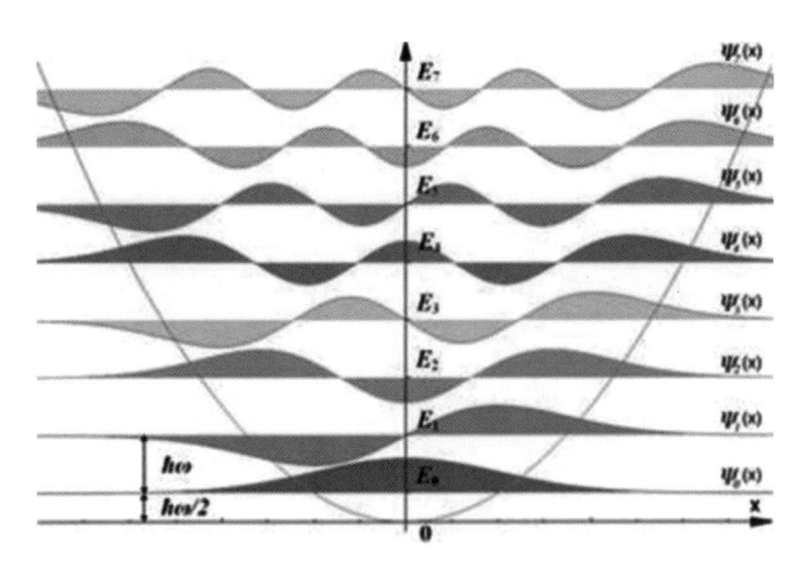

圖 2-38　原子內電子的能階（x = r）

原子的外層電子（在高能階）位壘穿透機率較大，電子可以在整個固體中運動，稱為共有化電子，原子的內層電子與原子

核結合較緊,一般不是共有化電子。晶體中電子的運動,既不是完全自由的,也不是完全被束縛在原子周圍,固體(這裡指晶體)具有由大量分子、原子或離子規則排列而成的點陣結構,電子會受到週期性位壘場的作用,所以波函數會有一個週期函數項 $u_k(r)$,這個函數反映了電子與晶格相互作用的強弱,所以晶體中電子的波動方程變成:

$$\psi_k(r) = e^{ik*r} u_k(r)$$

其中,$\psi_k(r)$ 表示波函數,它依賴於波數 k 和位置 r,e^{ik*r} 是平面波項,$u_k(r)$ 是位置依賴的函數,k 為波數,表示波的傳播特性,r 為位置。

(1) 布洛赫定理

求解原子內電子的薛丁格方程時,如圖 2-38 所示,可以得到量子化的能階分佈,但是在半導體晶體內,電子的運動是被晶格周圍的位壘場影響的,利用這個條件,求解三維的波動方程 $E\Psi(r) = \dfrac{-\hbar^2}{2m} \dfrac{d^2\Psi(r)}{dr^2} + V(r)\Psi(r)$,再加上晶格位壘波函數的導入,波函數的解,會跟自由電子與孤立原子的波函數有所不同,引入週期性函數的特性如下:

$$\psi_{\vec{k}}(\vec{r}) = u_{\vec{k}}(\vec{r}) e^{ik\vec{r}}$$

$$u_{\vec{k}}(\vec{r}) = u_{\vec{k}}(\vec{r} + \vec{T})$$

$$E = \frac{\hbar^2 k^2}{2m_0} \qquad -\frac{\pi}{a} < k < \frac{\pi}{a}$$

$$E(k) = E\left(k + \frac{n2\pi}{a}\right)$$

其中，$\psi_{\vec{k}}(\vec{r})$ 表示依賴於波數 k 和位置 r 的波函數，$u_{\vec{k}}(\vec{r})$ 是與變換後的位置有關的函數，$e^{ik\vec{r}}$ 是描述波動傳播的平面波項，T 為平移向量，$\hbar$ 是約化普朗克常數，k 為波數，m0 為粒子的質量，a 為晶格常數，n 為整數。E 表示能量，E（k）為波數 k 對應的能量，能量是週期性的，週期為 $2\pi/a$。

這個波函數的解，會有兩個週期性現象，一個是電子不受原子周圍束縛的共有化電子運動，它具有 $e^{ik\vec{r}}$ 因數的行進平面波的形式，週期函數 $u_{\vec{k}}(\vec{r})$ 的作用則是對這個波的振幅進行調製，使它從一個晶格胞到下一個晶格胞做週期性震盪，如圖 2-39 所示：

$U(\vec{r} + \vec{R_n}) = U(\vec{r})$

$U(\vec{r})$ 沿某一列原子方向電子的位能

$\psi_k(r) = e^{ikr} u_k(r)$

ψ_k 某一本徵態波函數的實數部分

Bloch波函數

$u_k(r)$

e^{ikr} 布洛赫函數中週期函數因數

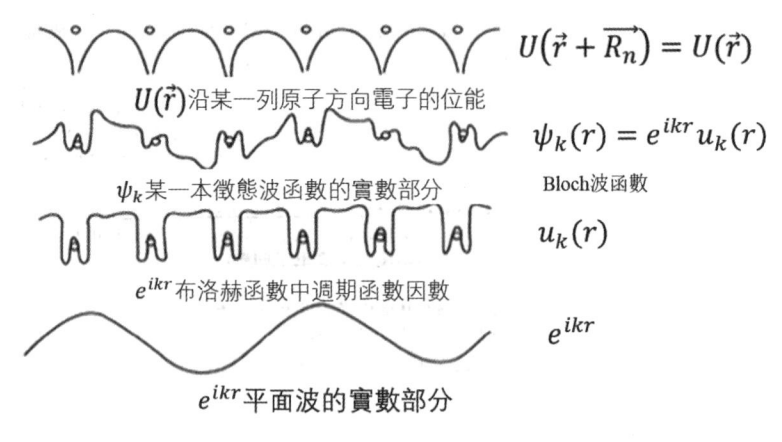

e^{ikr}

e^{ikr} 平面波的實數部分

圖 2-39　波函數週期性示意圖

其中，$U(\vec{r}+\vec{R_n}) = U(\vec{r})$ 表示在 $\vec{r}+\vec{R_n}$ 位置處的位能，其中，$U(\vec{r}+\vec{R_n})$，與位置 $\vec{r}$ 處的位能相等；$u_k(r)$ 是電子在原子內運動的週期函數因數；e^{ikr} 是共有化電子的平面波，電子可以在晶格內自由運動；$\psi_k(r) = e^{ik*r}u_k(r)$ 是依賴於波數 k 和位置 r 的波函數；是描述含有週期函數因數的共有化電子波動傳播的平面波項；

這種受到晶體束縛的週期函數，我們稱之為電子的布洛赫函數。布洛赫函數中，行進波因數 e^{ikr} 是共有化電子的運動描述，它可以在整個晶體中運動，週期函數因數 $u_k(r)$ 是描述電子在原子內運動，取決於原子內的位壘場。如果電子只有原子內的運動，電子的能量是分立的能階。電子只有共有化運動類似自由電子的情況，電子能量是連續的，由於晶體中電子的運動介於兩者之間，既有共有化運動也有原子內運動，因此電子能量的取值就表現在由能量的允許帶（傳導帶與價電帶）和禁止帶（傳導帶與價電帶之間的能隙）組成的能帶結構。

（2）E 與 k 關係圖與能帶模型

有了前面的觀念，就可以進入主題了，我們要如何解釋能階聚合成能帶，再分開成允許帶與能隙呢？先看看這個定態波動方程得到的 E 與 k 的關係，從 $k = \sqrt{\dfrac{2mE}{\hbar^2}}$ 可以得到 $E = \dfrac{k^2\hbar^2}{2m} = \dfrac{\pi^2\hbar^2}{2ma^2}n^2$，假定 a 是晶體的晶格常數，在邊界 -a/2 與 a/2 的位置位壘場最大，波函數的解是零，對應出來的 $k = n\pi/a$ 時，在這些邊界附近的

k 值,因為週期位疊場比較大,位疊場值對電子運動的束縛作用加強,破壞了原來方程解曲線的連續性。也正是這種「破壞」,使得一部分合併的能階發生分離,能量 E 會有不連續的斷層從而產生了能隙,由於晶體的空間週期是 a,所以 k 以 $2\pi/a$ 為一個週期如圖 2-40 所示。

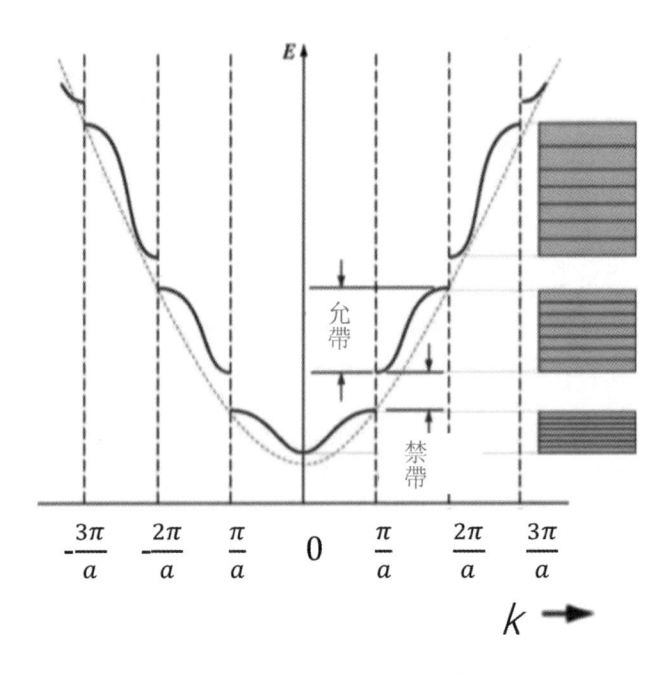

圖 2-40　E 與 k 的關係圖

k 值可取的範圍叫做「最小的倒格子原胞」,這個最小原胞,常常被稱為「第一布里淵區」。在週期電場 $u_k(r)$ 不為 0 的情況,因為離子週期位疊場的影響,原來圖的拋物線形狀遭到了破壞,這個「破壞」主要是發生在布里淵區的邊界上,為什麼發生

這種情形呢？因為在遠離這些邊界值處，電子仍然可以近似地視為自由電子，符合平方（拋物線）規律，而在這些邊界附近的 k 值，週期位壘場比較大，位壘場值對電子運動的束縛作用加強，在布里淵區邊界處破壞了原來曲線的連續性，也正是這種「破壞」，使得一部分合併的能階發生分離，從而產生了能隙。

從物理角度來解說，則是因為晶格對這些平面波強烈反射，反射波與原來的波疊加相干，從而形成駐波，不再具有原來那種攜帶能量到處傳播的平面波形態。換言之，共有電子原來可以具有的某些能量值不復存在，這些能量值的範圍形成了能隙。

（3）能帶中電子的排布

固體中的一個電子只能處在某個能帶中的某一能階上，電子排布的原則會服從包立不相容原理與能量最小原理，對孤立原子的一個能階 Enl，它最多能容納 $2(2l+1)$ 個電子，對於原來孤立原子的一個能階，若有 N 個原子組成一體，就分裂成 N 條靠得很近的能階，這 N 個多原子組成的能階就分裂成由 N 個能階組成的能帶（energy band），所以一個能帶最多能容納 $2(2l+1)N$ 個電子，能帶的寬度記作 ΔE，ΔE~eV（電子伏特）的量級，若 N 接近，則能帶中兩相鄰能階的間距約為 10^{-23}eV。以下面圖 2-40 的鎂 Mg 為例，鎂的 1s、2s 能帶，最多容納 2N 個電子，2p、3p 能帶，最多容納 6N 個電子，將電子排布從最低的能階排起，可以得到下面的排列方式。

```
3p  ▭
3s  ·  ·  ▬
2p  ·····  ▬
2s  ·  ·  ▬

1s  ·  ·  ▬
```

每個能帶最多容納 6N 個電子

每個能帶最多容納 2N 個電子

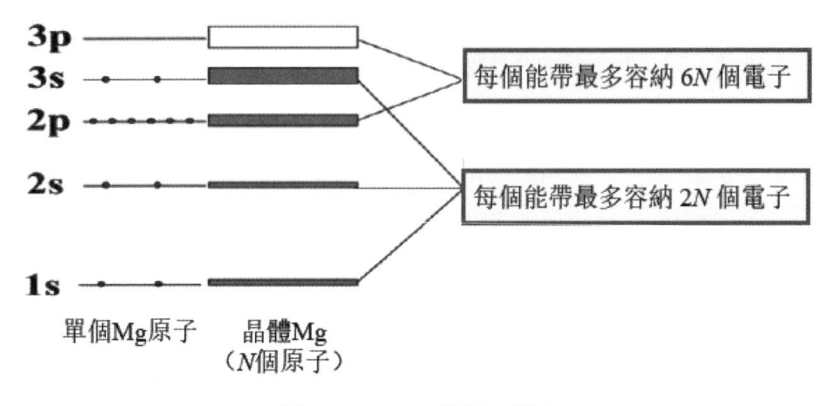

單個Mg原子　晶體Mg
　　　　　　（N個原子）

圖 2-41　Mg 的電子排布

　　最後，N 個原子的固體材料都可以用下面的能帶圖（圖 2-42）來表示，能帶理論是單電子的近似理論，主要是處理多電子的問題，但是多電子是填充在由單電子處理得到的能帶上，可以這樣做的原因就是單電子近似，即每個電子可以單獨處理。用這種方法求出的電子能量狀態不再是分立的能階，而是由能量上可以填充的部分（允帶）與禁止填充的部分（能隙）相間組成的能帶，這種理論被稱為能帶論，所以，我們稱填滿電子的能帶為滿帶；未填滿電子的能帶為不滿帶；沒有電子佔據的能帶為空帶；不能填充電子的能區為能隙；價電子能階相應的能帶為價電帶，也是最高的充有電子的能帶，對半導體而言，價電帶通常是滿帶，傳導帶通常為空帶，能帶理論是固態材料最重要的理論，也是電子在半導體材料內最好的理論依據，接下來的半導體理論，都是以能帶論為基礎延伸出來的。

能階　　　　　　能帶

ΔE

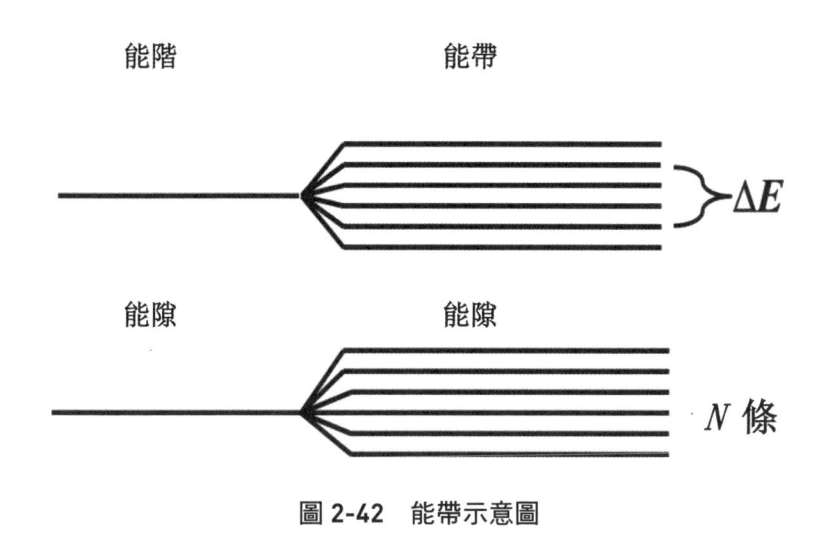

能隙　　　　　　能隙

N 條

圖 2-42　能帶示意圖

2.5.5 半導體的固態能帶與能隙寬度

固態材料依照導電性可以分為非導體、半導體、良導體與超導體等四種，其中只有「半導體」具有發光的特性，因此這裡所討論的模型雖然適用於所有的固體，但是主要是針對半導體而言。一塊砂粒大小的半導體（又稱為塊材 Bulk）其實就包含了極多個原子，1 公克的矽大約有 10^{23} 個原子，因為 1 個矽原子有 1 個原子核，原子核外有 14 個電子（矽的原子序 14），所以 1 公克的矽大約有 10^{23} 個原子核，原子核外大約有 14×10^{23} 個電子，要如何描述這麼多的原子核與電子在一塊矽固體中的行為呢？科學家們開始發揮想像力，我們來看看他們是怎麼說的吧！

固體有許多原子，因此會有許多個原子核，原子核外面有許多層薄薄的內層能階，更遠的外面則有許多層薄薄的外層能階，科學家們想像這許多個原子核是集中在這塊固體的正中央

形成一個大原子核,如圖 2-43 所示;而許多層薄薄的內層能階集合起來就會形成一層有厚度的能帶(Band),稱為價電帶(Valence band);許多層薄薄的外層能階集合起來就會形成一層有厚度的能帶(Band),稱為傳導帶(Conduction band),如圖 2-43 所示。

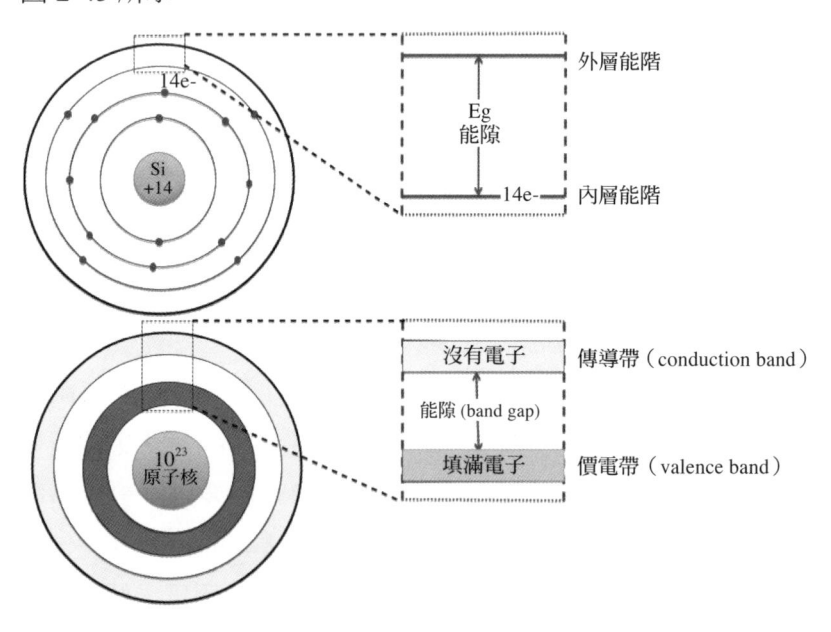

圖 2-43　能階與能帶示意圖

2.5.6 半導體的發光效率

不同種類的半導體材料具有不同的發光效率,因此會有不同的應用,例如:矽的發光效率很低,只能用來製作積體電路(IC);GaAs 的發光效率很高,可以用來製作高亮度的發光二極體(LED),為什麼同樣是半導體,同樣具有能隙,發光效率卻

有那麼大的差別呢？

（1）直接能隙（Direct bandgap）

直接能隙（Direct bandgap）是指電子吸收了外加能量以後可以由價電帶跳躍到傳導帶，而且電子可以直接由傳導帶落回價電帶，因此能量可以完全以光能的型式釋放出來，如圖 2-44（a）所示，所以發光效率很高，例如：GaAs 的能帶結構就是屬於直接能隙。

在直接能隙的半導體中，電子在由傳導帶落回價電帶的行為，由於能量沒有被轉換掉，所以輸出能量很高。

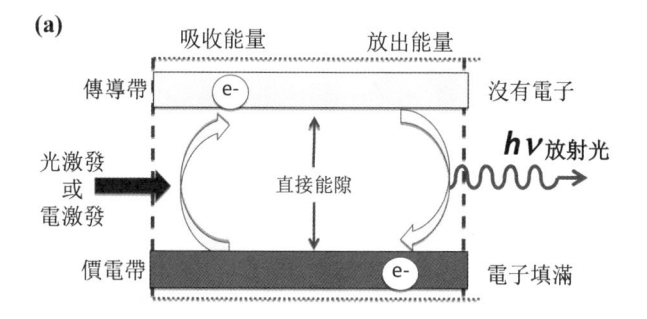

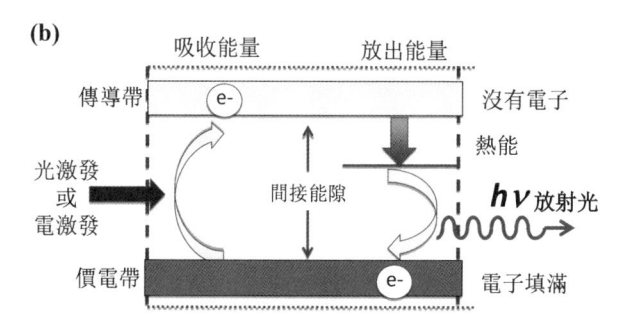

圖 2-44　直接能隙與間接能隙

(2) 間接能隙（Indirect band gap）

間接能隙（Indirect band gap）是指電子吸收了外加能量以後可以由價電帶跳躍到傳導帶，但是電子只能間接由傳導帶落回價電帶，所謂的間接可以想像成在能隙中有一個可以讓電子停留的位置，如圖 2-44（b）所示，當電子由傳導帶落回價電帶時，會先在這個位置上停留一下，將大部分的能量轉換為熱能以後，再落回價電帶，由於大部分的能量已經轉換成熱能，根據能量守恆定律，這個電子所剩下的光能就很少了，因此最後能夠釋放出來的光能很少，所以發光效率很低，例如：矽（Si）的能帶結構就是屬於間接能隙。

在間接能隙的半導體中，電子由傳導帶落回價電帶的行為，可以想像能量在中間被阻擋了一下，由於能量被轉換掉，所以輸出能量降低了一些。

值得注意的是，不論是直接能隙的半導體（GaAs）或間接能隙的半導體（矽），電子吸收了外加能量以後由價電帶跳躍到傳導帶的情形是相同的，因此這兩種半導體都可以用來製作圖像感測器（Sensor），例如：數位相機所使用的 CCD 或 CMOS 圖像感測器，都是利用矽材料來做為光偵測器（PD：Photo Detector）。

2.5.7 半導體的特性
(1) 固態材料的導電性

前面介紹過固態材料依照導電性可以分為非導體、半導體、良導體與超導體等四種，其中只有「半導體」具有發光的特性，為什麼只有半導體具有發光的特性呢？

非導體（絕緣體）：電子填滿價電帶，能隙寬度很大，如圖 2-45（a）所示，電子不易跳到導電帶，所以導電性差。

半導體：電子填滿價電帶，能隙寬度中等，如圖 2-45（b）所示，電子可以跳到傳導帶自由移動。

良導體：電子填到傳導帶，沒有能隙寬度，如圖 2-45（c）所示，電子可以自由移動，導電性佳。

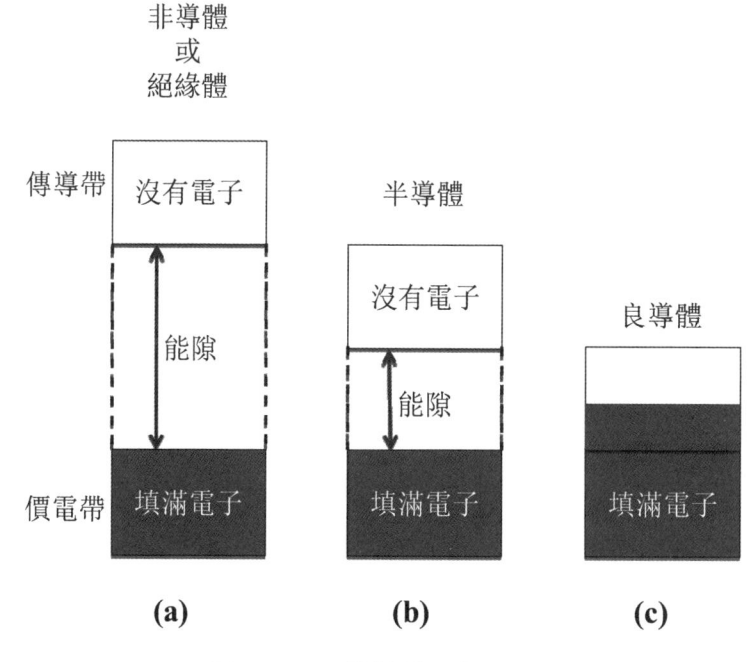

圖 2-45　固態材料的導電特性

(2) 半導體中電子的分佈

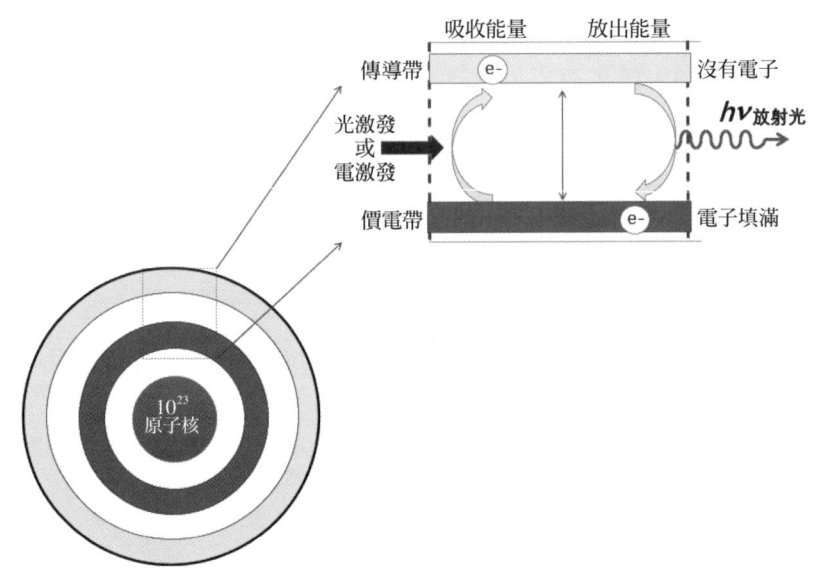

圖 2-46 聚集所有原子之後的電子能帶放大示意圖

前面我們已經了解半導體中的電子分佈，也用一個矽的例子來說明讓大家了解，所有的原子聚集在一起後會有 10^{23} 層薄薄的內層能階集合起來就會形成一層有厚度的能帶（Band），稱為價電帶（Valence band）；10^{23} 層薄薄的外層能階集合起來就會形成一層有厚度的能帶（Band），稱為傳導帶（Conduction band），如圖 2-46 所示。看到這個圖，大家是否覺得科學家們的想像力實在太豐富了！這種說法雖然聽起來有點不合理，卻是目前被科學家們廣泛接受的半導體材料發光原理模型了。

現在解釋這些大家陌生的名詞：

能帶（Energy band）：科學家們將電子可以存在半導體中，

並且繞原子核運行的區域稱為能帶（Energy band），半導體的能帶可以分為價電帶（由內層能階集合起來形成）與傳導帶（由外層能階集合起來形成），如圖 2-47（a）與（c）所示。電子在半導體的價電帶與傳導帶的行為，如圖 2-47（b）與（d）所示。

價電帶（能量較低）：在沒有外加能量時，原子核外所有的電子都在價電帶繞著原子核運行，價電帶的電子能量較低，比較穩定。

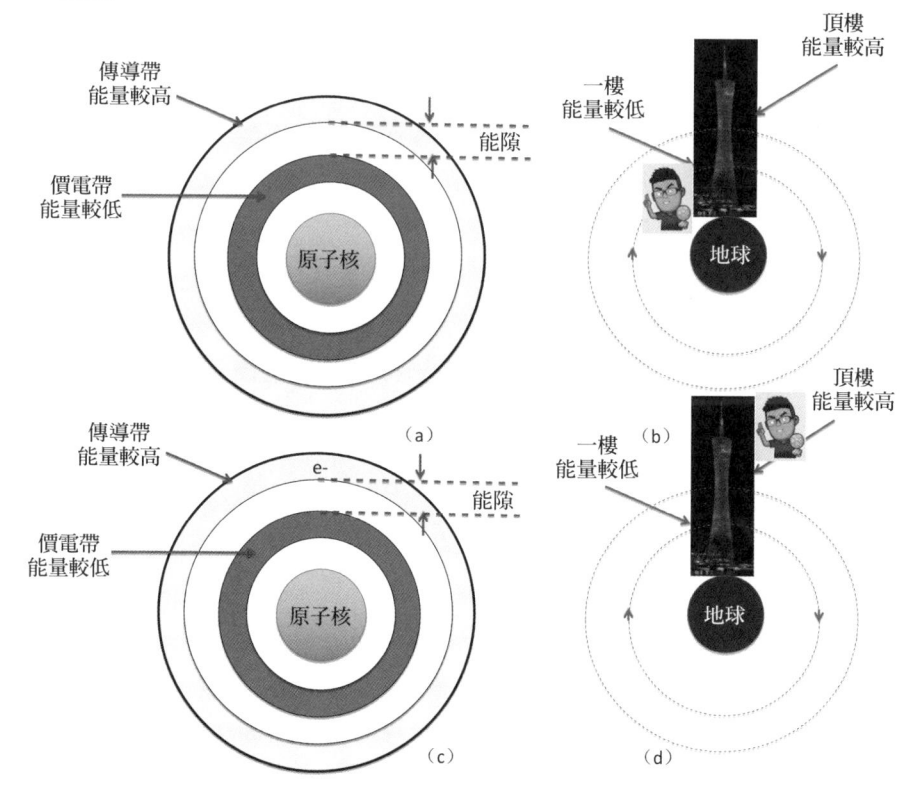

圖 2-47　半導體固體的價電帶與傳導帶

傳導帶（能量較高）：在有外加能量（光能或電能）時，則其中一個電子會由價電帶跳躍到傳導帶，傳導帶的電子能量較高，比較不穩定。

能隙（band gap）：科學家發現，在價電帶與傳導帶之間的區域是沒有電子存在的，換句話說，電子原本在價電帶，當對半導體外加能量，電子並不是慢慢地爬到傳導帶，而是電子吸收了這個能量以後直接跳躍到傳導帶。價電帶與傳導帶之間沒有電子存在的區域稱為能隙（band gap），而能隙的大小就是價電帶與傳導帶之間的能量差（位能差），大家是否已經發現，半導體（10^{23}個原子）的發光行為與一個原子的發光行為完全相同，只是內層能階換成價電帶、外層能階換成傳導帶而已。

2.5.8 半導體的發光原理

圖 2-48（a）為 GaAs 的能帶示意圖，如果仔細觀察圖 2-48（a）會發現，其實圖中真正有意義的部分只有 GaAs 的上方，因此科學家將 GaAs 上方虛線的部分畫成如圖 2-48（b）的簡圖。GaAs 的電子在沒有外加能量的情況下都在價電帶，傳導帶則是空的，如圖 2-48（b）所示。對 GaAs 外加能量（光能或電能），則其中一個電子會由價電帶跳躍到傳導帶，如圖 2-48（c）所示。由於傳導帶的電子能量較高，比較不穩定，因此電子便會由傳導帶落回價電帶，並將剛才吸收的能量以光能或熱能的形式釋放出來，最後電子回到原先的狀態，如圖 2-48（d）所示，這是所有光電科技產品必定遵守的定律，我們稱為能量守恆定律。

對半導體外加能量（光能或電能），使電子由價電帶跳躍到傳導帶的動作稱為激發（Pumping）。

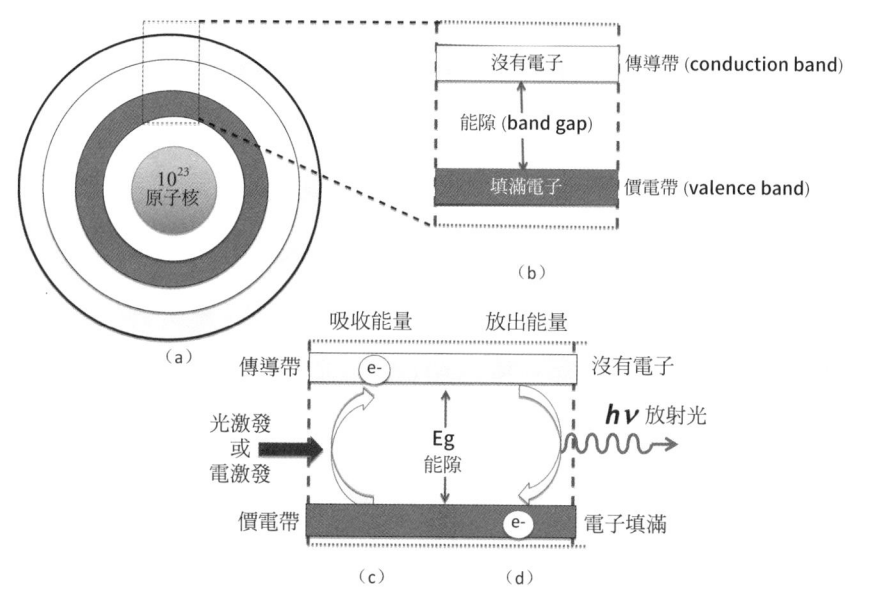

圖 2-48　GaAs 固體的發光原理

2.5.9 半導體的發光顏色

半導體的發光顏色與能隙寬度的大小有密切的關係，不同的半導體由於能隙的大小不同，所以發光的顏色不同，可以應用在不同的科技產品上。半導體的發光有下列三個特性：

能隙愈大，發光的能量愈大（波長愈短，例如：藍光），如圖 2-48（a）所示，氮化鎵的價電帶與傳導帶之間的距離較大，代表能隙較大，電子由價電帶跳躍到傳導帶所需要外加的能量較大，電子由傳導帶落回價電帶所釋放出來的光能量也較大（波長較短，例如：藍光）。

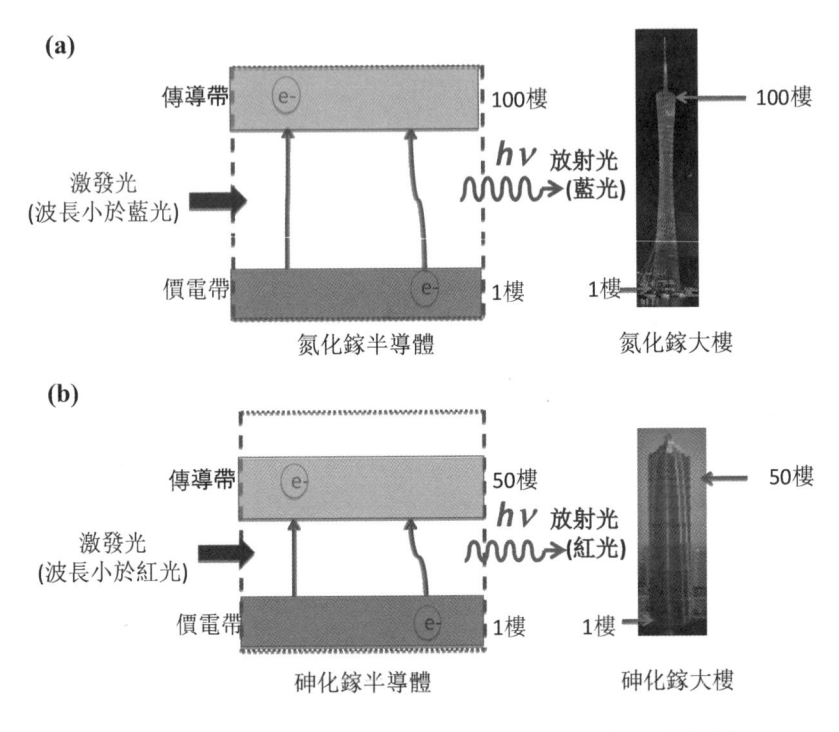

圖 2-49　半導體固體的能隙寬度大小與發光顏色的關係

　　能隙愈小，發光的能量愈小（波長愈長，例如：紅光）如圖 2-49（b）所示，GaAs 的價電帶與傳導帶之間的距離較小，代表能隙較小，電子由價電帶跳躍到傳導帶所需要外加的能量較小，而電子由傳導帶落回價電帶所釋放出來的光能量也較小（波長較長，例如：紅光）。

　　要以能量大的光（波長較短），去激發能量小的光（波長較長）由於半導體的價電帶與傳導帶之間的區域電子無法存在，故外加的能量（光能或電能）必須足夠大，使電子由價電帶直接跳

躍到傳導帶以上,也就是說,外加的能量(光能或電能)必須大於或等於釋放出來的能量(光能或熱能),才能使電子直接跳躍到傳導帶以上。如果外加的能量是光能,釋放出來的能量也是光能,則外加的光能必須大於或等於釋放出來的光能。因此,要以能量大的光(波長較短,例如:藍光)照射到半導體,才能使半導體釋放發出能量小的光(波長較長,例如:紅光)。

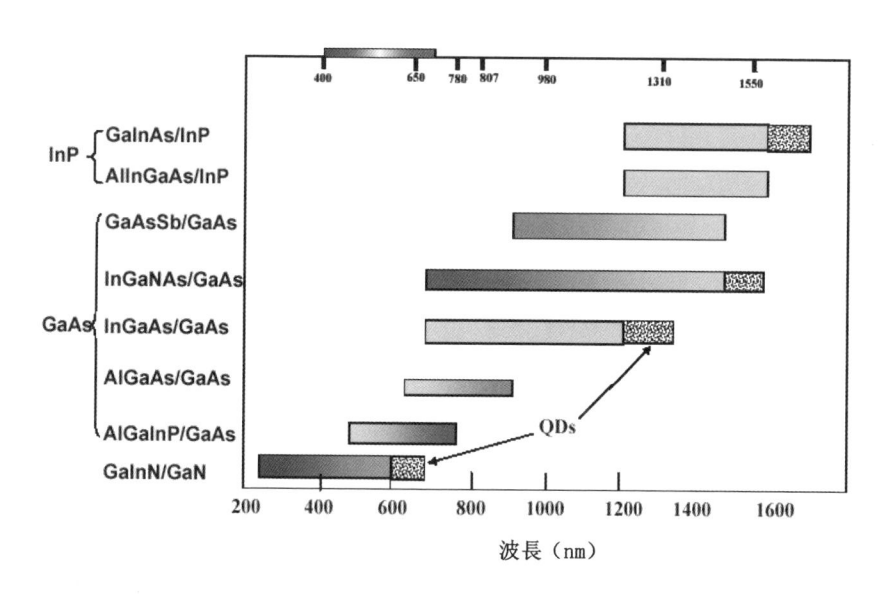

圖 2-50　不同半導體材料發光的光譜範圍

不同的半導體材料有不同的能隙,能隙的大小可能無法完全解釋半導體發光的全部原理,發光層的量子化也會影響這些材料做成元件的特性,但是主要還是材料的本身特性最關鍵,在光電科技發達的今天,幾乎所有三族與五族的半導體材料都被我們半

導體材料的科學家開發出來了,如圖 2-50 所示,由波長最長的遠紅外線的磷化銦光通訊主動元件到可見光的 GaAs,鋁銦鎵磷、磷化鎵與銦鎵氮,到紫光與紫外光的氮化鎵與鋁鎵氮材料,這些材料不但便利了人與人之間的溝通無阻,更豐富多彩了我們的世界,也讓照明更節能更環保,減輕與降低了人類消耗地球資源的速度。

2.6 PN 接面與異質接面原理介紹

在前面的內容我們介紹了 P 型與 N 型半導體,利用 P 型與 N 型半導體特性,可以用它們組合成不同的元件,這裡先介紹比較簡單的 PN 二極體,後面的積體電路 IC 介紹的時候會跟大家介紹比較複雜的元件。

在介紹二極體的原理之前,大家可能要有量子力學的機率概念,這個概念就是上帝是會擲骰子的,雖然愛因斯坦不承認,但是這卻是現代電子科技的奠基石,量子力學對電子的描述是:它有捉摸不定的行蹤,它的不確定性只能用機率來描述它出現在哪裡。

如圖 2-51(a)所示,前面章節介紹過的能帶有價電帶與傳導帶,在絕對零度(0 K)時,最高佔據能階及其以下能階(價電帶)佔據機率為 1,以上為 0,當溫度大於絕對零度時,價電帶還是幾乎填滿了電子,傳導帶幾乎沒有電子,但是還是有機會電子會出現在傳導帶,因此科學家費米想用一條基準線來定義電子是否出現的機率,在這一條線,電子出現與不出現的機率是 50%,因此,電子出現機率二分之一的這條線,為了紀念義大利

科學家費米先生，把它稱為費米能階（Fermi level），如圖 2-51 (b) 所示，現在我試著用我們生活上的事物來解釋這個比較抽象的概念，大家應該知道水平面是水與空氣的分界線，我們把價電帶當作水平面下的水，大家可以把水分子想像成電子，能隙類似我們生活中大氣層的對流層，傳導帶就像平流層，我們可以把發現水分子出現機率 50% 的海拔高度，類比成費米能階，想像一下，在萬里無雲的天氣下，這時候發現水分子 50% 的機率剛好在對流層的中間，就像純半導體一樣，費米能階的位置就在能隙的中間位置。再想像一下，如果現在天氣是陰雨綿綿或是狂風暴雨的天氣，水分子發現機率 50% 的地方，海拔高度會比萬里無雲高很多，半導體也是如此，我們要如何在能隙中間讓電子出現的機率更大，就是前面提到的摻雜（doping），摻雜可以讓半導體具有較佳的導電性，同樣的下雨天就像摻雜一樣，可以讓對流層的中間位置發現水分子機率大於二分之一，這樣是不是跟 n 型摻雜多一個電子很像，如圖 2-51 (c) 所示，n 型半導體費米能階靠近傳導帶邊（可以想像成對流層的上半層位置），過高的摻雜會進入導帶，就像烏雲密佈的天空，隨時會來一場雷電交加的滂沱大雨一樣。最後再發揮一次想像力，當天氣是非常高溫與乾燥的時候，我們發現水分子機率 50% 的地方會越靠近水平面，因為這些水分子都是湖水或海水蒸發出來的，如圖 2-51 (d) 所示，P 型半導體的費米能階在純半導體費米能階的下方，所以在能隙中間線，電子出現機率肯定小於 50%，P 型半導體費米能階靠近價電帶邊，如果 P 型摻雜濃度越高（就像空氣越乾燥，水的表面被蒸發的水分子越多），費米能階會越靠近價電帶，因為摻

雜的材料是少一個電子（就像水面上的水分子被蒸發之後留下空氣泡泡），價電帶越容易少一個電子變成多一個空位，我們稱為電洞。

我們理解半導體的摻雜，就像雨天（N型）或乾旱（P型），費米能階的位置會因此改變，但是不論如何改變，半導體的導電特性將被大幅度的改善，運用在日常生活中的各種積體電路上。

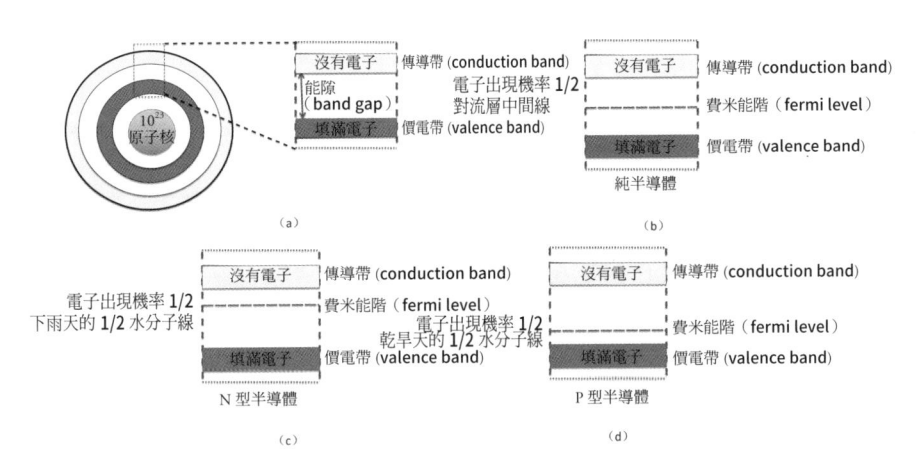

圖 2-51　P 型與 N 型半導體的特性與費米能階示意圖

有了 P 型 N 型半導體與費米能階的概念，這裡進一步對二極體予以介紹。當 P 型與 N 型半導體接合之後，由於費米能階是一個基準線，所以費米能階不變，電子與電洞的擴散建立了內建電場，這時候的能帶圖就會變成一個斜坡接面的一個 PN 能帶圖，如圖 2-52（a）所示，P 型就像水庫的水壩，N 型像水庫的蓄水低地，電子流就像水流，電子要向上越過 PN 接面能障（能障的大小就是內建電場的能障 eV_0）才能導通這個二極體，同樣

的道理電洞也是要向下越過能障才能導通（對能障來說，電子與電洞是相反的，你可以將電洞想像成水裡的氣泡），所以當這個二極體的 P 型接正極電源，N 型接負極電源時，電池提供源源不絕的電子與電洞給 N 型與 P 型半導體，就像水壩的水位上升，電子流把它想成水流，水流越來越大，水位接近水壩高度，於是我們可以感覺到好像整個 P 型半導體能帶與 P 型側的費米能階會向下拉，N 型半導體能帶與費米能階會向上拉，成為圖 2-52（b）所示的正向偏壓 PN 能帶圖，就像水壩洩洪一樣，電子只要越過變小的能障，此時的能障會變小成為 e（V_0-V_f），V_f 大於 V_0 就可以導通，所以一般二極體施加較低的正向電壓就可以導通。同理，當這個二極體 P 型接負極電源，N 型接正極電源時，就像枯水期的水壩一樣，因為水都被抽光或乾涸了，所以感覺整個 P 型半導體的能帶與費米能階會向上拉，N 型半導體會向下拉，成為圖 2-52（c）所示的反向偏壓 PN 能帶圖，就像枯水期的水壩，水不可能越過水壩，就像電子幾乎無法越過能障，此時的能障電壓變成 e（V_0+V_r），要越過能障需要很高的反向電壓讓二極體崩潰，就像用外力破壞水壩一樣，所以常常用很高的反向電壓與很強的靜電（ESD Electro-Static discharge）去測試二極體的堅實程度，如果漏電了，就像水壩漏水一樣，這個二極體是不合格的，後續用在模組上會有很大的隱患，所以反向電壓測試是否有漏電流是很多廠家衡量元件好壞的最重要標準。

因此，二極體具有單向導通的功能，最早的應用像是穩壓二極體，用於數位電路的開關二極體，用於調諧的變容二極體，隨著發光材料的開發，二極體目前最大的應用就是光電二極體，最

普遍大家最耳熟能詳的就是發光二極體。

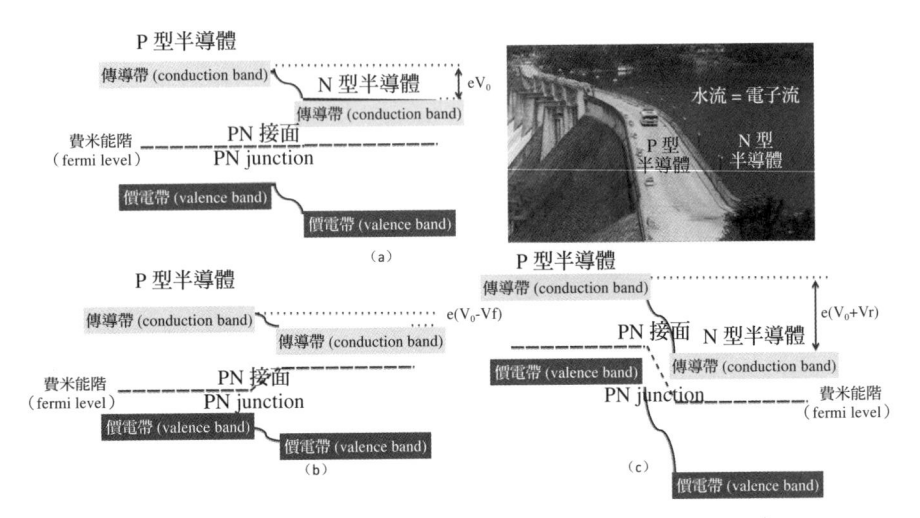

圖 2-52　二極體 PN 接合與正向電壓、反向電壓示意圖

2.6.1 異質接合結構：發光元件最重要的突破

前面提到的 P 型與 N 型半導體材料如果使用的半導體材料是相同的，形成的 PN 半導體被稱作同質結構，由同種材料製成的 p-n 接面，這種結構如果要做成半導體元件，一般都需要重摻雜，這樣的元件工作效率也會比較差，很難滿足商業化的用途；目前你看到的二極體元件，一般都是使用異質結構，由兩種不同材料製成的 p-I-n 接面，這裡的 I 為純半導體，如圖 2-53 所示，異質結構的理論是由俄國的阿爾菲洛夫與德國的克雷默提出，這個結構在化合物半導體的光電元件、射頻與功率元件的發展做出非常大的貢獻，所以他們兩個跟積體電路發明人基爾比一起獲得 2000 年的諾貝爾物理獎。

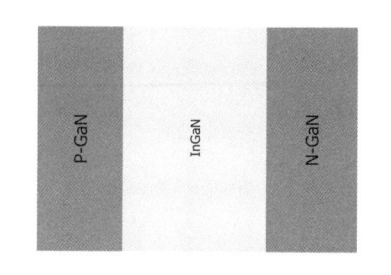

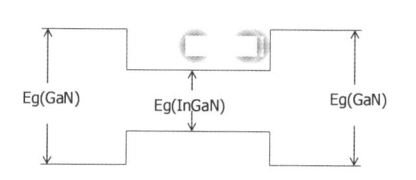

圖 2-53　異質結構理論

異質結構是什麼？如果同質結構是饅頭，那麼異質結構就是類似三明治結構，目前一般的化合物半導體元件都使用雙異質結構，如圖 2-54 所示，這樣電子與電洞可以更穩定的束縛在純半導體異質接面的膜層內，比較不受溫度與環境的影響，這樣的

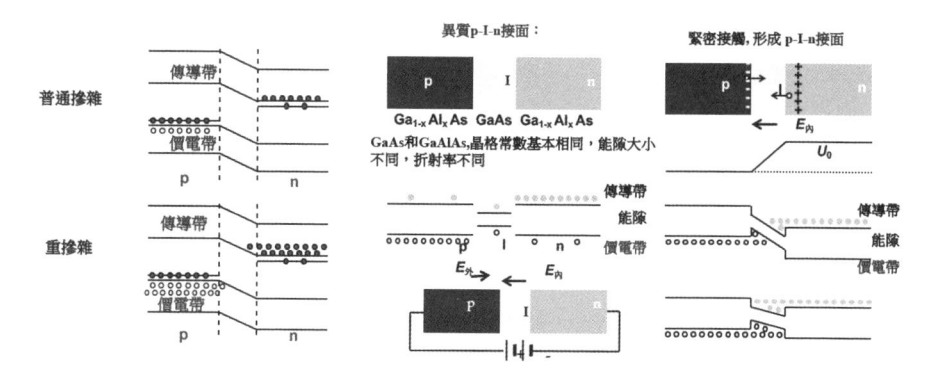

圖 2-54　同質結構與異質結構的比較

結構可以讓射頻元件有更高的載流子遷移率，得到更高的頻率特性，讓發光二極體有更高的發光效率，同樣的效果，在雷射二極體元件使用異質接面，在室溫下可以在低閾值電流密度下工作，得到更高的光電轉換效能（Slope efficiency）。

異質結構的優化：量子井結構讓發光二極體（LED Light Emitting Diode）與雷射二極體（LD Laser Diode）大放異彩。

2.6.2 LED/LD 發光層的核心原理：量子局限效應（Quantum confinement effect）

「Debye 德拜長度」是用來描述材料中電子與電子之間作用力的長度、「de Broglie 德布羅意波長」用來定義材料的粒子性質與波動性質，由於傳統三維空間的塊材（bulk）尺寸遠大於電子與電洞的物理特徵長度，因此其物理性質可以使用古典物理學來解釋，但是當材料的尺寸小到 10nm 以下時，會與德拜長度及德布羅意波長很接近，因此會產生「量子局限效應（Quantum confinement effect）」。

關於量子局限效應，相信很多學過大學物理的朋友應該不會陌生，我寫文章不喜歡放入一大串公式，所以現在我就試著用圖與文字來解釋一下這個效應：在微觀世界裡，尤其是在奈米尺度之下，所有的光與電的現象，都會與我們看到的大尺度世界非常的不同，如圖 2-55（a）所示（公式看不懂可以跳過去），根據前邊所提到薛丁格方程式波函數的解，在量子尺度（L）下，尺度的不同，電子與電洞所處的能量狀態 $\triangle E$ 也會不同，也許它會在能階 Eo 的位置，也許會在 4Eo 的位置，也許在 9Eo 或

16Eo......，因為物理尺寸的不同，材料中電子的能階也會相應的變化，所呈現的材料特性就會與原本的材料本性差異極大，如圖 2-55（b）所示，此時發光的能量或頻率就不再是材料本身的能隙性質 Eg，而是能隙較寬的（Eg+ △ Ec+ △ Ev），能量變大發光波長因此會變短，這樣因為電子與電洞被局限在奈米尺度內形成自發的穩定態，造成光電性質的改變，這樣的效應被稱為量子局限效應。

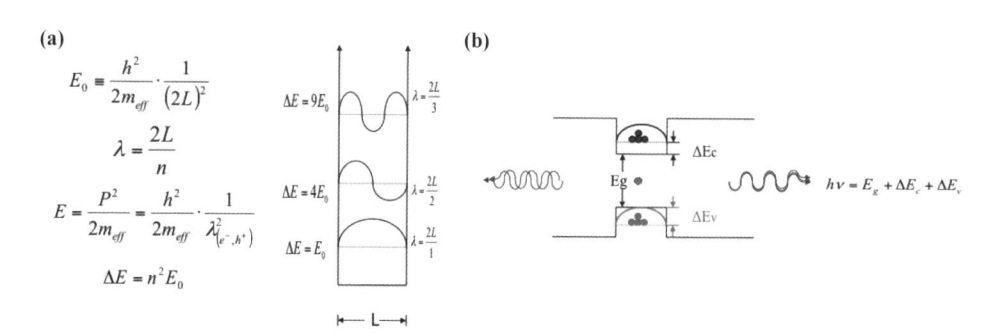

(a)
$$E_0 \equiv \frac{h^2}{2m_{eff}} \cdot \frac{1}{(2L)^2}$$
$$\lambda = \frac{2L}{n}$$
$$E = \frac{P^2}{2m_{eff}} = \frac{h^2}{2m_{eff}} \cdot \frac{1}{\lambda^2_{(e^-,h^+)}}$$
$$\Delta E = n^2 E_0$$

$\Delta E = 9E_0$, $\lambda = \frac{2L}{3}$

$\Delta E = 4E_0$, $\lambda = \frac{2L}{2}$

$\Delta E = E_0$, $\lambda = \frac{2L}{1}$

|← L →|

(b)

$$h\nu = E_g + \Delta E_c + \Delta E_v$$

圖 2-55　奈米尺度下的量子局限效應

量子局限效應最明顯的特徵是奈米材料的尺寸愈小時，材料發光能量愈強，能量越強表示發光的波長愈短（藍色），這個現象稱為「藍移（blue shift）」。如圖 2-56 所示，光的波長就是顏色，在可見光中紅光的波長最長，綠光次之，藍光最短，換句話說，當奈米材料的尺寸大，發光的能量較低，顏色為紅光（波長最長）；當奈米材料的尺寸變小，發光能量變強，顏色為綠光（波長次之）；當奈米材料的尺寸更小，發光能量更強，顏色為藍光（波長最短）。

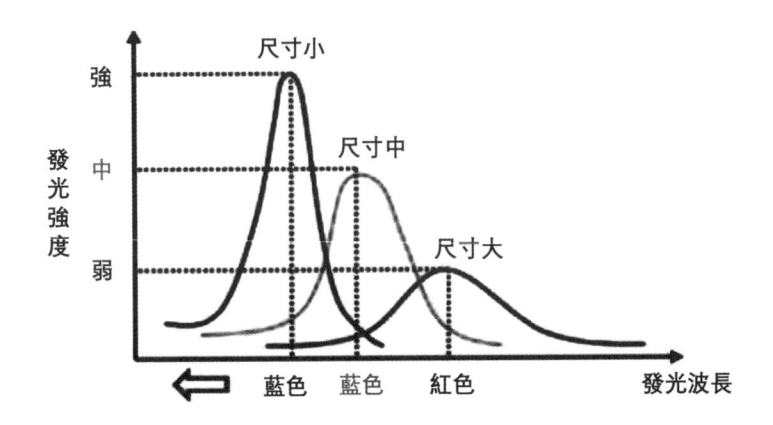

圖 2-56　量子局限效應：量子點波長

　　LED 與 LD 磊晶最關鍵的發光層－奈米薄膜與量子井（Nano Film and Quantum Well）：種類與特性為二維的奈米結構稱為奈米薄膜（Nano thin film），泛指厚度在 10nm 以下的薄膜，由於半導體材料具有特別的光電特性，因此常見的奈米薄膜大多是使用半導體材料製作而成，例如：矽、GaAs、氮化鎵或磷化銦等，具有優越的光電特性，可以應用在光電科技產業。

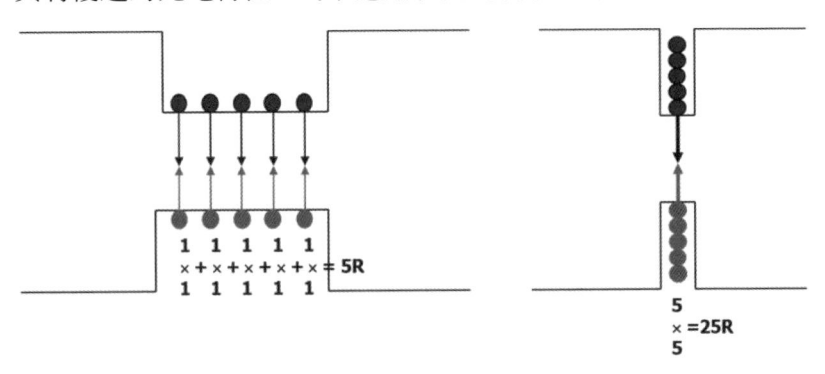

圖 2-57　量子井示意圖

當將許多層不同材料的半導體奈米薄膜重迭在一起時，可以形成「量子井（Quantum well）」，例如：在 GaAs 晶圓上分別成長 GaAs、砷化銦鎵、砷化鋁鎵的奈米薄膜或是在藍寶石上成長氮化鎵、氮化銦鎵、氮化鋁鎵的奈米薄膜，都是屬於量子井結構，如圖 2-57 的量子井 LED 發光層結構所示，在量子尺度的結構上，電子電洞在量子空間內結合的機率幾乎比異質結構的元件效率高了好幾倍，因此，具有量子井結構的 LED 發光二極體或 LD 雷射二極體元件具有更好的發光效率。

2.6.3 典型的量子井結構 VCSEL

圖 2-58 為使用多層量子井結構所製作的「量子井雷射二極體（Quantum well laser diode）」，科學家稱為「垂直共振腔面射型雷射（VCSEL：Vertical Cavity Surface Emitting Laser）」，是目前已經量產的商品，這種結構普遍應用在光通訊的光源。圖中的雷射使用 GaAs 晶圓製作，上下均為金屬電極，上方連接電池的正極，下方連接電池的負極；中間發光層的上面與下面是數十層 P 型與 N 型的奈米薄膜，顏色較深的部分代表折射率（Index）較大，顏色較淺的部分代表折射率（Index）較小，這種由許多層不同折射率的薄膜交互排列而成的元件是非常重要的光學結構，我們稱為布拉格反射層（DBR）；正中央是奈米薄膜，由於它夾在 P 型 DBR 與 N 型 DBR 之間的量子井的結構，稱為量子井發光區，是雷射主要的發光區域，這一層的半導體材料種類決定雷射的發光波長與強度，由於垂直共振腔面射型雷射（VCSEL）使用量子井結構，因此可以增加發光效率，具有優良的光電特性。

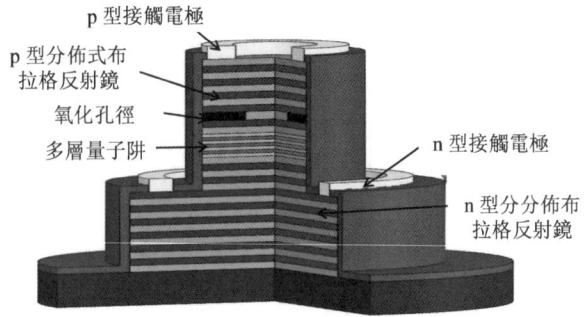

圖 2-58　奈米薄膜與量子井的定義與應用

2.7 我對科學教育的看法

2.7.1 我所理解的近代宏觀科學史

科學教育需要學習科學家思考的過程，而不只是為了得到答案，回想一下近 500 年的科學發展，我把它分為三個階段：

第一階段：由現象到定律定理

解決與預測宏觀物體與天體的運動，於是有了牛頓三大運動定律與萬有引力定律。

電的發現與電生磁，磁生電的現象，於是有了高斯定律與法拉第定律。

第二階段；由定律定理的總結推論出新的現象

馬克士威總結電與磁的定律，發展出被稱為史上最優美馬克士威方程，馬克士威方程預測光就是電磁波。最終在他過世 18 年後由德國的科學家赫茲發現了電磁波。

第三階段;兩個定律定理的衝突,得到更新的革命性突破

電磁波如何在太空傳遞?什麼介質傳遞宇宙的星光,乙太,於是大家開始去尋找乙太,但是怎麼找都找不到。另一方面,電磁波的發現極大地支持了馬克士威的電磁理論,但是它跟牛頓力學之間卻存在著根本矛盾(場與超距力,光速的極限)。愛因斯坦用狹義相對論解決了這個問題,因此,愛因斯坦才會把他狹義相對論的論文取名為《論動體的電動力學》。

2.7.2 我所瞭解的科學轉化為技術的歷史

如果從科學轉化為技術來看,支撐人類的經濟活動的進步,科技轉化非常有趣,我們來瞭解一下吧!

由人類使用工具的主要材料來看,從石器時代,銅器與鐵器時代到目前的矽或半導體時代,鋼鐵時代過渡到矽半導體時代有著非常有趣的傳承,我來跟大家回想一下;

1859 年,德國科學家基爾霍夫(Gustav Kirchhoff)提出的一個重要概念就是對於理想的黑體,它吸收光的能力和發射光的能力與材料無關,這也就是著名的黑體輻射問題。黑體輻射概念提出後恰逢第二次工業革命,它涉及到了以下兩方面:一個是研製燈的過程中金屬燈絲發光的標準制定問題,另一個是煉鋼過程中煉鋼爐子裡面溫度如何測量的問題,德國能在 19 世紀末這麼短的時間崛起,教育與科學技術的發展是讓她變強大的鑰匙,而當時黑體輻射的問題就是如何煉成優質鋼鐵的問題,尤其是德國統一後,要立足於列強環伺的歐洲,鋼鐵工業是成為強國的必經之路。但是沒有一個公式或定律可以滿足黑體輻射現象,所以鋼

鐵的品質只能用經驗來控制。因此，當時黑體輻射的問題就是如何煉成優質鋼鐵與如何製造標準一致的燈泡問題，柏林還專門建立物理技術研究機構用於研究黑體輻射，但是幾乎很難用當時物理學的公式或定律來解釋黑體輻射現象。

如何解決？普朗克從黑體輻射公式發現了一個顛覆大家當時無法想像的秘密，能量不是連續的，它是一個個被稱為量子所組成的。同時代的赫茲除了發現電磁波，還發現了光電效應的現象，這個現象最終由愛因斯坦的光量子解釋說明瞭光電效應。普朗克與愛因斯坦的量子解釋顛覆了大家對微觀世界的想像！從此人類進入量子時代，量子力學孕育而生，經過波爾、海森堡、薛丁格（Erwin Schrödinger）、波恩、狄拉克與包立（Pauli）這些科學家的貢獻，量子力學成為一個比相對論更重要的體系，幾乎是近代科學技術發展的源頭。

量子力學描述了原子的行為以及構成這些原子的更小粒子的性質，如果沒有量子力學對電子如何在材料中穿梭的解釋，我們就無法理解半導體的行為；而半導體又是現代電子學的基礎材料，如果沒有對半導體的理解，我們就無法發明出矽電晶體，以及後來的微晶片及現代電腦，人類從此由鋼鐵時代進入半導體矽的時代！

2.7.3 如何學習科學

馬斯克曾經在一個論壇上跟中國學生與教授們交流的時候說過「孩子的基礎物理和啟蒙教育至關重要，同學們對學習感到吃力，可能是教學方式出現了偏差。特別是對於數理化，不應該

讓孩子只記公式,而是要引導他們理解背後的原理,我們要敢於打破常規,從而探索事物的本質。」

我們現在學習的科學知識只是在前人的創造與發現結論中去學習公式與定律,考試只能篩選使用這些公式定律解題很厲害的人,而不是去瞭解這些科學家思考的過程與使用這些科學定律來發現更多新的現象與新的應用的人,所以我們的科學教育是如圖 2-59 所示上半部分的這個樣子,跟我心中的科學教育,去探索去發現,瞭解它的用處,而不是只是為了考試,如圖 2-59 所示的下半部分。

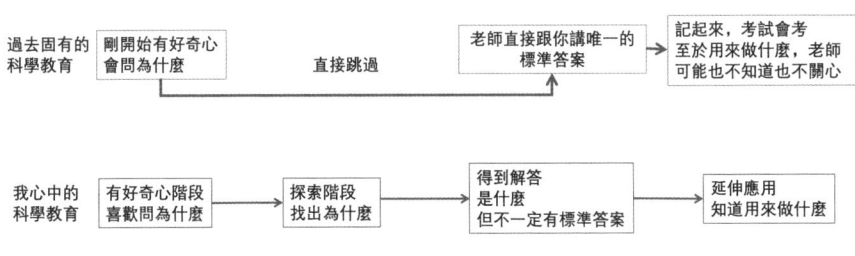

圖 2-59 兩種不同的教育模式

所以我們為什麼沒有 0 到 1 的創新?如圖 2-60 所示是一部手機裡面的諾貝爾獎,可以清楚的看到,由於科學教育的缺失,衍生出我們的創新問題,我們從小的教育很少有激發思考的過程,只有對分數錙銖必較的心態。而標準答案等於高分,只有單向思考的流水線思維,這樣只會扼殺科學天才的種子。我們的年輕人只敢追求熱門,於是只能跟著別人做熱門,不敢做冷門,甚至排斥冷門,但是大家不知道的是很多的熱門都是從冷門開始,因此我們寫的論文很多很多,但是含金量的比較少。所以,

我們東方教育很少有 0 到 1 的突破，但是 1 到 100 我們做的很好，除了很久很久以前的四大發明，中國人的名字很少出現在近代科學的發現名單裡面，我希望未來會有越來越多的華人名字出現在新的定理公式與科學發明上，科學教育的改革刻不容緩。

圖 2-60　手機中的諾貝爾獎

2.7.4 學習知識的目的是什麼？

我在這個章節裡面幾乎使用了我所有的想像力來描述半導體物理，沒有洪荒之力那麼誇張，但是也是很用力過猛了，因為半導體的理論與概念很抽象，又牽扯到量子力學的觀念，所以很難教，當然也很難學，不過就像半導體的能階一樣，越過了這個單元，你的概念就會很清晰，有了清晰的半導體概念，對於後面的二極體、三極體、MOSFET 與積體電路 IC 的原理都可以駕輕就熟。

我在日本做研究的時候，教授對我們毫無保留的傳授他的畢生所學，深怕我們不求甚解，會用最有耐心的方法啟發我們。在日本社會，知識傳承幾乎無所不在，我曾經在 24 年前讀過一本日本人寫的《世界第一簡單半導體》漫畫書，很有趣也很感動，我感動於他們的知識份子為了傳承畢生所學，無所不用其極的使用各種方法來寫一本通俗易懂的半導體書籍，這是一種什麼樣的精神來驅動這些知識份子呢？這樣的日本知識傳承給我很大的震撼。來到中國大陸發展，我發現在這裡，無知是造成貧窮的最大因素，所以我一直認為知識不是用來考試的，不是用來牟取利益的，知識是用來服務人群的，是用來促進社會進步的，更是用來傳承給下一代最寶貴的禮物。

2.8 附錄

本章相關名詞的中英文對照表

英文	中文翻譯（中國大陸翻譯）
Band gap	能隙（禁帶寬度或帶隙）
Bandwidth	頻寬（帶寬）
CCD（charge couple device）	電荷耦合元件 /CCD 圖像感測器
CMOS	互補型金屬氧化物半導體電晶體（互補型金屬氧化物半導體晶體管）
Conduction band	傳導帶（導帶）
Cross	外積（叉乘）
Demodulation	解調
Diffraction	繞射（衍射）
Direct band gap	直接能隙（直接帶隙）

英文	中文翻譯（中國大陸翻譯）
Dmitri Ivanovich Mendeleev	門得列夫（門捷列夫）
Dot	內積（點乘）
DRP（Digital RF Processor）	數位射頻處理器（數字射頻處理器）
Energy gap	能隙
Energy Level	能階（能級）
Erwin Schrödinger	薛丁格（薛定諤）
Etching	蝕刻（刻蝕）
eV	電子伏特
Fermi level	費米能階（費米能級）
Hole	電洞（空穴）
James Clerk Maxwell	馬克士威（麥克斯韋）
LED	發光二極體（發光二極管）
Modulation	調變（調製）
nm（nano meter）	奈米（納米）
Pauli	包立（泡利）
PN junction	PN 接面（PN 結）
Quantum well	量子井（量子阱）
RF IC Radio Frequency Integrated Circuit	射頻積體電路（射頻積體電路）
Rutherford	拉塞福（盧瑟福）
Sensor	感測器（傳感器）
SoC	系統單晶片（系統單晶片）
Solid state material	固態材料（固體材料）
Spectrum	光譜（頻譜，能譜）
Sputter	濺射（濺鍍）
uncertainty principle	測不準原理（不確定性原理）
Valence band	價電帶（價帶）

Part 3

半導體元件

3.1 半導體元件概論

當提及半導體元件時,你最先想到的是什麼?是電腦中的中央處理器(Central Processing unit, CPU)?還是近幾年因人工智慧(Artificial Intelligence, AI)發展,乘風而起的圖形處理器(Graphic Processing Unit, GPU)?事實上,半導體元件的種類遠不止於這些。常見的半導體元件包括記憶體晶片(Memory Chip)、邏輯晶片(Logic Chip)、光電元件、感測元件、射頻元件、功率元件等等[24-29]。本章將對各類常見的半導體元件的基本結構與工作原理進行介紹。

在介紹具體的元件結構與原理之前,不妨先從宏觀上談一談各類半導體元件的功能。或許你已經在一些資料中看到過將電腦比作人類大腦的說法,這樣的比喻是非常巧妙的,類似的,這裡通過將各類半導體元件與人體不同部位類比的方式對各類半導體元件的功能進行介紹。如圖 3-1 所示,邏輯與記憶晶片就像是人體的大腦,具備運算與記憶的功能,隨著 AI 的發展,未來還會有思考與學習的功能;感測元件就像人類的感覺功能,負責感知外界環境,包含視覺(VCSEL,CIS)觸覺聽覺(MEMS)與味覺(Sensor)都有相應的感測器;半導體功率晶片(GaN Power HEMT,SiC Power Device)就像人類的器官,將人類吸收的食物與水的化學能高效的轉換成運動、工作與娛樂的能量;通訊晶片(RF 射頻 Power HEMT,GaAs PA)就像人類的神經網路,將大腦的資訊傳輸到身體的每一個部位,也將外界的資訊傳遞給大腦,像是人與外界資訊互動的載體與橋樑。這些不同類型的半

導體元件使得複雜的功能得以實現,接下來將就上述半導體元件的基本結構與原理進行說明。

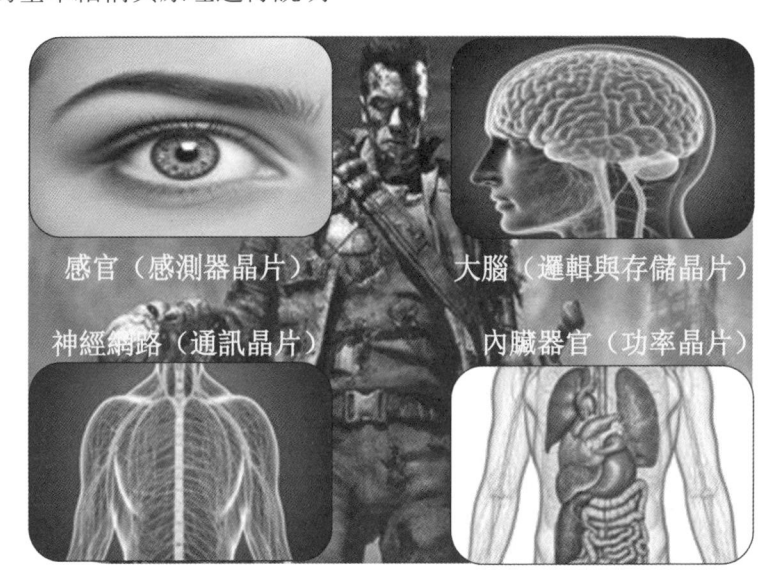

圖 3-1　不同類型半導體晶片與人體不同部位功能的類比

上述 CPU、GPU 均屬於邏輯晶片,是用於執行邏輯運算和資料處理的半導體元件,廣泛應用於電腦、嵌入式系統和各類數位電子設備中。這些晶片能夠執行基本的邏輯運算,如「與、或、非」等,為資料的儲存、處理和傳輸提供必要的基礎。邏輯晶片的主要類型包括微處理器(CPU)、數位訊號處理器(DSP)和現場可程式設計閘陣列(FPGA),它們在不同的應用場景中發揮著重要作用。隨著技術的進步,邏輯晶片的發展趨勢集中在提升處理速度、增加整合度和降低功耗,特別是在人工智慧、機器學習和大數據分析等領域,越來越多的邏輯晶片採用先進的製程

技術製造和架構設計，以滿足日益增長的算力需求。

　　常見的記憶晶片則包括：動態隨機記憶體晶片（Dynamic random Access Memory, DRAM）、靜態隨機記憶體晶片（Static Random Access Memory, SRAM）、NAND 快閃記憶體（NAND flash，其中 NAND 代表「Not AND」，即邏輯電路中的「非與閘」）、NOR 快閃記憶體（NOR flash，其中 NOR 代表「Not OR」，即邏輯電路中的「非或閘」）、可擦除可規劃式唯讀記憶體（erasable programmable read-only memory, EPROM）、電子抹除式可複寫唯讀記憶體（electrically-erasable programmable read-only memory, EEPROM）等[30-34]。

表 3-1　邏輯晶片與記憶體晶片對比

	邏輯晶片	記憶體晶片
表現特性	資料運算	資料儲存
	高性能	高密度
	高電流容量	低漏電流
技術屬性	電晶體技術	曝光圖形技術
	互聯技術	單元整合技術
	晶片設計技術	晶片製造技術
產品屬性	客戶創造屬性	生產屬性
	具有多樣性產品 產品少量專精	只有少樣性產品 產品大量製造
市場特性	客戶連結性強	生產技術驅動
競爭力	卓越的積體電路設計與核心專利或智慧財產權	技術領先優先主導與佔領市場

感測器晶片又被稱作微機電系統（micro-electro-mechanical system, MEMS）感測器，其將微電路與微機械按功能要求在晶片上整合，使一個毫米或微米級別的 MEMS 系統具備精準而完備的電氣、機械、光學等傳感特性。如圖 3-2 所示，MEMS 感測器通常具有微型化、微加工、高精度與高動態性等特點，常見的 MEMS 感測器類型有運動感測器（包括加速度計、陀螺儀等）、壓力感測器、環境感測器（氣體、溫度、適度等）以及光學感測器（影像識別、光強、PIR）等。當然攝像機鏡頭裡面的影像感測器與安防用的紅外攝像儀器裡面的紅外感測器都屬於感測晶片，而發光二極體 LED 與雷射二極體（VCSEL 與 EEL）可以用來顯示與 3D 感測，也可以算在這一類裡面。

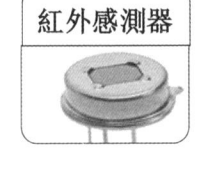

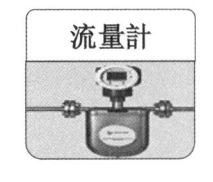

圖 3-2　常見的 MEMS 感測器

功率晶片，又稱功率半導體元件，是專門設計用於處理和控制高電壓、大電流的半導體元件，廣泛應用於電力轉換和電源管理領域。主要類型包括二極體、電晶體（如 MOSFET 和 IGBT）

以及功率模組，這些元件在消費電子、電動汽車、工業控制和可再生能源等領域發揮著關鍵作用。功率晶片的特點包括高效能、耐高壓和快速開關。隨著技術的進步，未來將重點發展碳化矽（SiC）和氮化鎵（GaN）等新型材料（圖 3-3），以進一步提升電能轉換效率，推動節能技術的發展。

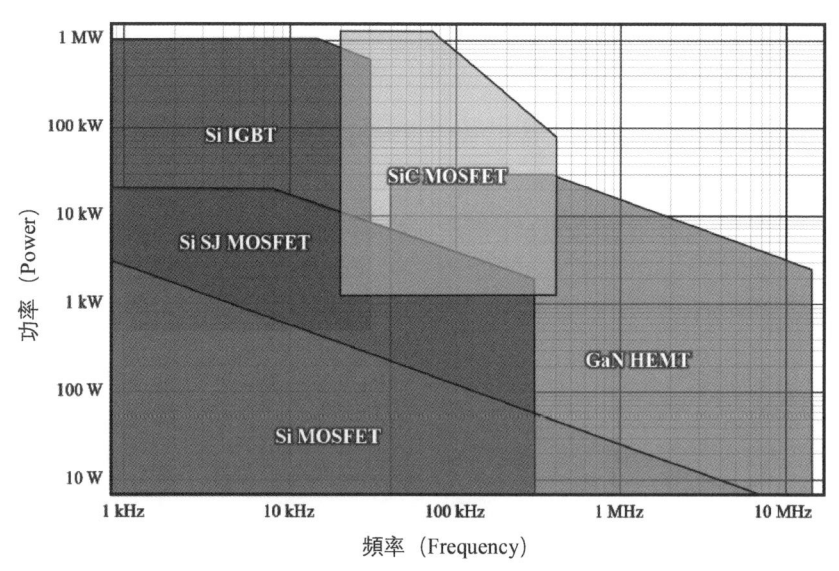

圖 3-3 不同半導體材料的頻率 - 功率特性 [35]

通訊晶片是用於實現資料傳輸和通訊的半導體元件，廣泛應用於各種通訊系統中，包括手機、無線網路、衛星通訊和物聯網設備等。這些晶片負責處理訊號的發送、接收和轉換，確保資訊能夠在不同設備之間高效、穩定地傳輸。通訊晶片主要包括射頻（RF）晶片、基頻處理器、數據機以及網路介面晶片等，能夠支援 2G 到 5G 等不同通訊標準。隨著通訊技術的不斷進步，通訊

晶片的發展趨勢集中在提升傳送速率、降低功耗和增強系統整合度，特別是在支持高速資料傳輸和低延遲的需求下，新型材料和先進的製程技術正逐漸成為研發的重點。

3.2 半導體光元件

如表 3-2 所示，常見的半導體光元件包括 LED、Mini-LED、Micro-LED、邊射型雷射器（Edge Emitting Laser, EEL）和垂直共振腔面射型雷射器（Vertical Cavity Surface Emitting Laser, VCSEL）。其中 LED、Mini-LED 和 Micro-LED 均可用於顯示領域，不過三者在顯示亮度、解析度等方面存在差異，EEL 主要應用於中長距離光纖通訊、光儲存、雷射雷達等領域，VCSEL 則主要應用於短距離光纖通訊、感測器、3D 掃描、資料傳輸等。本小節將重點對上述幾種半導體光器件予以介紹。

表 3-2 半導體發光元件匯總

元件	發光方式	亮度 / 功耗	主要應用
LED	非相干光（單色光）	中等亮度、低功耗	顯示、指示燈、背光源、汽車照明
MiniLED	非相干光（單色光）	高亮度、低功耗	高分辨顯示，例如電視、智慧手錶
MicroLED	非相干光（單色光）	中高亮度、低功耗	LCD 背光、電視、顯示器、電腦
EEL	相干光	中高功率	中長距離光纖通訊、光儲存、雷射雷達
VCSEL	相干光（雷射）	中低功率、低功耗	短距離光纖通訊、感測器、3D 掃描、資料傳輸

3.2.1 發光二極體

顯示的技術就是用不同亮度的紅（Red, R）、綠（Green, G）、藍（Blue, B）三種組合來呈現人類可以看見的可見光顏色，如圖 3-4 所示，一個方格用來顯示某一種顏色，這樣的方格稱為畫素（pixel），將這個方格分成三個小格，分別代表紅綠藍三種顏色，這樣的小格稱為次畫素（sub-pixel）。當觀察者距離足夠遠時，眼睛根本無法分辨 RGB 三個次畫素，只能隱約看成一個畫素，而 RGB 三種顏色自然也會被隱約混合成一種顏色了。當然，目前的電視電腦與手機是將畫素縮小到數百微米至數十微米，此時 RGB 三個次畫素則更加微小，這麼小的次畫素不論觀察者靠多近觀看，眼睛都不容易分辨 RGB 三個次畫素，只能隱約看成一個畫素，而 RGB 三種顏色自然也會被隱約混合成一種顏色了。目前，最小的畫素點可以做到幾個微米，其所採用的顯示技術便是 Micro-LED 技術，本節後續內容中將會對其予以介紹。

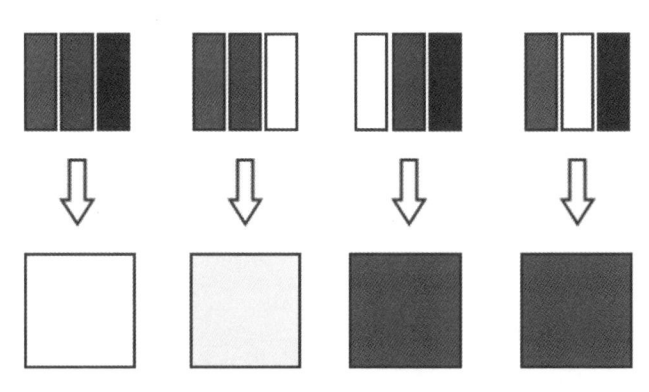

圖 3-4 紅（R）、綠（G）、藍（B）三個次畫素組合形成其它顏色

Isamu Akasaki　　　Hiroshi Amano　　　Shuji NaKamura
圖 3-5　對藍光 LED 貢獻最大的三個科學家

　　早期的 LED 在色彩表現和製造上面臨著諸多問題，從色彩角度來講，早期藍光 LED 的缺失導致早期的顯示器只能播放單色畫面（GaAs 紅色或磷化鎵 GaP 黃綠色顯示文字或簡單的圖形），而不能播放真實色彩的影像。直到 1995 年，日本的日亞化學公司中村修二博士團隊才發展出以氮化鎵（GaN）與氮化銦鎵（InGaN）材料為主的發光二極體，其可以放射出藍光或綠光，而且元件的壽命很長，上述顯示色彩的問題才得以解決，赤琦勇、天野浩與中村修二三位科學家（圖 3-5）也因此獲得了 2014 年的諾貝爾物理學獎。從製造角度來看，早期的 LED 技術進步依賴於工程師調試參數（recipe）與試錯再優化的過程，尤其是在磊晶技術，理論不是很深奧，但是結構優化的過程是技術人員最寶貴的經驗與公司最重要的技術資產，能夠駕馭設備做出高亮度晶片的人就是掌握公司命脈的決定者。

　　藍光 LED 一般都加工到藍寶石基板上，由於當初藍寶石基

板價格很高，硬度高不易加工，再加上許多相關的專利都掌握在日本日亞化學公司手中，專利授權金造成藍光二極體的售價很高，所以早期藍光 LED 價格居高不下。不過隨著 LED 一次次技術創新，LED 產業一次次爆發（圖 3-6），同時隨著臺灣與中國大陸投入這個產業，目前藍光 LED 價格已經非常平價，LED 也已變成照明與顯示的主流，這節省了約 80% 的照明顯示用電。

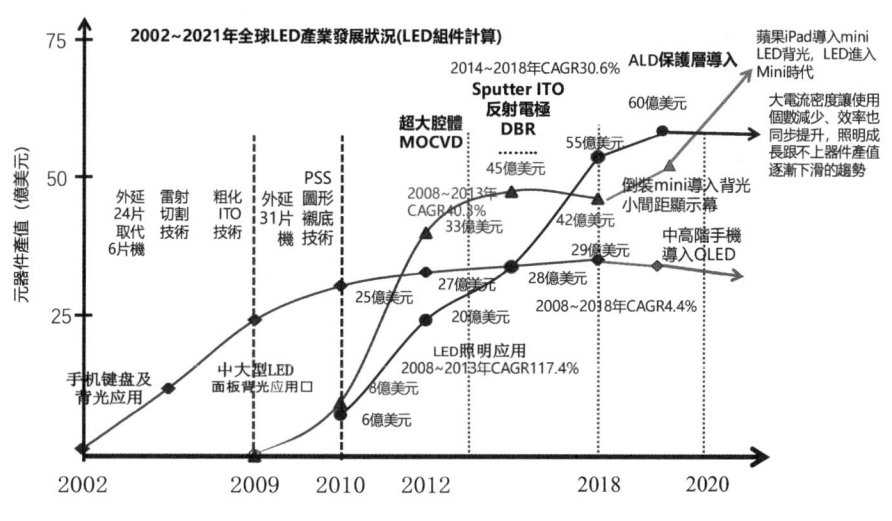

圖 3-6　LED 的技術與成本的發展歷程

（1）發光二極體的構造

LED 在日常中非常常見，其構造如圖 3-7（a）所示，直插的燈珠外觀呈橢圓形，尺寸與一顆紅豆差不多，當然真正發光的部分則更小，只有內部的晶粒而已，其尺寸與海邊的一粒沙子差不多。如此小的一個晶粒就可以發出很強的光，主要得益於化合物半導體（比如 GaAs、GaN）極佳的發光效率。發光二極體的製程與矽半導

體相似，都是利用曝光、摻雜技術、蝕刻技術、薄膜成長製程製作而成，一片四英寸的 GaAs 晶圓就可以製作數萬個 LED 晶粒。

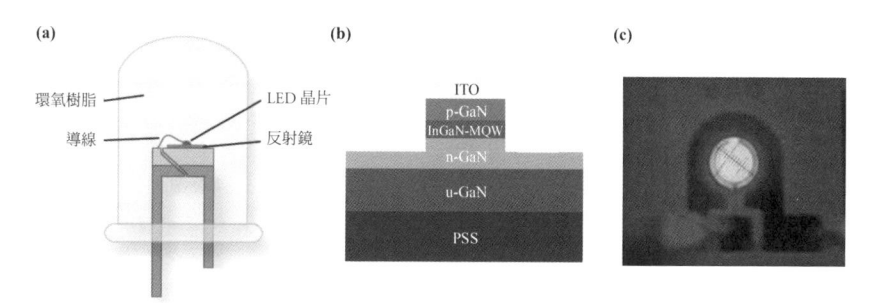

圖 3-7　發光二極體的構造與工作原理

（2）發光二極體的基本工作原理

圖 3-7（b）為氮化鎵藍光發光二極體晶片的結構示意圖，半導體結構有矽摻雜的 N 型氮化鎵與鎂摻雜的 P 型氮化鎵層，因為是異質結構，中間的發光層是銦鎵氮材料，利用銦與鎵的成分不同，可以發出從紫光到綠光的不同顏色，發光表面大部分是 P 型發光區，需要鍍上透明導電層如氧化銦錫（Indium tin oide, ITO）薄膜，最後再用物理氣相沉積設備 PVD 沉積兩個 P 型與 N 型電極，當發光二極體與電池連接時，電子由電池的負極流入 N 型半導體，電洞由電池的正極流入 P 型半導體，電子與電洞在銦鎵氮發光層結合放出光子，並且由晶片的上方發光，經過橢圓形的塑膠封裝外殼，由於橢圓形的塑膠封裝外殼類似凸透鏡，具有聚光的效果，讓發出來的光線比較集中。

當對不同的化合物半導體材料施加電壓時，會使化合物半導體發出不同顏色的光，科學家們利用這種原理可以製作出不同顏

色的發光元件,如表 3-3 與圖 3-8 所示。

表 3-3 半導體發光材料匯總

種類	化學式	製作方法	發光顏色	中心波長
碳化矽	SiC	VPE	藍綠色	500 nm
砷化銦	InAs	MOCVD	紅外光	3450 nm
磷化銦	InP	MOCVD	紅外光	985~1550 nm
砷化鎵	GaAs	MOCVD	紅外光	868 nm
銻化鋁	AlSb	MOCVD	紅光	775 nm
磷化鎵	GaP	MOCVD	黃綠光	554 nm
磷化鋁	AlP	MOCVD	綠光	517 nm
銦鎵氮	InGaN	MOCVD	藍光、綠光	450~550 nm
砷化鋁鎵	AlGaAs	MOCVD	紅光	655 nm
磷砷化鎵	GaAsP	MOCVD	紅光	→650 nm
鋁銦鎵磷	AlInGaP	MOCVD	黃光、橘光	615~655 nm
鋁銦鎵氮	AlInGaN	MOCVD	紫光、紫外光	265~450 nm

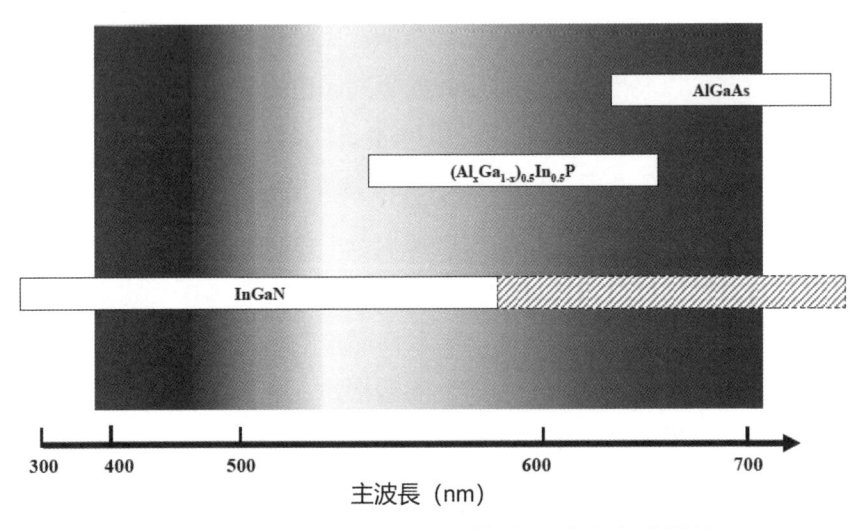

圖 3-8 發光二極體材料的種類與發光顏色的關係

(3) 發光二極體的種類

　　如果以晶片結構來分類，可以分為正裝晶片、垂直結構晶片與覆晶晶片。如圖 3-9（a）所示，正負（PN）電極在同一發光面的結構，稱為正裝結構，由於找不到氮化鎵材料合適的導電基板，所以在藍光二極體成功研發與產業化成功之後，藍寶石一直是這個結構最重要的基板材料，由於基板材料不導電，所以一般藍光綠光與紫光的氮化鎵 LED 都是這個結構。最早的紅黃光 LED 結構由於是使用可以導電的 GaAs 與磷化鎵基板，所以都做成單電極的垂直結構，如圖 3-9（b）所示，這個結構是最早的 LED 結構，由於光與電流的均勻性好，指向性強，所以藍光 LED 在特殊應用的燈具上也開始使用垂直結構 LED，但是由於氮化鎵材料的垂直結構 LED 製程比較複雜，難度較大，需要將藍寶石基板剝離或是需要直接將氮化鎵直接成長在導電的矽或金屬基板上，良率比較難控制。這種結構的藍光綠光或紫光的 LED 應用比較特殊，例如手機閃光燈，指向性強的手電筒，汽車燈與 UV 固化燈。覆晶結構如圖 3-9（c）所示，與正裝結構類似，都是藍寶石基板材料，但是需要將 P 型氮化鎵的表面鍍上反射電極，然後覆晶貼合在其他的基板，覆晶晶片由藍寶石表面發光，需要製作反射光的電極或是反射光的 DBR 薄膜，由於覆晶晶片的傳熱路徑短且傳熱材料的熱導率比藍寶石更好，所以覆晶結構有優越的熱穩定性，可以比正裝晶片驅動更高的電流而不衰減。

(a) 　　　　　　　(b) 　　　　　　　(c)

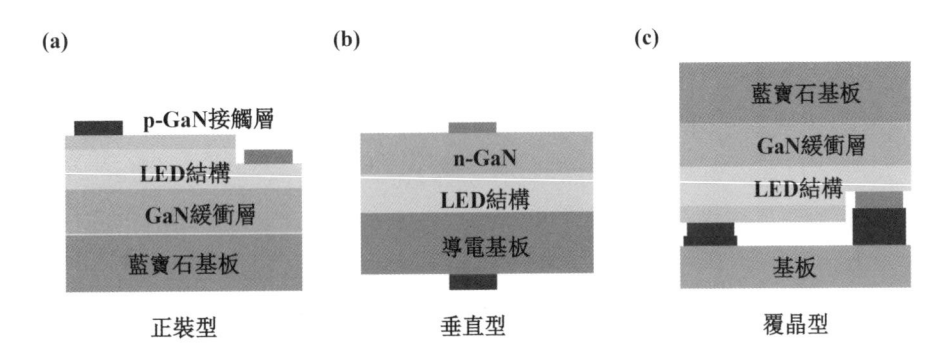

p-GaN接觸層
LED結構
GaN緩衝層
藍寶石基板
正裝型

n-GaN
LED結構
導電基板
垂直型

藍寶石基板
GaN緩衝層
LED結構
基板
覆晶型

圖 3-9　LED 晶片結構分類圖

3.2.2 Mini 與 Micro LED

(1) Mini LED 技術的普及

　　為什麼會有 mini LED 背光技術，主要就是液晶螢幕對比度的問題，對比度是影像或螢幕中明暗區域最亮和最暗部分的亮度差異。具體來說，對比度定義為最亮部分的亮度與最暗部分的亮度的比值，通常用百分比表示，對比度的高低直接影響到影像的視覺效果，對比度越高，影像中的明暗部分差異越明顯，色彩也越鮮明豔麗；反之，對比度低會使整個畫面看起來灰濛濛的，缺乏層次感。目前對比度最高的是有機發光二極體螢幕 OLED Display 與 Micro LED 電視，兩者的對比度幾乎是無限大，對比度最差的顯示技術是 LCD，主要是 LCD 的背光都是全開的，是靠液晶偏轉來控制灰階的亮度。

　　當畫素要全黑的時候，液晶還是無法全部擋住背光的光線，導致全黑不黑，目前 TFT LCD 最好的液晶電視在全白狀態時的

亮度為 500cd/m²，而在全黑狀態時的亮度為 0.5 cd/m²，那麼這個螢幕的對比度就是 1000:1。雖然對比還是達不到理想顯示技術的要求，但是液晶技術成熟，單位面積價格低，如果可以改進對比度與功耗，跟 OLED 還是有競爭優勢的，如圖 3-10 所示傳統背光與 Mini LED 背光結構的差別在於 Mini LED 背光可以分區控制畫素亮度，Mini LED 的背光可以與液晶同步控制數十個到數百個畫素點的灰階，對比效果與調光區密度 Dimming Zone 相關，調光區密度越高，功耗與顯示效果幾乎與 OLED 接近，蘋果公司 Apple 在 2020 年導入 Mini LED 背光技術，就是要做出跟 OLED 一樣的 LCD 顯示效果，而且價格不高，目前在中大尺寸的顯示面板已經大量普及 [36-39]。

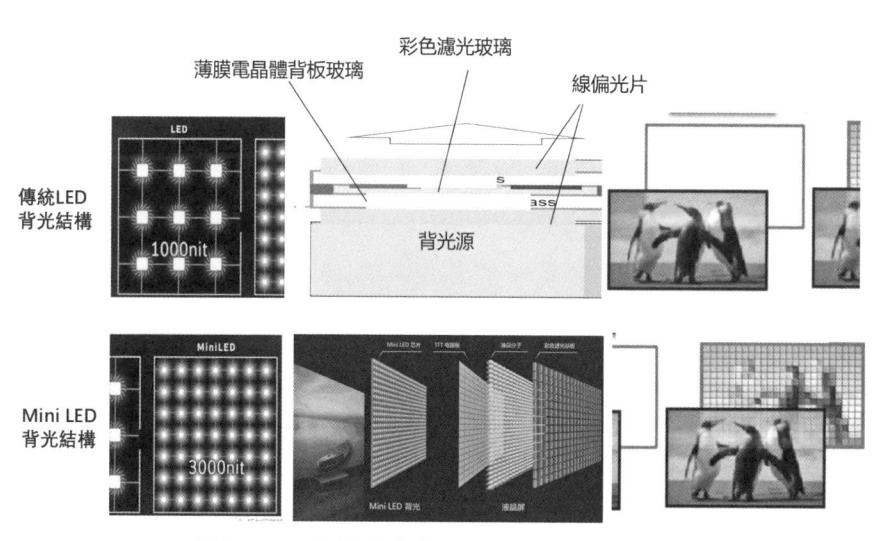

圖 3-10　傳統背光與 mini LED 背光的差別

（2）Micro LED 未來前景可期

目前關於 Micro LED 定義有很多不同說法，有人說 10 微米以下尺寸的晶粒稱為 Micro LED，大部分用在 AR 顯示的發光源，也有人把 50 微米尺寸以下的 LED 都稱為 Micro LED，其中 10~50 微米的尺寸用來做直接顯示的螢幕，目前這種晶粒大部分需要使用基板剝離與巨量轉移的技術，如圖 3-11（a）所示，這個技術路線目前在前段晶片製程問題不大，最大的問題還是巨量轉移（mass transfer）的良率，如果無法克服這個問題，這種顯示技術的產品價格仍然非常昂貴。

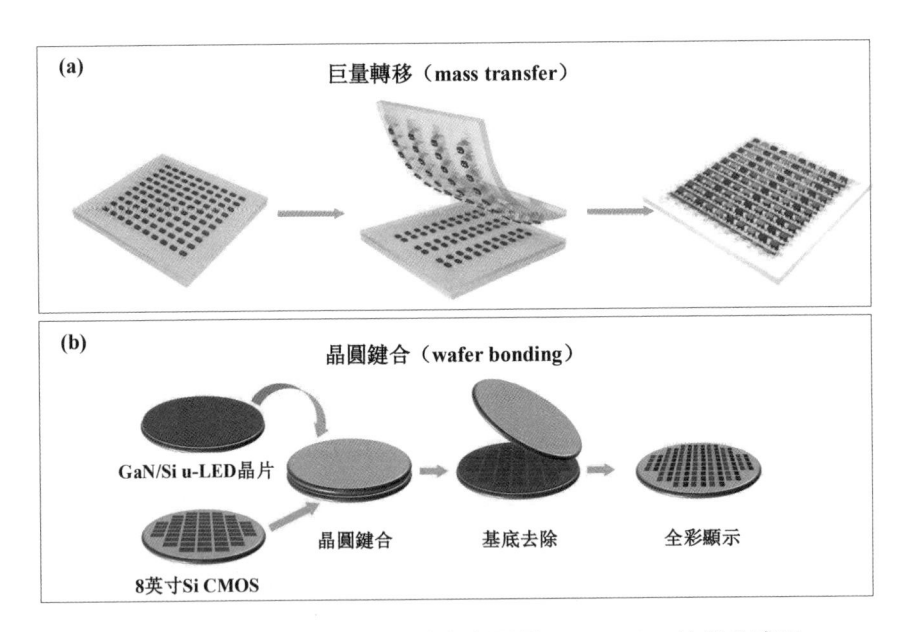

圖 3-11　巨量轉移與晶片鍵合在兩種 Micro LED 技術的應用
（資料來源：芯聚半導體、鐳昱光電）

2024年9月25日，Meta的祖克柏展示了一款重量僅有98克的AR眼鏡（型號為Orion AR），如圖3-12所示，AR眼鏡使用比Micro OLED更亮的RGB Micro LED，鏡片採用碳化矽材料，碳化矽光波導的高折射率（折射率n>2.6）可以讓光在傳輸中損耗最小，還有眼球追蹤功能與Birdbath曲面反射屏，視場角最高70度，相當於300寸大屏彩電。未來最高端的Meta Orion則是70度視場角600寸360度環繞屏。其中使用的顯示技術就是畫素小於10微米的Micro LED，因為LED技術不成熟與碳化矽玻璃太貴，Meta宣稱要在三年後才有機會推向市場，其中最關鍵的LED技術如圖3-11（b）所示，該技術需要將紅綠藍晶片與驅動晶片使用異質鍵和技術（hybrid bonding）貼合在一起，由於紅光GaAs材料與藍光綠光氮化鎵不同，RGB鍵合方案比較困難，良率還需要一段時間來突破，目前國內也有公司為瞭解決這個問題，嘗試使用藍光Micro LED激發綠光量子點與紅光量子點的RGB方案，為商業用途另闢蹊徑。南昌大學江風益院士團隊在矽基板上的垂直結構技術RGB方案或許有機會解決紅光問題，該團隊已實現藍光與綠光Micro LED的量產，目前他們在攻克矽基板磊晶高銦含量的氮化銦鎵紅光Micro LED，如果成功，搭配矽晶圓的驅動晶片，未來RGB三原色的Micro LED前景可期[40-47]。

光引擎
- 高亮度
- 體積小

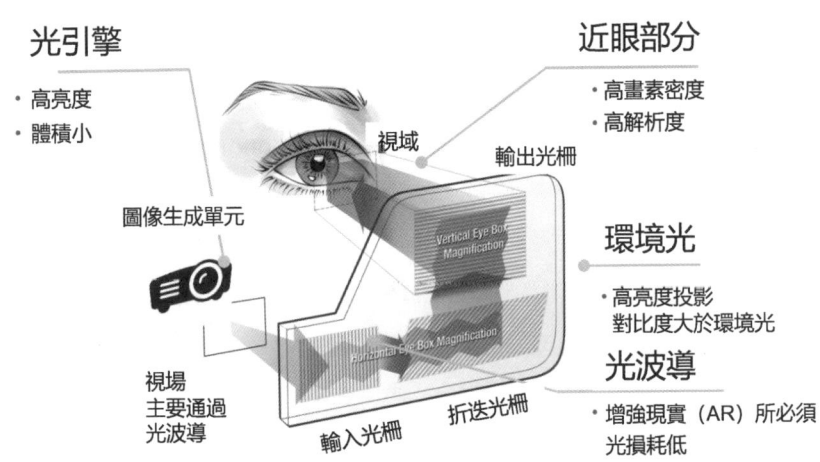

近眼部分
- 高畫素密度
- 高解析度

視域
輸出光柵
圖像生成單元
環境光
- 高亮度投影 對比度大於環境光

視場 主要通過 光波導
輸入光柵
折迭光柵

光波導
- 增強現實（AR）所必須 光損耗低

圖 3-12　Micro LED 與未來 AR 設備（資料來源：鐳昱光電）

3.2.3 半導體雷射

2016 年 2 月 11 日，科學界發生了一件大事！美國國家科學基金會召集來自 Caltech 加州理工學院、MIT 麻省理工學院與 LIGO 團隊的科學家宣佈發現愛因斯坦預言的重力波，他們利用雷射干涉儀（圖 3-13）探測到了重力波。

圖 3-13　美國西北海岸 Hanford 的 LIGO 基地

　　1864 年麥斯威爾提出電磁波理論，1887 年赫茲證實了電磁波，20 世紀人類享受了這個科學理論帶來了人類文明巨大的進步！

　　1916 年愛因斯坦提出重力波理論，2016 年 LIGO 團隊證實了重力波，這個理論看似對人類目前的生活沒有產生影響，也許就像這次接收重力波的訊號一樣，非常微弱！

　　電磁波的理論與驗證時間只差了 23 年，電磁波在應用科學方面更是大放異彩，對人類文明的進步做出了不可磨滅的貢獻。而重力波呢？回歸現實，它的發現要放在應用科技上，估計五十年都很難。

　　什麼是 LIGO？LIGO 就是 Laser Interferometer Gravitational wave Observatory 我們翻譯成雷射干涉重力波天文臺，沒有 LIGO 的精密測量設施，要發現重力波也許要再花很久很久的時間，在這裡不得不佩服愛因斯坦的神奇與偉大，LIGO 的核心是

雷射干涉，雷射是 1917 年愛因斯坦受激輻射預言的原理，結果 43 年後科學家邁曼 Maiman 利用他的原理製作出了第一個雷射器；讓人更沒想到的是一百年後，愛因斯坦用他自己預言的雷射證實了自己的重力波理論，我覺得他真的不是跟我們同一個世界的人，我常常在想，他是不是遙遠的外星文明送給地球的信使，讓我們能加快腳步可以跟他們溝通！

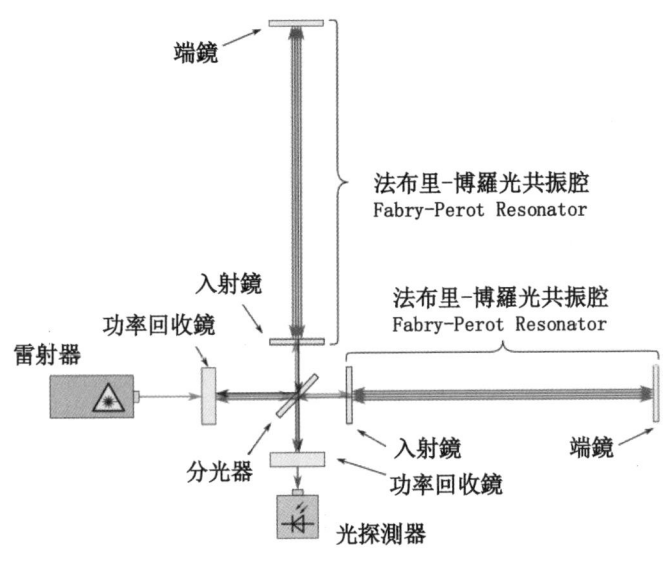

圖 3-14　LIGO 雷射干涉的原圖

這次重力波的發現，雷射干涉測量無疑是最重要的，為什麼要用雷射？這就是是我今天的主題，但是我會著重於介紹半導體雷射，雷射英文叫 Laser，這個英文名詞是五個英文字的字首簡稱：Light Amplification by Stimulated Emission of Radiation，很有趣的是海峽兩岸的中文翻譯略有不同，大陸取其意義叫鐳射（受激放大

的輻射光），臺灣順其音與擬其形叫雷射（像雷電一樣的放射）。

（1）雷射的原理

雷射（Laser）的意思是利用激勵放射來增加光的強度，所謂的激勵放射主要就是完成兩個重要的步驟，第一個是能量激發（Pumping），第二個是共振放大（Resonance）：

能量激發（Pumping）

固態雷射大多使用光激發光，屬於原子發光，前面介紹過原子發光的原理為外加能量（光能或電能）激發摻雜原子的電子由內層能階跳到外層能階，如圖 3-15（a）當電子由外層能階跳回內層能階時，將能量以光能的型式釋放出來。半導體雷射大多使用電激發光，屬於半導體發光，前面曾經介紹過半導體發光的原理，外加能量如光能或電能，激發半導體的電子由價電帶跳到導電帶，當電子由導電帶跳回價電帶時，將能量以光能的型式釋放出來，如圖 3-15（b）所示。

要發出雷射，受激輻射是最基本的條件，如圖 3-15（c）所示，當活性原子處於激發態時（電子處於導電帶），如果入射光子能量（或者光頻率）合適，活性原子受入射光子激發躍遷到基態（價電帶），入射光子的功率被放大，我們稱為受激輻射。入射光子的激發有光激發光（PL）或電激發光（EL）兩種方式，不論使用哪一種方式都可以產生雷射，光激發光（PL）是外加光能使電子跳躍；電激發光（EL）則是外加電能使電子跳躍，這部分內容將在後面詳細介紹。

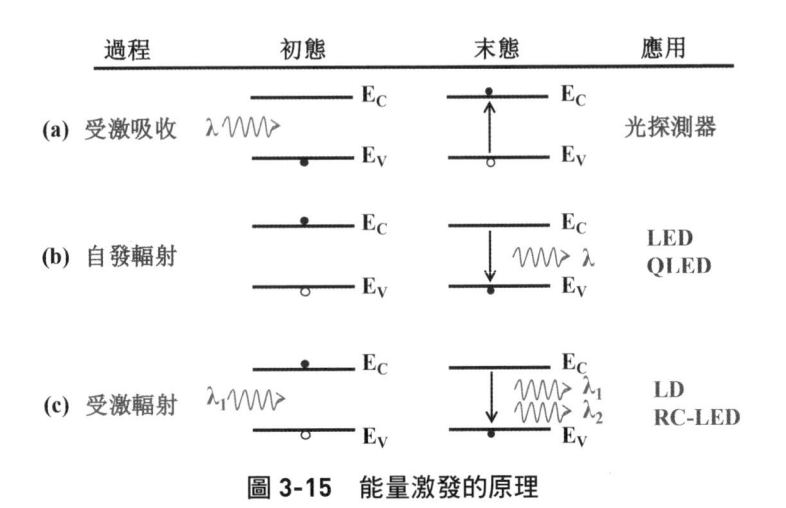

過程	初態	末態	應用
(a) 受激吸收	λ ⟿　——— E_C　　———•— E_V	•　——— E_C　↑　———○— E_V	光探測器
(b) 自發輻射	———•— E_C　———○— E_V	——— E_C　↓ ⟿ λ　———•— E_V	LED QLED
(c) 受激輻射	λ_1 ⟿　———•— E_C　———○— E_V	——— E_C　↓ ⟿ λ_1　　⟿ λ_2　———•— E_V	LD RC-LED

圖 3-15　能量激發的原理

共振放大（Resonance）

在發光區製作一個共振腔（Cavity），共振腔其實可以使用一對鏡子組成，如圖 3-16 所示，使光束在左右兩片鏡子之間來回反射，不停地通過發光區放射光子，最後產生共振效應，使光的強度放大。

（2）光激發光（Photoluminescence, PL）

以鈦藍寶石雷射（Ti Sapphire laser）為例，先在藍寶石內摻雜鈦原子得到鈦藍寶石晶體，在晶體四週放置許多高亮度的光源，發出某一種波長的光對著晶體照射，當晶體吸收光能產生能量激發（Pumping），則會發出另外一種波長（顏色）的光。發射出來的光經由左右兩個反射鏡來回反射產生共振放大（Resonance），由於右方的反射鏡設計可以穿透 5% 的光，所以高能量的雷射就會由右方穿透射出，如圖 3-16（a）所示。

（3）電激發光（Electroluminescence, EL）

以 GaAs 雷射二極體（GaAs laser diode）為例，先在 GaAs 雷射二極體晶片上下各蒸鍍一層金屬電極，對著晶片施加電壓，當晶片吸收電能產生能量激發（Pumping），則會發出某一種波長（顏色）的光。發射出來的光經由左右兩個鏡面反射鏡來回反射產生共振放大（Resonance），由於右方的反射鏡設計可以穿透 5% 的光，所以高能量的雷射光束就會由右方穿透射出，如圖 3-16（b）所示。

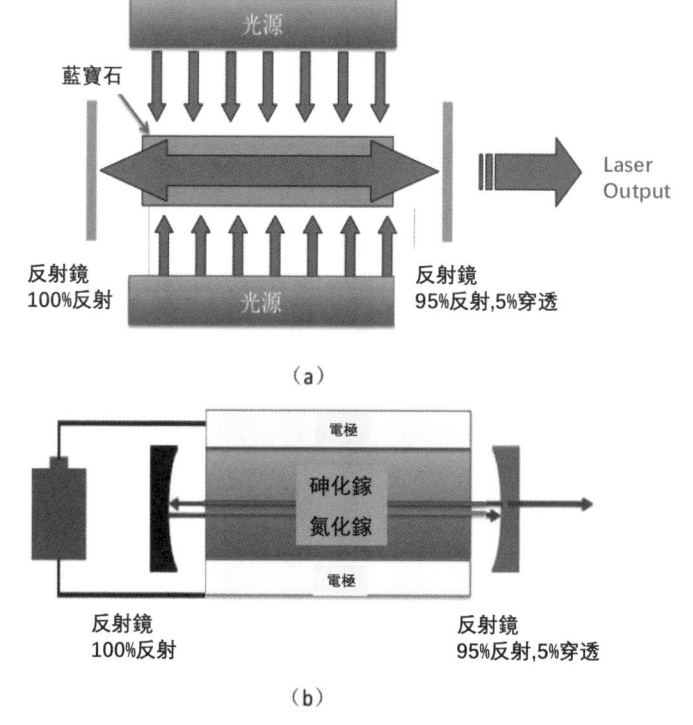

圖 3-16 雷射產生的原理

(4)雷射的種類

雷射的種類可以分為氣體雷射、液體雷射、固體雷射與半導體雷射，嚴格來說，半導體雷射也是固體雷射的一種，但是由於目前商業上半導體雷射的使用量很大，例如光學讀取頭、光通訊光源、雷射指示器等，所以雷射已經深刻影響著人類的生活，而雷射二極體又可以分為邊射型雷射與面射型雷射。

3.2.4 雷射二極體（LD：Laser Diode）

(1)雷射二極體的定義

前面介紹的四種雷射，只有半導體雷射的體積最小，成本最低，而且只需要外加一顆小小的電池就可以使用，因此可以廣泛地應用在各種電子產品中。

雷射二極體（LD）的構造如圖 3-17（a）所示，外觀呈圓柱形，通常會依照封裝的不同而有不同的形狀，但是真正發光的部分只有晶粒（Die）而已，晶粒的尺寸與一粒米的尺寸相當，這麼小的一個晶粒就可以發出很強的光，由於雷射二極體的晶粒很小，所以一片四寸的 GaAs 晶圓就可以製作數萬個晶粒，切割以後再封裝，晶粒的結構如圖 3-17（b）的外觀，雷射二極體的製程與矽晶圓的製程相似，都是利用黃光微影、摻雜技術、蝕刻技術、薄膜生長技術製作。

Part 3 半導體元件

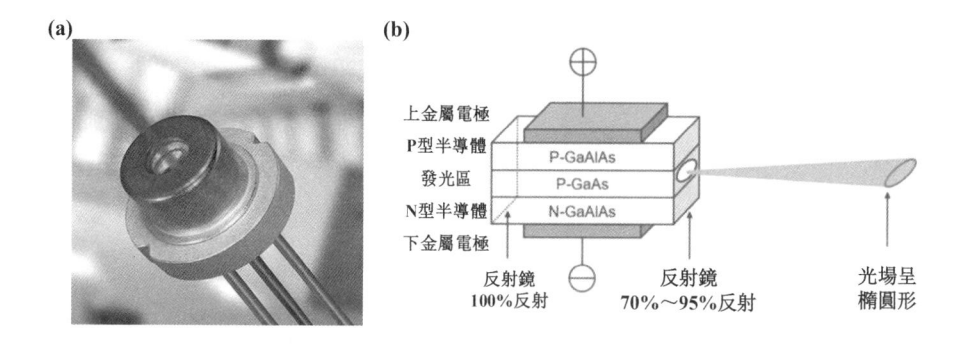

(a) (b)

圖 3-17　邊射型雷射二極體 LD 的外觀與構造

（2）雷射二極體的分類

　　雷射二極體用波長來分類，應用會有很大的差別，目前可見光雷射大部分應用在光儲存光照明與光顯示，紅外光大部分用在光通訊與光感測，為什麼光通訊大部分使用紅外光雷射呢？如圖 3-18（a）所示，由於光纖在紅外波段的衰減最小，尤其是在 1550 nm 波段，而 1310 nm 波段雖然衰減沒有 1550 nm 小，但是因為在這個波段色散最小，如圖 3-18（b）所示，所以 1310 nm 波長的雷射也常常用於中長距離光纖通訊用光源。而紅外的 850 nm 與 980 nm 光源也被使用於較短距離的末端網路系統，由於用量大，要求低，所以也常常用紅外 LED 代替雷射。

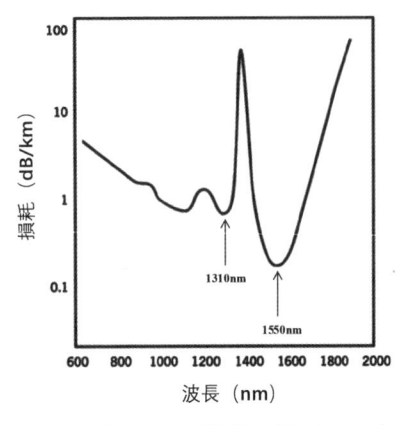

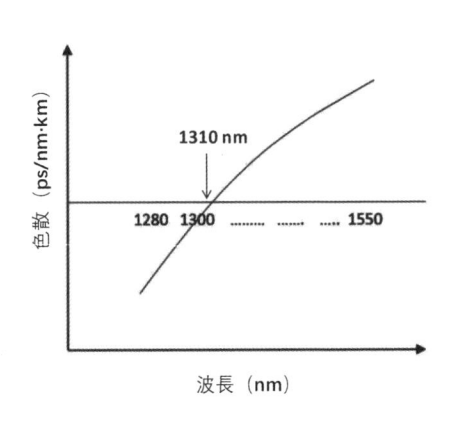

圖 3-18 矽基光纖（SiO$_2$）在不同發射光譜的衰減與色散示意圖

　　色散的定義：光纖的輸入端光脈衝訊號經過長距離傳輸以後，在光纖輸出端，光脈衝波形隨時間延展，這種現象即為色散。

　　由於寬頻通訊與資料中心要求越來越多的資料傳輸，如圖 3-19 所示，光通訊的發光元件又可以分類為為 LED、邊射型與面射型雷射二極體，圖 3-19 為三種發光元件的構造與原理，圖 3-19（a）的 LED 除了可以用於照明與顯示以外，紅外光 LED 也是早期常用的光通訊末端元件，製造簡單與價格比雷射便宜是 LED 的優勢。

　　圖 3-19（c）是 VCSEL 的結構圖，VCSEL 是垂直共振腔面射型雷射（Vertical-Cavity Surface-Emitting Laser）的簡稱，是一種半導體雷射，其發光垂直於頂面射出，VCSEL 晶片相比邊射型雷射（Edge Emitting Laser, EEL）二極體，製程比較簡單，如圖 3-19（b）所示，VCSEL 與雷射由邊緣射出的邊射型雷射二極體有所不同。

Part 3 半導體元件

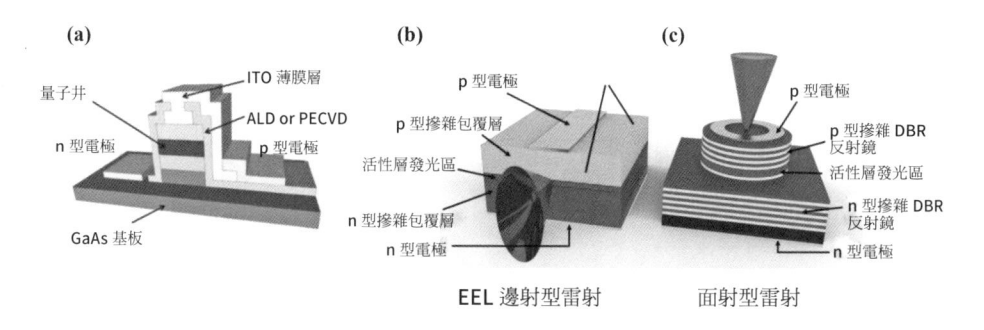

圖 3-19 LED、LD、VCSEL 三種發光元件結構示意圖[48]

面射型雷射二極體 VCSEL 與 LED 製程很相近，但是有兩個特殊製程與 LED 區別較大，一個是 DBR 反射層形成共振腔鏡面的製程技術，另一個就是限制電流的氧化或離子注入技術。

（3）DBR 反射鏡技術

典型的 VCSEL 結構如圖 3-20 所示，其發光區由多重量子井組成，發光區上下兩邊分別由多層四分之一發射波長厚的高低折射率交替的磊晶材料形成的 DBR，相鄰層之間的折射率差使每組疊層的 Bragg 波長附近的反射率達到極高（＞99％）的水準，需要製作的高反射率反射鏡的疊層對數依據每膜層的折射率而定，典型的量子井數為 1 至 4 個，它們被置於共振腔駐波圖形的最大處附近，以便獲得最大的受激輻射效率而進行來回反射與震盪。出射光方向可以是頂部或基板，這主要取決於基板材料對所發出的雷射光是否透明以及上下 DBR 反射率究竟哪一個值更大一些。

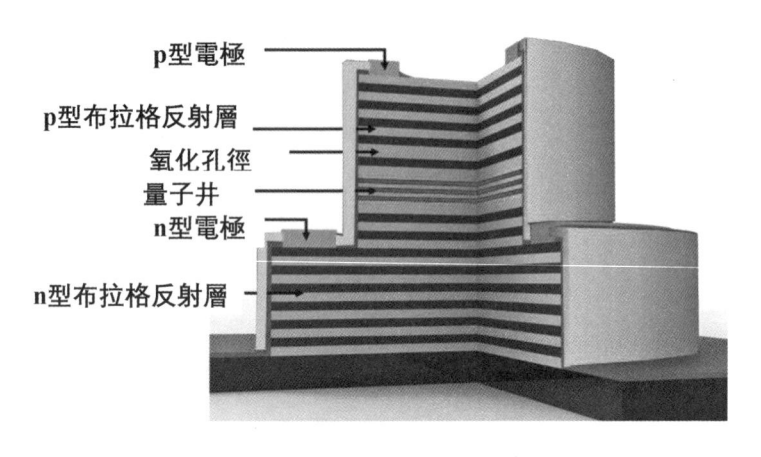

圖 3-20 VCSEL 的結構示意圖

（4）電流侷限技術

為了達到比 LED 更低的功耗，限制 VCSEL 中的電流，達到低閾值電流，可以達到元件低電流，高效率的目的。

如圖 3-21 所示，有三種主要的方法來限制 VCSEL 中的電流，依照其特性分成三種：掩埋隧道結 VCSEL、離子布植 VCSEL 和氧化型 VCSEL。

圖 3-21（a）為第一種結構，埋藏式隧道接面 VCSEL 由於結構複雜，而且需要使用分子束磊晶 MBE 製造，量產困難，目前僅止於學術研究。在上世紀 90 年代前期，光電子通訊公司較傾向於使用離子布植的 VCSEL。如圖 3-21（b）所示，通常使用氫離子 H+（質子）或氧離子植入 VCSEL 結構中，除了共振腔以外，其它區域用離子布植破壞共振腔周圍的晶格結構，使電流被限制，缺點是光限制效果不好。所以上世紀 90 年代中期以後，這些公司們紛紛進而使用氧化型 VCSEL 的技術。如圖 3-21（c）

所示，氧化型 VCSEL 是利用 VCSEL 共振腔周圍材料的氧化反應來限制電流，因此在氧化型 VCSEL 中，電流的路徑就會被共振腔周圍氧化層所限制。

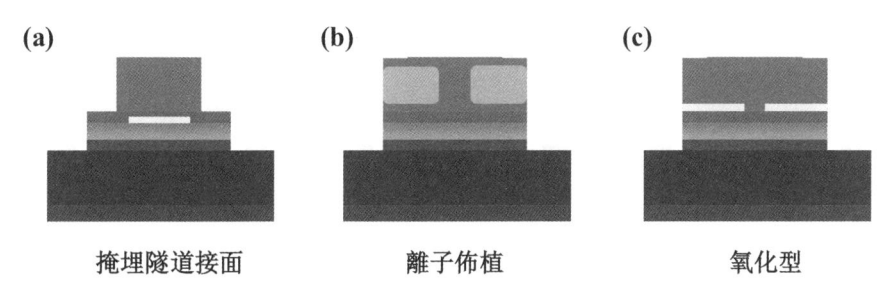

(a)　　　　　　　(b)　　　　　　　(c)

掩埋隧道接面　　　離子佈植　　　　氧化型

圖 3-21　三種不同的限制 VCSEL 電流的技術與結構示意圖

目前業界主流技術已經大部分轉至氧化型 VCSEL 結構元件，但是也產生了生產上的困難。要將 AlAs 砷化鋁氧化成 Al2O3 氧化鋁的氧化率與鋁的含量有非常大的關係。只要鋁的含量有些微的變化，就會改變其氧化率而導致共振腔的規格會過大或過小導致雷射光束的大小不一致。

(5) VCSEL 的商機無限

由於 VCSEL 是光從垂直於半導體基板表面方向出射的一種半導體雷射元件，具有發光模式好、低閾值電流、穩定性好、壽命長、調變速率高、整合高、發散角小、耦合效率高、價格便宜等很多優點。因為在垂直於基板的方向上可並行排列著多個雷射元件，所以非常適合應用在並行光傳輸以及並行光互連等領域，VCSEL 可以用在光纖網路中高速傳輸資料。其相比傳統電纜系

統可以用更快的速度傳輸更大的資料量。速度達到每秒 100G。由於其體積很小，這種 VCSEL 裝置還擁有很高的電光效率，相比傳統的電線傳輸要節能 100 倍。但與此同時其傳輸資料的精確性也非常高。目前 VCSEL 以空前的速度成功地應用於單通道和並行光互聯，以它很高的性能價格比，在寬頻乙太網、高速資料通訊網中得到了大量的應用，因此 VCSEL 已經是大數據中心的互聯最重要的傳輸元件。同理未來物聯網（IOT）、智慧家居（Smart House）的數據中心傳輸（Data Center Comm）與感應端監控，VCSEL 會是主角。而將來需要高速傳輸的 HDMI、HD TV、USB 3.1 Type C 10G 以上、Optical–Modem 都需要 VCSEL。甚至虛擬現實 VR 與虛擬鍵盤，VCSEL 都會佔據一席之地[49-57]。

在感測應用方面，距離感測器（Proximity Sensor, PS）、手勢遙控（Gesture）、3D 攝影機 Camera、雷射自動對焦拍照（Laser Auto Focus, TOF）、無線耳機、虹膜辨識與面部識別，對雷射的需求也逐漸增加。自動化方面，空拍機降落偵測、自動掃地機、工業 4.0 自動化感測、無人駕駛車、機器人都會大量使用雷射。

可以想像一下未來的機器人時代，所有的機器人需要大量的感測器，靈活的機器人更需要速度更快、耗能更低的感測器，VCSEL 雷射在未來的機器人時代將扮演非常重要的角色。

（6）EEL（Edge Emitting Laser）邊射型雷射

邊射型半導體雷射的結構如圖 3-22 所示，邊射型半導體雷射的共振腔是以兩個端面作爲反射鏡，共振腔平行於半導體晶片

表面，EEL 中的光子經共振腔共振放大後，將沿平行於基板表面的方向形成雷射，可以實現高功率、高速率和低雜訊的雷射輸出。但是 EEL 輸出的雷射光束一般有著不對稱的光束橫截面和較大的發散角，與光纖或其他光學元件的耦合效率低。雖然有這些缺點，但是邊射型半導體雷射元件的工作波長範圍廣，適用於多種實際應用，因此成為了理想的雷射光源之一。

目前 EEL 與 VCSEL 一樣，都是使用上一章（2.5 節）提到的異質結構，發光區在 N 型電子注入層與 P 型電洞注入層中間，一般使用一至三個量子井發光層，材料成分與 P 型 N 型不同，尤其是這樣的半導體能隙不同（發光層能隙小於 P 型與 N 型層），折射率也不同（發光層折射率大於 P 型與 N 型層），這種結構不但可以侷限電子，也可以侷限光子，恰到好處的實現高效率的雷射發射條件。

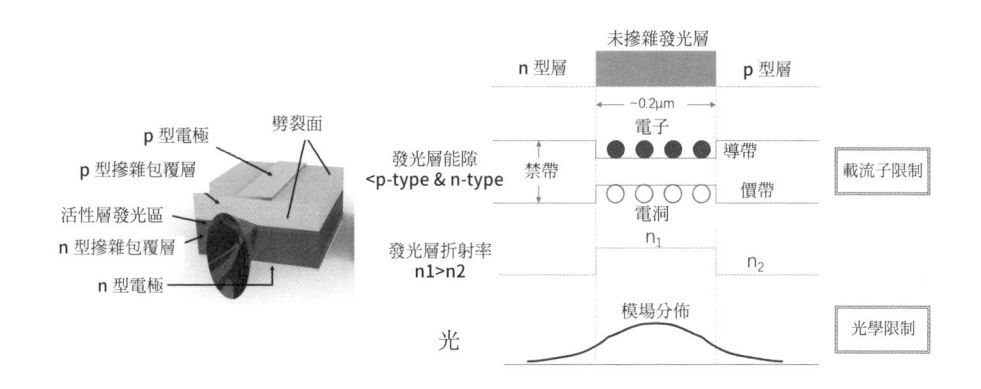

圖 3-22　邊射型雷射

3.2.5 一樣的雷射二極體，不同的波長，命運也大不通

1960 年第一個雷射器出來以後，拜半導體科技的蓬勃發展，1962 年第一個半導體雷射也出現了，但是只能在低溫下工作，真正可以在常溫下工作的半導體雷射，是在 1964 年，在這之後，人類漸漸開始進入光儲存、光顯示與光通訊的時代，相對於其他類型的雷射如固態寶石雷射與氣體雷射，對人類生活影響最大的還是半導體雷射，它的英文叫 LD，是雷射二極體 Laser Diode 的簡稱。

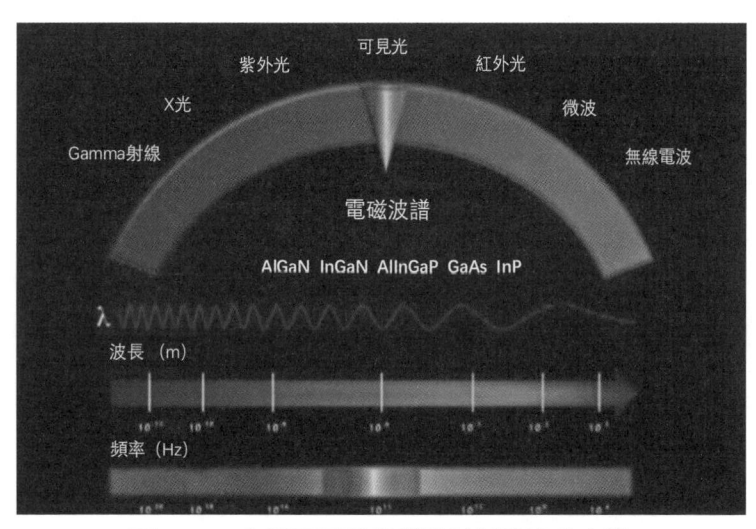

圖 3-23　各種不同的半導體材料發出的光譜

在氮化鎵藍光雷射二極體還沒有出來之前，雷射二極體是磷化銦 InP 與 GaAs 的時代，但是兩者命運大不同，一個一枝獨秀，獨領風騷；一個一直遭遇挑戰，漸漸凋零。為什麼呢？磷化銦 InP 可以發出近紅外的 1310 nm 與 1550 nm 波長，1966 年七月，

光纖的出現改變了人類通訊，1310 nm 波長的雷射在玻璃光纖色散最小，1550 nm 波長雷射損耗最小，他們成為了光纖通訊主動元件的主角，如圖 3-24 所示，一直到現在，磷化銦 InP 還是光通訊最重要的雷射二極體的材料。

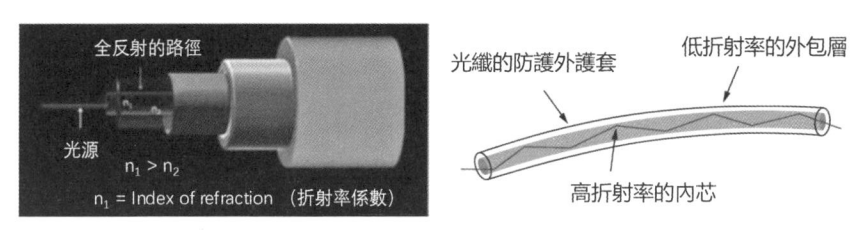

圖 3-24　光纖通訊示意圖

3.2.6 光通訊產業（Optocommunication industry）

雷射是光通訊的主角之一，其實光通訊是一個很龐大的產業，光通訊產業大概可以分為光的主動元件與光的被動元件兩大類產業，其中主動元件的複雜度較高，被動元件件比較簡單，但是某些被動元件仍然有其複雜度，如果沒有一定的技術能力無法順利量產。

（1）光通訊的主動元件

光的主動元件是指負責光訊號的產生與接收的元件，與光電能量的轉換有關，產生光訊號通常是指將電能轉換成光能；接收光訊號通常是指將光能轉換成電能。由於一般資料的處理與運算都是使用電腦，電腦是使用電訊號處理資料，所以當要將資料傳送到光纖網路時，必須先將電訊號轉換成光訊號，如圖 3-25 所

示,圖中傳送端光發射模組（Transmitter）的功能就是將電訊號轉換成光訊號,可以想像成它是將電訊號的 0 與 1 轉換成光訊號的暗與亮,光訊號在光纖中經過了數百公里的傳送以後,到達接收端,這個時候必須將光訊號轉換成電訊號,如圖 3-25 所示,圖中接收端光接收模組（Receiver）的功能就是將光訊號轉換成電訊號,可以想像成它是將光訊號的暗與亮轉換成電訊號的 0 與 1,再交給電腦進行處理與運算,這就是整個光纖網路與計算機工作的基本原理。

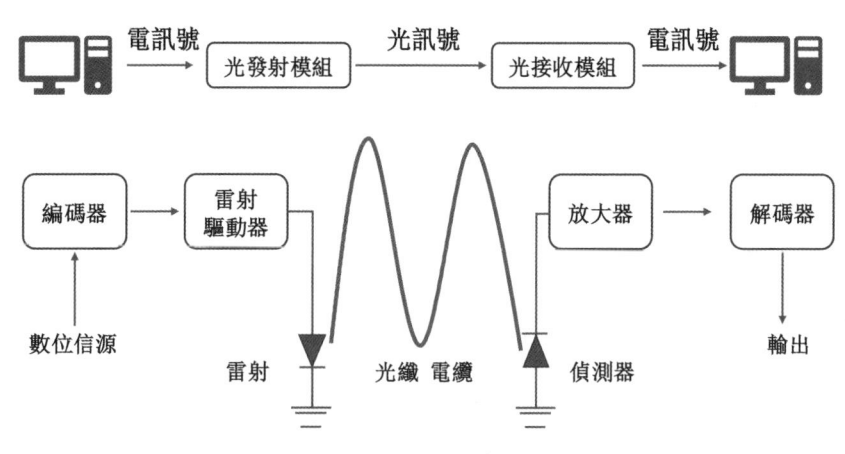

圖 3-25　光纖網路與終端平臺工作的基本原理

光的主動元件包括下列幾種,此次主題是雷射二極體,其它元件將會在未來開專題詳細幫大家介紹：

雷射二極體（LD）：將電訊號轉換成光訊號。

光放大器（Amplifier）：放大光訊號。

光偵測器（Detector）：將光訊號轉換成電訊號。

相對於磷化銦，GaAs 以及後來的鋁銦鎵磷 AlInGaP 這些材料能發出的波長只能侷限在 630nm 到 850nm，這導致它在光儲存與光顯示有非常致命的缺點，在光顯示方面，缺了藍與綠，無法全彩顯示，應用受到非常大的侷限，光儲存方面，由於發出波長範圍的限制，它的儲存量有限，最大的 630nm 雷射波長光儲存讀寫頭只可以儲存 4.7G 的容量，加上隨著磁儲存與快閃記憶體技術的進步，它的優勢一步一步被趕上，甚至銷聲匿跡。雖然後來中村修二博士在 1995 年研發出了藍紫色雷射二極體，它的儲存量可以達到 19G 以上，但是進入 21 世紀後隨著磁儲存與快閃記憶體技術的突飛猛進，光儲存已經無法追上時代的腳步。

短波長雷射二極體在 21 世紀沉寂了十年，原因是數位儲存與寬頻網路的普及，光儲存不再有優勢，誰還會去買 DVD？誰的電腦還有光碟讀取裝置？買光碟的人也越來越少了，這讓當初鑽研雷射二極體的我有一點失落感，於是我也放棄了雷射 LD 的研發，改行進入 LED 了，當初我希望我們華人趕快介入藍光雷射 LD 這個領域讓它便宜下來，但是說也奇怪，藍光雷射二極體不用華人介入，卻也衰落的很快，原來大家使用的 U 盤容量實在太大了，根本不需要光碟了，半導體資訊革命真是十年河東，十年河西，你不要以為你現在的東西技術很先進，可能過了不久，你就是被技術所革命的物件。

進入 21 世紀第二個十年，2014 年中村修二博士因為 LED 的貢獻拿到了諾貝爾物理獎，但是他的研究已經不再是 LED 了，他認為未來雷射二極體 LD 會取代 LED 成為照明的主角。

這兩種元件除了材料相近以外，它們有很大的不同，這也決

定了它們的應用將會很不同。

第一是在工作原理上的差別：LED 是利用注入發光區的載子自發輻射復合發光，而 LD 是受激輻射複合發光。

第二是在架構與結構上的差別：LD 有光學共振腔，使產生的光子在腔內振盪放大，LED 沒有共振腔。

第三是效能上的差別：LED 沒有閾值（threshold）特徵，光譜密度比 LD 高幾個數量級，LED 光功率密度小，發散角大。

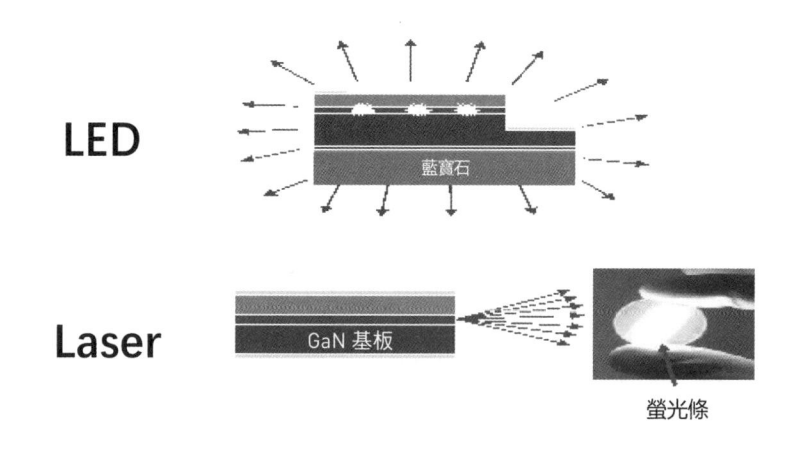

圖 3-26　LED 與 LD 發光示意圖

以上是二者本質上的差異，自從藍光 LED 發明了以後，日本一直在找一個能替代藍寶石的基板材料，可以用在更高階的產品，到目前只有氮化鎵同質基板可以量產，但是他貴的離譜（一片至少五百美金）。如圖 3-26 所示，由於雷射 LD 的發光區密度是 LED 的 1000 倍以上，藍寶石與氮化鎵的晶格常數差異太大，無法達到基板的要求，目前只有昂貴的氮化鎵基板可以達到，這

導致藍光雷射二極體的價格實在太貴了，所以當時它只能應用在 HD-DVD 讀寫頭的光源或是 PS3 遊戲機。

但是雷射照明真的就沒路走了嗎？答案是一扇門關了，但是另一扇門卻偷偷打開，也許短期內雷射不會是照明的主角，但是它會是一個很出色的配角，那一扇門就是特殊照明市場，尤其是汽車照明，雷射的方向性很強，跟汽車大燈是絕配，它可以提供很遠的視距，如圖 3-27 所示，相比 LED 大燈 200 米的距離，雷射 LD 可以達到 600 米以上，讓行車更安全，由於光的集中性，對向車與使用雷射大燈的車在會車時也不會刺眼，因此目前高檔汽車已經將雷射大燈變成標準配備，如果未來雷射 LD 價格再降下來，雷射大燈將主導汽車市場。

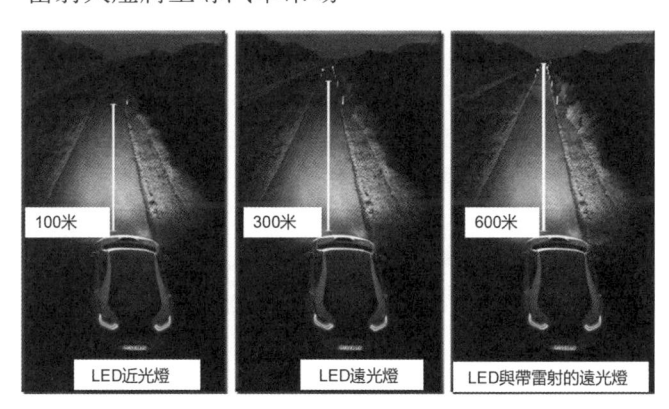

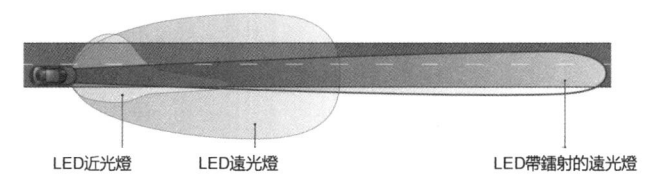

圖 3-27 雷射 LD 與 LED 大燈比較圖

雷射 LD 還有另一個藍海市場，而且很有可能短期內可以實現，這就是雷射顯示，目前加州大學聖塔巴巴拉光電實驗室正在做最後的突破，藍光雷射 LD 與紅光雷射 LD 目前已經取得了進展，但是綠光雷射 LD 始終是一道坎，目前綠光雷射是紅外 808 nm 雷射 LD+釔鋁石榴石晶體與倍頻晶體組合的模組，體積太大，如下圖左所示，雷射電視的模組體積太大，無法微型化，所以綠光雷射 LD 如果可以研發成功，如圖 3-28 右所示，微型雷射投影將不再是夢，未來的手機都可以內裝雷射投影模組，如果加上 3D 全像攝影影技術，可以想像一下以後跟你視訊的人可能就站在你的前面了，也許這將在不久的將來可以實現。

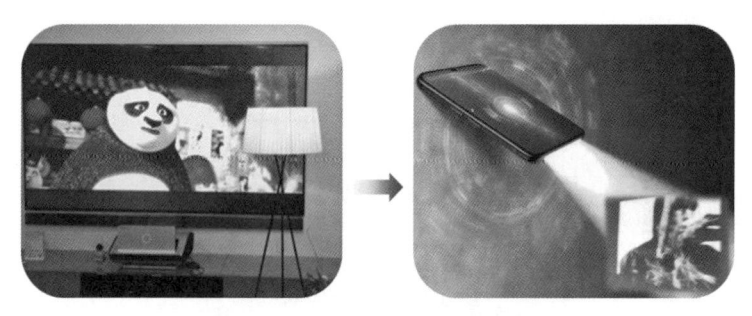

圖 3-28 雷射投影與雷射電視

最後很多人應該會問，誰會是下一個光顯示技術的主角？是雷射顯示，還是 OLED 或是目前負隅頑抗的 LED？很多人認為 OLED 電視會取代現在 LED 背光的 LCD 電視，也許價格是取代時間的關鍵，現在旗艦手機已經慢慢都是用 AMOLED 面板了，大尺寸也許只是時間問題，但是也不要看低 LED 反撲的力度，我認為 Mico-LED 會是 OLED 未來的對手，但是 Micro LED 的

製程複雜度與技術成熟度都是它能不能抗衡 OLED 的關鍵,讓人激動的雷射投影未來如果可以體積微型化,價格平價化,三強鼎立之勢未來將導向雷射也不無可能。

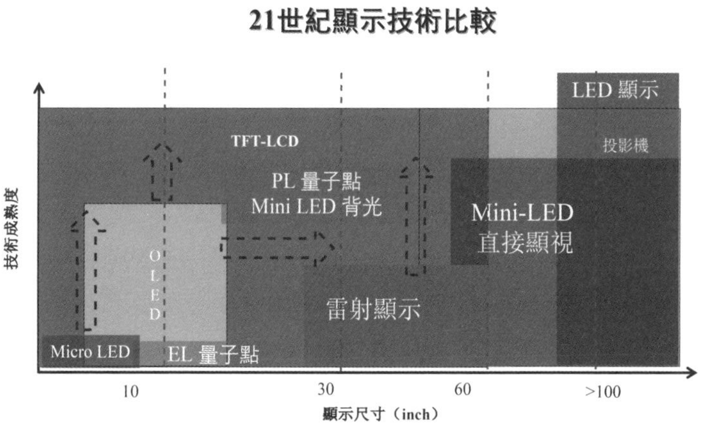

21世紀顯示技術比較

圖 3-29　顯示技術分類與不同尺寸的競爭趨勢圖 3

3.3 電力電子元件

我們身邊的用電設備裡,小到手機、電腦,大到電動巴士、高鐵;從觸手可及的冰箱、電視,到你看不見的工廠流水線,我們使用的電能,都會經歷千回百轉的變化。這其中電能變換的藝術,就是電力電子學。從一縷陽光的太陽能電池或一陣微風的風電,到高壓輸電線上幾萬伏的高壓,再到手機充電器輸出的 5 V 電壓,這就是電能的浪漫旅程,這個旅程的每一個轉捩點就是電力電子功率半導體最重要的舞臺。

電力電子技術是現代電子技術中一門涉及電能轉換與控制

的學科,涵蓋了電流的交直流轉換、頻率調節、功率控制等方面,其被廣泛應用於現代工業、交通、電力、通訊等各個領域。通俗的講,電力電子技術就是利用各種功率電子元件,通過導通和關斷電流的方式,實現電能的高效轉換與傳輸。電力電子技術在能源轉換和自動化控制中的應用日益廣泛,涵蓋了從微觀的電力電子元件到宏觀的電力系統之間的多層次技術。常見的電力電子元件包括 MOSFET、IGBT、HEMT、IGCT、GTR 等 [68-70],每一類功率元件都有其獨特的特性和應用領域,但是它們本質上來講,都在做同樣一件事,那就實現電流的導通和開關。本小節將重點介紹 BJT、MOSFET、IGBT、HEMT 這些較為常見的電力電子元件。

3.3.1 BJT 介紹
(1) BJT 的基本結構

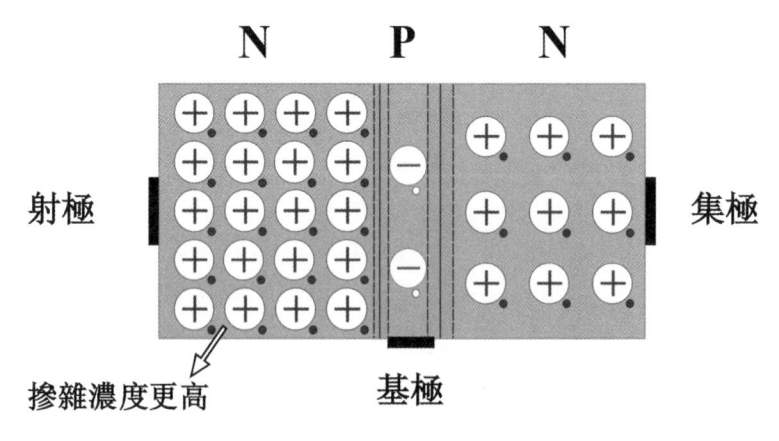

圖 3-30　NPN 型 BJT 示意圖

BJT 全稱是 bipolar junction transistor 即雙極型電晶體（也常被稱作三極體），其是由貝爾實驗室的肖克利所發明，肖克利也因此獲得了諾貝爾物理學獎。如圖 3-30 所示，BJT 的結構看起來是比較簡單的，像是將兩個 PN 接面「拼」到了一起，當然實際上 BJT 並不是兩個 PN 接面的簡單拼湊，這一點將在下邊的內容中予以解釋。根據摻雜類型的差異，BJT 可以分為 NPN 和 PNP 兩種類型，每個 BJT 可以被分成三個區域：基極區、射極區和集極區，相應的電極分別被稱作基極、射極和集極。

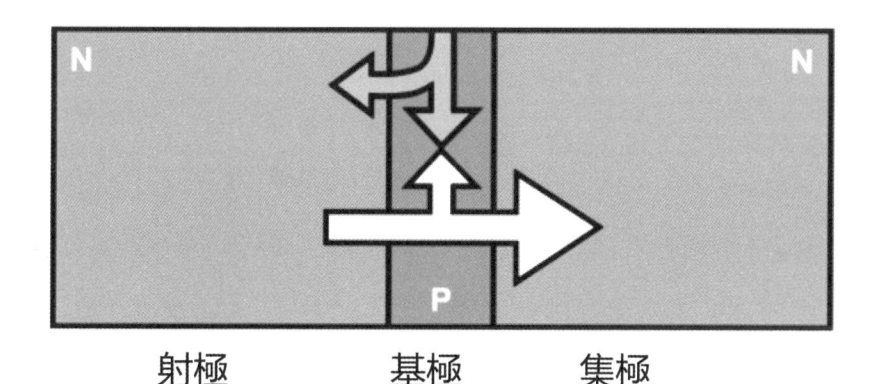

圖 3-31　BJT 基本結構示意圖

那麼怎麼區分基極區和射極區呢？正如前述內容中所提及的，BJT 並不是兩個 PN 接面簡單拼湊而成的，以圖 3-32 所示的 NPN 型為例，N 區的摻雜濃度會有明顯的差異，其中摻雜濃度高的 N 區被稱作射極區，而摻雜濃度相對較低的 N 區則被稱為集極區，不要小看摻雜濃度差異帶來的影響，在接下來關於 BJT 工作原理的內容中，你將領會到摻雜濃度的關鍵作用。

（2）BJT 工作原理

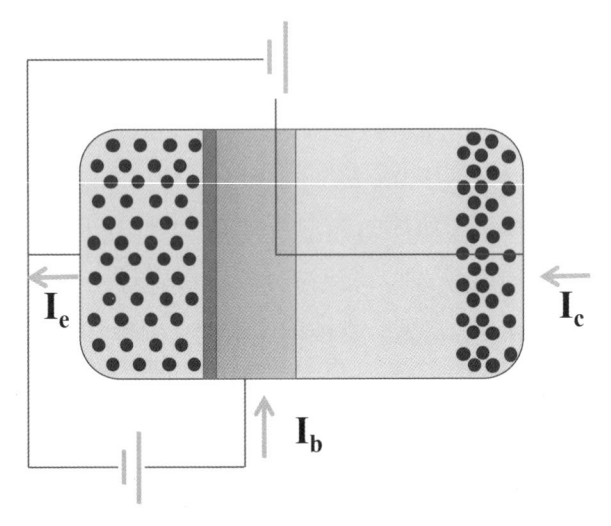

圖 3-32　BJT 工作原理示意圖

　　BJT 的運行主要依賴於載子的擴散和漂移運動。以 NPN 型 BJT 為例，如圖 3-32 所示，射極區、集極區各自與基極區形成接面，分別被稱作射極接面、集極接面。在 NPN 型 BJT 中，當基極與射極之間施加正向偏置電壓時，發射接面導通，射極區中的電子便從射極區擴散到基極區，其中小部分電子會在基極區與電洞複合（動態過程），形成基極電流（I_B）。不過，由於射極區摻雜濃度較高，提供了大量電子，而基極區摻雜濃度較低且非常薄，大部分注入的電子會擴散穿過基極區繼續向集極區擴散。在集極接面反向偏置的條件下，集極區的強吸引力使得這些電子迅速被集極區吸引並漂移穿過集極接面，形成集極電流（I_C）。

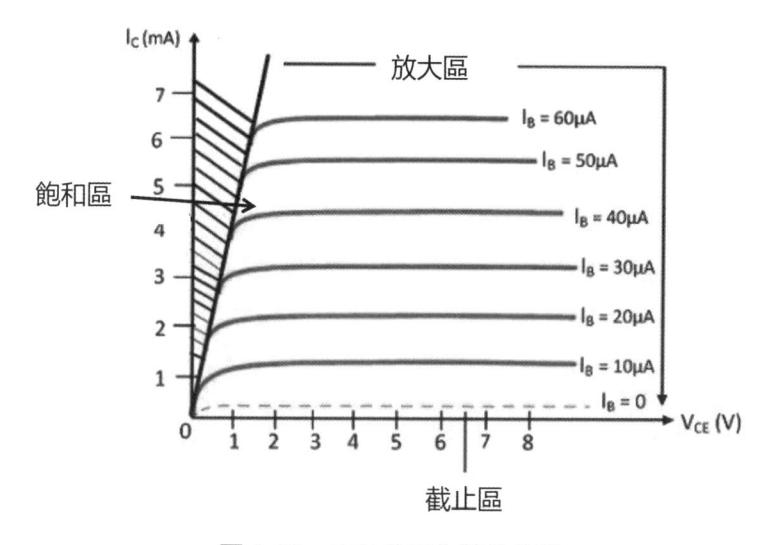

圖 3-33 BJT 的工作特性曲線

　　如圖 3-33 所示，IB 與 IC 的關係取決於三極管的工作狀態。三極管的工作區分為三個主要區域：截止區、放大區和飽和區。截止區發生在基極 - 射極電壓低於開啟電壓（通常為 0.7 V，對矽材料而言）時，此時射極接面無法導通，幾乎沒有電子從射極區注入到基極區，導致集極電流接近於零。放大區發生在基極 - 射極電壓大於開啟電壓且集極 - 基極電壓大於飽和電壓時。在這個區域，基極電流控制集極電流，集極電流與基極電流成正比，通過基極電流的小幅變化，能夠控制集電極電流的顯著變化，從而實現訊號放大。飽和區則發生在集極 - 基極電壓降到低於某一臨界值時，集極電流不再隨基極電流的增大而線性增加，而趨於最大值。此時，三極管的集極電壓接近電源電壓，主要用作開

關，無法進行有效的訊號放大。在實際應用中，三極管常常在放大區工作，以實現訊號的放大功能。

以上便是 BJT 工作的基本原理，這裡不妨對射極區、基極區和集極區各自的特點與作用進行簡單的總結。

射極區：射極區高度摻雜，主要用於產生大量的載子（如電子或電洞）。它是元件的主要載子供應源，其摻雜濃度通常遠高於基極區。

基極區：基極區是非常窄的一層（幾微米甚至更薄），摻雜濃度較低，主要作用是控制射極區注入的載子是否能夠有效擴散到集極區。基極區的厚度和摻雜濃度對元件性能（如增益）有關鍵影響。

集極區：集極區摻雜濃度低且體積較大，主要用於收集來自射極區的載子。由於尺寸較大，集極區可以承受較高的電壓，因此在高功率應用中非常重要。

（3）BJT 的元件應用

由於 BJT 具有較高的電流增益和良好的線性特性，其在訊號放大、數位電路、電源管理、高功率開關等領域均有著重要應用。

訊號放大：BJT 因其優異的電流放大能力，被廣泛用於音訊、射頻和微波訊號放大。例如，在高保真音訊放大器中，BJT 能夠提供較低的失真和較高的動態範圍。

數位電路：早期的 TTL（電晶體 - 電晶體邏輯）電路廣泛使用 BJT 作為開關元件。儘管如今 CMOS 邏輯佔據主流，但在一

些需要高驅動能力的場合,BJT 仍然具有應用價值。

電源管理:在穩壓器和電源模組中,BJT 因其穩定的特性被用作線性穩壓器中的功率調節元件。例如,LM7805 等經典三端穩壓器晶片中採用 BJT 來提供穩定的輸出電壓。

高功率開關:在工業和電機控制領域,高功率 BJT(如達林頓電晶體)被用於替代早期的機械繼電器,實現快速且可靠的開關控制。

3.3.2 MOSFET

MOSFET 的全稱是 metal-oxide-semiconductor filed-effect transistor,即金屬氧化物半導體場效應電晶體,或許你對這個名字感到陌生,但是你肯定聽過電腦所採用的二進位,而二進位正是利用 MOSFET 實現的。科學家利用 MOSFET 的導通與斷開代表 1 和 0,通過在晶片上製作數十億個 MOSFET(目前邏輯電晶體的基本結構是 CMOS,全名是 Complementary Metal-Oxide-Semiconductor,中文翻譯為互補式金屬氧化物半導體電晶體,台積電、中芯國際等晶圓代工廠就是做這樣的事情),讓電子訊號在這數十億個 0 與 1 之間流通,就可以實現交互運算,實現各種電腦功能。當然,MOSFET 不僅僅在電腦中發揮著重要作用,它作為一種功率元件,近年來在電動汽車和能源管理領域也逐漸成為關鍵元件,其高效率開關特性,使其能夠有效地管理電池的充放電過程,確保電動汽車的動力系統能夠穩定、高效地運行,這也正是本書將 MOSFET 放在電力電子元件這一部分來討論的原因。

(1) MOSFET 結構

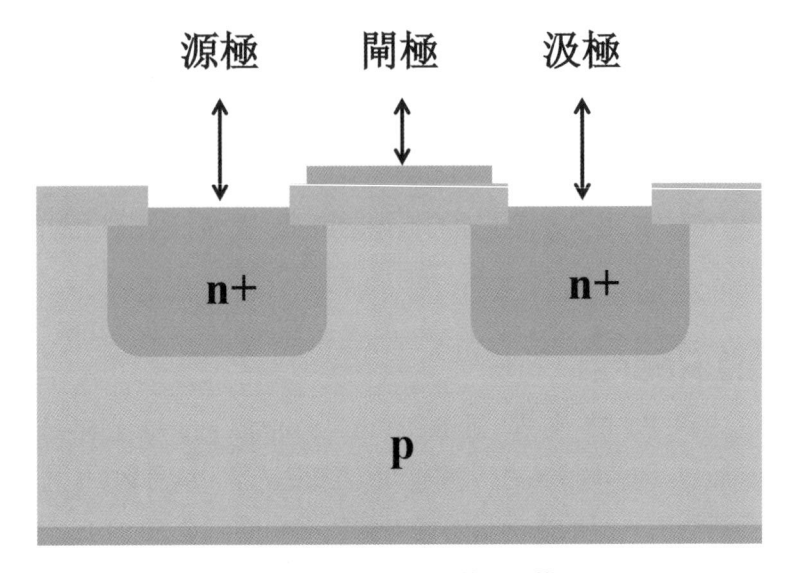

圖 3-34　MOSFET 基本結構

　　MOSFET 的基本結構如圖 3-34 所示，包括源極、汲極、閘極以及閘極氧化層，前面灰色的區域（矽）叫做「源極（Source）」，後面灰色的區域（矽）叫做「汲極（Drain）」，中間有塊金屬與氧化物的疊層（灰色與黃色）突出來叫做「閘極（Gate）」，閘極下方有一層厚度很薄的氧化物（黃色），因為中間由上而下依序為金屬（Metal）、氧化物（Oxide）、半導體（Semiconductor），這正是 MOSFET 中 MOS 的由來。閘極材料通常為多晶矽或金屬材料，閘極氧化層通常使用 SiO_2 或其他介電常數較高的材料，源極和汲極則由摻雜的半導體材料組成，傳統的 MOSFET 使用的半導體材料主要為矽，不過隨著近年來

對高功率、高溫等的使用需求增加，SiC 等寬能隙的半導體在 MOSFET 中的應用越來越多。根據工作模式的差異，MOSFET 可以分為增強型和耗盡型兩種。在增強型 MOSFET 中，當閘極電壓高於閾值電壓時，導電通道形成，源極與汲極之間的電流能夠流動。對於耗盡型 MOSFET，則通過閘極電壓調節通道導通程度，允許電流更精確地控制，通俗點講，增強型 MOSFET 是長關狀態，上電導通，而耗盡型 MOSFET 則是常開狀態，上電關閉。

(2) MOSFET 原理

與 BJT 不同，MOSFET 利用電場來調節電流流動，而不是依賴於載子的擴散與結合效應。MOSFET 的核心工作原理基於電場效應，通過在閘極施加電壓，可以在源極與汲極之間的半導體通道中引導電流流動，達到電壓控制電流的目的，典型的結構分為圖 3.35（a）的 N-MOSFET 與圖 3.35（b）的 P-MOSFET。以 N-MOSFET 為例，當在閘極施加足夠正電壓時，通道處的載子濃度增加，形成導電通路，電子由左邊的源極流入，經過閘極下方的電子通道，由右邊的汲極流出，當閘極不加電壓，通道處的載子濃度不足，無法形成導電通路。了解了這些，再來看一下閘極、源極和汲極的名字就非常清楚其內涵了，中間的閘極可以決定是否讓電子由下方通過，有點像是水閘門的開關一樣，因此稱為「閘」；電子是由源極流入，也就是電子的來源，因此稱為「源」；電子是由汲極流出，主要是引用說文解字裡的介紹：汲者，引水于井也，也就是由這裡取出電子，因此稱為「汲」。

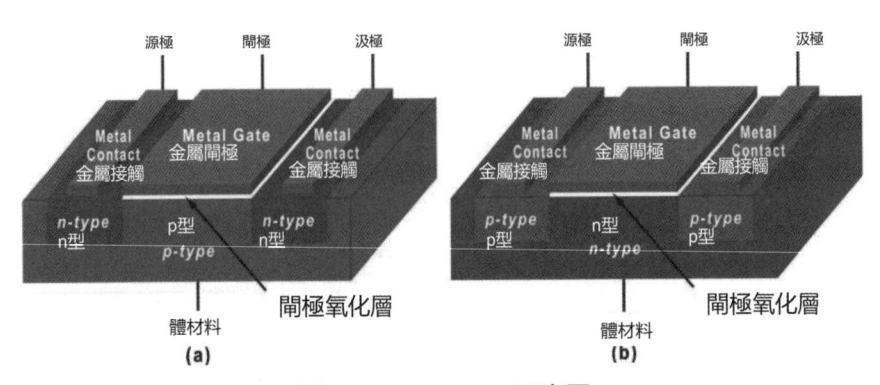

圖 3-35　MOSFET 示意圖

$$V_{DS}(\text{sat}) = V_{GS} - V_T$$

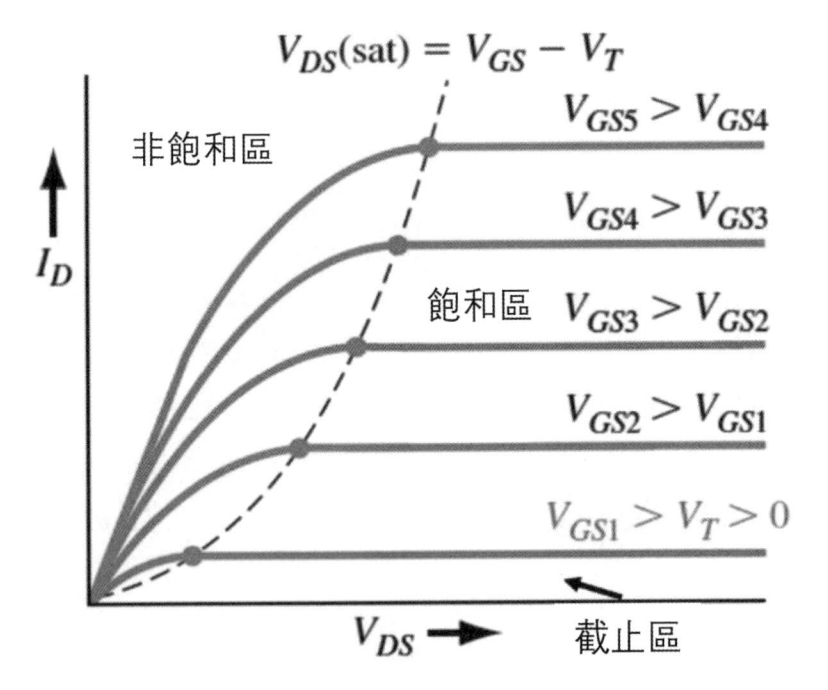

非飽和區

飽和區

$V_{GS5} > V_{GS4}$

$V_{GS4} > V_{GS3}$

$V_{GS3} > V_{GS2}$

$V_{GS2} > V_{GS1}$

$V_{GS1} > V_T > 0$

截止區

圖 3-36　MOSFET 工作特性曲線

MOSFET 的輸出特性曲線如圖 3-36 所示，其中 VT 代表 MOSFET 開啟的最低閘極電壓，V_{GS} 代表閘極相對於源極的電壓，VDS 代表汲極相對於源極的電壓，ID 代表從汲極流向源極的電流。在了解了這些基本的符號含義後，再來看一下圖 3-36 就比較清楚了，可以看到 MOSFET 的輸出特性曲線可以分為三個區域，截止區、主動區以及飽和區。具體來講，當 $V_{GS} < V_T$ 時，MOSFET 處於截止區，在這個狀態下，通道沒有形成，MOSFET 相當於一個斷開的開關，電流無法從源極流向汲極；當 $V_{GS} > V_T$，且 $V_{DS} < V_{GS} - V_T$，MOSFET 開啟，並工作在主動區，在這個狀態下，MOSFET 表現得像一個可調節電阻，汲極電流 I_D 與 V_{DS} 之間呈正相關的關係，工作在這個區域的 MOSFET 可用做類比訊號放大器；當 VGS > VT，且 VDS > VGS – VT，MOSFET 開啟，並工作在飽和區，在這個狀態下 MOSFET 的汲極電流 ID 基本不受 V_{DS} 的影響，此時的 MOSFET 相當於一個開啟的開關，事實上，在電路中，MOSFET 也正是通過在飽和區和截止區之間的切換，實現開關功能的。

（3）MOSFET 的元件應用

MOSFET 因其高輸入阻抗、低功耗和高速開關能力，被廣泛應用於消費電子、新能源、高頻通訊、工業控制等領域。

消費電子：矽基 MOSFET 憑藉其成本低、製程成熟的特點，廣泛應用於智慧手機、筆記型電腦和其他可攜式設備的電源管理系統中。例如，在快充適配器中，矽基 MOSFET 能夠實現低損耗的 DC-DC 變換。

新能源領域：SiC MOSFET 在太陽能電池逆變器和電動汽車中具有顯著優勢。在電動車輛的 DC-DC 轉換系統中，SiC MOSFET 通過更低的開關損耗和更高的效率，實現了更緊湊的系統設計和更低的熱管理成本[58-62]。

高頻通訊：GaN HEMT（HEMT 與 MOSFET 結構類似）因其高開關速度，在 5G 基站和資料中心的功率放大器中佔據重要地位。其高頻特性使其能夠以更低的能耗處理大功率訊號，顯著提高設備性能。

工業控制：在工業電機驅動和變頻器中，MOSFET 因其高速和高效率的特點，被用於替代傳統的雙極型電晶體。

目前，氮化鎵 HEMT 與碳化矽 MOSFET 已經開始在中大功率（600V 以上）電力電子功率半導體的應用滲透，化合物半導體材料除了發光元件之外，相比矽材料，氮化鎵與碳化矽在高溫、高頻率、高功率方面具有非常優越的性能，而高的能隙，高的飽和電子漂移速度，高的崩潰強度，低的介電常數和高的熱導率更是其它半導體材料無法企及的，尤其是在電能轉換中，寬能隙半導體的轉換效率更好，在電力傳輸的過程中損失更小，如果未來製造成本可以降低，碳化矽與氮化鎵將會是功率半導體的主流。

3.3.3 IGBT

聊完了 BJT 和 MOSFET，接下來談一談絕緣閘雙極型電晶體（insulated gate bipolar transistor, IGBT）。IGBT 是一種結合了 MOSFET 和 BJT 優點的電力半導體元件，其核心原理是利用

MOSFET 的高輸入阻抗和 BJT 的低導通電壓特性來實現高效開關操作。

（1）IGBT 的基本結構

如圖 3-37 所示，IGBT 主要由以下幾部分構成：P+ 基極區、N- 漂移區、P 基極區、N+ 射極區，以及 MOS 閘結構：

P+ 基極區：位於 IGBT 的底層，提供與集極電極的歐姆接觸。P+ 基極區在導通時注入大量電洞，提升 BJT 部分的導電能力。

N- 漂移區：這是一個輕摻雜的寬區，起到支援電壓的作用。漂移區越寬，IGBT 的耐壓值越高，但開關速度會相應降低。

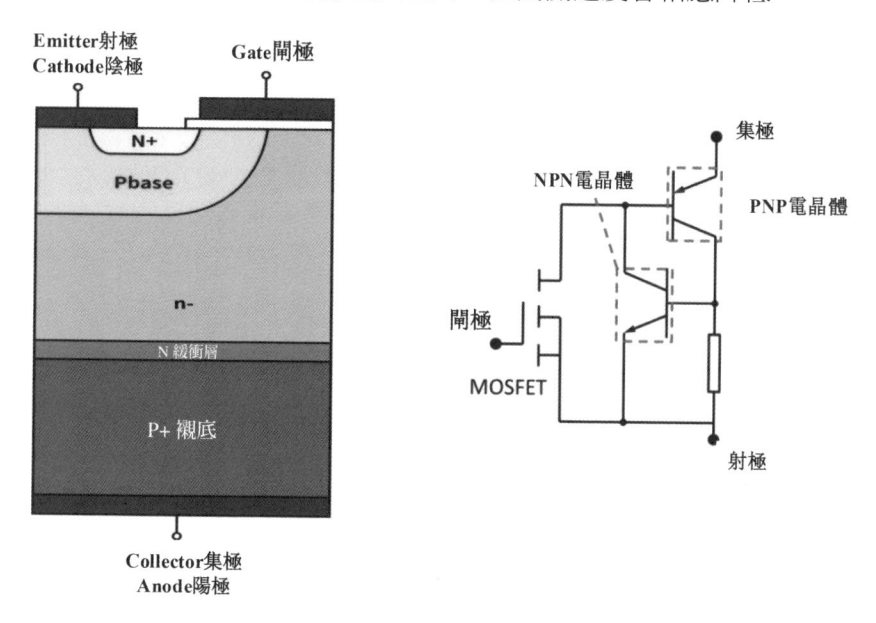

圖 3-37　IGBT 結構及電路示意圖

P 基極區（P base）和 N+ 射極區：這些區域構成 BJT 部分的基極區和射極區。P 基極區和 N+ 射極區的接觸處形成發射接面，決定了 IGBT 的雙極型特性。

MOS 閘結構：包括多晶矽閘極（也可以稱為門極）、氧化層和半導體表面。閘極通過形成導電通道控制漂移區的電流流動。MOS 結構是 IGBT 的關鍵部分，決定了其開關速度和輸入特性。

（2）IGBT 的元件操作原理

IGBT 的操作分為兩種主要模式：導通模式和關斷模式。

導通模式：閘極與射極之間施加足夠的正電壓（通常為 10V 左右），在 MOSFET 部分的 N- 漂移區表面形成導電通道。集極的正電壓通過漂移區的通道，驅動 P+ 基極區注入電洞，從而激發 BJT 的電流傳輸機制。導通狀態下，IGBT 通過 MOSFET 控制輸入，BJT 負責輸出電流的承載。由於雙極型導電機制的參與，IGBT 的導通電壓比純 MOSFET 更低，特別是在大電流情況下。

關斷模式：閘極電壓降低到閾值電壓以下（通常為 0V 或負壓），導電通道消失，漂移區電流通道被切斷。同時，由於 BJT 部分的載子複合速度較慢，IGBT 的關斷時間較長（存在關斷尾效應），這是 IGBT 與 MOSFET 相比的主要缺點之一。

IGBT 能夠在關斷狀態下承受較高的集極電壓，主要依賴于漂移區的寬度和摻雜濃度設計。其耐壓範圍從幾百伏到幾千伏不等，廣泛適用於中高壓場景。

(3) IGBT 的元件應用

IGBT 由於其優異的開關特性和高耐壓能力，被廣泛應用於工業、電力和汽車領域。

變頻器：IGBT 是變頻器的核心元件，用於控制電動機的運行頻率和電壓。典型應用包括工業電機驅動、空調壓縮機控制等。IGBT 能夠在大電流、高電壓條件下快速開關，實現高效的能量轉換。

電力傳輸：在高壓直流輸電（HVDC）系統中，IGBT 模組用於逆變器和整流器電路，通過快速切換控制電能的傳輸和分配。

電動汽車：IGBT 是電動汽車驅動系統中的核心元件，用於直流/交流變換、電機控制和能量回收。它的高效率和高可靠性為電動車的續航和性能提供了保障。

可再生能源發電：在風能和太陽能發電系統中，IGBT 用於功率逆變器，負責將直流電轉化為交流電並接入電網。

感應加熱和焊接設備：IGBT 因其高頻操作能力和高功率密度，被用於感應加熱和工業焊接設備。這類應用需要快速且高效的能量控制。

3.4 射頻元件

3.4.1 無線通訊技術介紹

如圖 3-38 所示，日常提及的通訊技術可以從宏觀上分為兩大類：有線通訊技術和無線通訊技術。有線通訊依賴於物理介質

（如電纜、光纖）進行訊號傳輸，通常用於固定網路環境，具有高頻寬、低延遲的特點，廣泛應用於骨幹網和數據或資料中心，比如圖中電信機房與基地台之間的通訊就採用有線通訊；而無線通訊技術則通過電磁波在空間中傳遞訊號，不需要介質連接，具有靈活性和便捷性，適用於移動通訊，比如我們所使用的手機與通訊基地台之間的通訊便是無線技術。隨著科技的進步，無線通訊技術得到了飛速發展，從早期的 2G 到如今的 5G，傳輸速率和網路覆蓋能力顯著提升，滿足了日益增長的移動互聯網需求，本節將重點講解無線通訊技術的內容。

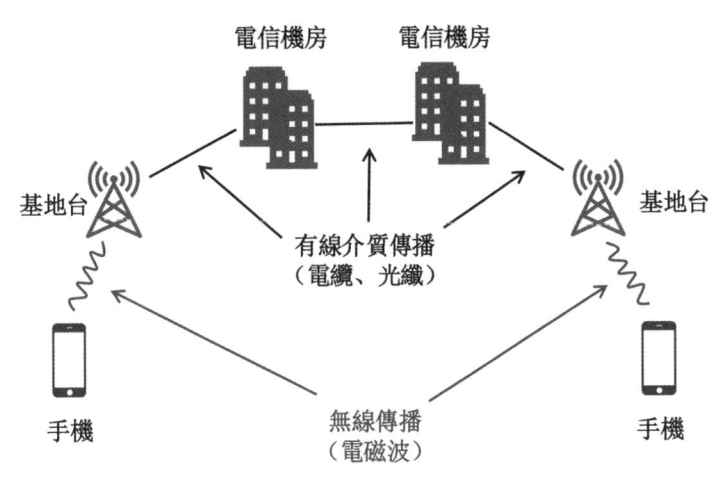

圖 3-38　無線通訊技術與有線通訊技術示意圖

無線通訊技術主要依賴電磁波在空間中的傳播來實現訊號的傳輸。如圖 3-39 所示，目前無線通訊所使用的電磁波頻率主要包括從幾千 Hz 到幾百 GHz，這其中根據電磁波的頻率和波長範圍，每個頻段具有獨特的傳播特性和應用場景，這裡對不同頻

段對應的波長、頻率以及主要用途進行了整理,具體內容如表3-4所示。頻率越高,在傳播介質中的衰減也越大,其傳輸距離大幅縮短,覆蓋能力大幅減弱。以我們經常提及的 5G 為例,國際上主要使用 24 GHz 以上的頻段進行 5G 通訊,而傳統的 4G 通訊所使用頻段通常在 6 GHz 之下,這就是為什麼覆蓋同一片區域,需要的 5G 基地台數量將大大超過 4G 基地台的數量。

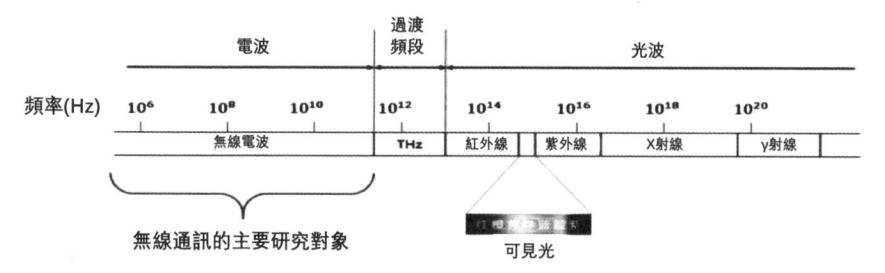

圖 3-39　無線通訊技術所涉及的波段

表 3-4　不同通訊頻段對應的頻率、波長以及用途

名稱	符號	頻率	波段	波長	主要用途
甚低頻	VLF	3-30 KHz	超長波	1000 km – 100 km	海岸潛艇通訊;遠距離通訊;超遠距離導航
低頻	LF	30 – 300 KHz	長波	10 km – 1 km	越洋通訊;中距離通訊;地下岩層通訊;遠距離導航
中頻	MF	0.3 – 3 KHz	中波	1 km -100 m	船用通訊;業餘無線通訊;移動通訊;中距離導航
高頻	HF	3 -30 MHz	短波	100 m -10 m	遠距離短波通訊;國際定點通訊;移動通訊
甚高頻	VHF	30 – 300 MHz	米波	10 m – 1 m	電離層散射;流星餘跡通訊;人造電離層通訊;對空間飛行體通訊;移動通訊
超高頻	UHF	0.3 – 3 GHz	公分波	1 m – 0.1 m	小、中容量微波中繼通訊;對流層散射通訊;移動通訊
超高頻	SHF	3 – 30 GHz	釐米波	10 cm – 1 cm	大容量微波中繼通訊;移動通訊;衛星通訊;國際海事衛星通訊
極高頻	EHF	30 – 300 GHz	毫米波	10 mm – 1 mm	再入大氣層時的通訊;高速無線局域網;雷達;無線電望遠鏡

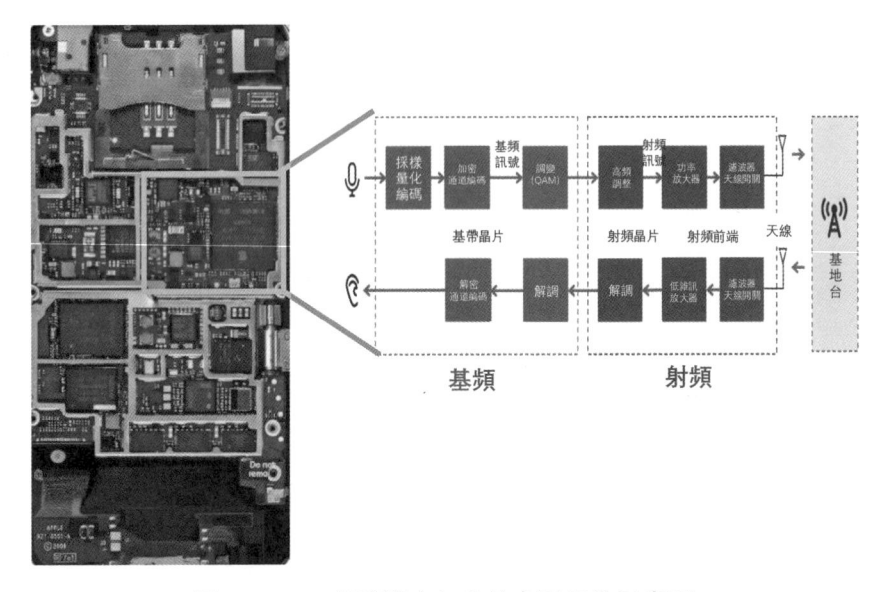

圖 3-40　一部手機中包含的主要組件示意圖

如圖 3-40 所示，以日常使用最頻繁的手機為例，其通常包括以下幾個部分：射頻、基頻、電源管理、外部設備、軟體等。其中射頻設備又包括比如聲表面波濾波器（SAW，用於低頻）、體聲波濾波器（BAW，主要用於高頻）、天線諧調器和開關、功率放大器（PA）和低噪音放大器（LNA）等。

那麼什麼是射頻呢？射頻（Radio Frequency，簡稱 RF）是指頻率範圍在 3 kHz 到 300 GHz 之間的電磁波。射頻訊號本質上是高頻交變電流，它的特點是頻率較高，但是相比低頻訊號在傳輸時能量損耗較大，因此需要特別的元件和技術來進行處理。

射頻技術在實際應用中通常分為以下幾個主要部分：

射頻前端：射頻前端是整個射頻系統的核心部分，直接決

定了訊號的接收和發送品質。包括以下組件：功率放大器（Power Amplifier, PA）；低雜訊放大器（Low Noise Amplifier, LNA）：放大接收訊號的同時儘量減少雜訊的引入；天線開關（Antenna Switch）：實現訊號的收發切換、濾波器（Filter）：濾除干擾訊號，保留所需頻段的訊號。

射頻訊號鏈路：射頻訊號的生成、調變、解調、變頻、放大等均在訊號鏈路中完成。這部分包括：混頻器（Mixer）、本機振盪器（Local Oscillator, LO）、調變器/解調器。

天線系統：天線是射頻訊號與自由空間之間的介面，負責發射和接收電磁波。天線設計直接影響訊號的傳輸效率和方向性。

基本頻帶處理單元：雖然基頻處理嚴格意義上不屬於射頻範疇，但它是射頻訊號處理的重要後續部分。基頻訊號負責承載實際的資料內容，並通過射頻電路轉化為適合傳輸的訊號。

射頻電路的供電與熱管理：由於射頻電路的高功率特點，供電和散熱也是重要的部分。高效的射頻電路設計需要保證電能的充分利用，並通過散熱器或其他方式控制電路溫度。

3.4.2 射頻晶片介紹

射頻晶片（RF Chip）是實現無線通訊的核心元件，其作用是生成、接收、調變和處理射頻訊號，廣泛應用於移動通訊（如5G）、衛星通訊、雷達系統和物聯網設備中。射頻晶片的性能直接影響整個通訊系統的效率和品質。

在材料與元件方面，HBT（異質接面雙極電晶體）和 GaAs/GaN HEMT（基於砷化鎵或氮化鎵的高電子遷移率電晶體）是兩

種關鍵技術，它們在高頻和高功率應用中佔據重要地位。

3.4.3 HBT（異質接面雙極電晶體）

HBT（Heterojunction Bipolar Transistor，異質接面雙極型電晶體）是一種結合了半導體異質接面技術與 BJT 結構的元件，如圖 3-41 所示，為典型的 GaAs HBT 結構，其工作原理基於利用不同材料之間的能隙差異來改善電流增益、開關速度及功耗性能。與傳統的 BJT 相比，HBT 在高頻、高功率應用中具有更好的性能，主要通過改善載子注入效率和減少能帶障礙來實現。

HBT 的工作原理與 BJT 相似，也基於電子和電洞的複合與傳輸，但其核心特點在於利用半導體異質接面（不同能隙的半導體材料接觸）來增強元件的性能。

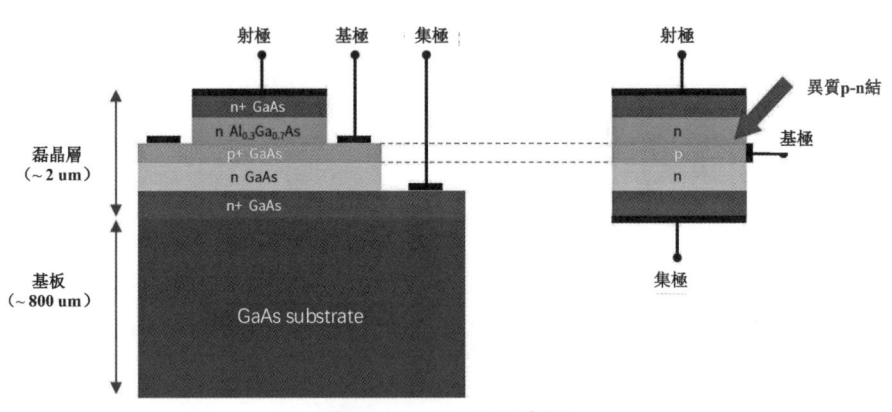

圖 3-41　HBT 示意圖

(1) HBT 基本結構

如圖 3-42 所示，我們以 NPN 砷化鎵 HBT 結構為例來說明，HBT 結構以半絕緣砷化鎵為基板，主要結構為 NPN 異質結構，分述如下：

GaAs 砷化鎵 n+ 子集極區：砷化鎵 n+ 子集極區能為輕度摻雜的 n 型砷化鎵集極區和集極金屬提供高電導率介面。

p+ 砷化鎵 GaAs 基極區：大量摻雜以降低基極區電阻，並降低深度以縮短基極區傳輸時間。

n 型鋁鎵砷 AlGaAs 射極區：與 p+GaAs 基極區形成異質接面，提高基極區的發射效率。

HBT 與基本的雙極性電晶體 BJT 結構大體相同，不同的主要是射極區和基極區接觸處採用了不同的半導體材料，使得發射 PN 接面形成的是異質接面，相較於同質接面，具有更好的高頻訊號特性和基極區發射效率。

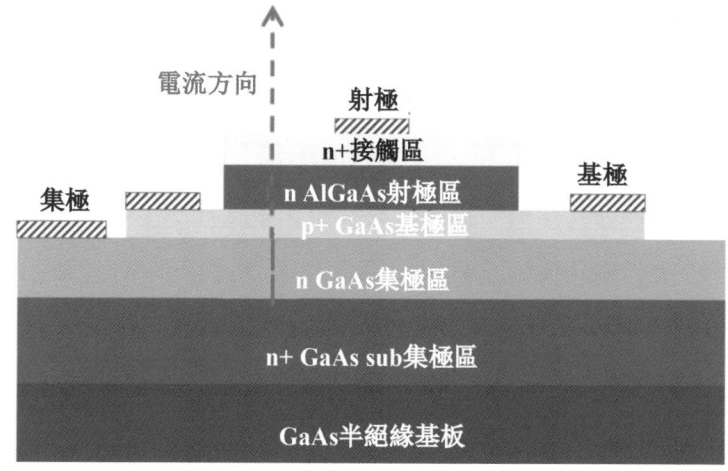

圖 3-42　砷化鎵 HBT 基本結構

（2）HBT 的元件操作原理

HBT 的操作與傳統 BJT 類似，主要包括導通模式和關斷模式。

導通模式：當基極電壓達到一定閾值時，射極的電子注入到基極，並通過基極區域進入集極。由於異質接面的存在，電子可以在較低的能量損失下跨越基極-集極的能隙障礙，從而實現高效的電流傳輸。

關斷模式：當基極電壓低於閾值時，電子注入被停止，HBT 進入關斷狀態，集極和射極之間的電流中斷。

HBT 的耐壓特性主要依賴於異質接面的設計，通過選擇適當的半導體材料和優化異質接面區域的能隙差異，可以提高 HBT 的擊穿電壓。其耐壓範圍可從幾百伏到幾千伏不等，廣泛應用於高壓和高頻場合。

（3）HBT 元件應用

HBT 由於其高頻、低功耗和高增益特性，廣泛應用於通訊、雷達、高頻功率放大器等領域。以下是 HBT 的主要應用方向：

高頻功率放大器：HBT 由於其高增益和低雜訊特性，廣泛用於高頻功率放大器，特別是在通訊和雷達系統中，用於提高訊號的放大效率和傳輸品質。

射頻和微波通訊：HBT 的高開關速度和低功耗使其成為射頻（RF）和微波通訊系統中的理想元件，常用於基地台、衛星通訊、無線電頻譜等領域。

光通訊：HBT 因其較高的增益和頻寬，常用於光通訊系統

中的訊號放大和數據機。

高頻開關電源：HBT 的高效率和高頻回應使其在高頻開關電源中具有廣泛應用，尤其是在需要快速回應和高穩定性的電源系統中。

雷射器驅動器：HBT 還可以作為雷射器驅動器，在雷射通訊系統中發揮重要作用，尤其在需要高效能量轉換和高穩定性的場景中。

3.4.4 GaAs/GaN HEMT（高電子遷移率電晶體）

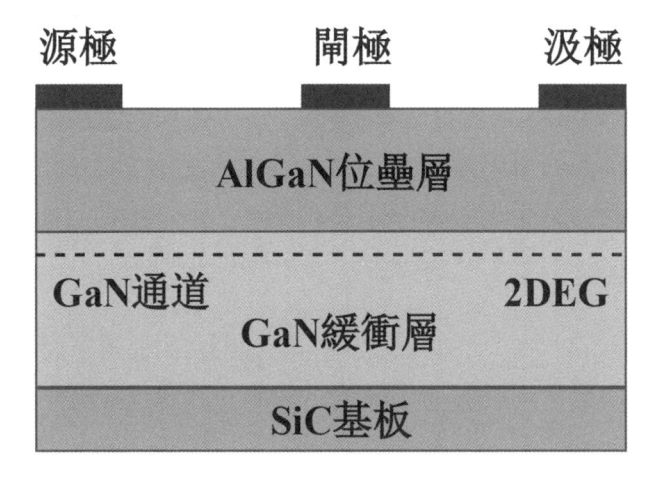

圖 3-43　HEMT 基本結構

如圖 3-43 所示，HEMT（High Electron Mobility Transistor）高電子遷移率電晶體是一種基於異質接面技術的場效應電晶體，其特點是通過形成二維電子氣（2DEG），使得元件具有極高的

電子遷移率，能夠在高頻、高功率應用中表現出卓越的性能。HEMT 的核心優勢在於其材料選擇和結構設計，能夠在不需要大量功耗的情況下提供高效的開關和放大功能，廣泛應用於無線通訊、衛星通訊、雷達系統和功率放大器等領域[63-67]。

（1）HEMT 的基本結構

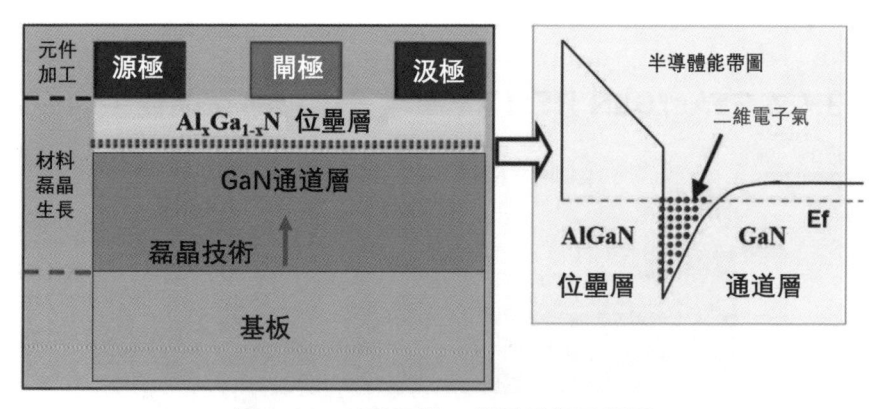

圖 3-44　HEMT 與二維電子氣示意圖

如圖 3-44 所示，HEMT 的基本結構通常由異質接面材料（例如 GaAs、氮化鎵 GaN 等）組成，這些材料具有不同的能隙。常見的 HEMT 結構有 GaAs HEMT 和 GaN HEMT 兩種，其中 GaN HEMT 因其較高的電壓承受能力和電子遷移率，越來越廣泛地應用于高功率和高頻率場合。HEMT 的主要結構包括源極、汲極、閘極以及異質接合區域。

源極（Source）：源極是 HEMT 的輸入端，通常由金屬材料構成，並與半導體材料接觸。源極為電子提供初始輸入電流。

汲極（Drain）：汲極是 HEMT 的輸出端，通常也由金屬構成，與半導體材料接觸。汲極用於收集通過源汲間通道的電子流。

閘極（Gate）：閘極位於源極和汲極之間，通過控制電壓來調節二維電子氣的密度，從而控制源極和汲極之間的電流。閘極通常由金屬與介電材料材料製成，作用是通過電場來控制導電通道的形成和關閉。

異質接面區域（Heterojunction）：這是 HEMT 的核心區域，通常由兩種材料（如 GaAs 與 AlGaAs 或 GaN 與 AlGaN）組成。這些材料具有不同的能隙，在它們的接觸介面上形成一個二維電子氣（2DEG），是 HEMT 元件高電子遷移率的源泉。

（2）HEMT 的工作原理

HEMT 的工作原理基於其異質接合結構和二維電子氣（2DEG）的形成：

二維電子氣（2DEG）：在異質接合材料的介面處，由於 AlGaN 材料具有比 GaN 材料更寬的能隙，在到達平衡時，異質接合介面交界處能帶發生彎曲，造成導電帶和價電帶的不連續，在異質接合介面形成一個三角形的勢井。從圖 3-44 中可以看到，在 GaN 一側，導電帶底部已經低於費米能階 E_f，所以會有大量的電子積聚在三角形勢井中。同時寬能隙 AlGaN 一側的高位壘，使得電子很難逾越至位能井外，電子被限制橫向運動於介面的薄層中，這個薄層被稱之為二維電子氣（2DEG）。

閘極控制：類似于普通的場效應電晶體，HEMT 通過閘極施加電壓來控制二維電子氣的密度。當閘極電壓增大時，二維電

子氣的載子濃度增加，導電通道的電阻下降，源汲之間的電流增加；當閘極電壓減小或反向時，二維電子氣的載子濃度減少，電流受限，甚至可以完全關斷。

（3）HEMT 的優點

高電子遷移率：二維電子氣的形成使得電子遷移率遠高於常規的單一材料結構，從而實現更高的開關速度和更低的電流損耗。

高功率和高頻性能：HEMT 能夠在高頻率下高效工作，特別是在微波和毫米波頻段中有廣泛應用。

低功耗：由於其結構特點，HEMT 能夠在相對較低的驅動電壓下工作，減少功耗，尤其適合高效能放大器和功率控制。

高耐壓能力：特別是 GaN HEMT，具有較高的耐壓能力，適用于高電壓應用場合。

低雜訊特性：HEMT 具有較低的雜訊特性，適用於要求低雜訊的射頻和通訊應用。

（4）HEMT 的應用領域

由於其優異的高頻性能和高功率特性，HEMT 廣泛應用於以下領域：

無線通訊：HEMT 在現代無線通訊中尤為重要，尤其是作為功率放大器用於基地台、衛星通訊、無線傳輸等。

雷達系統：HEMT 用於高功率雷達系統中，提供必要高頻性能和高功率放大能力。

衛星通訊：HEMT 被廣泛應用於衛星通訊中，特別是用於高頻放大器，以確保高效的訊號傳輸。

微波和毫米波放大器：HEMT 在微波和毫米波頻段的應用中非常關鍵，廣泛用於雷達、衛星通訊和無線通訊系統。

電力電子：HEMT 也被應用於電力電子領域，尤其是高效能功率轉換和放大器中。

3.4.5 濾波器

（1）SAW 介紹

什麼是 SAW？SAW 濾波器是聲表面波濾波器的簡稱，它是採用石英晶體、壓電陶瓷等壓電材料，利用其壓電效應和聲表面波傳播的物理特性而製成的一種濾波專用元件，廣泛應用於電視機及錄影機中頻電路中，以取代 LC 中頻濾波器，使影像、聲音的品質大大提高。

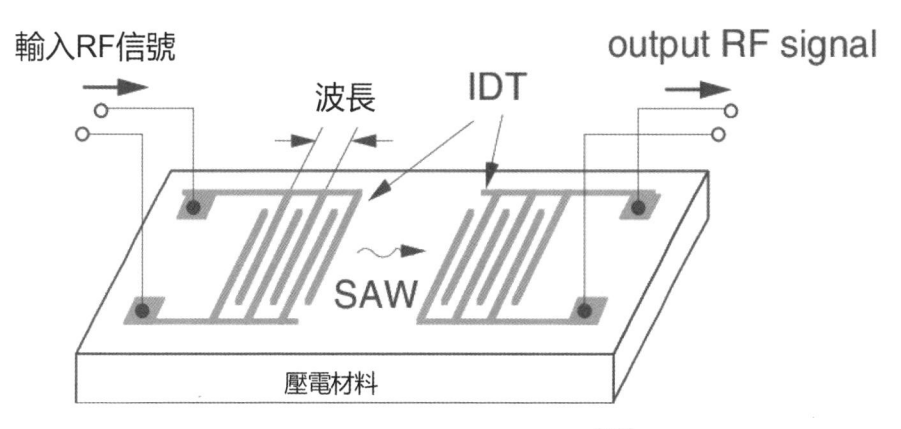

圖 3-45　SAW 濾波器示意圖 [71]

SAW 濾波器的結構如圖 3-45 所示。它由壓電材料製成的基板及燒制在其上面的梳狀電極所構成。當給聲表面波濾波器輸入端輸入訊號後，在電極上的壓電材料表面將產生與外加訊號頻率相同的機械振動波。該振動波以聲波速度在壓電基片表面傳播，當該波傳至輸出端時，由輸出端梳狀電極構成的換能器將聲能轉換成交變電訊號輸出。

SAW 濾波器的主要特點是設計靈活性大、類比/數位相容、群延遲時間偏差和頻率選擇性優良（可選頻率範圍 10MHz～3GHz）、輸入輸出阻抗誤差小、傳輸損耗小、抗電磁干擾（EMI）性能好、可靠性高、製作的元件體積小、重量輕（其體積、重量分別是陶瓷介質濾波器的 1/40 和 1/30 左右），且能實現多種複雜的功能。

關於 SAW 的產品包括普通的 SAW 濾波器以及具有溫度補償特性的 TC-SAW 濾波器，產品形式包括雙工器以及單獨的濾波器。製作的原材料主要為鉭酸鋰或鈮酸鋰的單晶晶圓（4 吋晶圓為主），在晶圓上方應用曝光、鍍膜等半導體製程進行圖形化處理，然後切割成為晶片，晶片表面結構和製程較為簡單，成本較低。

（2）BAW 介紹

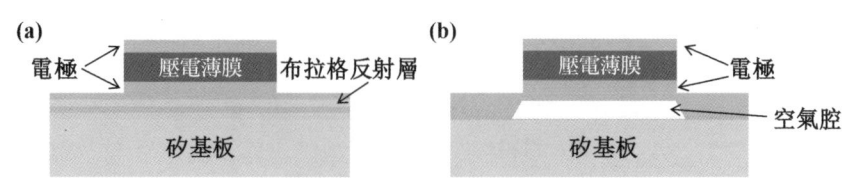

圖 3-46　BAW 示意圖

如圖 3-46 所示，BAW 濾波器基本原理同 SAW 濾波器相同，不同的是 BAW 濾波器中聲波垂直傳播。同時電極的使用與薄膜壓電層的厚度決定濾波器諧振頻率，高頻下薄膜壓電層厚度在幾微米量級，因此需要使用較高難度的薄膜沉積與微機械加工技術，製造難度與成本更高。BAW 濾波器有固態堆疊型共振器（Solid Mounted Resonator, SMR）類型，如圖 3-46（a）所示，以及薄膜體聲波濾波器（Film Bulk Acoustic Resonator, FBAR）類型如圖 3-46（b）所示，兩者核心區別體現在聲波約束方式，SMR 的壓電薄膜層下方為布拉格反射層堆疊，通過聲波在反射層介面多次折射和反射實現聲能約束，無需懸空結構；而 FBAR 的壓電薄膜層下方為空氣腔（通過矽蝕刻形成），聲波在垂直方向傳播時，上下表面通過空氣層反射，形成全反射邊界條件，從而高效激發體聲波模式。BAW 濾波器可以直接在矽晶圓（6 吋為主）加工設計，利用 PVD 或 CVD 設備實現壓電薄膜的製作是其關鍵製程環節，薄膜材料主要為氮化鋁和氧化鋅。

BAW 濾波器的核心結構基於壓電材料，通常包括以下幾個主要部分：

壓電材料層（Piezoelectric Layer）：BAW 濾波器的核心部分是壓電材料層，常用的材料有鈮酸鋰（$LiNbO_3$）、鈮酸鈉（$NaNbO_3$）和摻鈧（Sc）氮化鋁（AlN）等。近期由於智慧剝離技術 Smart-Cut 的發展，由壓電單晶薄膜（單晶鉭酸鋰 / 鈮酸鋰）、二氧化矽層及高電阻矽基板構成的絕緣體上壓電基板（Piezoelectric-on-Insulator：POI）逐漸成為濾波器壓電材料的聚焦點。這些材料具有壓電效應，即在電場作用下能發生機械變

形，反之，施加機械應力時也會產生電訊號。該材料層的厚度和電極的設計決定了濾波器的工作頻率。

電極層（Electrode Layers）：電極層通常是金屬層，放置在壓電材料的上下兩側。電極層用於施加電場，使得壓電材料發生機械振動，進而激發體聲波。電極層的設計通常包括多個電極和接觸點，以提高訊號的耦合效率。

基板材料（Substrate）：基板材料通常是具有良好機械強度的材料，用於支撐壓電材料層。基板的選擇對濾波器的性能（如 Q 值、穩定性等）具有重要影響。常用的基板材料包括矽、玻璃和陶瓷等。這裡提到的 Q 值（Quality Factor，品質因數）是濾波器的關鍵參數之一，因此有必要對其做進一步的說明。簡單來講，Q 值越高，濾波器的選擇性越強（即對目標頻率的響應越尖銳），但頻寬越窄；Q 值越低，則選擇性越弱，頻寬越寬。

共振腔（Resonator Cavity）：BAW 濾波器內通常含有一個或多個共振腔，這些腔體的尺寸和形狀決定了濾波器的頻率回應。共振腔的作用是將輸入訊號轉換為聲波模式，進行頻率選擇和訊號濾波。

BAW 濾波器的主要特點如下：

高頻性能 BAW 濾波器在較高頻率（如幾 GHz 到數十 GHz）下工作時，能夠提供優異的濾波性能。由於其工作原理是基於體聲波的傳播，BAW 濾波器適用於高頻、高速的通訊系統，如 5G 和毫米波通訊。

小型化：由於 BAW 濾波器能夠在較小的尺寸下提供良好的濾波效果，它通常比傳統的 SAW（Surface Acoustic Wave）濾波

器小,適用於緊湊型電子設備和移動終端。

高 Q 值:BAW 濾波器具有較高的品質因數(Q 值),這意味著它們具有較低的損耗和較窄的頻寬,因此能夠提供更高的選擇性和精確的頻率篩選功能。

低插損和高隔離度:BAW 濾波器能夠實現較低的插入損耗和較高的訊號隔離度,從而保證訊號的清晰度和穩定性,尤其適用於需要高品質訊號傳輸的應用場景。

溫度穩定性:由於 BAW 濾波器的設計採用了體聲波的傳播特性,它們對溫度變化的敏感度較低,具有較好的溫度穩定性,在各種環境條件下能夠保持較為穩定的工作性能。

(3) BAW 濾波器的主要應用

無線通訊系統:BAW 濾波器廣泛應用于現代無線通訊系統中,特別是在 5G 及以上頻段的應用。它們主要用於基站、智慧手機和其他無線通訊設備中的射頻訊號處理,起到頻率選擇和訊號濾波的作用。

移動設備:在智慧手機、平板電腦等移動設備中,BAW 濾波器用於射頻模組中,以實現不同頻段訊號的濾波,確保設備在高頻環境下能夠穩定工作。它們說明設備支援更高速的通訊標準(如 LTE、5G)。

衛星通訊:由於 BAW 濾波器具有高頻回應和高隔離度,它們在衛星通訊中也有應用,特別是在高頻段的訊號處理和濾波中。衛星通訊系統需要處理多頻帶訊號,BAW 濾波器能夠有效減少干擾,提升通訊品質。

雷達系統：在雷達系統中，BAW 濾波器用於濾除不需要的頻率訊號，減少雜訊，提高系統的訊號解析能力，確保目標訊號的準確性。

物聯網（IoT）設備：由於 BAW 濾波器的高頻特性，它們在物聯網設備中也得到了應用，尤其是需要高資料傳輸速率和低功耗的 IoT 設備。BAW 濾波器可以確保訊號的穩定傳輸和精確頻率選擇。

汽車通訊：在汽車通訊系統中，BAW 濾波器用於車載無線通訊模組，以確保車與車之間的通訊訊號穩定，同時還在自動駕駛和車聯網（V2X）中發揮著重要作用。

最後，這裡對 SAW 與 BAW 進行了對比，具體內容如表 3-5 所示。

表 3-5　SAW 與 BAW 的對比

	SAW	BAW
使用頻率	10 MHz – 3 GHz	1.5 GHz – 5 GHz
特性	高穩定性、小型、高選擇度、高 Q 值、抗干擾能力強	高穩定性、小型、高選擇度、高 Q 值、耐高功率
成本	較高	高
插入損耗	較低	很低
原材料	鉭酸鋰或鈮酸鋰的單晶晶圓（4 寸晶圓為主）	直接在矽晶圓（6 吋為主）上加工設計，利用 PVD、CVD 設備實現壓電薄膜的製備是其關鍵製程環節，薄膜材料主要為氮化鋁和氧化鋅
主要廠商	Murata、TDK、Taiyo Yuden、中電 55 所、德清華瑩、中電 26 所、無錫好達、通宇通訊、麥捷科技、武漢凡谷、三安整合	Broadcom、Qorvo、天津諾思、貴州中科漢天下、杭州左藍

3.5 CMOS 相關元件

3.5.1 CMOS 介紹

互補式金屬氧化物半導體（Complementary Metal-Oxide-Semiconductor, CMOS）最早是在 1963 年由仙童半導體公司的 Frank Wanlass 所發明[72]，其基本結構如圖 3-47 所示，由 P 型 MOSFET（PMOS）與 N 型 MOSFET（NMOS）組合而成，「互補」一詞也正是來源於 PMOS 與 NMOS 在物理特性上的互補性。CMOS 元件的優勢在於其功耗較低，但是早期受限於操作速度，CMOS 元件的使用多與延長電池的使用時間有關，不過隨著不斷的研究與改良，CMOS 技術逐步成為電子元件微型化和高效運算的首選，如今 CMOS 已經被廣泛應用於數位邏輯電路、影像感測器、記憶體單元等多個領域。

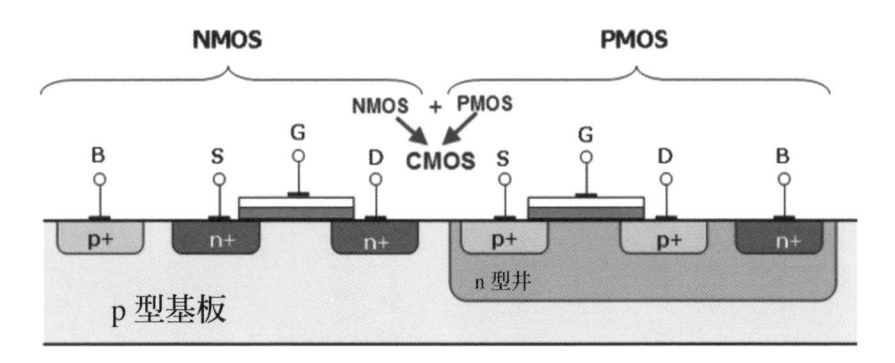

3.5.2 CMOS 電路結構與工作原理

這裡以最為常見的 CMOS 邏輯閘—CMOS 反相器為例，對 CMOS 的基本電路結構與工作原理予以說明。一個典型的

CMOS 反相器的電路結構如圖 3-48 所示，其中 PMOS 與 NMOS 的閘極相連，並與輸入端相接；PMOS 與 NMOS 的汲極相連，並與輸出端相接；PMOS 的源極則與高電位 V_{dd} 相接，NMOS 的源極則與低電位 V_{ss} 相接。在接下來的分析中，我們將會看到，這樣的電路結構的好處在於其可以確保在任何時刻電路中只有一個 MOSFET 是導通的，另一個 MOSFET 則是關閉的，從而達到低功耗的效果。

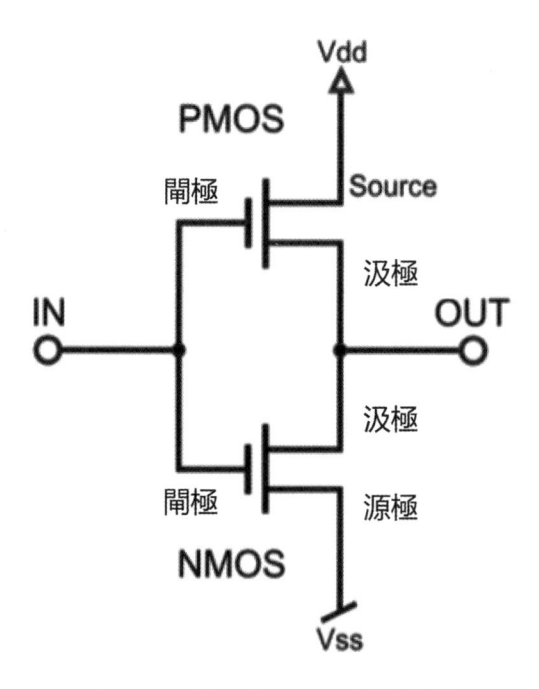

圖 3-48　基本的 CMOS 電路結構

那麼 CMOS 反相器具體是怎麼工作的呢？從輸入端來看，

無非就兩種狀態:輸入高電位和輸入低電位,以下分別就兩種狀態進行分析。

輸入為高電位(邏輯1):輸入高電壓(接近V_{dd}),結合本書前述關於MOSFET的介紹,不難看出,此時NMOS導通,PMOS關閉,輸出端被拉低至接地電位(邏輯0)。

輸入為低電位(邏輯0):輸入低電壓(接近接地電位),此時PMOS匯出,NMOS關閉,電流從電源Vdd流向輸出,將輸出拉高至V_{dd}(邏輯1)。

在對CMOS的基本結構與工作原理有了基本了解後,再考慮前述的CMOS低功耗的特點就很好理解了,正是因為無論輸入電位的高低,CMOS都只有一個MOSFET導通,且不會形成直流路徑,所以CMOS的靜態功耗是非常低的。除了低功耗,CMOS電路對於輸入訊號的雜訊具有較高的耐受能力,這使得其能夠保持穩定的邏輯操作。

3.5.3 CMOS 技術的應用

正如本小節前述內容所提及的,歷經幾十年的發展,CMOS元件的應用如今已經非常廣泛,整體而言,CMOS的主要應用可歸納到以下幾個領域:影像感測器領域、儲存領域和處理器領域,現在分述如下:

數位邏輯電路:CMOS是數位邏輯電路的核心技術,包括處理器(CPU、GPU)、數位訊號處理器(DSP)以及可程式設計邏輯裝置(如FPGA)。其高效能和低功耗特性使其成為這些應用的首選。

影像感測器：CMOS 感測器廣泛用於數位相機、手機照相和醫療影像設備中。與傳統的 CCD 感測器相比，CMOS 感測器具備功耗更低、整合度更高的優勢。

記憶體技術：靜態隨機存取記憶體（SRAM）和快閃記憶體（Flash）等都基於 CMOS 技術，支援高速度與高密度的資料存取。

類比與混合訊號電路：CMOS 技術被應用於類比放大器、電壓控制振盪器和數位類比轉換器中，實現類比與數位訊號的高效交互。

物聯網與低功耗設備：隨著物聯網技術的興起，CMOS 技術正被廣泛應用於各類感測器和低功耗連接設備中，支援超長時間的獨立運作。

3.5.4 影像感測器

影像感測器（Image Sensor）是一種將光訊號轉換為電訊號的電子元件，其以光電效應為基本的工作原理。如圖 3-49 所示，當光線通過光學鏡頭進入元件後，光子會打在感測器表面的畫素陣列上。每個畫素內包含一個光電二極體，它會根據接收到的光子的數量產生對應的電荷訊號。這些訊號隨後被轉換為電壓，並通過數位類比轉換器（Analog-to-Digital Converter, ADC）處理為數位資料，形成影像，整個過程精密且快速，是現代影像處理技術的基礎。

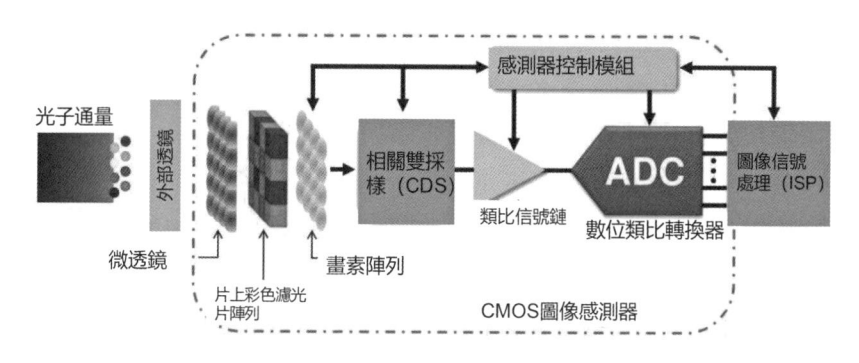

圖 3-49 影像感測器基本操作原理

　　早期的影像感測器主要是電荷耦合元件（charge-coupled device, CCD）影像感測器，其發展可以追溯到20世紀60年代末，當時貝爾實驗室基於電荷通過半導體位能井發生轉移的現象，提出了固態成像的概念，並設計了 CCD 模型元件；此後包括快捷半導體、德州儀器等在內的多家公司迅速開展 CCD 相關研究，並推出相關產品，CCD 影像感測器憑藉其高靈敏度、低雜訊的特點，逐漸在相機、光學掃描器乃至天文學等領域被廣泛應用。

　　然而 CCD 在物理結構上的固有缺陷逐漸成為技術發展的桎梏。由於需要複雜的電壓脈衝控制電荷在半導體位能井中的轉移，CCD 的功耗居高不下，尤其在視訊模式下需持續高頻驅動，這對可攜式裝置的續航能力構成了巨大挑戰；此外，電荷必須通過串列轉移位元方式逐行讀出，所有畫素訊號依賴單一輸出節點傳輸，這不僅限制了晶片尺寸的擴展，還導致讀出速度難以滿足高幀率即時成像的需求。例如，在拍攝快速運動的物體時，CCD 的延遲問題會引發殘影現象，而其高昂的製造成本和複雜的製程

也使得大規模應用受到制約。

正是在這樣的背景下,CMOS 影像感測器憑藉顛覆性的畫素主動放大與整合技術逐漸嶄露頭角。如圖 3-50 所示,與傳統 CCD 不同,CMOS 的每個畫素單元內部整合了光電二極體、轉移門和源跟隨器等關鍵元件,形成了一套完整的訊號處理鏈路。光電二極體負責將光訊號轉化為電荷,轉移門將電荷傳遞至浮動擴散節點,而源極跟隨器則作為畫素級放大器,直接將微弱電荷訊號轉換為電壓訊號並輸出。這種結構使得每個畫素能夠獨立完成訊號放大與處理,無需依賴外部電路,從而實現了並行讀出與多列啟動。例如,現代手機 CMOS 可以通過同時讀取多行畫素資料,在毫秒級時間內完成整幀影像的捕捉,幀率輕鬆突破 120 fps,這在需要即時追蹤運動場景的應用中展現出絕對優勢。

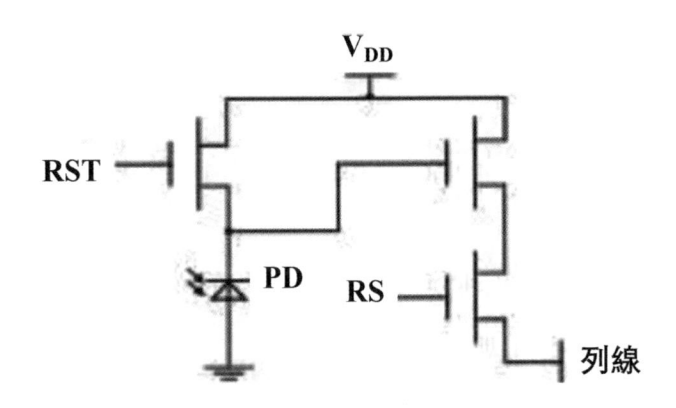

圖 3-50　CMOS 影像感測器像素單元

更為重要的是,CMOS 技術巧妙地利用了標準半導體製程

的成熟性，將畫素陣列與數位類比轉換器、影像處理器等週邊電路整合在同一晶片上。這種高度整合不僅大幅降低了功耗——典型 CMOS 的功耗僅為同規格 CCD 的三分之一，還顯著縮減了製造成本，使大規模量產成為可能。與此同時，畫素級電路的自主性賦予了 CMOS 更強的靈活性，例如通過內置雜訊抑制演算法或動態範圍優化模組，能夠直接在晶片層面實現即時 HDR 合成或自動對焦，而傳統 CCD 則需要外接專用電路才能完成類似功能。這種「計算成像」的能力，使得 CMOS 從單純的感光元件進化為智慧化的視覺中樞，為智慧手機攝影、自動駕駛的感知與感應等應用奠定了技術基礎。從笨重的天文望遠鏡到輕薄的智慧手機，從工業檢測設備到醫療成像系統，CMOS 憑藉其結構革新帶來的性能飛躍，徹底重塑了現代成像技術的格局。

　　影像感測器技術的發展歷程中，科學家和工程師們不斷探索以提升性能並拓展其應用範疇。如今，除了傳統的可見光影像捕捉，影像感測器還開始整合多光譜感測功能，能夠檢測紅外光、紫外光甚至是特定波段的輻射，這在科學研究、農業監測和安全檢測中展現了巨大潛力。同時，感測器的微型化和低功耗設計也在快速推進，以適應可攜式裝置和物聯網裝置的需求。透過縮小尺寸和降低能源消耗，影像感測器得以進一步融入日常生活的方方面面。

　　人工智慧的崛起也為影像感測器帶來了新的契機。結合 AI 技術，影像感測器不僅能捕捉高品質的影像，還能即時進行影像分析和目標識別。這種技術在自動駕駛、智慧城市和機器視覺等領域的應用中尤為突出。此外，影像感測器的製造技術也隨著半

導體製程的進步而不斷優化,新型材料和結構的引入進一步提升了其靈敏度、解析度和耐用性。

總而言之,影像感測器作為現代影像技術的核心元件,已成為日常生活和科技發展中不可或缺的一部分。從最初的 CCD 技術到如今的 CMOS 主導,再到人工智慧與多光譜應用的整合,影像感測器的演進不僅改變了人類看待世界的方式,也為更多創新和可能性鋪平了道路。未來,隨著技術的進一步突破,影像感測器將繼續在更多領域中發揮其無限潛能。

3.5.5 動態隨機存取記憶體(DRAM)

動態隨機存取記憶體(Dynamic Random Access Memory,簡稱 DRAM)是一種常見的半導體記憶體技術,廣泛應用于現代計算設備中,包括個人電腦、伺服器、智慧手機、遊戲機等。它以其高速存取、低成本以及高密度的特性,成為當今電子設備的主流記憶體選擇之一。

DRAM 的工作原理基於電容器儲存電荷來表示資料的二進位狀態(0 或 1)。每個儲存單元由一個電容器和一個電晶體組成(圖 3-51),電容器的充電與放電分別表示數字 1 和 0。然而,由於電容器的電荷會隨時間逐漸洩漏,因此需要定期進行刷新(Refresh)操作以保持資料的完整性,這也是動態這一名稱的由來。刷新操作通常以毫秒為單位進行,但由於其自動執行且速度極快,對使用者的操作幾乎不產生影響。

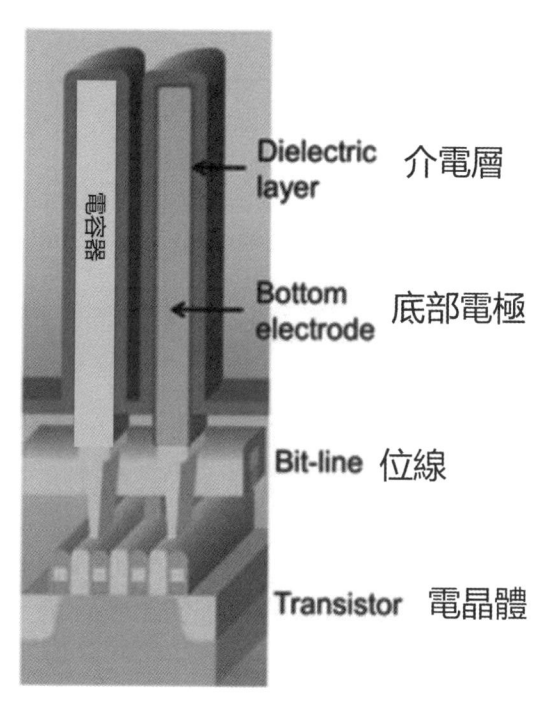

圖 3-51　**DRAM 由電晶體與電容器組成**[74]

　　DRAM 的核心特性之一是其高儲存密度。由於每個儲存單元的結構相對簡單，DRAM 能夠在單一晶片上容納大量的儲存單元，從而實現大容量的資料儲存。這使得 DRAM 成本低廉，能以經濟實惠的方式支援現代應用對高容量記憶體的需求。然而，與靜態隨機存取記憶體（SRAM）相比，DRAM 的速度稍慢，主要是因為其需要刷新和充放電操作。

　　隨著技術的不斷發展，DRAM 的設計和製程也在不斷改進。例如，雙倍數據速率（DDR, Double Data Rate）技術的引入顯

著提高了 DRAM 的性能。從最初的 DDR 到如今的 DDR5 如圖 3-52 所示，每一代產品都在存取速度、頻寬和能效上取得了顯著提升。DDR5，不僅提供了更高的資料傳輸速率，還通過降低功耗和改進架構來增強效率，特別適合於高性能計算和大規模資料處理場景。

圖 3-52　美光科技 DDR5 產品

DRAM 的應用範圍非常廣泛。對於消費電子設備，DRAM 是執行任務、運行應用程式和儲存臨時資料的關鍵元件。在伺服器和資料中心環境中，DRAM 則用於處理大量並行資料操作，支援雲計算、大資料分析以及人工智慧等高強度計算工作。此外，隨著嵌入式系統和物聯網設備的普及，DRAM 的應用範圍也進一步擴展。

儘管 DRAM 具有多種優勢，但也存在一些限制。例如，由

於 DRAM 是易失性記憶體，一旦電源切斷，其儲存的資料將完全丟失。因此，DRAM 通常用於需要高速、短期存取的場景，而不是長期資料儲存。此外，隨著儲存密度的進一步提高，如何控制功耗和熱量散佈成為技術挑戰之一。

總體而言，DRAM 在現代計算技術中發揮著不可或缺的作用，其發展歷程反映了半導體行業的進步。未來，隨著新材料和新架構的應用，DRAM 有望繼續在性能、能效和可靠性方面取得突破，滿足不斷增長的資料處理需求。

3.5.6 快閃記憶體儲（NAND FLASH）

NAND Flash 是現代電子儲存技術的重要組成部分，其快速發展和廣泛應用深刻影響了計算設備和數位生活的方方面面。作為一種非易失性儲存技術，NAND Flash 能夠在沒有電源供應的情況下保證資料完整，因此成為許多應用場合的理想選擇，例如固態硬碟（SSD）、USB 隨身碟、記憶卡，以及嵌入式系統中的存放裝置。

NAND Flash 的基本工作原理基於浮置閘極電晶體（Floating Gate Transistor）如圖 3-53 所示，每個儲存單元透過改變浮置閘極的電荷狀態來表示資料的二進位值（0 或 1）。這種結構的核心優勢在於能夠在有限的物理空間內儲存大量資料。與其他儲存技術相比，NAND Flash 的儲存密度更高，製造成本更低，這使其成為高容量存放裝置的主要選擇。

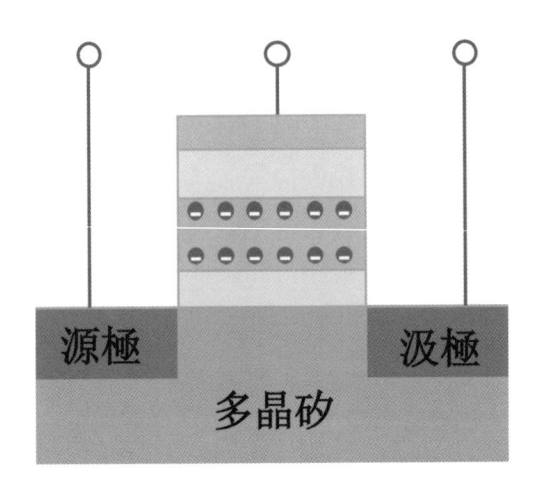

圖 3-53　**NAND FLASH** 浮閘快閃記憶體單元示意圖

　　從技術架構上看，NAND Flash 分為單層單元（SLC, Single-Level Cell）、多層單元（MLC, Multi-Level Cell）、三層單元（TLC, Triple-Level Cell）和四層單元（QLC, Quad-Level Cell）。每一類型的單元能夠儲存的資料位元數逐漸增加（圖 3-54），從而提升儲存密度和降低每位元的成本。然而，隨著每單元儲存更多資料，寫入速度和壽命會有所下降。例如，SLC 的壽命和速度遠高於 MLC 和 TLC，但成本較高，因此主要用於高性能元件中，而 TLC 和 QLC 則廣泛應用於消費級記憶體產品中。

　　NAND Flash 的另一個關鍵特性是其結構允許塊級別的擦除和頁級別的寫入操作。這種操作方式帶來了效率的提升，但同時也引發了一些問題。例如，在儲存資料時，必須先擦除整個儲存塊，然後才能寫入新資料，這導致了所謂的擦寫循環。每個儲存

單元能夠承受的擦寫次數是有限的，超過一定次數後，儲存單元可能會發生磨損，導致資料丟失或性能下降。

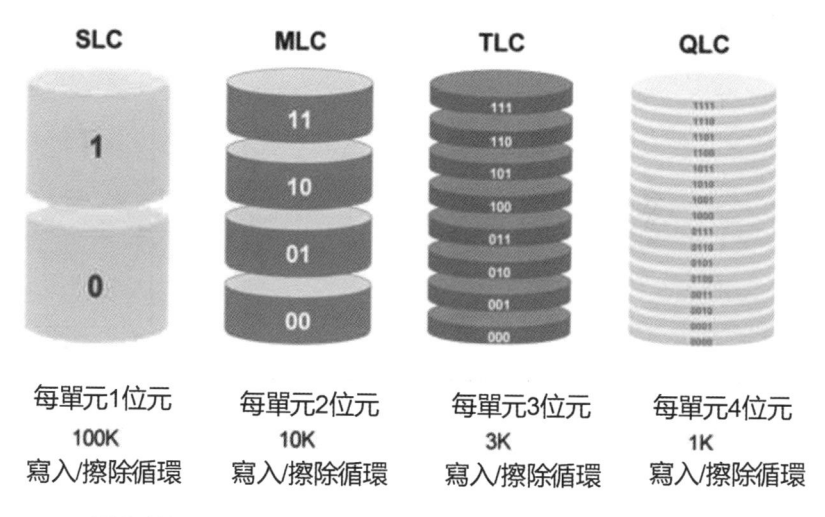

SLC	MLC	TLC	QLC
每單元1位元	每單元2位元	每單元3位元	每單元4位元
100K 寫入/擦除循環	10K 寫入/擦除循環	3K 寫入/擦除循環	1K 寫入/擦除循環

圖 3-54　NAND FLASH：SLC、MLC、TLC、QLC 示意圖

隨著 NAND Flash 技術的不斷進步，其儲存密度和性能也持續提升。從傳統的平面結構（2D NAND）演進到三維結構（3D NAND）如圖 3-55 所示，業界透過在垂直方向上堆疊多層儲存單元，大幅度增加了儲存容量，降低了製造成本。同時，3D NAND 還克服了 2D NAND 在縮小製程時遇到的物理限制，顯著提高了可靠性和效率。在堆疊層數上，目前多家廠商正在加速推進 300 層以上的堆疊技術，2025 年 2 月，日本鎧俠（Kioxia）採用 CBA 雙晶圓鍵合技術，分別製造 CMOS 控制電路、NAND 儲存陣列，然後鍵合在一起，第 10 代 BiCS 3D NAND 快閃記憶體層數達到 332 層，超過了 SK 海力士的 321 層、長江儲存的 294

層、三星的 290 層與美光的 276 層，長江儲存作為後起之秀，深耕研發，Xtacking 晶棧架構技術同步鎧俠，超越美韓廠商指日可待，前景可期。

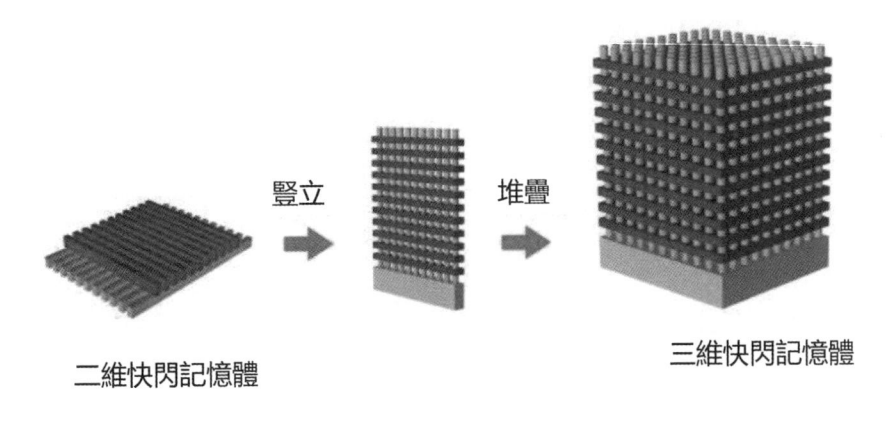

豎立 → **堆疊**

二維快閃記憶體　　　　　　　　三維快閃記憶體

圖 3-55　NAND FLASH 技術從 2D 轉變至 3D 堆疊

在應用層面，NAND Flash 的影響無處不在。在消費電子領域，從智慧手機到數位相機，NAND Flash 為使用者提供了便捷的資料儲存和快速訪問能力；在企業和資料中心，NAND Flash 作為固態硬碟的核心技術，帶來了更高的性能和更低的能耗，支援雲計算、大資料處理以及人工智慧等高要求的應用；在汽車、工業控制等嵌入式系統中，NAND Flash 的穩定性和高儲存密度則滿足了多樣化的需求。

然而，NAND Flash 也面臨一些挑戰。例如，隨著儲存單元密度的提升，可靠性問題變得更加突出，需要更加先進的校正技術。此外，在追求高性能的過程中，如何控制功耗和散熱也

是需要解決的重要課題。為了應對這些挑戰,業界正在探索新的材料和架構,例如利用絕緣層中的陷阱捕獲電荷的電荷陷阱技術(Charge Trap Flash, CTF)以及 MRAM、ReRAM 等下一代非易失性儲存技術。

總而言之,NAND Flash 作為現代儲存技術的基石,通過其不斷創新和演進,不僅滿足了人們對大容量、高性能儲存的需求,也推動了數位時代的進一步發展。在未來,隨著技術的不斷突破,NAND Flash 將繼續在更廣泛的領域中發揮關鍵作用,為數位化世界提供更加高效和可靠的儲存解決方案。

3.5.7 CMOS 的未來發展方向

製程技術的進步:近年來,摩爾定律的推進使得 CMOS 製程技術不斷縮小(例如 3 nm、2 nm 節點)。這不僅提高了電路的性能和密度,也大幅降低了能耗,為實現更高效能的運算鋪平道路。

新材料的應用:為了突破傳統矽材料的極限,研究人員正在探索如石墨烯、奈米碳管及 III-V 族化合物等新材料。這些材料有望進一步提升 CMOS 元件的速度和能效。

3D 晶片堆疊技術:通過垂直堆疊晶片,可以在有限的物理空間內進一步增加電晶體密度,同時減少訊號傳遞的延遲,實現更高效的運算。

混合技術與量子計算:CMOS 技術可能在量子計算領域發揮重要作用,例如用於構建量子位元控制系統和讀出電路,實現傳統計算與量子計算的協作。

人工智慧與機器學習：為支援深度學習等人工智慧應用的高速運算需求，CMOS 技術將持續優化，並與專用加速運算元件（如 AI 晶片）緊密結合。

低功耗與環保方向：在能源需求日益增加的背景下，CMOS 技術將更強調能效和環保，推動近零功耗元件的開發。

3.6 磁性記憶體

本小節主要圍繞磁性材料和磁性記憶體的相關內容開展討論，在探討具體的內容介紹之前，將先對磁儲存的本質原理作簡單的說明，在了解磁儲存的本質原理的基礎上再去探討磁性材料以及磁記憶體相關內容時就會思路更加清晰。

那麼磁儲存的本質原理是什麼呢？簡單的講，磁儲存是利用磁性材料記錄和讀取資訊的技術，其基本原理是通過改變磁性介質中微小磁疇的方向來儲存二進位資料，一個磁疇方向代表二進位「1」，相反方向代表「0」，在讀取資料時，感測器通過感應磁疇變化產生的訊號實現對資訊的解碼。

3.6.1 磁性材料介紹

什麼是磁性材料呢？人們通常將能對磁場作出某種反應的材料稱為磁性材料，這樣的解釋似乎還是過於刻板，通俗來講，那些能夠被磁鐵所吸引或者在磁鐵的影響下自身也會表現出磁性的特性材料就是磁性材料。按照回應特性與磁性強度的不同，磁性材料可分為軟磁材料和硬磁材料，軟磁材料更容易被外部磁場

所影響而表現出磁性，但是在外部磁場去除後，其表現出的剩餘磁性也較小；相比於軟磁材料，硬磁材料更不容易被外部磁場所影響，但是一旦在外部磁場所影響而產生磁性，就能夠保持較強的磁性，即使去掉外部磁場，其磁性依然保持。

那麼聯繫前述磁儲存的基本原理，很容易就可以推理得出這樣的結論：硬磁材料更適合做為磁儲存材料使用，因為硬磁材料更不容易被外部環境所影響，這樣意味著其可以更有效的儲存資訊。而事實情況也確實如此，常見的用於磁儲存的磁性材料，比如鐵氧體、稀土金屬合金等均屬於硬磁材料。其中，鐵氧體是一種複合氧化物，由鐵元素與其他金屬元素（如鋅、錳）結合而成，其具有較高的電阻率和低渦流損耗，適合高頻應用，在磁儲存中，鐵氧體磁頭曾經是磁帶和磁碟片設備中的重要元件；而稀土金屬合金材料如釹鐵硼（NdFeB）和釤鈷（SmCo）等則是現代高性能磁性材料的代表，它們具有超高的磁性能和熱穩定性，在硬碟驅動器的讀寫頭以及高密度磁儲存介質中有廣泛應用；此外，薄膜技術的興起推動了磁存放裝置向微型化和高密度化發展，磁性薄膜可以通過濺射、化學氣相沉積等製程製作，常用於硬碟碟片和磁性隧道結記憶體（MRAM）等設備中。

1925 年，荷蘭科學家喬治‧烏倫貝克（G.E.Uhlenbeck）進行原子光譜的研究發現兩種看起來相同的電子，事實上是有兩種不同的狀態，而這兩種不同的狀態就像磁鐵的 N 極與 S 極一樣，方向並不相同。在電磁學裡，電流流動會產生與磁鐵相同的作用，所以他猜想或許是帶電的電子自轉，產生電流，才會變成磁鐵。但是英國科學家狄拉克的相對論量子力學否定了把自旋當成

是電子自轉的模型，自旋僅僅是代表電子狀態的相對物理量，可是自旋引發磁鐵性質是正確無誤的。如圖 3-56（a）所示，自旋有兩種，上自旋狀態與下自旋狀態。自旋產生的磁鐵也有最小單位，它的強度呈不連續變化，此最小單位被稱為波爾磁子（Bohr magneton），強度非常小，約是平常用磁鐵的 $1/(2\times 10^{25})$！所以感覺身邊磁鐵的強度呈連續變化並不奇怪。

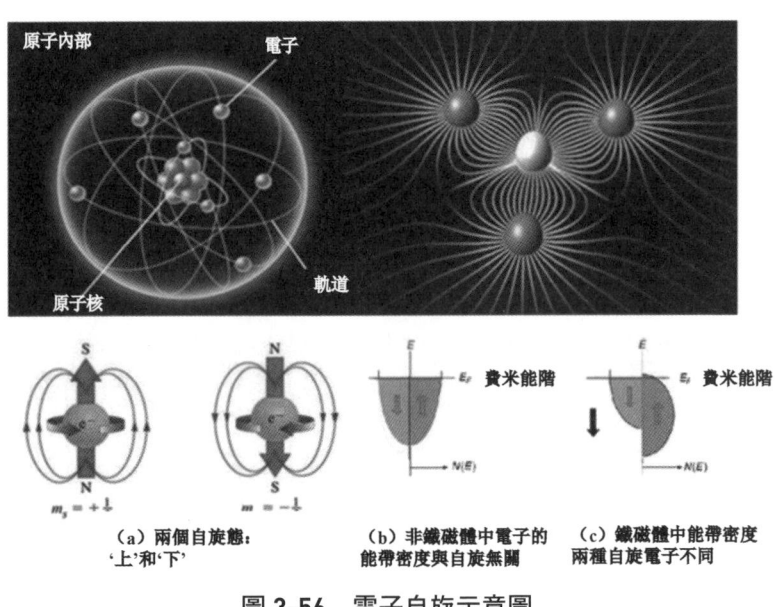

(a) 兩個自旋態：'上'和'下'

(b) 非鐵磁體中電子的能帶密度與自旋無關

(c) 鐵磁體中能帶密度兩種自旋電子不同

圖 3-56　電子自旋示意圖

所有的物質都是由原子組成，原子又含自旋狀態不同的電子，因此我們可能認為所有的物質都可以是磁鐵。但是大部分的時候，物質中的電子自旋會互相抵消，如圖 3-56（b）所示，並不會顯出磁性。只有鐵（Fe）、鈷（Co）、鎳（Ni）等幾種元

素有強磁性，主要原因是這些元素在形成結晶之際，上自旋與下自旋的電子數目在相差甚多的情形下仍能穩定存在，如圖 3-56 (c) 所示，可以變成強磁鐵。磁鐵是日常生活中少數可以見到量子力學效應的實例，也是今日資訊社會不可或缺的物質，後面將會介紹這種現象的最佳應用：磁儲存。

磁性材料的核心特性源於電子的自旋和軌道運動。每個電子都具有自旋角動量和磁矩，當這些磁矩在原子、分子或材料的宏觀尺度上有序排列時，就表現出磁性。磁性材料可以根據磁性行為分為順磁性、抗磁性、鐵磁性、亞鐵磁性和反鐵磁性等多種類型。其中，鐵磁性材料和亞鐵磁性材料是磁儲存的關鍵材料，因為它們具有顯著的磁化能力，可以在外加磁場移除後保持剩餘磁化，這種特性被稱為磁滯現象。

在鐵磁性材料中，磁疇是決定磁性能的重要因素。磁疇是材料中磁矩有序排列的微小區域，不同磁疇的方向可能相互抵消，從而在宏觀上表現為無磁性。外加磁場會使磁疇逐漸重新排列，從而實現磁化過程。這一過程的可逆性和非線性使得鐵磁性材料能夠穩定記錄資訊。

3.6.2 磁性材料的基本原理與特性

磁性材料的磁矩原本排列得很混亂，使得磁矩的 N 極與 S 極互相抵消而不具磁性，如圖 3-57（a）所示；當其他具有磁性的永久磁鐵靠近時，會使磁矩排列變得很整齊而產生磁性，如圖 3-57（b）所示，故稱為感應磁鐵；當其他具有磁性的永久磁鐵遠離時，磁矩仍然保持整齊的狀態，仍然具有磁性，如圖 3-57

（c）所示。

感應磁鐵通常都是元素週期表上 B 族元素（金屬元素）的化合物，例如：鈷鎳鉻合金（Co-Ni-Cr）、鈷鉻鉭合金（Co-Cr-Ta）、鈷鉻鉑合金（Co-Cr-Pt）、鈷鉻鉑硼合金（Co-Cr-Pt-B）等。

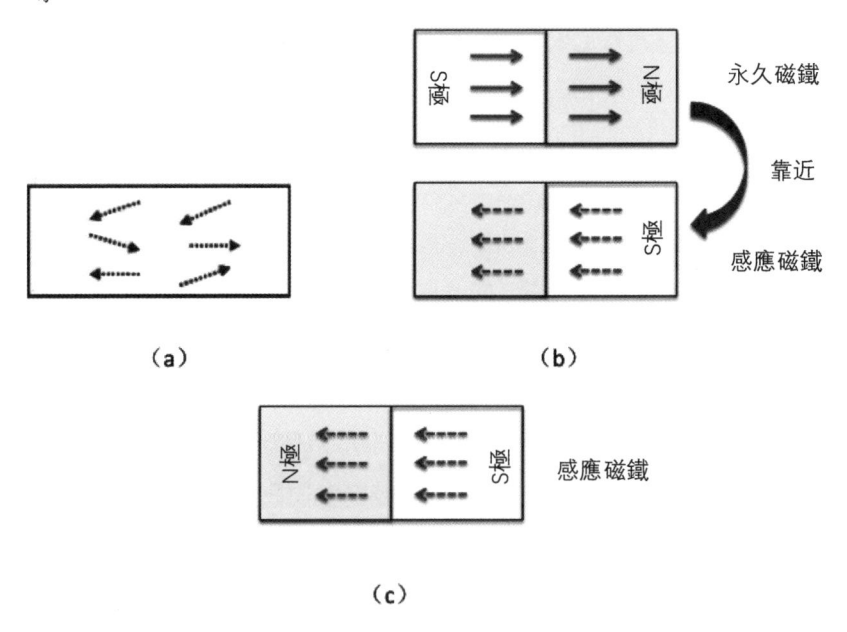

圖 3-57 感應磁鐵的原理

感應磁鐵與永久磁鐵最大的不同在於，感應磁鐵的磁化方向很容易因為其他具有磁性的永久磁鐵靠近而改變，所以，可以利用這種材料來製作需要改變磁化方向的科技產品，例如：以前的軟碟（Floppy disk）、硬碟（Hard disk）、非揮發性的磁性隨機記憶體（MRAM）等；而永久磁鐵的磁化方向不容易改變，所

以只能用來製作需要固定磁場方向的產品。

3.6.3 磁記憶體件
(1) 硬碟驅動器的應用

硬碟驅動器（HDD）是最傳統且廣泛使用的磁存放裝置。其核心部件包括磁碟片、讀寫頭和伺服系統。磁碟片由磁性薄膜材料製成，其表面通過塗覆超薄的鐵鉑合金（FePt）等高性能磁性材料，實現資料的高密度儲存。現代硬碟採用垂直磁記錄技術（PMR），使磁疇排列垂直於碟片表面，顯著提高了儲存密度。為了進一步提升硬碟性能，熱輔助磁記錄（HAMR）技術被引入，通過在寫入資料時加熱磁性介質以降低保磁力，從而實現更高密度的儲存。此外，微波輔助磁記錄（MAMR）技術通過在寫入時施加微波訊號改變磁疇特性，也為磁存放裝置開闢了新的可能性。

(2) 磁性隨機存取記憶體（MRAM）

如圖 3-58（a）所示，電腦硬碟是通過磁介質來儲存資訊的，最早的磁頭是採用錳鐵磁體製成的，該類磁頭是通過電磁感應的方式讀寫資料，由於資料量越來越大，傳統磁儲存已經無法滿足資訊爆炸的需求。1988 年，法國科學家費爾和德國科學家貝格各自獨立發現了非常弱小的磁性變化就能導致磁性材料發生非常顯著的電阻變化，此效應稱為巨磁阻效應 GMR（Giant Magneto Resistance），如圖 3-58（b）和（c）所示，這個效應可以在磁性材料和非磁性材料相間的幾個奈米厚薄膜層結構中觀察到。這

種結構物質的電阻值與鐵磁性材料薄膜層的磁化方向有關，兩層磁性材料磁化方向相反情況下的電阻值，明顯大於磁化方向相同時的電阻值，電阻在很弱的外加磁場下具有很大的變化量。

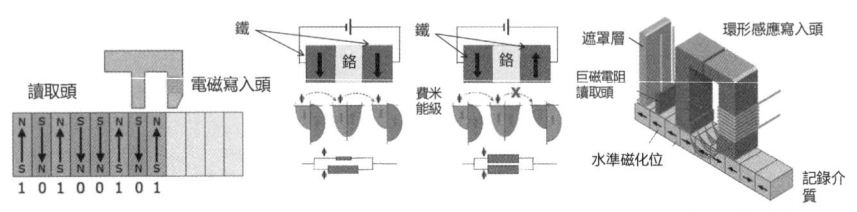

(a) 磁碟讀寫原理示意圖　(b) 磁化平行時低電阻　(c) 磁化反平行時高電阻　(d) 巨磁阻原理與讀寫示意圖

圖 3-58　傳統的磁儲存原理與巨磁阻儲存效應原理示意圖

如圖 3-59 所示，利用這個原理，1997 年，全球首個基於巨磁阻效應的讀寫磁頭問世。正是借助了巨磁阻效應，人們才能夠製造出如此靈敏的磁頭，能夠清晰讀出較弱的磁訊號，並且轉換成清晰的電流變化。新式磁頭的出現引發了硬碟的「大容量、小型化」革命。如今，筆記型電腦、音樂播放機等各類數位電子產品中所裝置的硬碟，基本上都應用了巨磁阻效應。

圖 3-59　應用巨磁阻效應的硬碟

就如同諾貝爾評委會主席佩爾‧卡爾松用比較通俗的語言解說了這個科學技術對人類的貢獻。他用兩張圖片的對比說明了巨磁阻的重大意義：一台1954年體積占滿整間屋子的電腦，和一個如今非常普通、手掌般大小的硬碟。正因為有了這兩位科學家的發現，單位面積儲存的信息量才得以大幅度提升。根據該效應開發的小型大容量硬碟已得到了廣泛的應用。2007年10月，阿爾貝‧費爾和彼得‧貝格因分別獨立發現巨磁阻效應而共同獲得諾貝爾物理學獎。

MRAM是新一代非易失性記憶體，其核心技術基於穿隧磁阻（Tunnel Magneto Resistance, TMR）效應。TMR是指當一層非常薄的絕緣層夾在兩個磁性層之間時（圖3-60），其電阻會因磁性層相對磁化方向的變化而改變。MRAM利用這一現象實現資料的儲存與讀取。

大家可能會想，中間層是絕緣膜，不能導電的絕緣膜成為阻擋電子流通的「牆壁」，磁阻如何變化呢？原因就是本書第二章所提及的量子力學，根據經典力學，當一個運動的球遇到堅固的障礙物時，它必須從障礙物的頂部翻越過去才能通過，從能量的角度來講，如果這個運動的球所具備的能量低於障礙物頂部的位能，那麼這個球就絕對無法通過這個障礙物的阻擋。這樣的描述符合我們的常識，所以通常我們都會認為這是非常正確的結論，然而量子力學卻告訴我們，這個結論是錯誤的，因為如果把這個運動的球換成量子世界裡的微觀粒子，那麼我們就會發現，在自身能量不足的情況下，微觀粒子依然有一定的機率直接穿過障礙物，這就是量子穿隧效應，障礙物越薄，隧穿效應越明顯，TMR

的絕緣層由於厚度非常薄，只有幾個奈米，電子需要施展它的量子穿牆術才能過去（稱為量子穿隧效應 Quantum Tunnelling），所以，人們將此現象稱之為穿隧磁阻效應。

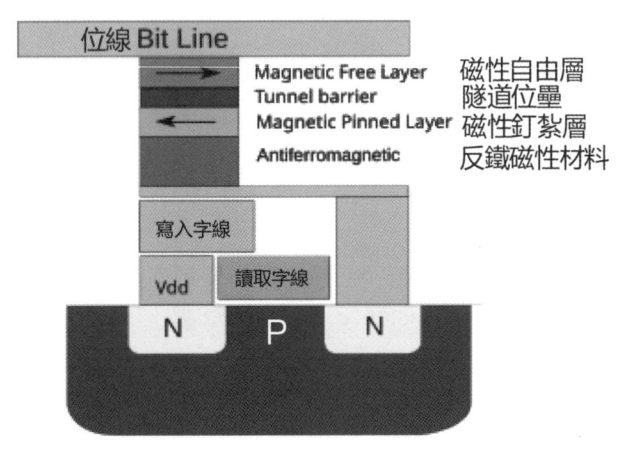

圖 3-60　MRAM 結構示意圖 [73]

MRAM 與傳統儲存技術相比，具有寫入速度快、能耗低、耐久性高的優勢。隨著自旋轉移力矩（STT）技術的成熟，STT-MRAM 成為商業化發展的重要方向，被廣泛應用於嵌入式系統和工業控制領域。

（3）磁帶儲存與長久存檔

儘管硬碟和固態儲存已成為主流，磁帶儲存仍然在長久存檔和大規模資料備份領域佔據重要地位。現代磁帶使用高性能鐵氧體或鋇鐵氧體作為磁性介質，其儲存密度和資料可靠性都有顯著提升。由於磁帶儲存成本低、使用壽命長，它在雲儲存和超大規

模資料中心中仍具有不可替代的地位。

3.6.4 磁性材料與磁儲存的未來發展

隨著資訊技術的快速進步,磁儲存技術正面臨新的挑戰與機遇。量子計算的興起使得新型磁性材料的探索成為熱點,例如自旋電子學材料和拓撲絕緣體等。自旋電子學通過控制電子的自旋而非電荷傳輸資訊,為更高效的磁存放裝置提供了可能性。同時,三維磁儲存、全像儲存等新技術正在研發中,它們不僅追求更高的儲存密度,還力圖實現資料儲存與處理的一體化。奈米技術和人工智慧的發展也為磁性材料的設計和優化提供了全新手段,未來的磁性材料將更加智慧化、多功能化。

總體來講,磁性材料與磁儲存技術是資訊化社會的基石之一,其發展史見證了科技的飛速進步。從鐵氧體到稀土合金,從傳統硬碟到新型 MRAM,磁儲存技術在材料、製程和應用領域不斷取得突破。在未來,這一領域仍將繼續推動全球資料儲存能力的提升,為各行業的數位化轉型提供強大的支撐。

3.7 附錄

本章相關名詞的中英文對照表

英文名詞	中文翻譯(中國大陸地區翻譯)
Quantum Well	量子井(量子阱)
Active device	主動元件(有源器件)
AI	人工智慧(人工智能)

英文名詞	中文翻譯（中國大陸地區翻譯）
ASIC	特殊專用積體電路（專用整合集成電路）
BAW（Bulk Acoustic Wave）	體聲波濾波器
BirdBath	鳥浴式光學系統
blue shift	藍移
Carrier mobility	載子移動率（載子遷移率）
CIS	影像感測器（影像傳感器）
Collector	集電極（集極）
CPU	中央處理器
DBR	分布式布拉格反射鏡
Device	元件（器件）
Dimming Zone	分區調光（調光區域）
Doping	摻雜
Drain	汲極（漏極）
DRAM	動態隨機記憶體（動態隨機內存）
Edge Emitting Laser	邊射型雷射（邊緣發射機光氣）
Emitter	射極（發射極）
ESD Electro-Static discharge	靜電放電
FBAR（Film Bulk Acoustic Resonator）	薄膜腔聲諧振濾波器
Fermi level	費米能階（費米能級）
Floating Gate Transistor	浮閘記憶體元件（浮置柵極晶體管）
Gate	閘極（柵極）
GPU	繪圖處理器（圖形處理器）
heterojunction bipolar transistor, HBT	異質接面雙極電晶體（異質結雙極型晶體管）
hybrid bonding	混合鍵合
IGBT	絕緣雙閘極電晶體（絕緣柵雙極型晶體管）
Laser Auto Focus, TOF	雷射自動對焦（激光自動對焦）
laser diode, LD	雷射二極體（激光二極管）

英文名詞	中文翻譯(中國大陸地區翻譯)
mass transfer	巨量轉移
MEMS	微機電系統
MOCVD:Metal Organic Chemical Vapor Deposition	有機金屬化學氣相沉積
MRAM	磁性隨機記憶體(磁性隨機內存)
NAND Flash	快閃記憶體(閃存)
Patterned substrate	圖形基板(圖形襯底)
Passive device	被動元件(無源元件)
Pixel	畫(像素)
power amplifier, PA	功率放大器
Proximity Sensor, PS	距離感測器(距離傳感器)
Process	製程(工藝)
Quantum confinement effect	量子侷限效應(量子限制效應)
Quantum Tunnelling	量子穿隧效應(量子隧穿效應)
Recipe	製程配方(製程參數)
ReRAM	可變電阻式記憶體(阻變內存)
Resonance	共振(諧振)
RF HEMT/Power HEMT	射頻高電子移動率電晶體/功率高電子移動率電晶體(遷移率晶體管)
SAW(Surface Acoustic Wave)	聲表面波濾波器
SMR(Solidly MountedResonator)BAW	固態裝配型體聲波濾波器
STT(Spin Transfer Torque)-MRAM	自旋轉移力矩(自旋轉移矩)
Threshold	閾值
TMR: Tunnel Magneto Resistance	穿隧磁阻(隧穿磁阻)
vertical-cavity surface-emitting laser, VCSEL	面射型雷射二極體(垂直腔面發射激光器)

Part 4

關鍵半導體設備

工欲善其事必先利其器，要做出結構精密的半導體晶片，相關設備的重要性可以說是不言而喻。圖 4-1 展示了各種製程在半導體生產線中的價值比例，其中，蝕刻、薄膜與曝光最關鍵，占比分別達到了 22.7%、22.4% 和 18.6%，摻雜製程使用的擴散與離子佈植、濕式清洗與 CMP 等也分別佔據了一定的權重，這些製程的實現都離不開相關設備的關鍵支援。

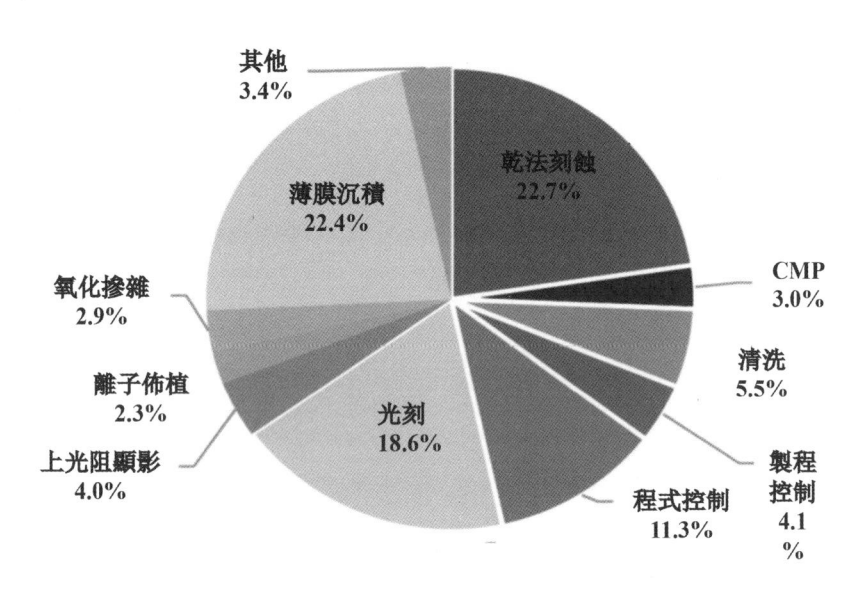

圖 4-1　各種製程在泛半導體產線的價值比例

　　如圖 4-2 所示，半導體產業所涉及的設備可以從宏觀上分為三類：晶圓製造設備、封裝設備以及測試設備。其中晶圓製造設備包括曝光機、清洗機、上光阻顯影機、CMP 設備、蝕刻機、熱處理設備、去光阻機以及薄膜沉積設備等；封裝設備包括研磨

Part 4 關鍵半導體設備

```
半導體設備 ┬─ 晶圓製造 ┬─ 曝光機       清洗機
           │           ├─ 上光阻顯影機  CMP 設備
           │           ├─ 蝕刻機       熱處理
           │           └─ 去光阻機     薄膜沉積
           │
           ├─ 封裝設備 ┬─ 研磨拋光機   鍵合機
           │           └─ 裝片機       切割機
           │
           └─ 測試設備 ┬─ 材料性質     缺陷檢測
                       └─ 微影層疊精度 電學性質
```

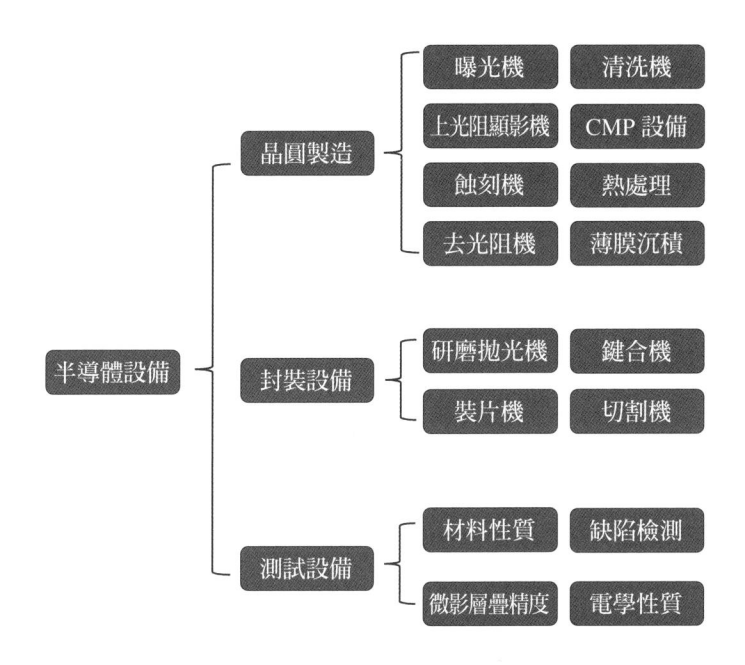

圖 4-2 半導體設備分類

拋光機、鍵合機、裝片機、切割機等；測試設備則包含了各種材料性質、缺陷檢測、微影層疊精度以及電學性質檢測分析設備。本章在介紹設備相關知識的同時，也對目前中國進口設備的競爭狀況與中國國產化的進度做一個大致的介紹，這樣大家可以比較清楚的知道中國哪些設備已經突破，哪些還在努力的突破中，需要繼續努力。本章具體內容將涉及設備構造、製程原理、相關材料與氣體、技術應用及市場情況等，第一部分會介紹蝕刻設備與製程，包含各種半導體、金屬與介電材料的蝕刻設備與製程；第二部分介紹前段製程的摻雜製程使用的離子佈植設備；第三部分

介紹薄膜製程，包含 PVD、CVD 與 ALD 的設備介紹、製程流程與關鍵材料；此外，關於製程過程中需要檢測與檢驗的材料分析與測試設備，本章也會系統性的對其做一個梳理；由於真空技術在半導體設備中非常重要，本章最後一部分還介紹了基礎的真空原理。關於鍵合設備和曝光機，其均與先進製程密切相關，因此本書將在第五章關於先進製程的介紹中予以介紹。

4.1 蝕刻

本書在前邊的內容中已經提及過蝕刻這一名詞，那麼什麼是蝕刻呢？如圖 4-3 所示，蝕刻是指通過物理或化學方法對材料進行選擇性的去除，從而實現設計的結構圖形的一種技術。蝕刻是半導體製造及微奈米加工製程中相當重要的步驟，自 1947 年發明電晶體到現在，在微電子學和半導體領域中，蝕刻技術的發展帶動著整個積體電路技術和化合物半導體技術的進步。在元件製造過程中需要各種類型的蝕刻製程，涉及到幾乎所有相關材料，如介質薄膜、矽、金屬、有機物、III-V 族化合物、甚至光阻等[75]。整體上講，蝕刻可以分為濕法蝕刻和乾法蝕刻兩類，以下將分別對其進行介紹。

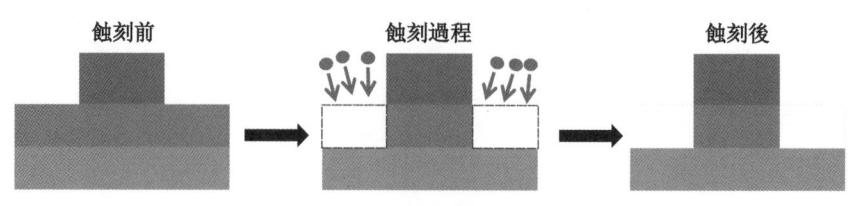

圖 4-3　蝕刻製程示意圖

4.1.1 濕式蝕刻

濕式蝕刻是利用化學試劑與被蝕刻材料發生化學反應生成可溶性物質或揮發性物質。被選擇的蝕刻液要有可均勻地去掉晶圓表層而又不傷及下一層材料的能力。典型的濕式蝕刻製程流程如圖 4-4 所示,該方法是將晶圓沉浸於蝕刻液當中,經過一定時間傳送到清洗設備中去除殘留的污染物,再送到最終清洗台以沖洗和甩乾。

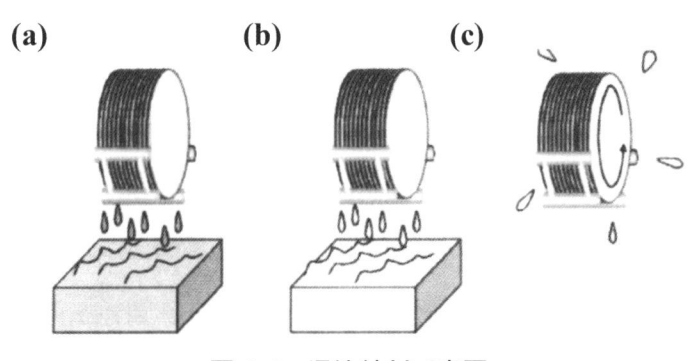

(a)   **(b)**   **(c)**

圖 4-4 濕法蝕刻示意圖

在對晶圓材料矽或者氧化矽腐蝕時,通常選擇 HNO3 或 HF,也就是把晶圓丟在 HNO3 或 HF 裡泡一泡,讓強酸去除晶圓與蝕刻液體接觸部分的材料。反應式如下:

$Si + 4HNO_3 \rightarrow SiO_2 + 2H_2O + 4NO_2$

$SiO_2 + 6HF \rightarrow H_2SiF_6 + 2H_2O$

濕式蝕刻的製程簡單、經濟實惠、製作阻擋層 Mask 技術成熟且通用、光阻在蝕刻液中的選擇比一般很高,利於選擇性蝕刻。蝕刻速率決定於蝕刻劑的活性和蝕刻產物的溶解擴散性。但

濕式蝕刻具有自然的蝕刻各向同性，阻擋層 Mask 下的下切使它不適合做小於 2 微米的圖形，濕式蝕刻過程中還會形成氣泡，氣泡附著的地方就會導致蝕刻終止。另外濕式蝕刻還有一些其它的問題，比如因暴露在化學和生成的氣體中所帶來的安全上的危害，還有化學排放需要廢棄物處理造成的環境上的危害等。

4.1.2 乾式蝕刻
（1）乾式蝕刻的歷史發展

隨著半導體製程的發展，濕式蝕刻暴露出蝕刻精度不足、蝕刻速率低以及會造成表面污染等問題，在這樣的背景下，乾式蝕刻逐步被發展起來。簡單講，乾式蝕刻就是利用化學氣體或電漿對材料進行蝕刻，其在半導體領域的應用可以追溯到上世紀 60 年代[76]。最初的乾式蝕刻是用在像去光阻等這樣相對簡單的製程中[77]，後來隨著設備及製程技術的發展，其開始在矽等半導體材料的蝕刻中被廣泛應用[78]。

初步應用：在 1960 年代，半導體工業迎來了快速發展，特別是積體電路（IC）的廣泛應用。1960 年代末，隨著曝光技術的進步，傳統的濕式蝕刻方法開始面臨蝕刻精度不足、對材料的選擇性差等問題。此時，乾式蝕刻技術作為一種新興的蝕刻方法開始受到關注。1965 年，美國的 Bell 實驗室和日本的 NEC 公司開始探索將電漿蝕刻應用於半導體的微細製造過程，乾式蝕刻逐步從實驗室研究進入實際應用。

商業化階段：進入 1970 年代，半導體行業的技術需求日益複雜，積體電路的尺寸不斷縮小，對蝕刻精度的要求也越來

高。傳統濕式蝕刻方法無法滿足高精度和高選擇性的需求，乾式蝕刻逐漸成為主流。1974 年，第一台乾式蝕刻設備由美國的 Plasma-Therm 公司開發並投入市場，標誌著乾式蝕刻進入商業化階段。隨著積體電路尺寸的不斷減小，乾式蝕刻技術在積體電路的生產中得到了廣泛應用。

技術成熟：乾式蝕刻技術逐漸成熟，並不斷發展出更多的變種和改進技術。特別是在 1980 年代，反應離子蝕刻（RIE）技術的出現，使得乾式蝕刻的方向性和精度大幅提高。此時，乾式蝕刻不僅能夠高效地加工材料表面，還能在非常精細的尺度上進行蝕刻，推動了半導體製程的微型化發展。同時，乾式蝕刻設備的自動化、精確控制能力和多樣化功能也得到了顯著提升，進一步推動了半導體產業的技術進步。

現代發展（2000 年至今）：進入 21 世紀後，隨著半導體產業向奈米尺度發展，乾式蝕刻技術面臨前所未有的挑戰。電晶體尺寸的不斷縮小和 3D 積體電路的出現對蝕刻精度和選擇性提出了更高的要求。高 k 材料、FinFET 結構、以及 3D NAND 快閃記憶體等新技術的出現，促使乾式蝕刻設備和製程不斷優化，以適應更複雜的結構和材料。現代乾式蝕刻不僅需要在更小的尺寸上進行高精度蝕刻，還要應對諸如材料損傷控制、蝕刻速率、蝕刻選擇性等技術難題。隨著先進製造技術的不斷推陳出新，乾式蝕刻將繼續發展，並在未來的半導體製造中發揮越來越重要的作用。

（2）乾式蝕刻的基本原理

如圖 4-5 所示，乾式蝕刻的核心原理是利用氣體與電漿對目

標材料表面的物理轟擊以及和材料表面的化學反應,實現對目標材料的去除。那麼什麼是電漿呢?電漿又被稱為除了固態、液態、氣態之外,物質的第四態。如圖 4-6 所示,電子與原子或分子相碰撞,使軌道電子脫離原子核的束縛產生更多的電子與離子,離子化後的原子繼續產生電子和離子,我們把這樣的狀態稱為電漿,其包含離子、電子等帶電粒子以及具有高度化學活性的中性原子、分子及自由基。值得一提的是,在大部分的電漿製程反應腔體中,離子化濃度是小於 0.01%。

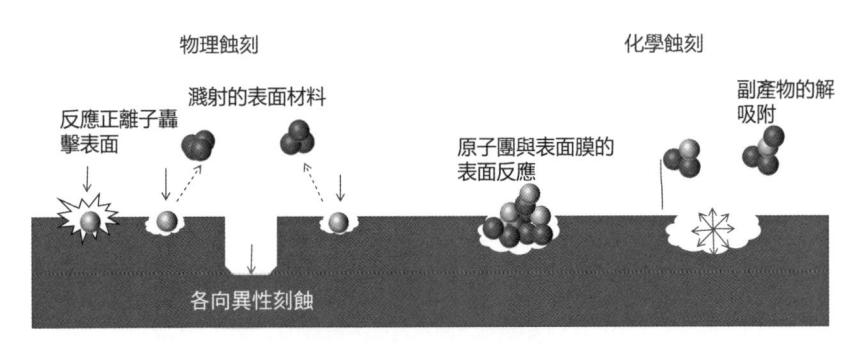

圖 4-5　乾式蝕刻的基本原理

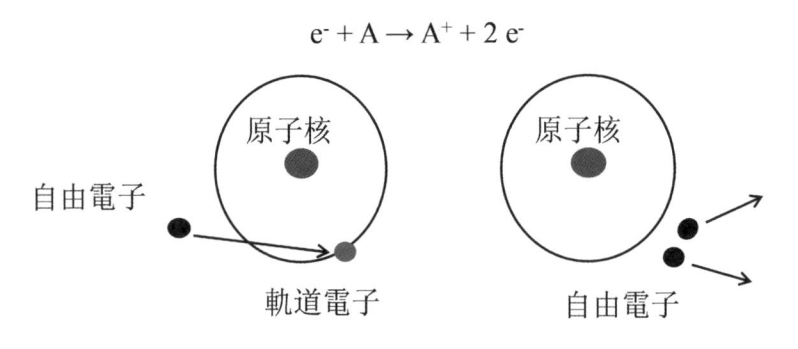

$$e^- + A \rightarrow A^+ + 2e^-$$

圖 4-6　電漿激發原理圖

典型的乾式蝕刻的過程通常包括以下幾個關鍵步驟：

①氣體激發與電漿形成：將蝕刻氣體引入反應腔中，蝕刻氣體被施加高頻電壓（RF 電源），激發氣體中的分子或原子，形成電漿。

②離子轟擊與材料反應：電漿中的離子和自由基與材料表面撞擊、反應，導致表面原子或分子從材料中分離出來。

③蝕刻氣體與產物去除：多餘的蝕刻氣體以及反應產物被抽離反應腔體排出。

包含離子、電子等帶電粒子以及具有高度化學活性的中性原子、分子及自由基。

4.1.3 主要乾式蝕刻設備

如圖4-7所示，目前常見的乾式蝕刻設備主要包括以下幾類：電容耦合電漿蝕刻機（CCP）、電感耦合電漿蝕刻機（ICP）、TSV 蝕刻機等。

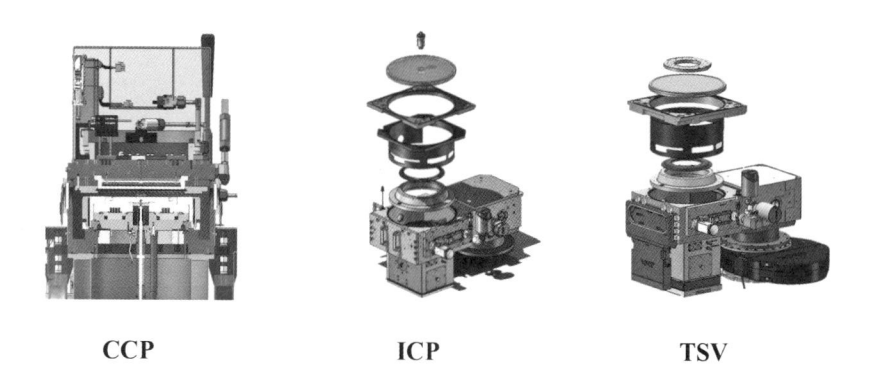

CCP　　　　**ICP**　　　　**TSV**

圖 4-7　目前主流的電漿蝕刻機

不同乾式蝕刻設備在結構和工作原理上有所差異,但是整體的架構是有相同之處的,接下來我們先從宏觀上看一下電漿蝕刻機台都有哪些部件系統,然後再具體討論一下上述三種蝕刻機台的具體結構、原理差異。電漿蝕刻機台通常包含以下幾部分:真空系統、氣體供應系統、電漿激發源(射頻源)、反應腔體、傳送系統、控制系統等,這些部分的作用已在表 4-1 中列出。

表 4-1　電漿蝕刻機台的關鍵部件與作用

	關鍵部件	作用
真空系統	機械泵、分子泵	創造和維持設備內部的低氣壓條件
氣體供應系統	氣體流量控制器	供應蝕刻氣體
電漿激發源	射頻電源	施加電場使氣體分子或原子電離,產生自由電子、離子
反應腔體	腔體、靜電吸盤	固定晶圓,是蝕刻反應的區域
控制系統	可程式設計邏輯控制器	控制各製程參數

上述部件中,靜電吸盤在蝕刻製程中扮演著非常重要的角色,所以在介紹各類蝕刻設備之前,這裡先對靜電吸盤作簡單的介紹。

常規靜電吸盤的實物圖如圖 4-8 所示,區別在於靜電吸盤表面的絕緣層材料不同,深色為氮化鋁,白色為氧化鋁,靜電吸盤的結構可以參考圖 4-8,主要包括絕緣層、背 He 氣流道、頂針及 He 氣孔、靜電電極、循環冷卻水、加熱電極。

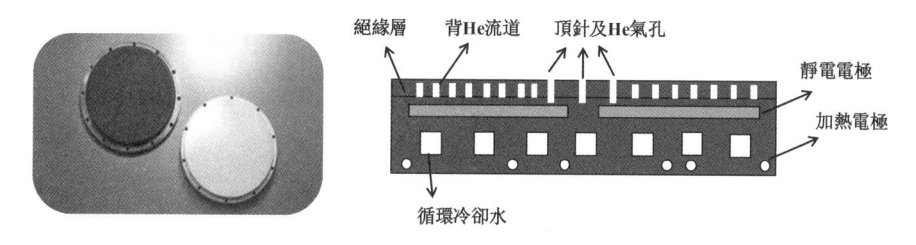

圖 4-8　靜電吸盤實物及結構示意圖

　　靜電吸盤的電極設計可以分為兩種（如圖 4-9 所示），一是單電極，即整個鋪滿於靜電吸盤，二是雙電極，正電壓和負電壓形成的電場來吸附晶圓，相比單電極，雙電極具有更高的吸附力，以及更均勻的電場強度，使晶圓緊密且均勻的吸附。

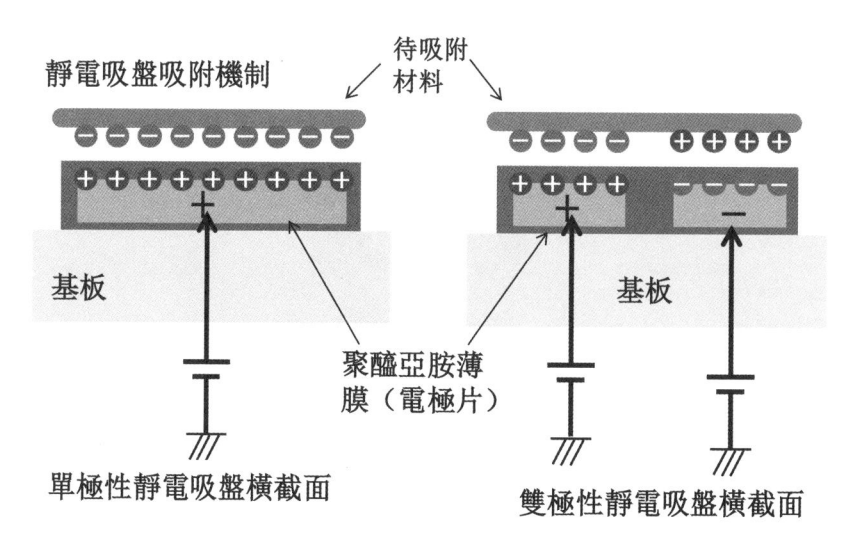

圖 4-9　靜電吸盤電極設計示意圖

接下來將對上述電漿蝕刻設備各自的基本結構和原理進行介紹。

(1) 電容耦合電漿蝕刻機

CCP 蝕刻機台的基本結構如圖 4-10 所示，涉及的主要部件包括進氣系統、控制軟體、反應腔體、ESC 等，CCP 主要是通過電容耦合的方式將射頻功率傳遞到蝕刻腔體內，激發電漿。這種方式通常包括兩個電極（上電極和下電極），通過調節電極間的電壓來控制蝕刻過程。

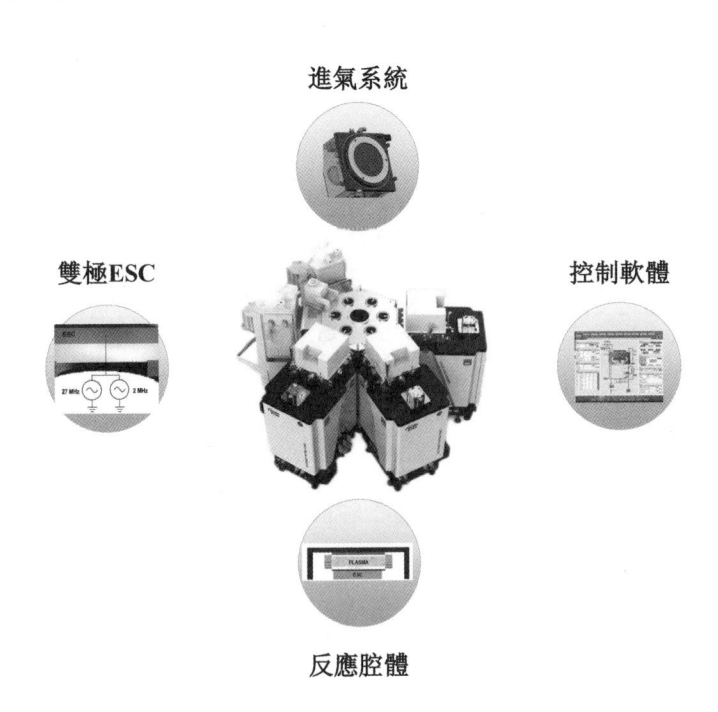

圖 4-10　CCP 蝕刻機原理示意圖（資料來源：邑文科技）

(2) 電感耦合電漿蝕刻機

ICP 蝕刻機的基本結構如圖 4-11 所示，涉及的主要部件與前述 CCP 設備相類似，區別依然是在於電漿激發的原理有所差異，其顯著特點是使用感應耦合的射頻源。不同於 CCP 設備中的電容耦合，ICP 通過感應電流來生成電漿，而不是依賴於電極的直接耦合。將射頻電源的能量經由電感線圈，以磁場耦合的形式進入反應腔內部，從而產生電漿並用於蝕刻。

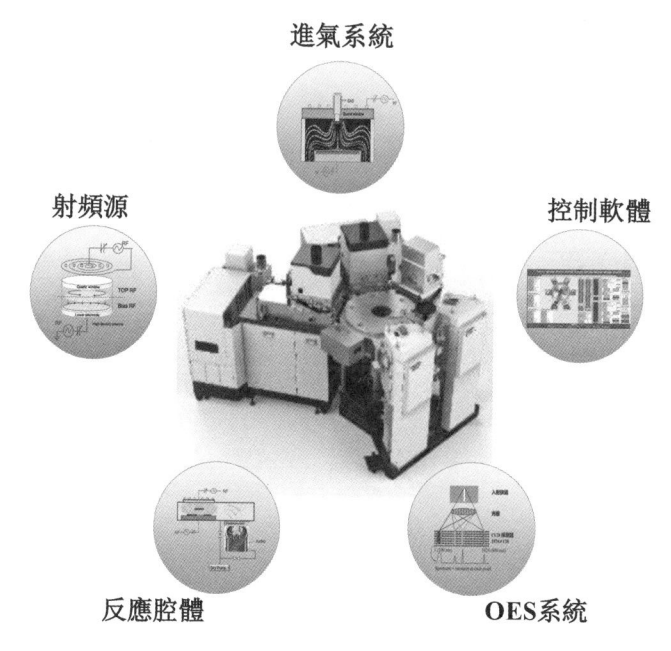

圖 4-11　電感耦合電漿蝕刻機原理圖（資料來源：邑文科技）

(3) TSV 機台

TSV 機台的基本結構如圖 4-12 所示，其同樣通過感應電流

的方式來激發電漿，不過在 TSV 蝕刻中，設備需要能夠提供高密度電漿，同時保證低損傷和高度選擇性，以實現高精度的孔洞開口和深度控制。TSV 機台在射頻電源頻率、質量流量控制計（MFC）和控壓閥方面與 ICP 機台有所差異。TSV 的偏壓源（bias generator）通常採用低頻，給電漿提供較高能量，提升深寬比；TSV 的 MFC 需要快速回應且具有勻速漸變控制（ramp）功能；TSV 的控壓閥需要在一兩秒之內完成控壓；

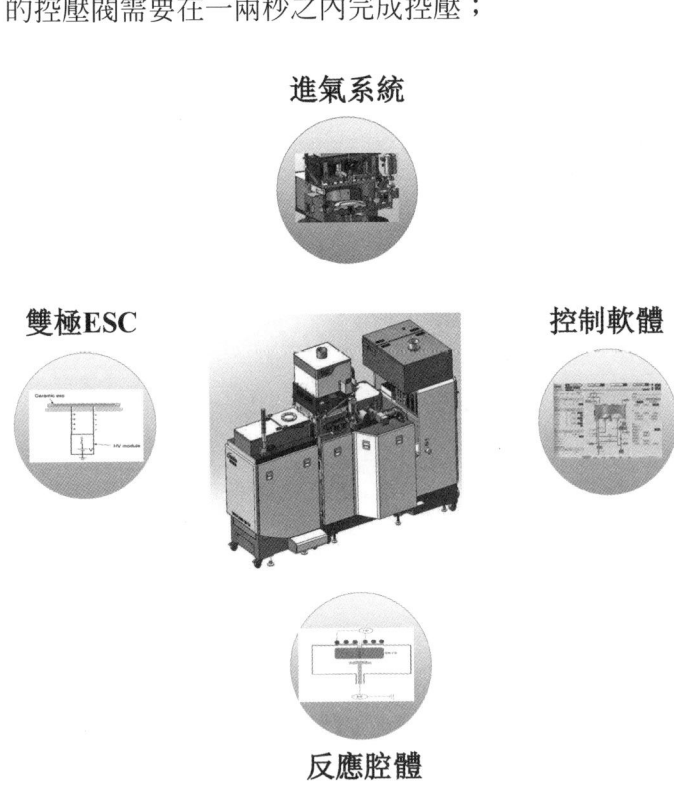

圖 4-12　TSV 蝕刻機結構示意圖（資料來源：邑文科技）

TSV 最具代表性的製程是 Bosch 製程（圖 4-13），其是一種用於矽晶片的各向同性電漿蝕刻技術，SF_6、CF_4、$C4F_8$ 等氟化物氣體在射頻源的作用下激發出等離子體，蝕刻主要是利用 SF6 氣體產生的電漿來蝕刻矽，並用具有與聚四氟乙烯類似特性的 C_4F_8 生成鈍化膜保護側壁，交替使用六氟化硫（SF_6）和八氟環丁烷（C_4F_8）氣體，循環往復這兩個製程以形成高深寬比（>10:1）的矽穿孔。因為這樣的製程具有各向同性蝕刻的特性，不利於 TSV 形貌的垂直性，所以在 TSV 蝕刻過程中，溫度的選擇對蝕刻速率和選擇比有顯著影響，較低的溫度有助於減少反應產物的揮發性，增加側壁的鈍化，從而提高蝕刻的各向異性。此外，溫度還會影響蝕刻過程中的側掏現象，即在某些低溫條件下可以減少側掏尖角的形成，從而改善 TSV 的形貌和品質。

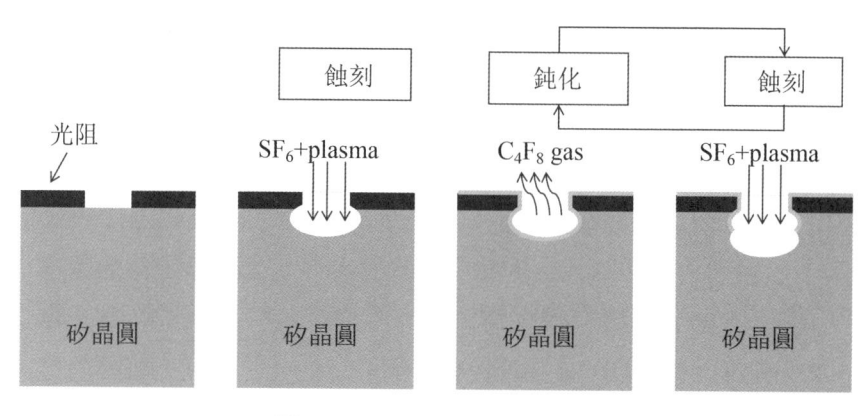

圖 4-13 Bosch 製程示意圖

理論上如果在 -110°C 的低溫下進行，則化學反應減慢，幾

乎可以呈現各向異性蝕刻的特性,但是一般蝕刻設備無法達到這樣的低溫條件,因此,TSV 蝕刻的溫度通常在 5℃到 25℃之間,這個溫度範圍可以兼顧各向異性蝕刻的效率和選擇性。在這個溫度範圍內,SF_6/O_2 在低溫條件下可以有效地各向異性蝕刻矽,同時減少對氧化矽 Mask 的蝕刻選擇比的降低,並降低反應產物 SiF_4 的揮發性,從而增強鈍化效果和提高蝕刻的垂直度,優化 TSV 的幾何形狀和結構完整性。

目前主流 TSV 蝕刻設備主要由美國應用材料、科林研發等設備廠商控制。但近年來,中國的半導體設備廠家進步驚人,北方華創、中微半導體與邑文科技等推出的電漿蝕刻機,可實現高深寬比蝕刻,滿足絕大多數生產製程需求,具有實現優良的側壁形貌控制、穩定的均勻性、極高的蝕刻選擇比。

4.1.4 技術應用與展望

蝕刻技術是半導體製造過程中至關重要的一環,廣泛應用於積體電路、微電子元件以及各種先進材料的製作過程。不同類型的蝕刻設備,如 CCP（電容耦合電漿）、ICP（感應耦合電漿）和 TSV（矽穿孔）蝕刻機、ALE（原子層蝕刻）,如表 4-2 與表 4-3 所示,各自具有獨特的特點和優勢,滿足了不斷發展的製程需求。CCP 蝕刻機結構相對簡單,能夠產生較高能量的離子轟擊,在對一些需要較大物理蝕刻作用（厚的光阻、硬度較高的介質材料）的製程中有較好的適用性,而且對於大面積均勻蝕刻的實現也有一定優勢。此外,ICP 蝕刻機則在深蝕刻和高選擇性蝕刻中發揮著重要作用,廣泛應用於 TSV、3D IC 等高精度、多層

薄膜的加工。TSV 蝕刻則是推動 3D 積體電路封裝和晶片堆疊技術發展的關鍵技術，能夠實現高精度的深孔蝕刻，確保孔洞尺寸和形狀的精準控制，而 ALE 則可以實現對材料的原子層級別的高精度、可控去除。

表 4-2　不同蝕刻設備的應用領域

設備類型	應用
CCP 蝕刻機	常用於厚光阻去除、介質層的初步平坦化蝕刻，玻璃基板上的薄膜蝕刻，主要用於蝕刻精度要求不是很嚴苛的應用。
ICP 蝕刻機	深蝕刻與高效蝕刻（如 TSV、3D IC）、高選擇性蝕刻（適用於多層薄膜、垂直孔加工）、微奈米加工（高精度、高效率）
TSV 蝕刻機	3D 封裝與整合（晶片堆疊、互聯）、高精度深蝕刻（適用于深孔蝕刻，確保孔洞的尺寸、形狀與垂直性）
ALE 蝕刻機	高精度微奈加工（MEMS、微電子元件）、材料選擇性蝕刻（氧化物、氮化物、金屬層）、高 K 材料和先進半導體製程（FinFET、GAA 等）

蝕刻關注指標：

①蝕刻速率（etching rate, ER）；每小時生產片數（wafer per hour, WPH）；每月生產片數（wafer per month, WPM）

②平均清洗間隔時間（mean time between clean, MTBC）

③關鍵尺寸偏差（criritical dimensions bias, CD bias）

④均勻性（uniformity）：（Emax - Emin）/ 2Eave

⑤選擇比（selectivity）：被蝕刻材料的速率 / 不需要被蝕刻材料的速率

⑥側壁角度（sidewall angle）

表 4-3　乾式蝕刻在半導體領域的主要應用匯總

材料	常用蝕刻氣體	常用蝕刻設備
Si	NF_3, SF_6, CF_4, Cl_2, CCl_4, HBr	ICP、TSV
SiO_2	CF_4, C_4F_6, C_4F_8, CHF_3, CH_2F_2, CH_3F	CCP
Al	Cl_2, BCl_3	ICP
Ti, TiN	Cl_2, CCl_4	ICP
W	NF_3, SF_6, CF_4, Cl_2	ICP
PR	O_2, N_2	ICP

4.1.5 市場概況

如表 4-4 所示，在全球範圍內，蝕刻設備市場長期由科林研發（Lam Research）、應用材料（Applied Materials）和東京威力科創（TEL）等公司主導。這些企業憑藉深厚的技術積累和先進的設備研發能力，佔據了全球市場的主要份額。其中，科林研發在原子層蝕刻技術上具有領先優勢，應用材料推出過多款標誌性蝕刻設備，而東京威力科創在電漿蝕刻和平板顯示器設備領域表現突出。當前，科林研發和東京威力科創的市場佔有率分別達到 47% 和 27%。近年來，中國廠商在蝕刻設備領域實現了快速發展和技術突破。中微半導體的 7 nm 電漿蝕刻設備已在國際頂級晶片生產線上量產，北方華創也在矽、介質等材料蝕刻上取得進展，部分產品接近國際先進水準。隨著中國國產化進程加速，中國企業有望在全球蝕刻設備市場中佔據更大份額，為推動高端晶片製造提供重要支援。

表 4-4　主要蝕刻設備廠商及其市場份額

廠商	市場份額
科林研發	46.7%
東京威力科創	26.6%
應用材料	16.7%
北方華創	0.9%
中微半導體	1.4%
科磊（SPTS）	1.2%
愛發科	0.2%
SEMES	2.5%
日立高新	3.5%

4.2 離子佈植

4.2.1 離子佈植的歷史發展

離子佈植（ion implantation）是當下非常常見的半導體摻雜手段之一，其起源可以追溯到上世紀 30 年代[79]，彼時科學家們用離子佈植的方式模擬核輻射損傷，到 60 年代後隨著半導體行業的發展，離子佈植技術被引入到半導體領域[80]，歷經幾十年的發展，離子佈植已經成為半導體領域的關鍵技術之一。這裡先對離子佈植技術的發展歷史做簡單的介紹，供讀者了解。

早期探索（1950 年代）：離子佈植最早由物理學家作為一種實驗手段，用於研究高能粒子與材料的相互作用。1954 年，離子佈植首次被提出用於半導體的摻雜製程，這一想法為積體電路技術的發展奠定了基礎。

初步應用（1960 年代）：隨著半導體產業的興起，研究人員開始嘗試將離子佈植技術用於晶體矽的摻雜。1962 年，美國德州儀器公司首次將離子佈植用於電晶體的製程，這標誌著離子佈植正式進入半導體產業。

商業化階段（1970 年代）：隨著積體電路複雜度的提高，傳統的擴散製程逐漸無法滿足摻雜精度的要求。離子佈植在這一時期得到了廣泛應用，並且專用的離子佈植設備也開始進入市場。Varian 公司和 Eaton 公司成為早期設備製造商的代表。

技術成熟（1980 年代 -1990 年代）：在這一階段，離子佈植技術逐漸成熟，設備的植入能量範圍和精度大幅提高。低能量植入和高劑量植入等技術相繼被開發，為微型化和多層結構的實現提供了可能。

現代發展（2000 年至今）：進入 21 世紀後，隨著電晶體尺寸進入奈米級，離子佈植技術面臨新的挑戰。例如，高 k/ 金屬閘（HKMG）技術的引入、FinFET 的推廣以及 3D NAND 的出現，都推動了離子佈植設備和製程的進一步優化。同時，精確控制摻雜分佈和減少晶格損傷成為研究熱點。

4.2.2 離子佈植原理

如圖 4-14 所示，離子佈植製程是將具有一定能量的離子植入固體表面的方法，藉由將原子引進固體材料的表面層或其中特定的位置，使得材料的表面和本體性能得到改善，其核心原理是通過電場將離子加速，使其以高能量撞擊目標材料，從而植入到材料內部。

Part 4 關鍵半導體設備

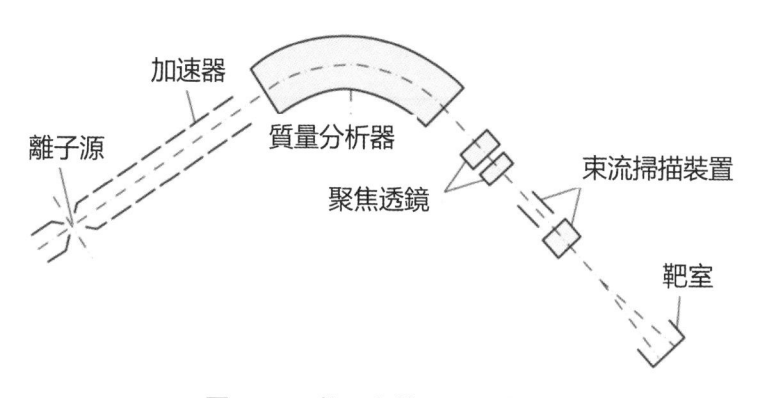

圖 4-14 離子佈植原理示意圖

以下是離子佈植過程的關鍵步驟：

①離子生成：離子佈植的第一步是通過離子源生成所需的離子。常用的離子源包括氣體放電源和電漿源。在這些離子源中，原子或分子被電離，形成帶正電的離子。

②離子加速：生成的離子在電場作用下被加速。離子的能量通常在幾十到幾百千電子伏（keV）之間，可通過改變加速電壓精確控制其植入深度。

③離子佈植：高能離子撞擊目標材料時，會逐漸失去能量並停留在材料的特定深度。能量的損失主要分為兩部分：

電子阻止：離子與材料中的電子發生相互作用，導致能量損失。

核阻止：離子與材料中的原子核碰撞，進一步減速。

④晶格損傷與修復：由於離子的高速撞擊，目標材料表面會產生晶格缺陷甚至晶格雜亂。為修復這些損傷（圖4-15），需要進行後續的退火處理（圖4-16）。這一過程既可以恢復晶格結構，

也能激活摻雜元素，使其進入半導體晶格中成為有效的載子。

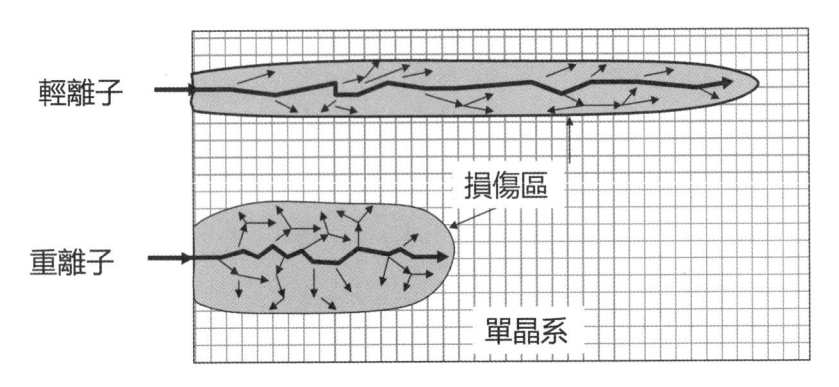

輕離子

重離子

損傷區

單晶系

圖 4-15　重離子與輕離子造成的材料損傷示意圖

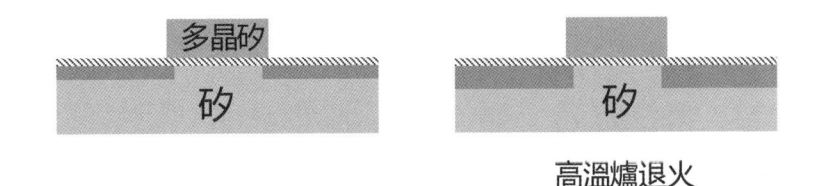

多晶矽

矽　　　　　　　　矽

高溫爐退火

圖 4-16　高溫退火示意圖

　　離子佈植具有以下優點：①精確控制雜質含量，在很大範圍內精確控制植入雜質濃度，植入誤差在 2% 內；②很好的雜質均勻性，通過掃描的方法控制雜質的均勻性；③對雜質穿透深度有很好的控制，通過控制注入過程中離子能量控制雜質的穿透深度，增大設計的靈活性；④產生單一離子束，質量分離技術產生沒有玷污的純離子束，不同的雜質能夠被選擇性植入，同時真空的植入環境減少玷污；⑤低溫製程，植入在中低溫下進行，允許使用不同的光阻或阻擋層；⑥植入的離子能夠穿過薄膜，雜質通

過薄膜植入，如氧化物或氮化物，增加植入的靈活性；⑦無固溶度極限，植入雜質含量不受材料固溶度限制。

不過離子佈植技術也存在一些問題，例如：①入射離子會引起半導體晶格損傷，這種損傷必須消除，但在某些場合完全消除是無法實現的。②離子佈植設備（離子佈植機）複雜、價格昂貴。

4.2.3 離子佈植技術應用與展望

離子佈植技術因其高度精確的摻雜控制和廣泛的材料適應性，被廣泛應用於半導體製造、光電子元件、顯示技術以及新能源領域。如表 4-5 所示，以下是其主要應用領域及實例：

（1）半導體製造領域

摻雜製程：離子佈植是現代半導體元件摻雜的核心技術，用於製造 CMOS 電晶體中的源汲極製程中，低能大傾角植入形成超淺接面以抑制短通道效應；井區形成時，高能硼或磷離子佈植在矽基板中構建 P 型或 N 型摻雜區；通道摻雜則通過精確劑量控制調節閾值電壓。

先進節點製程：在低於 7 nm 的先進製程節點中，離子佈植可精確控制淺接面深度和濃度分佈，從而提升元件性能，還用於製造應變矽結構，通過局部摻雜改變晶格常數，從而提升載子遷移率。

電力電子 MOSFET：在功率半導體的碳化矽 SiC 元件製程中，通過鋁離子植入技術形成 P 型摻雜區，在 P 型摻雜區的特定區域植入氮（N）離子以形成汲極和源極的 N 型導電區，提高元

件耐壓能力和可靠性。

元件隔離：通過高劑量氧離子植入形成 SOI（絕緣體上矽）結構的埋氧層。

（2）光電子元件領域

VCSEL 面射型雷射二極體：通過離子佈植精確控制植入深度形成氧化絕緣，增強 VCSEL 的電流限制和效率。

薄膜電晶體（TFT）：在顯示面板中，離子佈植用於形成氧化物半導體薄膜的活性層，提升顯示器的穩定性與均勻性。

（3）新能源領域

太陽能電池：離子佈植用於高效太陽能電池的摻雜和能帶工程設計，例如鈣鈦礦太陽能電池中的表面鈍化。

鋰電池：通過離子佈植改性鋰電池電極材料，提升其導電性和循環壽命。

離子佈植技術作為現代微奈米加工技術的重要組成部分，其應用範圍正在不斷擴大。從傳統的半導體製造到新型功能材料開發，再到光電和新能源領域，離子佈植技術在推動工業技術革新和社會進步中發揮了不可或缺的作用。未來，隨著新材料的湧現和製程需求的提升，離子佈植技術將繼續朝著精確、高效、綠色的方向發展，助力多個產業實現更高水準的技術突破。未來，在半導體領域離子佈植或將在以下幾個方面有所作為：

①先進半導體製程需求驅動：隨著摩爾定律的持續推進，離子佈植技術將在 5nm 以下節點中承擔更重要的角色，尤其是對

3D 結構元件（如 FinFET 和 GAA 電晶體）摻雜均勻性的要求，例如 3nm 以下製程要求超淺接面（USJ）的接面深度控制在 5nm 以內，這推動著超低能（<500eV）植入技術的發展；2nm 製程節點的 GAA 電晶體的興起，使得側壁摻雜均勻性成為新的製程挑戰，這些需求未來會驅動像電漿浸置型離子佈植（PLAD）與多角度掃描與劑量補償演算法等新技術與設備的開發。

②寬能隙半導體：隨著新能源汽車的爆發和5G基站的普及，提供高性能功率元件的離子佈植技術將在碳化矽（SiC）、氮化鎵（GaN）等寬能隙材料中扮演重要角色。

③二維材料：石墨烯、硫化鉬 MoS_2 等二維材料中，原子級精度植入技術的突破可用於精準調控其電子傳輸和導熱特性，原子層摻雜（ALD-assisted doping）結合離子佈植與原子層沉積技術，可實現單原子層級別的可控摻雜，推動其在小於 2nm 節點（10Å 與 14Å）更先進的元件中應用。

隨著人工智慧和大數據的引入，離子佈植設備將朝著智慧化方向發展，具有更高的自動化水平和自我診斷能力。此外，高通量、低能耗的離子佈植設備將成為未來發展的重點。

表 4-5　離子佈植技術在半導體領域的應用匯總

元件類型	製程製程	注入元素	作用
邏輯晶片先進製程 ← 28 nm	源汲極形成、SOI、調整應變矽結構、	B、P、As	調節閾值電壓，形成低電阻接觸，提升載子遷移率

元件類型	製程製程	注入元素	作用
記憶體晶片 DRAM	儲存電容通過砷離子植入形成重摻雜區、多晶矽補償摻雜、元件陣列的接觸植入	B、P、As、C	降低接觸電阻、提高介電層穩定性、優化漏電特性
NAND Flash	浮閘層摻雜、需要精準控制縱向濃度分佈的垂直通道摻雜	B、F	浮閘層電荷控制,改善充放電特性
SiC 功率半導體	MOSFET 的 P 型摻雜區與源汲摻雜	N、P、Al、B	提高導電性,優化閾值電壓
GaN 功率半導體	源汲摻雜、高阻隔離	Si、Mg、N	改善功率元件耐壓性能
MEMS	鍵合單晶（Smart-Cut）SOI、壓電單晶 POI、鍺單晶 GOI	O、H、He	離子佈植剝離技術（CIS）製造高品質單晶薄膜材料,用於 MEMS 元件
VCSEL	出光口週邊區域植入,侷限光子與電子	H、B、O	視窗植入,提高發光效率

4.2.4 離子佈植設備與市場介紹

如圖 4-17 所示,離子佈植機的構造主要包括下列的系統:離子源（ion source）、分析磁鐵（analyzing magnet）、加速（accelerating system）、聚焦系統（focusing system）、靶室（target chamber）、真空系統（vacuum system）以及控制系統（control system）。根據離子束能量的大小,離子佈植機可分為三類:低能大束流離子佈植機、高能離子佈植機和中低束離子佈植機,三類離子佈植機的能量範圍、注入劑量範圍以及在製程中的主要應用已經在表 4-6 中列出。

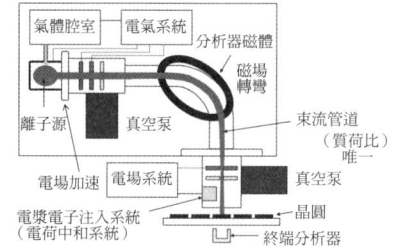

圖 4-17　離子佈植機及其構造示意圖（資料來源：艾恩半導體公司）

表 4-6　離子佈植機類別

類別	能量範圍	注入劑量範圍	製程中的主要應用
低能大束流離子佈植機	離子束電流大於 10 mA，極值為 25 mA，束流能量小於 120 keV	10^{13}-10^{16} cm^{-2}	源汲注入、多晶矽閘極注入等
高能離子佈植機	束流能量超過 200 keV，極值在 5 eV 左右	10^{11}-10^{13} cm^{-2}	深埋層
中低束離子佈植機	離子束電流大於 10 mA，束流能量小於 180keV	10^{11}-10^{17} cm^{-2}	輕摻雜源汲區、SmartCut 穿透阻擋層等

　　從事離子佈植機研發與製造的公司在國際上數量稀少，相關領域的人才資源也十分匱乏。這類設備的研發需要投入巨額資金，且研發過程複雜，生產、測試驗證及整體週期較長。從投資啟動到最終實現生產銷售，通常需要耗費數年時間。離子佈植設備的單台造價高昂，價格從數百萬美元到數千萬美元不等。此外，為了滿足不斷變化的市場需求，企業還需持續進行研發升級，開發不同規格和性能的系列化產品，這對資金的持續投入與保障提出了極高的要求。行業內的高技術壁壘導致了市場的高度集中，全球市場主要被美國廠商壟斷，而在中國，僅有少數幾家公司從事該領域的研發與製造（表 4-7），目前還處於起步階段。

表 4-7　全球離子佈植設備供應商清單

	公司名稱	國家地區	大束流	低能量大束流	中束流	高能量	高溫
1	AMAT	美國	✓	✓	✓	✓	✓
2	AXCELIS	美國	✓	✓	✓	✓	✓
3	SHELLBACK	美國	✓		✓		
4	ULVAC	日本		✓	✓	✓	✓
5	日新意旺	日本			✓		✓
6	住友重機械	日本	✓		✓	✓	
7	IBS	法國	✓	✓			
8	漢辰科技/AIBT	臺灣	✓	✓			
9	凱世通	中國大陸	✓	✓		✓	✓
10	松煜科技	中國大陸			✓		
11	爍科中科信	中國大陸	✓	✓	✓		✓
12	帕薩電子	中國大陸		✓			

4.3 薄膜沉積設備

目前，主流的薄膜沉積設備和技術包括物理氣相沉積（PVD）、化學氣相沉積（CVD）和原子層沉積（ALD）。這三種技術在沉積原理、沉積材料、適用膜層及製程等方面存在明顯差異。半導體薄膜沉積製程是現代微電子技術的重要組成部分，通過在半導體結構上沉積一層或多層薄薄的材料來構建複雜的積體電路。如表 4-8 所示，這些薄膜可以是金屬、絕緣體或半導體材料，它們在晶片的各個層次中發揮著不同的作用，如導電、絕緣、保護等。薄膜的品質直接影響到晶片的性能、可靠性和成本。因此，薄膜沉積技術的發展對半導體行業具有重要意義。

表 4-8　典型的積體電路晶片涉及的薄膜材料、設備與製程

製程	薄膜功能 / 類型	主要作用	薄膜材料	沉積設備
前段	單晶磊晶層	在單晶矽片上長出一層相同晶向、純度更高的磊晶層	單晶矽	EPI、APCVD
	淺溝槽隔離 STI	在基板的 SiO2 上劃分出製作電晶體的區域，阻斷電晶體之間電流等訊號干擾	SiO_2	PECVD、SACVD、HDP-CVD、FCVD、ALD
	閘極介電層	用於矽基板和閘極之間，起絕緣作用	SiO_2、SiON	LPCVD、PECVD、EPI
			高介電常數（k）介質（HfO_2、HfSiOx、HfSiON 等）	PECVD、ALD、EPI
	源汲通道區	確定電晶體基本性質	非晶矽 / 鍺矽（α-Si/SiGe）	LPCVD
	閘極導電層	整合與傳導電流作用	多晶矽（Poly-Si）	APCVD、LPCVD、PECVD
			High K Metal Gate 的 TiN、TaN、W、Co	M-CVD、PVD、ALD
	矽化物低電阻層	位於閘極之上，降低接觸和串聯電阻	矽化物（WSi_2、$TiSi_2$、$CoSi_2$、NiSi）	PVD
	側壁	保護閘極不被源 / 汲極的離子污染	SiO_2、PSG/BPSG、Si_3N_4	LPCVD、PECVD、ALD
	底部抗反射塗層（BARC）	吸收曝光中的光	SiON、SiOC	LPCVD、PECVD
	應力記憶層	某些特定位置改變電子傳輸特性	矽氧化物、HSN（高分子橡膠）	LPCVD、PECVD
	硬阻擋層（Hard Mask）	蝕刻時阻擋保護「不能被蝕刻的區域」	SiO_2、SiON、Si_3N_4	LPCVD、PECVD
			非晶碳（ACHM）	PECVD
			TiN	PVD
	接觸孔	連接前後段製程	W	M-CVD、PVD
	金屬層前介質（PMD）	絕緣性能，防止前後段製程雜質相互擴散	SiO_2	APCVD、LPCVD、PECVD、SACVD、HDP-CVD、FCVD
			PSG/BPSG	
			$TEOS-SiO_2$	
	阻擋層	防止鎢栓塞和層間介質間雜質相互擴散	Ti/TiN/TaN 等	PVD、PECVD

製程	薄膜功能/類型	主要作用	薄膜材料	沉積設備
後段	通孔（Via）	連接各金屬層	W	PVD、M-CVD
	種子層	介於阻擋層和金屬層之間，通常都是在種子層上面電鍍沉積金屬薄膜	Al、Cu	PVD、M-CVD
	金屬層	起到導線連接等作用	Al、Cu	PVD、電鍍
	金屬層間介質層（IMD）	防止不同金屬層間雜質相互擴散	SiO_2、TEOS-SiO_2	APCVD、LPCVD、PECVD
			低介電常數（k）介質（含碳的高分子化合物）	PECVD
	介電抗反射層（DARC）	吸收曝光中的光	SiON、SiOC	LPCVD、PECVD
	蝕刻及平坦化停止層	蝕刻到此層時停止	Si_3N_4、SiC	LPCVD、PECVD
	後段硬阻擋層（Hard Mask）	在蝕刻製程使用，主要功用是保護不蝕刻區域	SiO_2、SiON、Si_3N_4	LPCVD、PECVD
			非晶碳（ACHM）	PECVD
			TiN	PVD
	阻擋層（Stop Layer）	蝕刻使用，保護阻擋層下面的膜層不被蝕刻	Ta/TaN/TaSiN	PVD、PECVD、ALD
			ADC I/II（先進摻氮/氧碳化矽）	PECVD、ALD
	鈍化層	將前道晶片與封裝密封層隔開，起保護作用	SiON、Si_3N_4、BPSG/PSG（硼磷矽/磷矽玻璃）	APCVD、LPCVD、PECVD
	焊墊（Pad）	將最後一層金屬層和PCB板連接	Al、Cu、合金	電鍍、PVD

4.3.1 物理氣相沉積的基本原理及主要方法

物理氣相沉積（PVD, Physical Vapor Deposition）是一種現代化的薄膜製程技術，廣泛應用於電子、光學、機械加工和裝飾領域。其通過物理方式將材料蒸發、濺射或離子化，並沉積到基

材表面形成均勻的薄膜。PVD 技術具有高精度、高附著力、環保等優勢,在許多領域已成為不可或缺的製程。

4.3.2 PVD 的基本原理

PVD 技術的核心在於將固態材料轉化為氣相,並在氣相狀態下轉移到基材表面形成薄膜。這一過程通常包括三個主要步驟:

①材料蒸發或濺射:利用熱能、電子束或高能離子束使目標材料(靶材)轉化為氣相。

②氣相粒子傳輸:通過真空或低壓環境中,材料粒子以高速度向基材表面移動。

③薄膜沉積:氣相材料在基材表面吸附並凝結,形成均勻且緻密的薄膜結構。

4.3.3 PVD 技術的主要方法

(1) 蒸鍍(Evaporation Coating)(圖 4-18)

蒸鍍是最早發展的 PVD 技術之一,其通過將靶材加熱至蒸發點,形成原子或分子氣體,並沉積於基材表面。常用的加熱方式包括電阻加熱、電子束加熱和雷射加熱。

蒸鍍製程的優勢比較明顯,主要是製程簡單,在成本較低的條件下製作高純度薄膜。

但是侷限性也比較大,除了鍍膜的附著力較弱之外,對複雜幾何形狀的基材覆蓋不均也是比較大缺點。

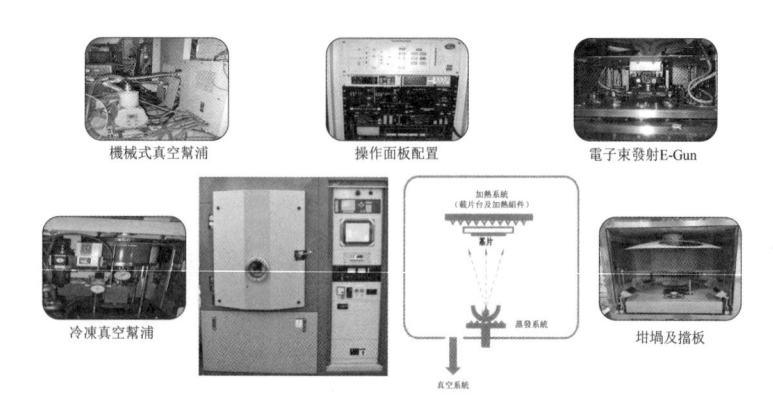

圖 4-18　電子束蒸鍍示意圖（資料來源：富臨科技）

（2）濺鍍（Sputtering Coating）

濺鍍通過離子轟擊靶材，將靶材表面的原子濺射出來，並沉積到基材上。常見的濺射方式包括直流濺射（DC Sputtering）、射頻濺射（RF Sputtering）和磁控濺射（Magnetron Sputtering）。如圖 4-19 所示，濺鍍的原理與打撞球很相似，例如要沉積鎢金屬薄膜，用氬離子來轟擊，氬離子好像是母球，鎢靶材好像是子球，以氬離子（母球）將鎢靶材（子球）撞出即可，與鎢靶材本身的熔點無關，因此無論材料熔點高低均可以使用。常見的濺射方式包括最基礎的直流濺射（DC Sputtering），就像給靶材接上了直流電源，讓電流直接流過靶材，它適合電導性良好的靶材，比如金屬，操作起來簡單直接，沉積率高，但有個缺點，就是不能濺射絕緣材料。第二種是射頻濺射（RF Sputtering），主要是為了克服直流濺射的侷限性，人們發明了射頻濺射，它使用射頻電源，頻率通常在 MHz 範圍內，這樣一來，連絕緣材料也能被濺射沉積了，不過，由於設備複雜，成本和維護難度相對較高。

第三種的磁控濺射（Magnetron Sputtering）是目前應用最廣泛的一種。它在靶材附近放置磁鐵，產生磁場，從而增強濺射離子的密度和穩定性，這種模式的濺射效率和膜層品質都大大提高了，還可以在較低的氣壓下工作，減少氣體顆粒對薄膜的影響。

濺射鍍膜相對與蒸鍍，有比較大的優勢，均勻性比較好可以適用於製備多層或複雜成分的薄膜，對基材表面具有優異的附著力也可以讓元件可靠性更好。相對的，設備較昂貴，能耗較高也是濺射鍍膜比較大的侷限。

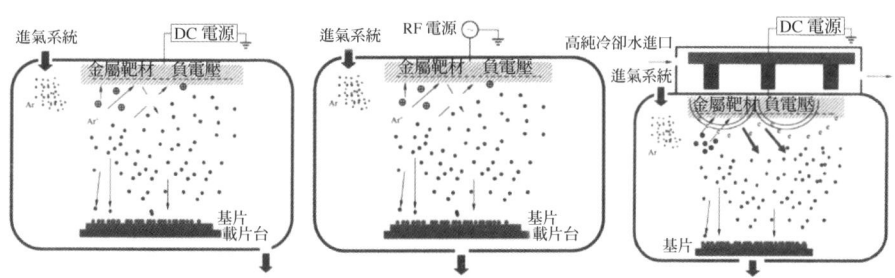

圖 4-19　三種濺鍍方式（直流、射頻、磁控）示意圖
（資料來源：富臨科技）[81]

4.3.4 PVD 技術的應用領域及優勢與挑戰

（1）PVD 技術的應用領域

電子與半導體產業

PVD 技術被廣泛應用於半導體晶圓製造（圖 4-20 與表 4-9）、光學薄膜和記憶體元件。例如，在製備高性能積體電路時，PVD 技術可用於沉積銅、鋁或鉭等導電材料作為金屬互連層（圖 4-20）；在化合物半導體晶片製造方面，透明導電層、金屬層與阻擋層沉積都需要使用 PVD 設備。另外，在電子元件的

薄膜沉積如 LCD、OLED 顯示與硬碟的薄膜元件，PVD 都扮演著很重要的薄膜沉積角色。

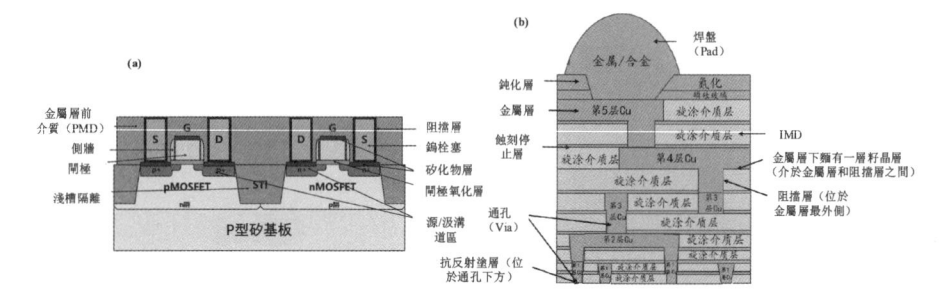

圖 4-20　PVD 製程應用於半導體製造前段及中段製程剖面圖

表 4-9　PVD 製程在半導體中的應用

製程結構	主要作用	材料
閘極	整合和傳導電流作用	High K Metal Gate 的金屬 TiN、TaN、W、Co
矽化物低電阻層	位於閘極之上，降低接觸及串聯電阻	矽化物（WSi_2, $TiSi_2$, $CoSi_2$, NiSi）
硬阻擋層（Hard Mask）	蝕刻時阻擋保護「不能被蝕刻的區域」	TiN
接觸孔	連續前後段製程	W
阻擋層（Stop Layer）	防止鎢栓塞和層間介質間雜質相互擴散	Ti/TiN/TaN 等
通孔（Via）	連接各金屬層	W
種子層（Seed）	介於阻擋層和金屬層之間，在種子層上面沉積金屬薄膜	Al, Cu
金屬層	起到導線等作用	Al, Cu
後段硬蝕刻阻擋層	蝕刻製程保護「不能被蝕刻的區域」	TiN
阻擋層（Stop Layer）	防止介質和金屬間相互擴散	Ta/TaN/TaSiN
焊墊（Pad）	將最後一層金屬層和 PCB 板連接	Al, Cu, 合金

機械加工與工具製造

在切削工具、模具和機械部件上，PVD 鍍膜可顯著提高硬度、耐磨性和抗腐蝕性。例如，鍍有氮化鈦（TiN）或氮化鋁鈦（TiAlN）薄膜的刀具具有更長的使用壽命。

光學與裝飾領域

PVD 技術被廣泛用於製造光學濾光片、防眩光鏡片及高反射鏡面，也可以應用於太陽能電池（薄膜太陽能）。此外，在裝飾性鍍膜中，PVD 技術可用於手錶、珠寶和手機殼的表面處理，提供高質感的金屬光澤，用於高端建築五金、汽車裝飾件。

醫療與航空航太

在醫療器械中，PVD 鍍膜可提供優異的生物相容性和耐磨性，例如人造關節表面鍍膜。航空航太領域則利用 PVD 技術製備耐高溫氧化的薄膜，用於渦輪葉片等關鍵部件。

(2) PVD 的優勢與挑戰

在 PVD 的優勢方面，第一是環保性，由於 PVD 技術不使用有害化學品，且鍍膜過程中有害物質排放極少，是一種環保的表面處理技術。第二是很高的鍍膜精度，PVD 鍍膜可實現奈米級厚度控制，並確保薄膜均勻性和表面光滑度。第三是多樣性，PVD 技術適用於多種材料，包括金屬、陶瓷和化合物，可製備功能性薄膜或裝飾性鍍層。

同樣的，PVD 也面臨許多挑戰，PVD 設備通常價格昂貴，

設備成本高對中小型企業的資本投入要求較高；PVD製程也比較複雜，尤其在鍍膜過程需要精確控制多個參數（如溫度、壓力和能量），製程優化需要經驗和技術積累；另外，PVD鍍膜對基材表面要求很高，如果鍍膜前沒有對基材進行嚴格的清潔和處理，薄膜附著力可能受到影響。

4.3.5 PVD的設備的介紹

PVD設備的核心在於通過真空技術和物理能量實現薄膜材料的氣化及沉積，其種類和功能因應用領域不同而有所差異，目前主要技術類型有兩種，第一種是蒸鍍設備，通過加熱材料，使其蒸發為氣態，並在基材表面沉積形成薄膜。適用於低熔點材料，但對於膜層均勻性要求高的應用有限制。

第二種是濺射設備，主要設備組成如圖4-21所示，利用高能粒子（如離子）轟擊靶材，將靶材原子擊發並沉積在基材上。濺射PVD應用廣泛，可精確控制膜層厚度和均勻性。適用於半導體、光學薄膜製造。重要組成結構如下：

真空腔體：提供高真空環境，避免薄膜沉積過程中與空氣中的氧氣、氮氣反應。

靶材與加熱系統：作為薄膜的來源材料，決定了沉積薄膜的性質和用途。

基材載台：用於放置待鍍工件，可設計為旋轉載台以提升鍍膜均勻性。

電源與控制系統：控制濺射或蒸鍍過程中的能量輸出、時間和沉積參數。

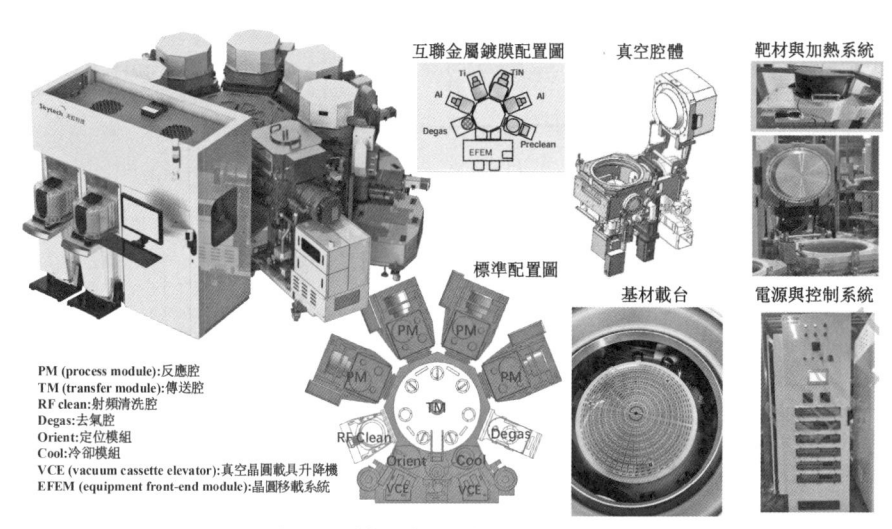

圖 4-21　物理氣相磁控濺射沉積設備（資料來源：天虹科技）

PM (process module):反應腔
TM (transfer module):傳送腔
RF clean:射頻清洗腔
Degas:去氣腔
Orient:定位模組
Cool:冷卻模組
VCE (vacuum cassette elevator):真空晶圓載具升降機
EFEM (equipment front-end module):晶圓移載系統

4.3.6 PVD 市場概況

　　PVD 技術是一種先進的薄膜沉積技術，通過物理方式將材料轉化為氣相，然後在基材表面形成薄膜。該技術以其環保性、高效能和應用廣泛的特點，受到市場的廣泛歡迎。在全球市場方面，據 Yole 2023 市場調研機構統計，全球 PVD 市場規模正以年複合增長率（CAGR）7%~10% 的速度增長，預計到 2028 年將超過 100 億美元。PVD 全球市場增長的原因是全球高漲的環保意識讓有環保優勢的設備有先天優勢，而電子產品需求的增長以及半導體技術的快速發展也是 PVD 增長的主要推動力。

　　在兩岸市場方面，中國大陸是 PVD 技術的重要增長地區，市場需求主要集中在電子製造、裝飾性鍍膜、工具加工及建築裝飾領域。隨著中國的國產化替代政策和國內產業升級的推進，中國 PVD 設備和技術供應商正快速崛起，未來會大量取代進口設

備。目前國際領先廠商有美國的應用材料 Applied Materials、瑞士的奧利康 Oerlikon Balzers 與日本的愛發科 ULVAC。

在兩岸廠商方面，北方華創、天虹科技、中電科 48 所、邑文科技與華工眞空等，在市場都有著不錯的表現。

市場趨勢方面，目前 PVD 有三個趨勢需要關注，第一，環保政策將推動 PVD 技術替代傳統電鍍，第二，半導體領域對先進 PVD 設備需求增長顯著，第三、本土化替代加速中國市場對高端 PVD 技術的研發投入。

在兩岸的國產挑戰方面，第一，目前高端設備還是依賴進口，尤其是半導體領域的 PVD 技術仍然掌握在國際巨頭手中。第二，中國大陸廠商爭相投入 PVD 設備，造成惡性殺價內卷競爭，導致中小 PVD 設備商沒有利潤，無法繼續投入研發升級設備。

PVD 技術以其優異的性能和多元的應用，已成爲現代工業的重要支柱之一。儘管存在一定的挑戰，但隨著技術的不斷進步和市場需求的推動，PVD 技術在未來將具有更廣闊的發展前景。不論是提升製造製程還是探索新興應用，PVD 技術都將持續助力科技創新與產業升級。

4.3.7 化學氣相沉積（CVD）

化學氣相沉積（Chemical Vapor Deposition, CVD）是一種在固體表面上沉積薄膜的製程技術，廣泛應用於半導體、光電子、能源、醫療以及航空航太等領域。CVD 技術利用化學反應，將氣態前驅物轉化爲固態材料，並在基材表面生成具有特定性質的薄膜。

4.3.8 化學氣相沉積的基本原理及主要方法

CVD 是一種基於化學反應的薄膜沉積方法,其核心過程包括氣態前驅物的傳輸、吸附、化學反應以及生成固態沉積物,詳細步驟如圖 4-22 所示。

以下是 CVD 基本原理的四大步驟:

氣態前驅物輸送(圖 4-22 步驟 1):通過氣體流量控制系統,將氣態或蒸氣態的前驅物引入反應腔體。

吸附與擴散(圖 4-22 步驟 2~3):前驅物在基材表面吸附並擴散,與基材或其他氣體分子發生化學反應。

化學反應(圖 4-22 步驟 4~5):在特定的溫度和壓力條件下,前驅物分解或與其他反應物反應,生成所需的薄膜材料。

沉積與副產物排出(圖 4-22 步驟 6~8):反應產生的固態材料在基材表面形成均勻薄膜,副產物則以氣態形式排出腔體。

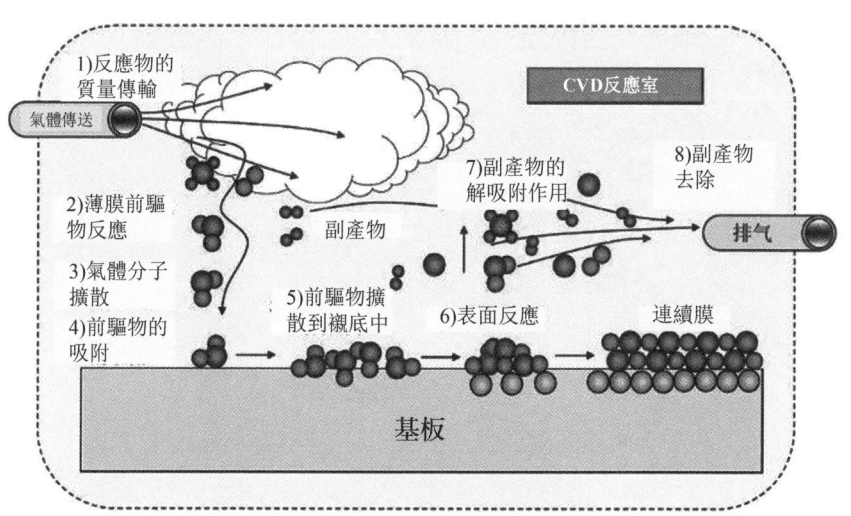

圖 4-22 CVD 詳細步驟示意圖[82]

4.3.9 CVD 的分類

根據反應條件和技術特點,CVD 可以分為以下幾種類型:

低壓化學氣相沉積(Low Pressure CVD, LPCVD)

在低壓環境下進行沉積,以減少氣相反應,提高薄膜均勻性。常用於沉積多晶矽、氮化矽和二氧化矽。

電漿增強化學氣相沉積(Plasma-Enhanced CVD, PECVD)

圖 4-23 解釋 PECVD 詳細反應步驟,與上述介紹的 CVD 原理一致,但是加上了電漿激發反應,特點為利用電漿激發反應,提高沉積速率並降低反應溫度。適合沉積低溫薄膜,如低溫無機薄膜或對溫度敏感的表面保護層。

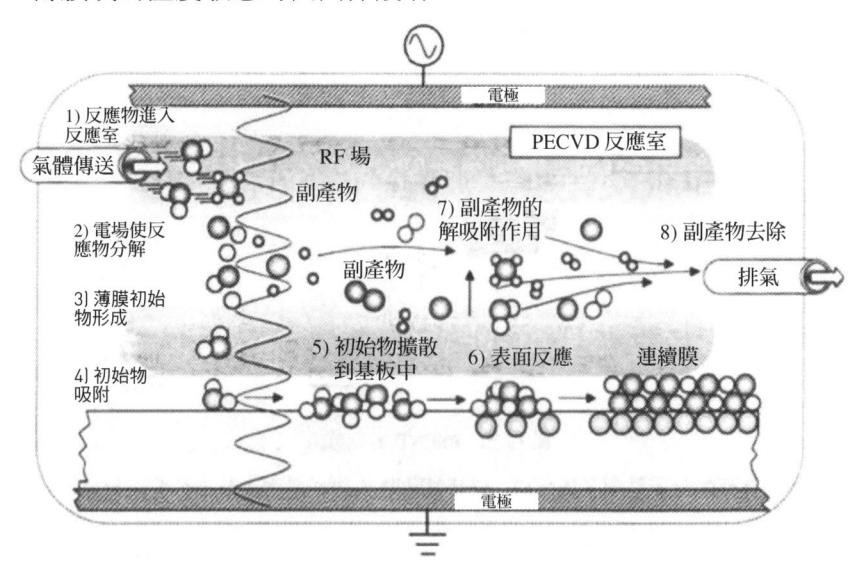

圖 4-23　電漿增強 CVD 中膜的形成

有機金屬化學氣相沉積（Metal-Organic CVD, MOCVD）

沉積原理如圖 4-24 所示，與上述 CVD 原理一致，特別之處在於使用金屬有機化合物作為前驅物，主要用於沉積化合物半導體，如氮化鎵（GaN）、碳化矽（SiC）、砷化鎵（GaAs）和磷化銦（InP）。

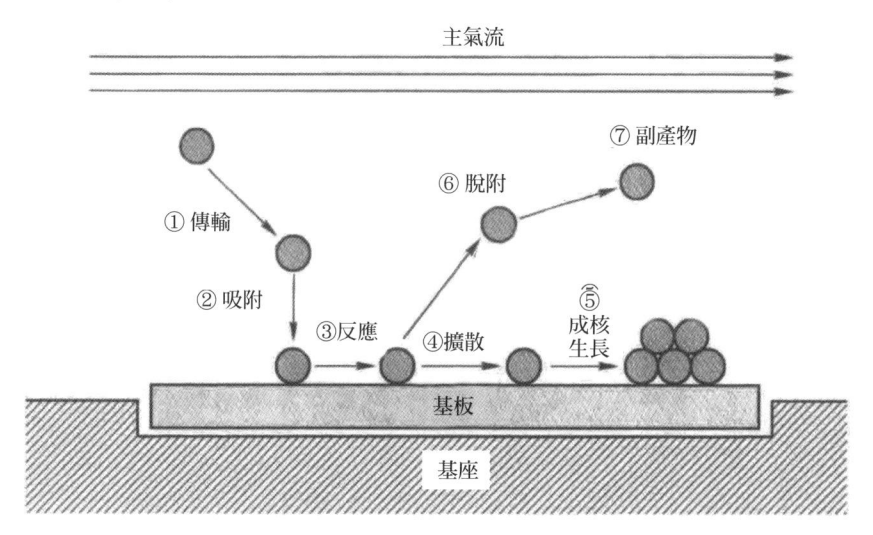

圖 4-24　MOCVD 製程原理圖

4.3.10 CVD 技術的應用領域及優勢與挑戰

（1）CVD 的應用

半導體產業

如圖 4-25 與表 4-10 所示，CVD 可以用於沉積各種半導體的介電層（如二氧化矽、氮化矽）以及導電層（如多晶矽）。尤其是在積體電路方面，CVD 應用於各種薄膜材料，如氧化物、氮化物及金屬層，如圖 4-25 所示，不管是如圖 4-26（a）所示的

邏輯晶片，還是如圖 4-26（b）的記憶體晶片，CVD 都是很關鍵的薄膜製程，最典型的應用是閘極介電層、電容薄膜、阻擋層。光電半導體方面，在 OLED 和 Micro LED 製造中，CVD 可以用來沉積高品質發光層和保護層。

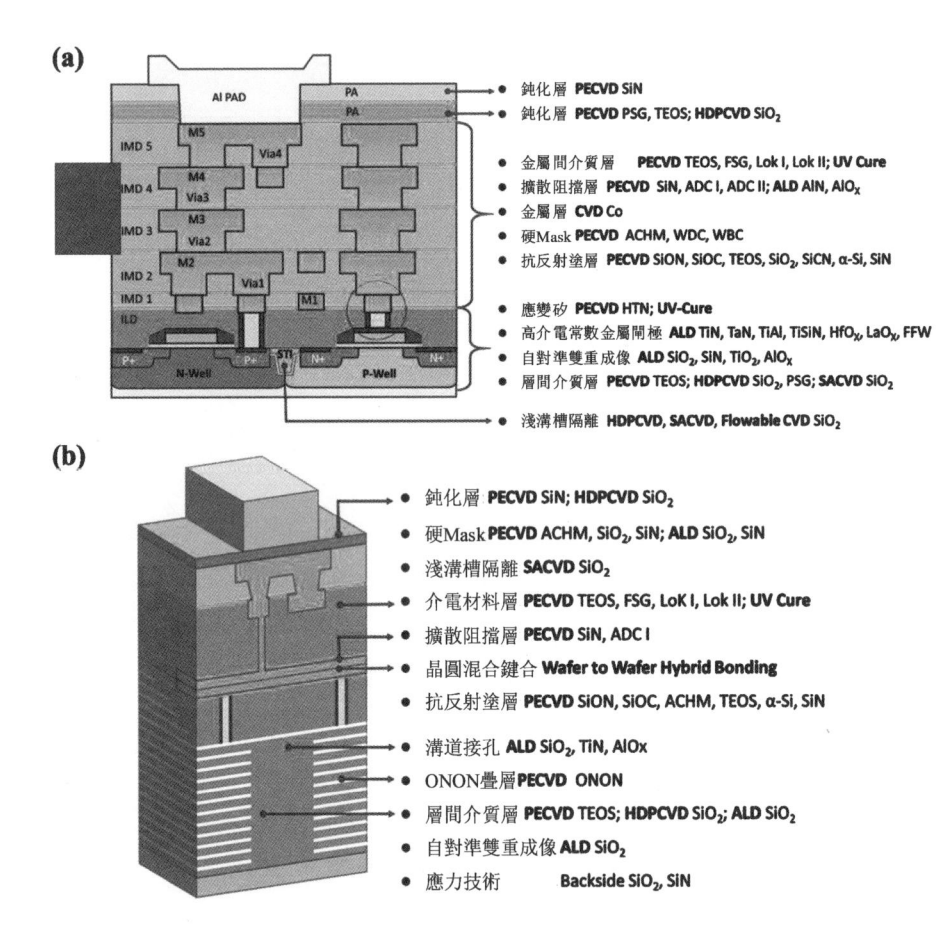

(a)

- 鈍化層 **PECVD SiN**
- 鈍化層 **PECVD PSG, TEOS; HDPCVD SiO$_2$**
- 金屬間介質層 **PECVD TEOS, FSG, Lok I, Lok II; UV Cure**
- 擴散阻擋層 **PECVD SiN, ADC I, ADC II; ALD AlN, AlO$_x$**
- 金屬 **CVD Co**
- 硬Mask **PECVD ACHM, WDC, WBC**
- 抗反射塗層 **PECVD SiON, SiOC, TEOS, SiO$_2$, SiCN, α-Si, SiN**
- 應變矽 **PECVD HTN; UV-Cure**
- 高介電常數金屬閘極 **ALD TiN, TaN, TiAl, TiSiN, HfO$_x$, LaO$_x$, FFW**
- 自對準雙重成像 **ALD SiO$_2$, SiN, TiO$_2$, AlO$_x$**
- 層間介質層 **PECVD TEOS; HDPCVD SiO$_2$, PSG; SACVD SiO$_2$**
- 淺溝槽隔離 **HDPCVD, SACVD, Flowable CVD SiO$_2$**

(b)

- 鈍化層 **PECVD SiN; HDPCVD SiO$_2$**
- 硬Mask **PECVD ACHM, SiO$_2$, SiN; ALD SiO$_2$, SiN**
- 淺溝槽隔離 **SACVD SiO$_2$**
- 介電材料層 **PECVD TEOS, FSG, LoK I, Lok II; UV Cure**
- 擴散阻擋層 **PECVD SiN, ADC I**
- 晶圓混合鍵合 **Wafer to Wafer Hybrid Bonding**
- 抗反射塗層 **PECVD SiON, SiOC, ACHM, TEOS, α-Si, SiN**
- 溝道接孔 **ALD SiO$_2$, TiN, AlOx**
- ONON疊層 **PECVD ONON**
- 層間介質層 **PECVD TEOS; HDPCVD SiO$_2$; ALD SiO$_2$**
- 自對準雙重成像 **ALD SiO$_2$**
- 應力技術 **Backside SiO$_2$, SiN**

圖 4-25　邏輯及記憶體晶片結構中 CVD 沉積製程的應用剖面圖

表 4-10　PECVD 在半導體中的應用

邏輯晶片		記憶體晶片	
功用	材料	功用	材料
層間介質層	TEOS	應力技術	Backside SiO_2, SiN
應變矽	HTN	層間介質層	TEOS
抗反射塗層	SiON, SiOC, TEOS, SiO_2, SiCN, a-Si, SiN	ONON 疊層	ONON
硬蝕刻阻擋層	ACHM	抗反射塗層	SiON, SiOC, TEOS, SiO_2, SiCN, a-Si, SiN
擴散阻擋層	SiN	擴散阻擋層	SiN
金屬層間介質層	Low-k I（Black Diamond I, k = ~2.55）, Low-k II（Black Diamond II, k = ~3.0）	介電材料層	TEOS, FSG, Low-k I, Low-k II
鈍化層	PSG, TEOS, SiN	硬蝕刻阻擋層	ACHM, SiO_2, SiN
		鈍化層	SiN

光學與光電子領域

CVD 可以生長抗反射層，提高光學元件的性能。也可以製造雷射二極體和光學波導材料。LED、太陽能電池和其他化合物半導體元件，CVD 製程也扮演非常重要的角色。

能源技術

CVD 在燃料電池和鋰離子電池中用於沉積功能性薄膜，也可以製造高效能太陽能電池的薄膜結構，應用於多晶矽太陽能電池中的 PERC（背面鈍化技術）或 TOPCon（隧穿氧化層鈍化接觸技術）製程，薄膜太陽能電池的吸收層及保護層。

醫療與生物技術

CVD 可以製造具有生物相容性和抗菌性的塗層，用於人工植入物，亦可以生長用於藥物傳遞系統的功能薄膜。另外，CVD 還可以在增強刀具、模具的硬度及抗腐蝕性，延長使用壽命。

航空航太與防禦

CVD 可用於高溫環境的耐磨和抗氧化塗層，還可以製造輕量化的陶瓷基複合材料。

(2) CVD 的優點與挑戰

CVD 有眾多的優點，目前大量使用於半導體薄膜沉積製程，優勢如下：

① CVD 可以沉積高品質薄膜，尤其是可以生成高純度、低缺陷密度的薄膜，具有優異的機械、熱和化學性質。

② 靈活性高，可調控反應參數以沉積不同材料，如金屬、陶瓷、半導體和聚合物。

③ 均勻性佳，CVD 薄膜厚度均勻，適合於大面積基材。第四、附著力強，沉積層與基材之間具有良好的介面附著力。

CVD 也面臨挑戰，需要克服下列幾個問題：第一、高成本，前驅物材料和設備的成本較高，尤其是對於 MOCVD 等高精度的磊晶沉積技術。第二、溫度敏感性，有些關鍵材料的沉積需要高溫，可能限制基材的選擇。第三、化學安全性，某些前驅物具有毒性或易燃性，需小心處理以確保操作安全。

4.3.11 CVD 技術的發展趨勢

隨著科學技術的進步，CVD 技術在精密控制、材料多樣性和製程效率方面持續發展，未來的發展趨勢如下：

低溫 CVD：開發新的前驅物和催化技術，以降低反應溫度，實現對熱敏感基材的加工。

綠色製程：探索環保型前驅物和反應氣體，減少有害副產物的排放。

先進材料：在量子點、石墨烯和其他奈米材料的製作中發揮關鍵作用。

智慧化與自動化：引入人工智慧和機器學習技術，優化製程參數，提升生產效率。

4.3.12 CVD 的市場及設備的介紹

CVD（Chemical Vapor Deposition，化學氣相沉積）技術在國外及中國的市場應用主要集中於半導體、太陽能電池（光伏電池）、顯示面板、工具塗層及先進材料製造等領域，國外市場方面，下列的市場需求驅動 CVD 增長，第一、半導體行業對先進製程（如 7nm 及以下）的需求快速增長，對 CVD 技術（尤其是 ALD 原子層沉積）的需求旺盛。第二、OLED、Micro LED 顯示技術的發展需要高性能薄膜技術，尤其是低溫 CVD 製程。第三、電動車和新能源領域（如鋰電池、燃料電池）對 CVD 材料的應用也在擴大。

在未來市場趨勢方面：ALD（Atomic Layer Deposition）技術正逐漸替代傳統 CVD 製程，應用於更精密的薄膜沉積。而綠

色、低能耗CVD技術受到重視，特別是在減少化學有害物質和能源消耗方面，未來都會是CVD最重要的市場方向。

目前國際主要廠商如下：

① Applied Materials（應用材料）：美國公司，是全球最大的半導體設備供應商之一。其CVD設備主要應用於邏輯和記憶體晶片製造。

② Lam Research（科林研發）：專注于先進半導體製程的CVD及PECVD（電漿增強化學氣相沉積）設備。

③ Tokyo Electron（TEL, 東京威力科創）：日本公司，其CVD解決方案以高可靠性和先進技術見長。

④ ASM International（先藝科技）：荷蘭公司，以ALD設備聞名，同時在CVD市場也有很強的競爭力。

⑤ Veeco Instruments：聚焦於OLED顯示器及化合物半導體製造，提供MOCVD（有機金屬化學氣相沉積）設備。

4.3.13 中國市場及主要廠商

中國持續加大對半導體產業的投資，例如中國製造2025計畫及國產替代政策，推動本土CVD技術及設備的研發。

目前需求增長主要在這幾個領域：面板（OLED、MicroLED）、太陽能電池（PERC、TOPCon）及新能源（氫燃料電池）領域對CVD設備需求量大。而市場最大的半導體行業在中高端製程（如28nm和14nm）對中國的國產CVD設備的需求強勁，但是目前替代率不高。主要挑戰是核心技術受制於國外，尤其在更高端先進製程（如7nm及以下）仍大量依賴進口

設備。

目前中國大陸國產主要設備廠商如下：

①北方華創（NAURA）：中國領先的半導體設備供應商，CVD設備主要供應中端市場。

②中微公司（AMEC）：專注于先進製程MOCVD設備，部分產品已進入國際市場。

③先導智能（Lead Intelligent）：主要提供太陽能電池及新能源領域的CVD解決方案。

④天虹科技（Skytech）：聚焦於ALD與CVD設備，應用於半導體（IC及OSD）前道製程階段，尤其是化合物半導體和MEMS等特色製程領域。

⑤拓荊科技（Piotech Inc.）：中國本土PECVD設備的龍頭，產品覆蓋PECVD、ALD、SACVD、HDPCVD、超高深寬比溝槽填充CVD多種設備類型。

4.3.14 各種類型的CVD設備

CVD（Chemical Vapor Deposition，化學氣相沉積）設備是實現化學氣相沉積製程的核心工具，用於製造各種薄膜材料。以下是CVD設備的介紹，包括基本結構、分類、應用及技術趨勢。

CVD設備的基本結構：CVD設備的核心組成如圖4-26所示，分別介紹如下：

①反應腔體（Reactor Chamber）：提供氣相沉積反應的主要空間，需具有精密的溫度和壓力控制。

②氣體供應系統（Gas Delivery System）：包括氣瓶、管道

和控制閥門,負責精確輸送反應氣體及載氣(如 SiH_4、NH_3、H_2)。

③加熱系統(Heating System):利用加熱部件(如電阻加熱、紅外加熱)提供沉積所需的高溫環境。

④眞空系統(Vacuum System):通過眞空幫浦系統控制腔體內的壓力,使反應過程在低壓或超低壓環境下進行。

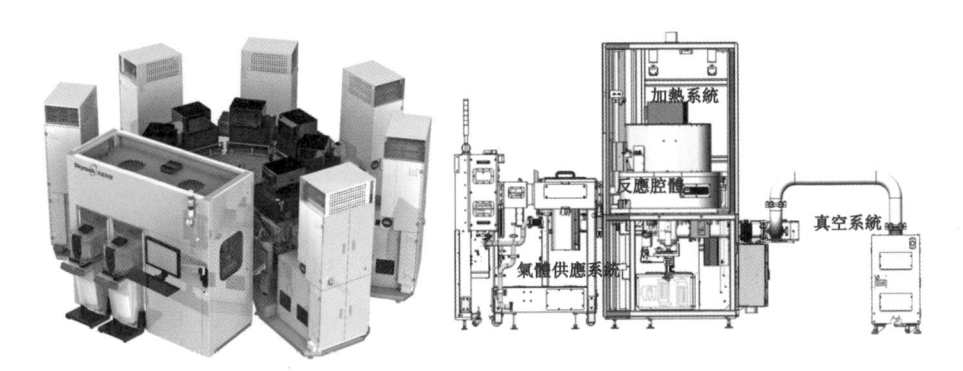

圖 4-26　CVD 的核心部件(資料來源:天虹科技)

4.3.15 CVD 設備的分類

CVD 設備根據不同製程類型和應用領域,可分爲以下幾類:

按反應條件分類

(1)常壓化學氣相沉積(又稱為 APCVD, Atmospheric Pressure CVD):

在常壓下進行,製程簡單,適合大面積薄膜製作,但均勻性較低。

(2) 減壓化學氣相沉積（又稱為 RPCVD, Reduced Pressure CVD）：

RPCVD 一般稱為低壓或減壓磊晶，主要沉積矽鍺 SiGe、磷化矽 SiP 和矽 Si 磊晶層（EPI Layer，EPI 是 Epitaxy 簡稱），主要的需求來自先進半導體製造領域，特別是在高效能邏輯元件、射頻元件及高階記憶體的應用。SiGe 和 SiP 材料因其優異的電子性能和應用於應變工程的特性，在提升元件速度和能效方面扮演重要角色，而矽磊晶 Si EPI 則是高品質基底的重要組成。磊晶製程 EPI 技術以其在低壓環境下提供高均勻性、高純度及高沉積控制的能力，成為這些材料製程的關鍵選擇。隨著晶片性能需求的提升和新材料滲透率的增加，磊晶製程 EPI 對這些先進材料的需求將持續增長。

磊晶（EPI）設備的市場競爭激烈，涵蓋了國際領導企業與新興區域性廠商，尤其是在中國大陸市場，隨著半導體行業的快速發展和中國的國產化進程加速，市場格局正在發生顯著變化。國際領先廠商如 Applied Materials（應用材料）和 ASM International，憑藉其在技術積累、全球化服務和穩定性上的優勢，仍佔據市場主導地位，且廣泛應用于高端邏輯晶片、記憶體和功率元件製造，並且在先進製程（例如 5nm 及以下節點）中具有不可替代的技術優勢。中國的國產設備製造商，在政府政策支持和資本投入的推動下，逐漸提高技術能力，並開始向國內晶圓廠供應磊晶 EPI 設備。中國廠商的設備在性能穩定性和製程控制精度方面與國際領先者仍存在差距，但性價比高，且易於獲得本地技術支援，對中端市場具有較強的競爭力。

磊晶機台（Epitaxy Equipment）是半導體製造中專門用於進行單晶膜層生長的重要設備。磊晶層是一種在晶圓表面沉積的高品質單晶薄膜，能大幅提升元件的性能和可靠性。在這些機臺上，晶圓會被放置在高溫反應腔中，透過精確控制的化學氣相沉積過程，讓特定的氣體在晶圓表面分解，並形成與基材結晶結構相同的薄膜。

如圖 4-27 所示，這些機台的核心包括反應腔、加熱系統、氣體輸送系統及真空系統。反應腔需要保持極高的潔淨度以確保磊晶層的品質；加熱系統則負責提供穩定且高精度的溫度，通常達到 600℃ 至 1200℃。氣體輸送系統可精準調控各種反應氣體與摻雜氣體的流量，從而決定磊晶層的成分與特性，而真空系統則有助於降低腔體壓力以提高沉積的均勻性與純度。

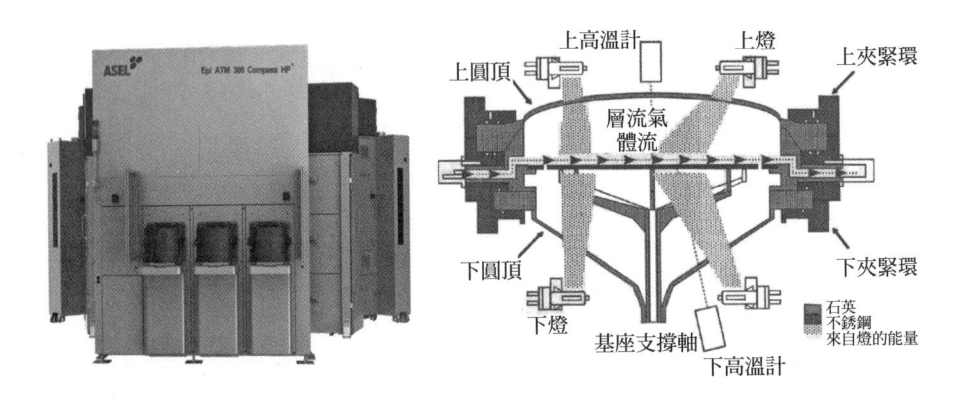

圖 4-27　磊晶 EPI 設備外觀及磊晶 EPI 反應腔、加熱系統、氣體輸送示意圖（資料來源：天芯微及參考資料[83]）

磊晶 EPI 機台廣泛應用于現代半導體製造領域，特別是在高性能電晶體、功率元件及光電子元件的生產中，發揮了關鍵作用。這類設備能夠精確控制磊晶層的厚度和摻雜濃度，製造出符合不同應用需求的結構。其技術之精密，讓它成為許多高端半導體元件製造中不可或缺的一部分。

（3）低壓化學氣相沉積（LPCVD, Low Pressure CVD）：

LPCVD工作原理是將一種或多種氣態的前驅物（化學氣體）引入反應室。這個步驟在較低的壓力下進行，通常低於大氣壓。這有助於提高反應速度和均勻性，以及改善薄膜的品質。氣體的流量和壓力通常由專用的控制器和閥門進行精確調控。氣體的選擇決定了最後形成的薄膜的性質。例如，為了製造矽薄膜，可以選擇矽甲烷（SiH_4）或二氯矽甲烷（$SiCl_2H_2$）作為前驅物。對於其他類型的薄膜（如氧化矽、氮化矽、金屬等），選擇的氣體會不同。

LPCVD 廣泛用於二氧化矽（LTO TEOS）、氮化矽（低應力 Si_3N_4）、多晶矽（LP-POLY）、硼矽玻璃（BSG）、硼磷矽玻璃（BPSG）、摻雜多晶矽、石墨烯、奈米碳管等多種薄膜。

LPCVD 分為立式與臥式。立式和臥式 LPCVD 是根據爐管的方向或者稱之為基板的放置方向而命名的兩種常見的低壓化學氣相沉積系統。這兩種系統的主要區別在於基板的放置方式和氣體的流動方式。在整個 20 世紀後期，許多 LPCVD 製程都是在臥式熱壁管式反應爐管中進行的，現在主要是立式爐，如圖 4-28 所示。

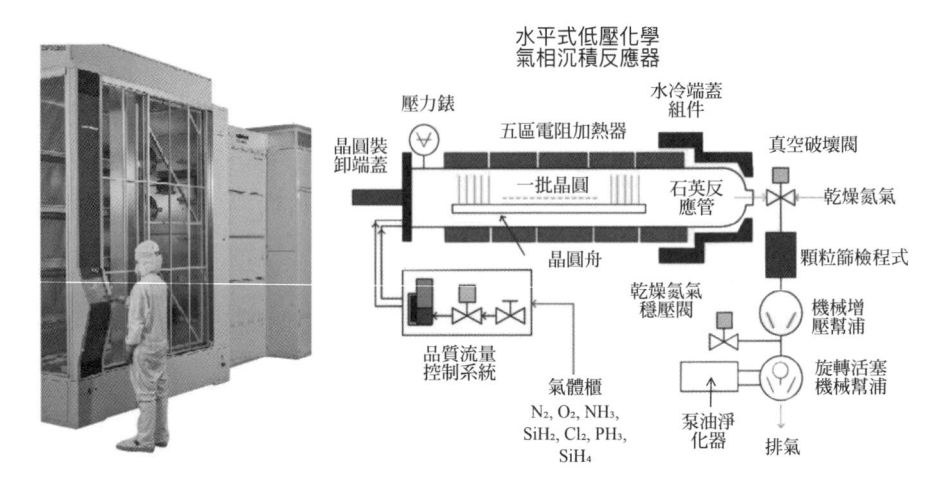

圖 4-28　立式 LPCVD 設備外觀及腔體加熱系統和氣流傳輸式意圖
（資料來源：亞科電子）

（4）電漿增強化學氣相沉積（PECVD, Plasma Enhanced CVD）：

工作原理是在真空腔中施加 RF 射頻使氣體分子分解為電漿。電漿的作用是觸發化學反應，並提供維持化學氣相沉積所需的能量和熱量。使用電漿的優點在於：①較低的沉積溫度（250-450℃）；②更好地填充高深寬比間隙；③更高的沉積速率；④更少的孔洞因而具備高的膜層密度。

PECVD 通常設計為冷壁反應腔，發生在矽晶片以外的沉積較少，停工清洗時間更短。PECVD 主要用於製作二氧化矽、氮化矽、氮氧化矽薄膜等。與 LPCVD 相比，PECVD 的沉積溫度更低，薄膜應力也有明顯改善。

（5）有機金屬化學氣相沉積（MOCVD, Metal Organic CVD）：

MOCVD 一般用於化合物半導體領域的單晶材料製作，主

要用於製作半導體光電子、射頻與電力電子功率元件等領域的 GaAs、GaN、ZnSe 等單晶材料，LED、半導體雷射、高頻電子元件和太陽能電池等領域都需要使用 MOCVD 生長重要的單晶膜層。MOCVD 的主要優點是：一、適用範圍廣，可生長多種化合物半導體，尤其適用於生長各種異質結構材料；二、生長易於控制，MOCVD 可通過改變溫度、流量、壓力等生長參數來精確控制薄膜厚度、元素組分等；三、重複性、連續性好，能重複生長大面積均勻性良好的磊晶層，便於大規模工業化生產。

如圖 4-29 所示，MOCVD 設備的組成由氣源供應系統、生長材料反應室、電氣自動控制、尾氣處理等系統組成，其中反應室系統是整個 MOCVD 設備的核心部分，是所有前驅源於氣體混合及反應的地方。未來 MOCVD 設備發展趨勢是反應室加大、裝片量增多，以適應 LED 等化合物半導體行業的規模化生產需求；另一個發展趨勢是高溫生長，製作紫外發光元件和功率元件等。

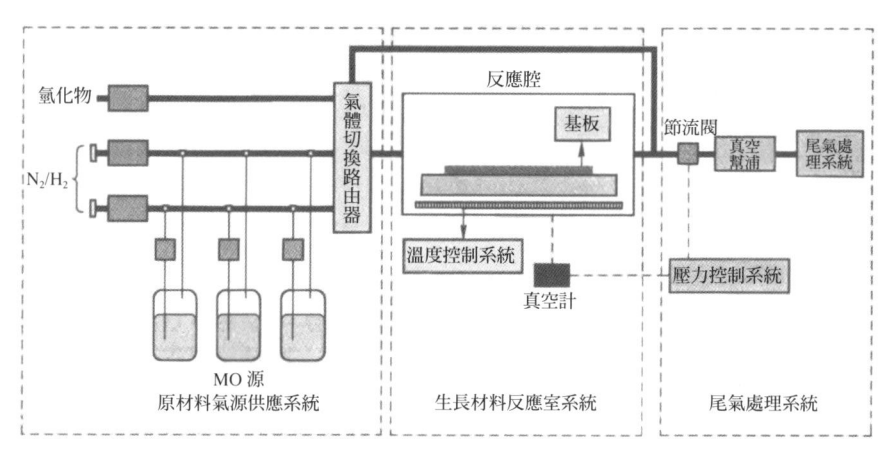

圖 4-29　MOCVD 設備組成示意圖

目前 MOCVD 的氣流設計大約有三種，如圖 4-30 所示，分為水平式，垂直式，行星式與垂直噴淋式，水平式如圖 4-30（a）所示與行星式如圖 4-30（c）所示，它們的氣流設計為水平方向，對高鋁含量的化合物半導體優勢明顯，在紫外光 LED 與 HEMT 功率元件優勢明顯，垂直式的設計如圖 4-30（b）所示，優點是非高鋁含量膜層生長速度快，如果加上托盤高速旋轉的功能，均勻性可以得到較好的控制，目前在光電元件的磊晶層都使用這種結構的設備。

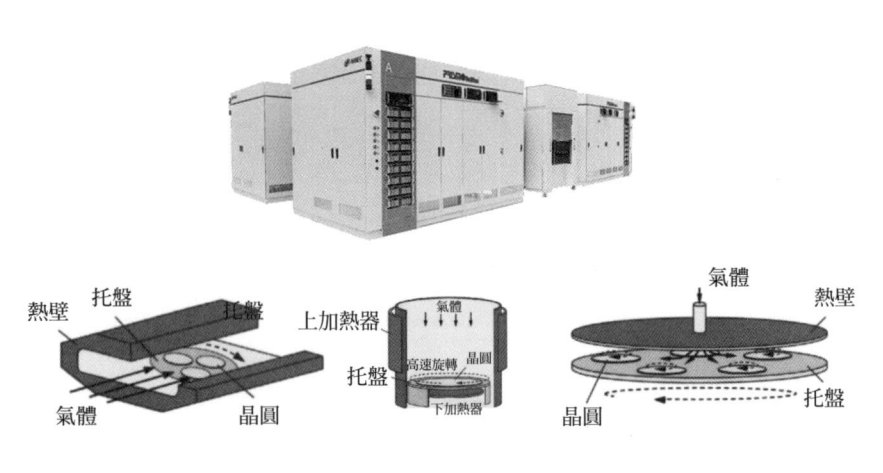

圖 4-30　MOCVD 設備及氣流設計分類
（資料來源：中微半導體及參考資料 [84]）

MOCVD 設備的需求主要由半導體與光電產業的快速發展驅動，特別是在 LED、功率元件（GaN、SiC）、射頻元件及 Micro LED 等應用領域中，隨著新材料技術突破、產品微型化趨勢及全球產能擴張，市場對高效能、精準控制及環保型 MOCVD

設備的需求持續增加,加上區域政策支援與技術自主化推動,以及本土供應商的崛起也逐步改變市場格局,使該設備在未來具有廣泛的成長空間。

在市場競爭方面,早期光電元件的 MOCVD 呈現三足鼎立的競爭態勢,它們分別是德國的愛思強 Aixtron、美國的易維科 Veeco 與日本的大陽日酸 Nippon Sanso,三種廠牌設計的不同也讓它們各自獨霸自己的細分市場,2010 年後,隨著中國 MOCVD 國產化進度的快速發展,中微半導體開始蠶食易維科 Veeco 的市場,中晟科技、先為科技與楚賽科技針對大陽日酸高鋁含量結構的深紫外 LED 市場,也開始取代。目前氮化鎵 HEMT 功率元件與面射型雷射 VCSEL 還是愛思強的天下,國內也有針對氮化鎵 HEMT 元件與 VCSEL 元件的 MOCVD 廠家,目前處於起步階段,另外居於碳化矽磊晶主導地位的 MOCVD 廠家 Nuflare、LPE 與愛思強 Aixtron,目前在市場上也漸漸感受國產設備商的壓力,晶盛機電、北方華創、中電 48 所、芯三代與先為科技都是它們有力的競爭者,值得大家關注。

4.3.16 CVD 設備未來技術趨勢

CVD 技術作為現代材料科學與工業製造的重要工具,在多領域展現出廣闊的應用前景。其高品質、靈活性以及不斷進化的技術特性,使其成為推動未來科技發展的關鍵支柱之一,隨著先進晶片製程的發展,CVD 設備未來也會隨著技術發展繼續更新,我認為有四個發展趨勢:

①大型化與批量化:面向太陽能電池和顯示領域的大面積沉

積需求，設備尺寸和輸送量持續擴大。

②環保與節能：發展低能耗 CVD 技術，減少廢氣排放，實現綠色製造。

③多功能化與智慧化：整合多種沉積技術於一台設備中，並引入 AI 優化製程參數。

④ ALD 與 CVD 的融合：ALD（Atomic Layer Deposition，原子層沉積）技術精度高，與 CVD 結合逐漸用於先進半導體製程。

四個趨勢的最後一個，是關於 ALD 與 CVD 的互聯，ALD 雖然生長模式與 CVD 有一定的差異，但是在傳統意義上也是屬於 CVD 的一種，由於 ALD 在先進半導體製程扮演非常重要的角色，所以，以下將用一個章節來介紹這個關鍵薄膜沉積設備。

4.4 原子層沉積的介紹

4.4.1 原子層沉積（ALD）的歷史發展

原子層沉積（ALD，Atomic Layer Deposition）技術的歷史可追溯到 20 世紀中期，其發展歷程與現代科技，尤其是半導體製程需求息息相關。以下是 ALD 技術的主要發展階段與重要里程碑[85-89]：

(1) 初期構想與早期研究（1960-1970 年代）

1960 年代後期：ALD 的概念由科學家 Sven Haukka 和 Vali Sundqvist 在研究金屬氧化物沉積時提出。當時，該技術被稱為

「分子層沉積」（MLD, Molecular Layer Deposition），主要應用於研究薄膜材料的性質。

1974 年：Tuomo Suntola 和同事在芬蘭正式提出了「原子層沉積」（Atomic Layer Epitaxy, ALE）概念。他們的研究目的是開發適合於電子設備（如平板顯示器）中的薄膜技術。

(2) 概念驗證與工業化應用（1970-1980 年代）

早期應用：Tuomo Suntola 在芬蘭 Instrumentarium 公司的支援下，將 ALD 技術應用於製造鋅硫化物（ZnS）薄膜，用於電致發光顯示器（ELD, Electroluminescent Displays）。該應用成為 ALD 技術商業化的第一步。

技術命名：初期 ALD 技術的名稱以「Atomic Layer Epitaxy」（ALE）為主，強調其基於晶體磊晶的沉積特性。然而，隨著技術範圍的拓展到非晶薄膜沉積，「Atomic Layer Deposition」（ALD）逐漸成為更廣泛接受的術語。

(3) 理論完善與學術興起（1990 年代）

ALD 的化學機制研究：1990 年代，ALD 的化學反應過程得到了更深入的理論研究，特別是其「自限制反應」的本質。這一特性使 ALD 能夠實現原子級別的厚度控制，成為對應化學氣相沉積（CVD）的重要補充技術。

學術研究興起：隨著半導體元件尺寸進一步縮小，對高均勻性和精密厚度控制的需求增長，ALD 的學術研究逐漸擴大。許多研究集中在高 k 材料（如 HfO_2、Al_2O_3）的沉積，用於下一代

半導體元件的製造。

(4) 半導體工業的廣泛應用（2000 年代至今）

應用于 CMOS 製程：2000 年代初，英特爾 Intel 將 ALD 技術引入高 k 介電材料（如 HfO_2）的製造，取代傳統的 SiO_2 作為閘極介電層。這標誌著 ALD 技術在主流半導體製程中的首次大規模應用。

高性能薄膜材料的開發：ALD 不僅被應用于高 k 介電層，還被廣泛用於製造金屬氧化物、氮化物和金屬薄膜（如 TiN、Co、Cu、Ru），應用於緩衝層、擴散阻擋層以及封裝保護層。

低溫沉積：隨著電子元件對熱敏感性提高，熱型 ALD（Thermal ALD）技術與電漿輔助原子層沉積（PEALD）技術相結合，實現了更低溫的製程，進一步拓展了 ALD 的應用範圍。

4.4.2 原子層沉積製程原理
(1) 原子層沉積（ALD，Atomic Layer Deposition）製程原理

ALD 是熱型 ALD（Thermal ALD）反應的通稱，ALD 是一種氣相沉積技術，通過自限制反應（Self-Limiting Reactions）來逐層生長薄膜。這些反應可以在單分子層級別上進行，每個反應步驟都會逐層地沉積，從而實現極高的厚度控制。

ALD 的自限制反應：

ALD 的沉積反應分為兩個基本步驟，並且反應是交替進行的，我們以金屬氧化層為例：

前驅物（Precursor）吸附：

在上半步驟中，氣相前驅物（如金屬鹵化物或有機金屬）與基板表面反應，並吸附到基板上。這一步驟中，反應僅限於基板表面可反應的位置。當前驅物達到單層吸附飽和後，反應自然終止。

氧化劑（Oxidant）反應：

在下半步驟中，引入氧化劑（如水蒸氣、氧氣）與前一步吸附的前驅物反應。

這樣可以形成穩定的固體薄膜。

ALD 製程循環：每個 ALD 反應週期包括上述兩個步驟。但是一般將 ALD 沉積分為 4 個完整步驟，以氧化層為例，如圖 4-31 所示：

第一個步驟（Step 1）是前驅物反應：通入前驅物，前驅物被化學吸附在基板上。

第二個步驟（Step 2）是氣體清除：使用惰性氣體（例如 N_2、Ar）清除未反應的前驅物和副產物。

第三個步驟（Step3）是氧化劑反應：引入氧化劑反應生成原子層尺度的薄膜。

第四個步驟（Step4）是再次清除：清除未反應的氧化劑和副產物。

重複上述步驟，每個 ALD 週期生長一個原子層或分子層，透過週期循環可以逐層生長薄膜。

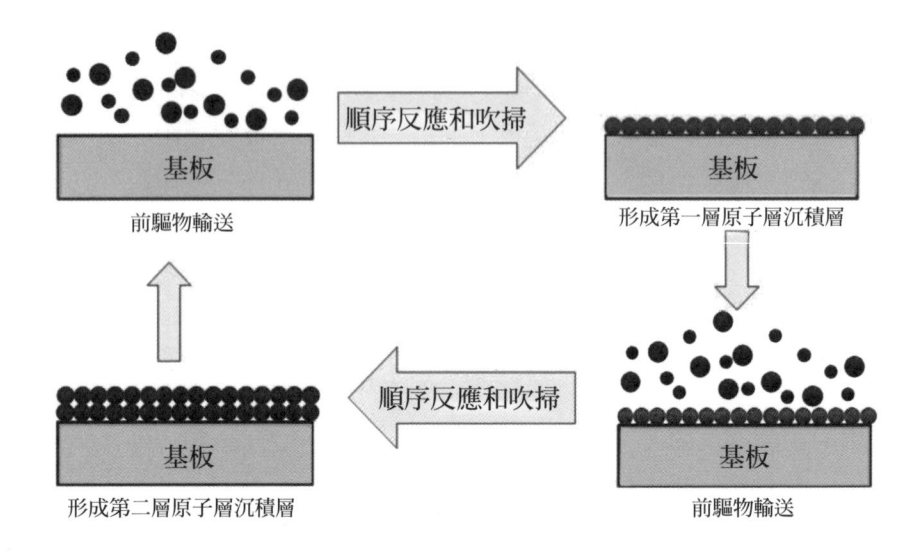

圖 4-31　原子層沉積步驟示意圖

ALD 的優勢如下：第一、精準厚度控制，每個 ALD 循環控制薄膜厚度約 0.1-0.3nm。第二、高均勻性，在各種基板形狀上都能實現均勻的薄膜沉積。第三、高化學純度，可以獲得高純度、低缺陷的薄膜。第四、臺階覆蓋率佳，由於是自限制飽和反應，可以沉積在各種不同形貌的表面上，尤其是深寬比非常大的孔洞或溝槽結構。

（2）電漿增強原子層沉積（PEALD，Plasma-Enhanced Atomic Layer Deposition）基本原理：

PEALD 是對傳統 ALD 進行改進的技術，它引入了電漿（Plasma）來增強化學反應。電漿中含有高能粒子（如離子、電

子、自由基），可以促進反應速率並在更低的溫度下實現高品質的薄膜沉積。

PEALD 的製程步驟如圖 4-32 所示，與熱型（Thermal）ALD 類似，但是在第三步驟需要引入電漿反應，生長步驟如下：

第一步驟是前驅物吸附，與 ALD 相同，第一步使用氣相前驅物（例如金屬鹵化物或有機金屬）與基板表面發生化學吸附反應。

第二個步驟是氣體清除，跟熱型 ALD 一樣，使用惰性氣體（例如 N_2, Ar）清除未反應的前驅物和副產物。

第三步驟是電漿反應，通入電漿（如氧電漿、氮電漿），電漿中的活性粒子（自由基、離子等）可以與第一步驟化學吸附在基板的前驅物反應，生長原子層尺度的薄膜。

第四步驟是再次清除未反應的氧化劑和副產物。

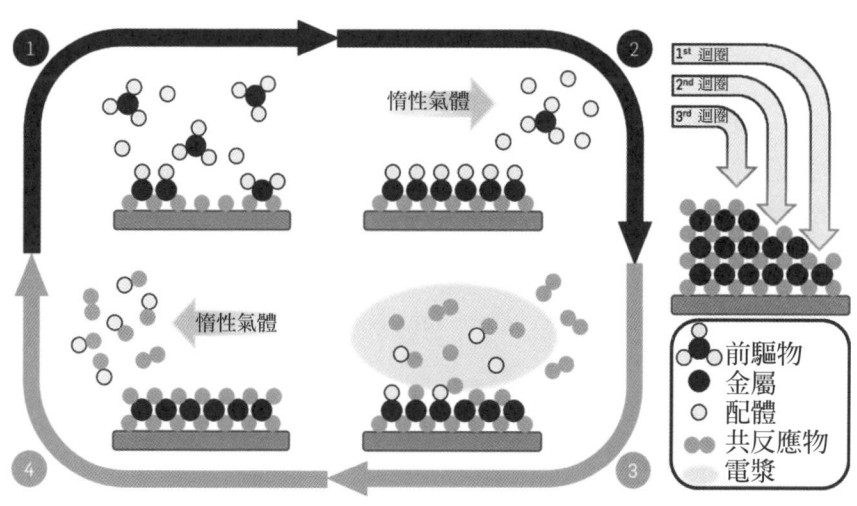

圖 4-32　電漿輔助原子層沉積完整步驟示意圖 [90]

相對於熱型 ALD，PEALD 的電漿使用可以提高反應活性，有助於在較低的溫度下實現高品質的薄膜。

PEALD 的優勢如下：

第一個優勢是更高的反應速率，電漿提高了反應活性，縮短了沉積時間。第二是可以更低溫沉積，相比熱型 ALD，電漿輔助可以在更低溫度下進行沉積，有助於保護熱敏感基板。第三是改善薄膜性能，PEALD 可以生長出更密實、更均勻的薄膜。第四是可以提高薄膜的電學與機械性能。

4.4.3 原子層沉積（ALD）的應用及技術未來展望

ALD 的應用領域

（1）半導體製程

ALD 技術在半導體製程中扮演關鍵角色，特別是隨著電晶體尺寸不斷縮小（進入奈米級），對薄膜控制精度要求越來越高，ALD 在半導體的關鍵製程介紹如下：

高 k 介電層（High-k Dielectric Layers）：ALD 廣泛應用于製造高 k 介電層，如 HfO_2。替代傳統的 SiO_2，降低閘極漏電流並提高元件性能。

金屬閘極（Metal Gates）：使用 ALD 製作 NMOS 和 PMOS 金屬閘極，如使用 TiN、Co、TaN 等材料，能夠實現高精度的功函數匹配。

擴散阻擋層（Diffusion Barriers）：使用 TiN、TaN 等材料製作擴散阻擋層，防止金屬元素擴散到矽基板。

封裝保護層（Passivation Layers）：ALD 技術用於製作保護

層,以提供電氣和物理保護,尤其是對水汽敏感的 OLED 元件。

如表 4-11 所示,除了上述的重要應用,ALD 在功率半導體、Micro LED 與半導體雷射晶片都有比較關鍵的製程在使用。

表 4-11　ALD 在光電及半導體領域的應用

半導體元件類型	製程薄膜	沉積材料
←28nm 先進製程邏輯晶片	閘極介電層與導電層	HfO_2, ZrO_2, TiN, TaN
DRAM	電容 MIM 結構	HfO_2, Al_2O_3, TiN
NAND Flash	Seed, Barrier, Liner	Cu, SiO_2
SiC 功率半導體	溝槽型 MOSFET 介質層	SiO_2
GaN 功率半導體	Gate Recess 介質層	AlN, Al_2O_3
VCSEL	Mesa 保護層	AlN, Al_2O_3
Micro LED	Passivation 鈍化層	Al_2O_3
OLED	防水汽保護層	Al_2O_3
鈣鈦礦太陽能電池	電子電洞傳輸層	SnO_2
先進封裝 SoIC	Barrier、Seed of TSV	TiN,Cu

(2)光電元件(Optoelectronics)

抗反射膜塗層(Anti-Reflective Coatings):在太陽能電池與 LED 封裝模組上,使用 ALD 技術製作抗反射膜,在太陽能電池上可以提高光吸收提升太陽能電池吸收效率,在 LED 應用上可以提升外量子效率。

光學薄膜(Optical Coatings):在光學鏡片、透光元件中應用,提供高均勻性和優質的光學特性,例如減少鬼影問題。

(3)能源技術(Energy Applications)

鋰電池(Lithium-ion Batteries):使用 ALD 製作電極和電

解質薄膜,增加電極表面積,提高電池容量和壽命。

燃料電池(Fuel Cells):ALD 用於製作催化層和保護層。

太陽能電池(Solar Cells):製作透明電極、抗反射層和保護層。

(4)功能性薄膜(Functional Coatings)

防腐保護層(Anti-corrosion Coatings):在電子元件、工業或半導體設備零件上使用,提供化學穩定性和防腐保護。

硬質薄膜(Hard Coatings):應用於工具、機械部件,提高耐磨性。

疏水/親水表面(Hydrophobic/Hydrophilic Surfaces):ALD 可以製作疏水或親水塗層,應用於玻璃、表面改性等。

(5)生物醫學應用(Biomedical Applications)

生物相容性薄膜(Biocompatible Coatings):ALD 技術應用於製作生物相容性材料,如醫療器械表面。

藥物遞送系統(Drug Delivery Systems):使用 ALD 薄膜包覆藥物顆粒,實現控制釋放。

4.4.4 ALD 技術的未來發展方向

(1)更高效率的製程技術

快速 ALD(Rapid ALD):研究人員致力於提高 ALD 反應速率,開發更高反應活性的前驅物和輔助技術(如 PEALD),縮短沉積時間。

低溫 ALD：在敏感材料（例如塑膠、柔性電子元件）上，ALD 將逐步擴展到更低的沉積溫度。

（2）多層與異質結構的沉積技術

異質薄膜結構（Heterostructures）：ALD 可以用於製作多層異質結構薄膜，應用於量子元件、光電元件等。

三維結構沉積（3D structure）：在 FinFET、NAND Flash 等先進半導體元件中，ALD 技術將被應用於複雜的 3D 結構製作。

（3）材料與前驅物的拓展

新前驅物開發：研究更高效、環保的前驅物，如低毒性、可回收材料。

多功能材料：探索用 ALD 沉積的材料，如超導體、磁性薄膜、電導薄膜等。

（4）應用領域的擴展

柔性電子產品（Flexible Electronics）：ALD 技術在柔性材料上的應用，如可穿戴設備、可撓性顯示器。

人工智慧與微機電系統（MEMS）：ALD 在感測器、微機電元件上的應用將增多。

（5）環保與可持續性技術

綠色 ALD：開發更環保的前驅物和製程流程。減少製程過程中的有害廢氣、污染物排放。

資源回收與再利用：在可回收電子元件中，ALD 技術將有助於材料回收再利用。

4.4.6 原子層沉積（ALD）的市場及設備

（1）ALD 市場的概況

原子層沉積（ALD）市場在過去十年中迅速增長，這得益於半導體技術的不斷進步以及奈米製造技術的廣泛應用。ALD 技術憑藉其在薄膜沉積中的高精度、高均勻性及優異的覆蓋性，已成為電子元件、光電設備和能源技術中的重要支柱。

在市場規模方面，根據半導體行業協會（SIA）市場研究報告，全球 ALD 市場規模在 2023 年約為 14.8 億美元，並預計將以 10%-15% 的年複合增長率（CAGR）持續增長。主要市場的驅動力為半導體製程需求增長（如先進邏輯晶片和 3D NAND），新能源技術的興起（如鋰電池、燃料電池和太陽能技術）與生物醫學和功能性塗層的快速發展。

（2）ALD 市場的關鍵應用領域，半導體製造

ALD 技術在半導體領域的應用佔據了市場的最大份額，約 60%-70%。目前在半導體領域的應用大部分集中在先進製程，例如用於電晶體中的閘極介電層（如 HfO_2、Al_2O_3），閘極導電層和阻擋層，尤其是用於先進邏輯晶片裡面的 3D 結構製程，隨著 FinFET、GAA 和 3D NAND 等技術的普及，ALD 的原子級控制成為必要條件。

ALD 在能源與環保技術領域市場約占 10% 的市場份額，主

要應用市場為鋰電池技術，ALD 技術用於製作電池正極和負極材料的保護層，提高充放電效率及電池壽命，增強固態電池電解質的穩定性。另一個領域是太陽能電池，在太陽能電池技術中，ALD 技術應用於製作抗反射膜塗層和透明導電層，提高光電轉化效率。ALD 在燃料電池與電催化市場約占 5% 的市場份額，使用 ALD 沉積薄膜催化層，提升催化效率和耐久性。ALD 在光電與顯示技術市場占 10%~15% 的份額，主要市場需求在在 OLED 顯示器和微型 LED 中的應用逐漸增加，尤其是在沉積均勻且緻密的封裝層方面，這個市場使用 ALD 的主要目的與應用重點是提供高透明度和耐久性的薄膜與改善元件的可靠性和壽命。ALD 在功能性塗層是比較新的應用，約占 5% 市場份額，應用範圍在防腐塗層、抗磨塗層、疏水 / 親水表面處理。另外在醫療器械、光學鏡片和工業設備中的需求也在不斷增長。

（3）ALD 市場的區域分析

在亞太地區（APAC）的市場最大，約占全球 ALD 市場的 50% 以上，主要驅動因素是中國、韓國、日本和臺灣在半導體製造和顯示技術領域的領先地位。

北美地區約占 20% 的份額，主要以美國為中心，專注於尖端技術研發和先進製造，驅動市場的因素是 Intel、tsmc 等主要客戶的技術需求。

歐洲地區有 15% 的市場聚焦能源技術和功能性薄膜應用，驅動市場的因素是汽車電池技術的快速發展，以及對環保技術的重視。

(4) 主要參與者與競爭格局

主要國際設備商與國產設備的介紹：

ASM International（ASMI）：ALD設備領域的領導者，專注于半導體應用。

Lam Research：提供先進的ALD技術，專注于高端應用。

Applied Materials：提供多元化的ALD解決方案，尤其是併購芬蘭Picosun公司後，產品大量覆蓋不同市場需求。

目前兩岸的ALD國產化進度非常快速，中國大陸除了早期簡易實驗型設備廠家-嘉興科民與無錫邁納德之外，他們已經有好幾家半導體設備公司開始佈局各種半導體細分市場的ALD設備，北方華創與拓荊科技已經在積體電路市場發力，微導奈米幾乎主導太陽能電池市場，目前也開始進入半導體市場，青島四方思域與光馳科技有海外背景，為了迎合趨勢也開始本土化佈局，臺灣天虹科技在微顯示（Micro LED與OLED）、半導體雷射（VCSEL）與功率半導體的細分賽道有不錯的表現，其它如蘊茂科技、邑文科技與研微半導體在粉末、光學與其它細分賽道也都有佈局，可謂百家爭鳴，各自分工的進行國產設備的進口替代。

(5) 未來市場趨勢與挑戰

ALD技術的大規模量產與效率提升，正從傳統批量型製程向連續製程的空間型原子層沉積（Spatial ALD）發展，以提高效率和生產能力。ALD的應用範圍將不斷的擴展，從半導體擴展到新能源、生物醫學和消費電子等更多領域。另外材料與設備創新將驅使更多設備商開發更低成本、更環保的前驅體和高效沉積設備。

AI 與自動化技術的整合將促使未來設備製造商引入人工智慧（AI）和機器學習（ML）優化製程控制，降低生產成本並提高良率。

ALD 最大的挑戰是高設備成本，ALD 設備相較於其他薄膜沉積技術具有更高的成本，對中小企業是一大挑戰。材料開發瓶頸也是另一個挑戰，尤其是新型前驅物的開發需要克服毒性、穩定性和反應速率等問題。最後隨著眾多國產設備加入市場競爭，惡性競爭加劇內卷，設備和材料價格壓力增加。

ALD 技術因其在尖端製造領域的核心地位，展現了強大的增長潛力。隨著半導體、能源、光電和醫療技術的快速發展，ALD 設備和材料的需求將持續上升。然而，要進一步鞏固市場地位，行業參與者需要聚焦于創新設備、高效製程和綠色材料，同時加強與客戶的合作，共同應對未來的挑戰與機遇。

（6）ALD 設備介紹

批量生產型原子層沉積（Batch ALD）

Batch ALD 通常用於具有一定規模及較高精度的沉積製程，晶圓或基板分批放置在反應腔體中，每次處理一定數量的晶圓，主要應用是需要使用 ALD 大批量生產的產品，目前 Mini LED 與 Micro LED、光學鍍膜（需要做疊層）、MEMS、SAW 及 BAW 都是使用這種類型的 ALD 設備。如圖 4-33 所示，設備特性與結構如下所述：

一次可以將大批量晶片或要沉積的物件固定在一個夾持裝置或片架中，所以這種類型的 ALD 設備腔體體積很大，反應腔

體內進行前驅物和氧化劑的交替引入,需要非常均勻的擴散,所以溫度均勻性與流場設計非常重要,這兩個關鍵因素會關係到沉積厚度的控制,尤其是片與片之間的均勻性控制。

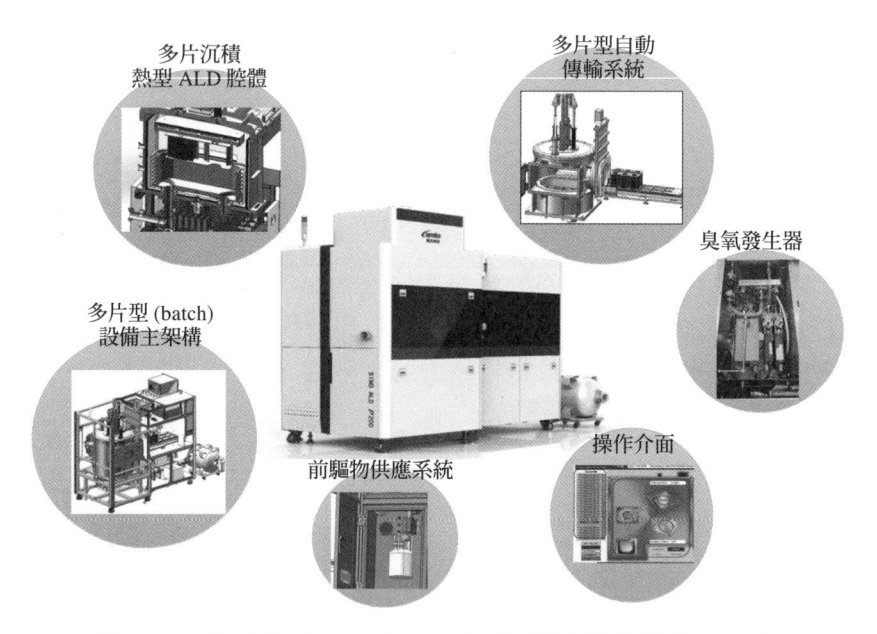

圖 4-33　批量型(Batch)ALD 設備結構與重要部件示意圖
（資料來源：邑文科技）

電漿增強原子層沉積(PEAlD)與真空互聯 ALD 設備

PEALD 設備是在傳統 ALD 的基礎上引入電漿技術,電漿輔助可以在較低溫度下進行薄膜沉積,同時提高反應速率。設備內部包含電漿源(Plasma Source),目前主流的電漿源使用的是遠端電感耦合電漿(Remote ICP)與電容耦合電漿(CCP),前驅物和氧化劑反應後,電漿提供高活性反應物,促進薄膜的穩定

生長。

主要應用在低溫沉積、表面改性、提高薄膜密度與可靠性的製程上，設備配置如圖 4-34 所示，PEALD 通常與其它類型的反應腔在同一個真空互聯平臺上，如果設計上具有真空互聯（Cluster）的設備結構，一般都可以沉積先進元件的疊層製程，應用於功率半導體 HEMT、鐵電記憶體 FRAM、8 寸與 12 寸積體電路 IC 與 MEMS。

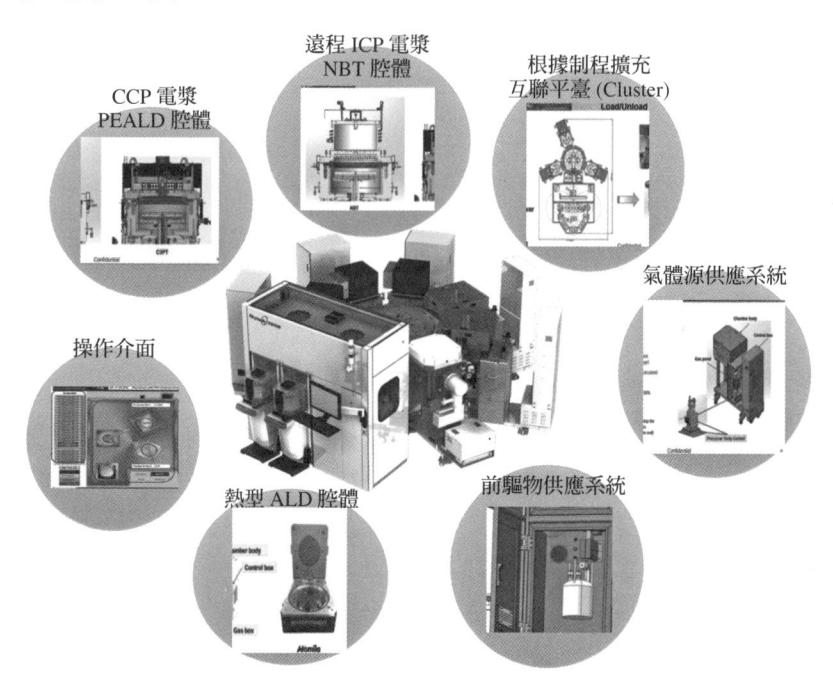

圖 4-34　含有電漿與熱型的真空互聯 ALD 設備（資料來源：天虹科技）

ALD 沉積技術相對其它薄膜技術的優勢對比

ALD（原子層沉積）、CVD（化學氣相沉積）和 PVD（物

理氣相沉積）是常見的薄膜製程技術，各有特點。相比之下，ALD 有以下優勢：

①極高的薄膜均勻性

ALD 的沉積過程是原子層等級的製程，能在複雜的三維結構或大面積基板上形成極均勻的薄膜，這是 CVD 和 PVD 難以達到的。

②精確的厚度控制

ALD 透過逐層沉積的方式，每次反應只增加一個原子層，讓薄膜厚度的控制精確到奈米級，非常適合需要高精密度的應用。

③優越的覆蓋性

ALD 的化學反應依靠氣體擴散，能在高縱深比或複雜結構中達到一致的覆蓋，而 CVD 和 PVD 在深孔或狹縫內的覆蓋性較差。

④低溫製程

ALD 能在較低的溫度下運作，相比 CVD 所需的高溫更適合在溫度敏感的材料或元件上成膜。

這些特點使 ALD 特別適用於高階半導體、顯示器製造和能源設備等需要精密薄膜厚度控制的領域。原子層沉積（ALD）技術已經成為現代奈米製程中不可或缺的一部分。它在半導體、光電、能源、功能性塗層等領域均具有重要應用。隨著技術不斷發展，ALD 技術將不斷擴展其應用範圍，並在更高效、更低成本、更環保的方向上持續發展。未來，ALD 技術將在各種前沿技術領域如柔性電子、人工智慧、環保製程等方面發揮更大的作用。

4.5 化學機械研磨

化學機械研磨（Chemical mechanical polishing, CMP）技術最早是在上世紀 80 年代由 IBM 公司的 Klaus D. Beyer 所提出的 [91]，其通過利用化學反應和物理削磨的共同作用實現對材料表面的平坦化，以保證後續相關製程的穩定性，提升半導體元件電學性能、可靠性等。隨著 IC 製造技術向更先進製程節點（7nm、5nm、3nm 甚至 2nm）不斷推進，半導體元件尺寸不斷縮小，佈線層數不斷增加，CMP 在先進製程中所扮演的角色越來越重要，介電層平坦化、金屬層平坦化等均涉及到 CMP 技術。在 28 nm 節點流程中涉及 CMP 製程的次數為 12~13 次，而在台積電 3 nm 相關製程流程中涉及 CMP 的次數已經達到 35~36 次。

一個簡化的 CMP 設備圖如圖 4-35 所示，主要由載盤、拋光墊、研磨盤、拋光液系統等部分組成，這其中拋光墊和拋光液的性能會直接影響 CMP 效率和所得到樣品的表面品質。以下分別就 CMP 拋光墊和研磨液進行簡單的介紹，CMP 拋光墊的材質通常為聚氨酯類高分子材料，表面通常具有一定的微孔結構，以便研磨液均勻分佈。不同 CMP 製程階段需要選取不同類型的拋光墊，比如材質較硬的拋光墊更適用於表面材料去除率較高的粗拋階段，而材質較軟的拋光墊則適用於精拋階段。CMP 研磨液的成分主要是兩類：一類是研磨顆粒，通常是 SiO_2 或 Al_2O_3 顆粒，在 CMP 製程過程中這些顆粒主要是通過物理削磨作用平坦化被研磨的材料表面；另一類是化學性研磨成分，比如酸性或鹼性成分，其在 CMP 過程中可以與材料表面發生化學反應，進而提升

對材料表面平坦化的效果。

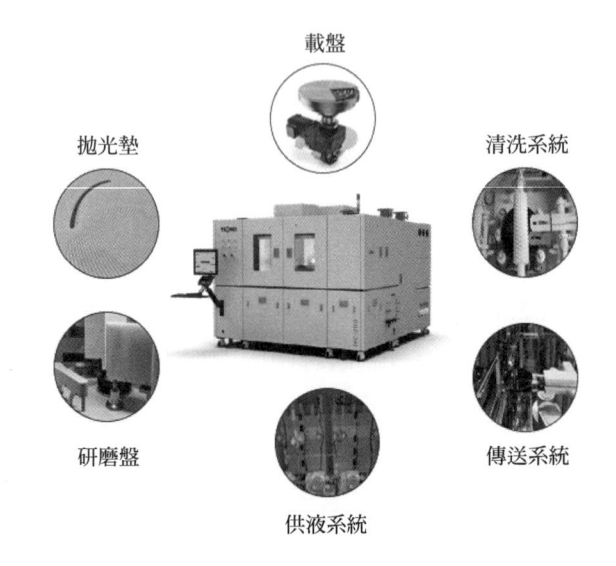

圖 4-35　CMP 設備及關鍵部件（圖片來源：特思迪半導體）

如表 4-12 所示，CMP 通常分為三個階段：粗拋、細拋和精拋，每個階段針對不同的目標和應用需求。其中，粗拋主要用於快速移除材料，實現初步的平坦化；細拋則進一步提升表面的平整度和均勻性，減少微觀缺陷；而在先進製程節點中，精拋成為必不可少的一環，尤其適用於對表面粗糙度和缺陷密度要求極高的製程。精拋的目標是通過極低的去除率和高度定制化的研磨液與拋光墊，實現亞奈米級甚至原子級平坦度。它廣泛應用於晶圓的最終拋光、高精度介電材料處理以及光學元件製造等領域。精拋製程在提升半導體元件性能、增強可靠性和支援新型元件發展方面具有關鍵作用。

表 4-12　CMP 不同階段及相應的特點匯總

CMP 階段	目的	速率	表面粗糙度	耗材選取
粗拋	快速去除材料，實現表面初步平坦化	高（100~500 nm/min）	相對較大（RMS: →10 nm）	拋光墊：硬 研磨液：高濃度
細拋	提升平坦度	中	低（RMS: 1~10 nm）	拋光墊：硬度中等 研磨液：低濃度
精拋	優化平坦度	低	極低（RMS← 1 nm）	拋光墊：柔軟 研磨液：定制

01 進料盒取片　》　02 搬運至中轉檯　》　03 取片轉送拋光　》　04 拋光工作臺加工

08 下料盒放片　《　07 兆聲甩幹清洗　《　06 DIW 清洗晶片　《　05 超聲清洗晶片

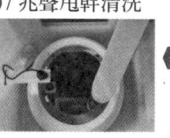

圖 4-36　CMP 設備工作流程（資料來源：特思迪半導體）

　　從市場的角度來講，當下 CMP 市場由少數國際巨頭主導，設備供應商如應用材料（Applied Materials）、科林研發（Lam Research）、東京威力科創（Tokyo Electron）佔據了大部分市場份額。拋光墊方面，Rodel、陶氏化學等企業提供的產品在性能和可靠性方面佔據市場主導地位。主要的拋光液供應商包括日本

Fujimi、日本 Hinomoto Kenmazai，美國卡博特、杜邦、Rodel、Eka、韓國 ACE 等公司，佔據全球 90% 以上的市場份額。隨著中國在半導體製造領域的投入加大，中國的企業在 CMP 設備和耗材領域也取得了一些進展，部分企業已經能夠提供研磨液和低端拋光墊，但高端產品仍然依賴進口。根據半導體行業協會（SIA）市場研究報告，未來五年 CMP 市場將以每年約 5% 的速度增長。特別是在先進製程節點（5 nm 及以下），CMP 需求將進一步提升，預計 2025 年全球 CMP 市場規模將超過 50 億美元。

CMP 技術的未來發展將聚焦于高效、智慧和材料創新方向。隨著製程節點的不斷縮小和新型材料的廣泛應用，研磨液的研發正朝著高選擇性和低損傷方向發展，特別是開發針對第三類半導體材料（如碳化矽 SiC、氮化鎵 GaN）的專用耗材，以滿足其特定的化學與物理特性需求。同時，更高效、更環保的研磨液設計將成為推動行業進步的重要目標。

4.6 測試與材料特性檢測設備

除了上述所介紹的半導體製造設備，材料特性檢測與測試設備在半導體生產製造過程中也扮演著至關重要的角色。以最具代表性的矽基半導體元件的生產製造過程為例，材料特性檢測與測試幾乎參與了半導體製造的全流程，這裡對每一個環節所涉及的材料，材料特性檢測與測試設備進行了簡單的匯總，具體內容如圖 4-37 所示，可以看到半導體生產製造過程中涉及的測試分析涵蓋了材料性質、微觀結構、元件性能等方方面面，所需要的

材料特性檢測與測試設備包括光學顯微鏡、XRD、XPS、SEM、TEM、AFM、薄膜應力量測儀、微影疊對精度以及缺陷檢測設備等等，本小節將對上述設備的基本結構與原理進行逐一介紹。

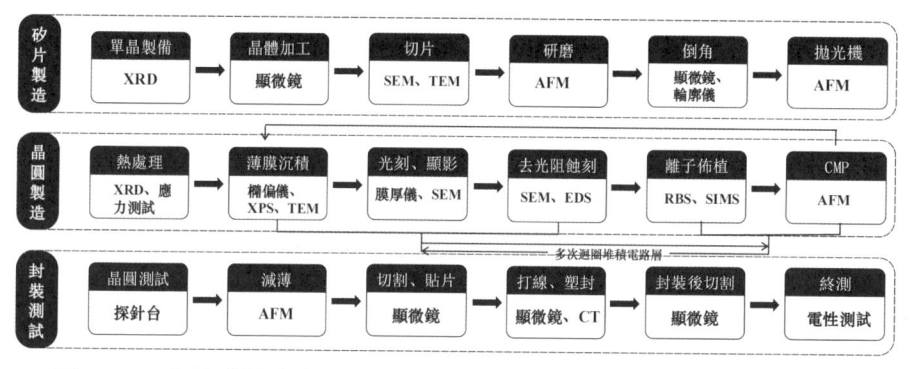

圖 4-37 半導體製造流程中所涉及的主要材料特性測試與分析方法概略

4.6.1 材料性質特性測試

（1）X 射線繞射儀

X 射線繞射儀（X-ray Diffraction, XRD）是一種用於研究材料晶體結構的材料分析設備，廣泛應用於半導體、材料科學和化學領域，XRD 的基本原理基於布拉格定律（Bragg's Law），由於 X 射線的波長（0.01nm~10nm）與一般原子的晶格排列的大小相當，所以當 X 射線照射到晶體上時，晶體中的原子排列會使 X 射線發生特定的繞射。通過檢測繞射光線的角度和強度，可以對材料的結晶性、物相結構、晶格參數等進行分析。

X 射線繞射儀主要結構通常包括以下幾部分：X 射線源、光學系統、樣品台和探測器。其中，X 射線源通常採用銅或鉬靶，通過高電壓激發產生高強度、單色化的 X 射線；光學系統包括

准直器和濾波器,用於控制 X 射線的方向性和單色性,提高測量精度;樣品台用於固定待測樣品,並可通過旋轉或傾斜來調整入射光的角度,確保多角度測量;探測器則用來捕捉繞射後的 X 射線,並將其強度訊號轉換為電訊號。

(2) X 射線光電子能譜儀

X 射線光電子能譜儀(X-ray Photoelectron Spectroscopy, XPS)是一種用於分析材料表面元素組成及其化學狀態的材料分析設備,廣泛應用於材料科學、化學和物理等領域。其基本原理基於光電子發射效應:如圖 4-38(a)所示,當樣品表面受到 X 射線照射時,材料中的原子會吸收光子能量並釋放出光電子,這些光電子的動能與其所在原子的結合能具有確定的關係。通過測量光電子的動能,可以推導出材料中各元素的化學資訊,包括元素的種類、化學價態和環境。XPS 的核心部件包括 X 射線源、電子能量分析儀和真空腔體。X 射線源通常採用單色化的鋁 Kα 或鎂 Kα 射線,用於激發樣品表面;電子能量分析儀則通過精確測量光電子的動能,將其轉化為結合能資訊;整個系統置於高真空腔體中,以減少光電子與空氣分子的碰撞,確保高靈敏度的檢測。XPS 的最大優勢在於能夠提供樣品表面 5-10 nm 範圍內的詳細化學資訊(圖 4-38(b)),常用於研究材料的氧化狀態、鍵合環境以及薄膜表面成分。雖然其檢測深度較淺,但在結合離子濺射技術去除樣品表面層後,還可以實現深度剖析,從而獲得樣品不同深度的化學組成和價態分佈。XPS 是非破壞性分析的重要工具,尤其在半導體、催化劑、薄膜及塗層研究中具有重要應用。

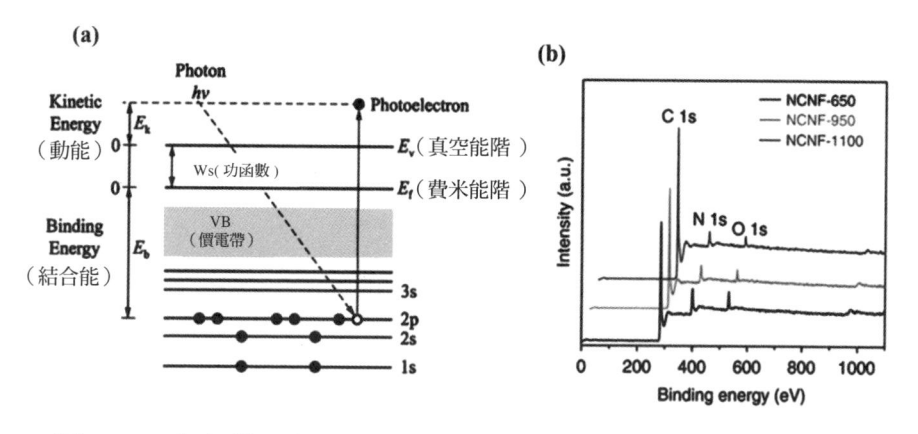

圖 4-38　（a）樣品受激發後發射光電子的過程，（b）XPS 全譜示意圖

（3）能量色散 X 射線光譜儀

能量色散 X 射線光譜儀（Energy Dispersive X-ray Spectroscopy, EDS）是一種用於分析材料元素組成的特性分析設備，廣泛應用於材料科學、化學和地質學等領域。其基本原理為高能電子束或其他輻射與樣品相互作用時，樣品原子中的內層電子可能被激發並彈出，當被激發的電子回到原來的內層軌道時，會釋放出具有特定能量的特徵 X 射線。通過檢測這些特徵 X 射線的能量，可以確定樣品中的元素種類及其相對含量。EDS 系統通常作為掃描式電子顯微鏡（SEM）或穿透式電子顯微鏡（TEM）的附屬功能，由幾部分組成：首先是矽漂移探測器（SDD），它能高效捕捉從樣品發射出的特徵 X 射線並將其能量轉換為電訊號；隨後，這些訊號會通過訊號處理器進行放大、濾波和處理，以精確識別 X 射線的能量；此外，電子束源（通常由 SEM 或 TEM 提供）用於與樣品表面相互作用，從而激發特徵 X 射線；最後，通過

專業的軟體系統對獲得的能譜資料進行分析，可以轉換成元素成分表或元素分佈圖。EDS 的特點是快速、非破壞性，能夠同時檢測多個元素，常用于材料成分分析、元素分佈測繪以及缺陷區域的成分研究。但需注意的是，EDS 對輕元素的檢測靈敏度較低，對樣品表面形貌也有一定要求，因此常與其他技術如波長色散 X 射線分析（Wavelength Dispersive X-ray Spectroscopy WDS）或 XPS 結合使用，以獲得更加全面的分析結果。

（4）薄膜應力量測儀

本章的 4.3 與 4.4 介紹的 PVD、CVD 與 ALD 是半導體非常關鍵的薄膜製程，在這些製程中，膜裂、膜剝離、膜層皺褶與膜層之間的空隙等問題會直接影響後續元件的性能表現，因此，膜層品質的監控，特別是薄膜應力的量測尤為關鍵。

一般薄膜應力產生原因來自多個方面，包括熱膨脹係數不匹配應力、薄膜生長應力、薄膜與基板晶格失配應力、薄膜雜質或缺陷應力等。以熱應力為例，在薄膜沉積過程中，基板和薄膜材料通常會經歷高溫處理，隨後冷卻至室溫，由於薄膜和基板的熱膨脹係數不同，冷卻過程中會產生熱失配應力。另外，當薄膜材料與基板材料的晶格常數不匹配時，會在薄膜中引入應力，這種應力通常稱為晶格不匹配應力，例如異質磊晶生長中的晶格不匹配薄膜應力。

在目前半導體製程中，晶圓薄膜應力測量通常基於經典的斯托尼（Stoney）原理。Stoney 公式是一種通過測量基板彎曲程度來間接計算薄膜應力的方法，如圖 4-39 所示，其核心思想是：

當薄膜沉積在基板上時，由於薄膜和基板材料特性差異，基板會發生彎曲，通過測量基板在薄膜沉積前後的曲率半徑變化，結合薄膜和基板的物理參數，即可利用 Stoney 公式計算出薄膜的殘餘應力。

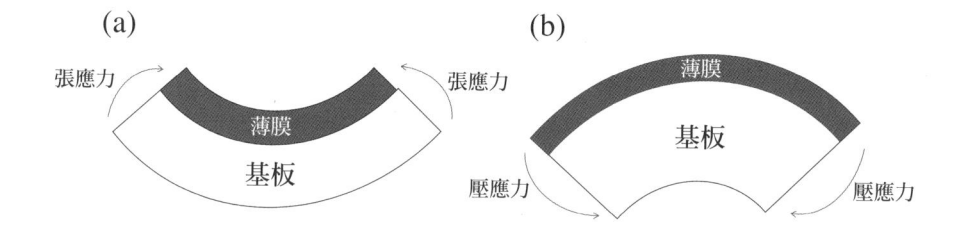

(a)　　　　　　　　　　　(b)

圖 4-39　基於測量基片彎曲計算薄膜應力（a）薄膜張應力，（b）薄膜壓應力（資料來源：蘇州瑞霏光電）

薄膜應力計算的斯托尼（Stoney）公式如下：

$$\text{Stress } \sigma = \frac{Eh^2}{(1-v)6Rt}$$

其中，E 為基底彈性模量，v 基底泊松比，h 為基底厚度，t 為薄膜厚度，1/R 代表鍍膜前後基板曲率變化量。

晶圓薄膜應力測量儀是一種用於測量晶圓表面薄膜應力（Stress）的高精度設備，廣泛應用於半導體、光電、MEMS 等領域。一種典型的晶圓薄膜應力測量儀設備及結構如圖 4-40（a）和（b）所示，主要由晶圓測試載台、結構光偏折測量模組、晶圓傳輸和定位、晶圓 Cassette 盒這些部分組成，如圖 4-40（c）和（d）所示，測試時，通過拍攝晶圓表面反射的條紋結構光虛

像變形來一次性計算晶圓全口徑的曲率分佈，再結合 Stoney 公式計算薄膜應力分佈，並最終以二維雲圖的方式將結果呈現在設備的軟體介面，上述測試方法被稱作相位偏折法，其具有免機械掃描、高效率、均勻全口徑採樣的優點。

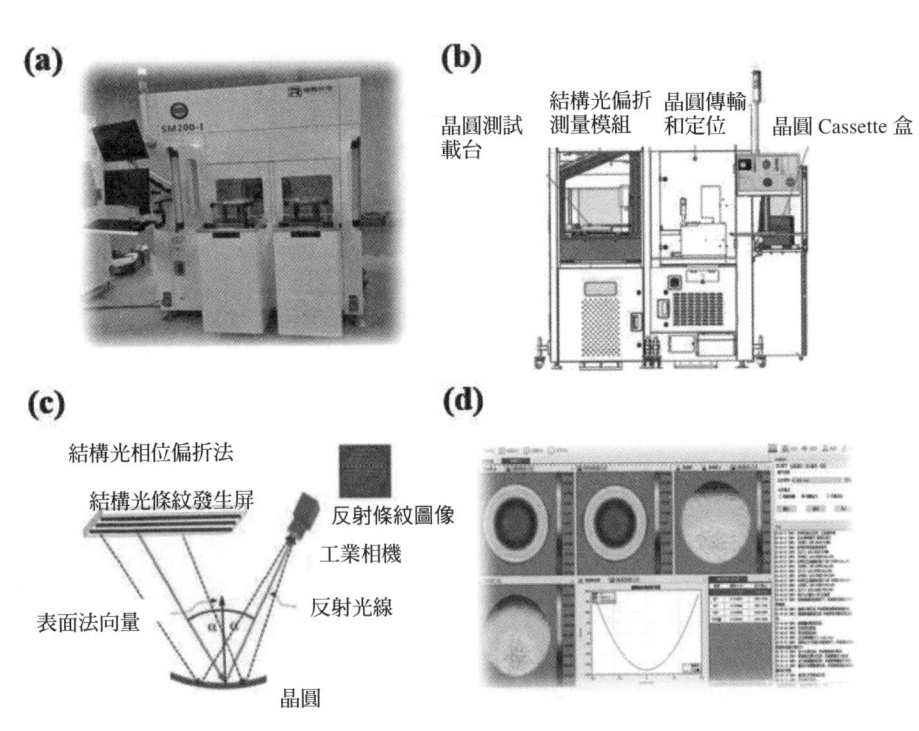

圖 4-40　全自動晶圓薄膜應力測量儀設備結構及基本原理示意圖
（資料來源：蘇州瑞霏光電）

除了上邊所提及的相位偏折法，晶圓薄膜應力儀測量基板形變的常用測試方法還有雷射掃描法、探針輪廓法和干涉牛頓環法，這裡一併對上述三種方法做簡單的介紹，這些方法各有優缺點，

在選擇時需根據具體應用場景和測量分析功能要求進行綜合考慮。

①雷射掃描法：利用點雷射掃描晶圓表面，通過測量反射雷射光束的偏折角度來測量晶圓的曲率，結合 Stoney 公式計算薄膜應力。這種方法具有非接觸和高精度的優點。典型儀器包括美國 Frontier Semiconductor 公司的 FSM 系列薄膜應力儀。

②探針輪廓儀法：利用探針掃描鍍膜前後晶圓的截面 3D 輪廓，計算形變曲率，基於 Stoney 公式計算薄膜應力。典型儀器包括 Tencor P-7 探針式輪廓儀。

③干涉牛頓環法：利用薄膜表面與參考平面之間的干涉現象，通過測量干涉條紋間距推算基板曲率半徑，進而計算薄膜應力。

4.6.2 微觀形貌測試分析設備
(1) 掃描式電子顯微鏡

掃描式電子顯微鏡（scanning electron microscopy, SEM）通常使用鎢絲或六硼化鑭發射電子束，電子束的直徑約為 1um，電子束就如同光束照射到物體表面，當物體表面凸出時反射電子束比較多，故檢測器檢測到較強的訊號（比較亮），如圖 4-41 所示；當物體表面凹下時反射電子束較少，故檢測器檢測到的訊號較弱，大家一定有這樣的經驗，地上的凹洞比較暗就是因為太陽光照射到凹洞內反射的光比較少的緣故。將這些強弱的訊號畫成二度空間的灰階圖形，就可以得到 SEM 照片，SEM 的解析度很高，所以用來觀察大於 100nm 的結構，但是只能觀察到物體表面的高低起伏，所以表面平整的物體無法使用。

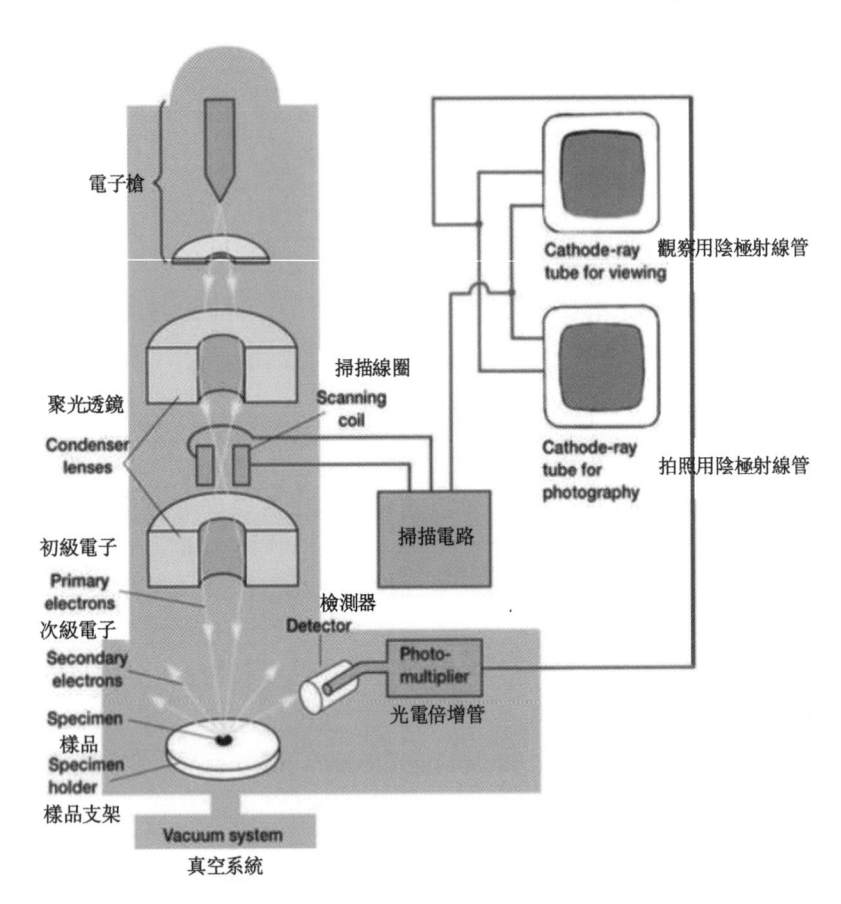

圖 4-41 掃描式電子顯微鏡原理圖（資料來源：亞科電子）

（2）透射電子顯微鏡

透射電子顯微鏡（transmission electron microscopy, TEM）使用鎢絲或六硼化鑭來發射電子束，當電子束穿透物體時，電子受到物體原子排列的影響而散射，投影在下方的銀幕上，如圖4-42所示，可以由電子束在銀幕上的二維投影圖，反過來推算物

體原子的三維結構與結晶情形。以 LED 晶片發光層為例,製作樣品時必須讓電子束可以穿透樣品,因此必須先將樣品加工研磨成小於 200 nm 的厚度才行,事實上,將樣品研磨到這樣薄又不破幻物體原有的原子排列與結構式非常困難的事,將電子束在下方銀幕上的二維投影圖送入電子束檢測器,就可以得到 LED 結構裡邊超晶格與量子阱的照片,TEM 的解析度很高,可以用來觀察大於 10nm 的結構,可以分辨不同材料組成,也可以觀察物體的橫截面。

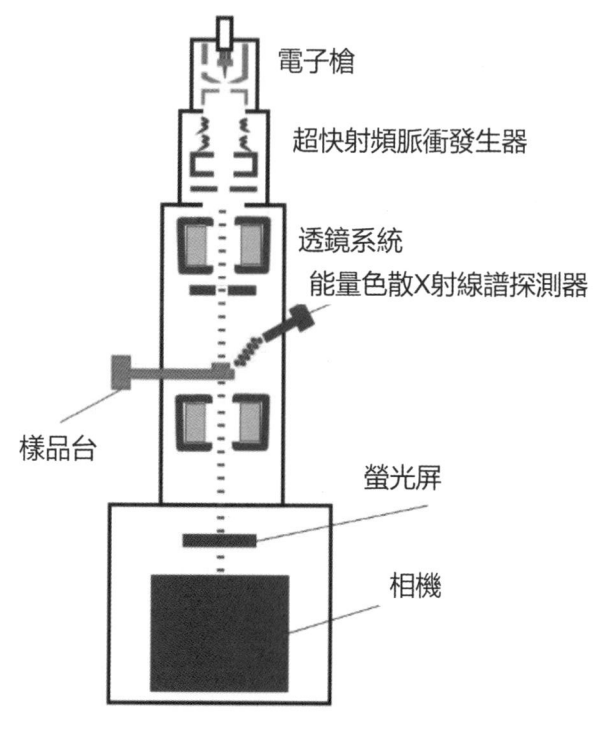

圖 4-42　TEM 原理示意圖

高解析度透射電子顯微鏡（high resolution TEM, HRTEM）使用鎢製作奈米尖端來發射電子束（場發射），奈米尖端可以使電子束的直徑縮小到 10 nm 以下，它的成像原理與傳統的透射式電子顯微鏡（TEM）略有不同，HRTEM 是目前所有電子顯微鏡中解析度最高的，可以用來觀察大約 1 nm 的結構，因此只能看到「虛擬」的原子影像，為什麼是「虛擬」而不是真實的原子影像呢？別忘了，這些影像其實只是電子受到物體原子排列的影響而散射投影在銀幕上的二維投影圖而已，必須反過來推算，才能得到物體原子真正的三維結構與結晶情形，目前已經有這種反向推算的技術，但是推算完成後也只能得到電腦繪製出的三維原子排列圖形，已經不算是真正的「照片」了。

（3）掃描隧道顯微鏡

掃描隧道顯微鏡（scanning tunneling microscopy, STM）的基本工作原理是量子力學中的量子隧穿效應。簡單的講，當一個導電探針與樣品表面之間的距離足夠接近（通常小於 1 nm），此處電子雲重疊，在外加一個電壓的情況下（2 mV~2 V），即便兩者之間是真空，電子仍有一定概率「穿隧」這段位壘，從而形成電流，這個電流便是「穿隧電流」，穿隧電流的大小對探針與樣品表面之間的距離極其敏感，如圖 4-43 所示，STM 正是通過測探掃描探針和樣品之間的量子穿隧電流實現對樣品表面形貌特徵的分析。

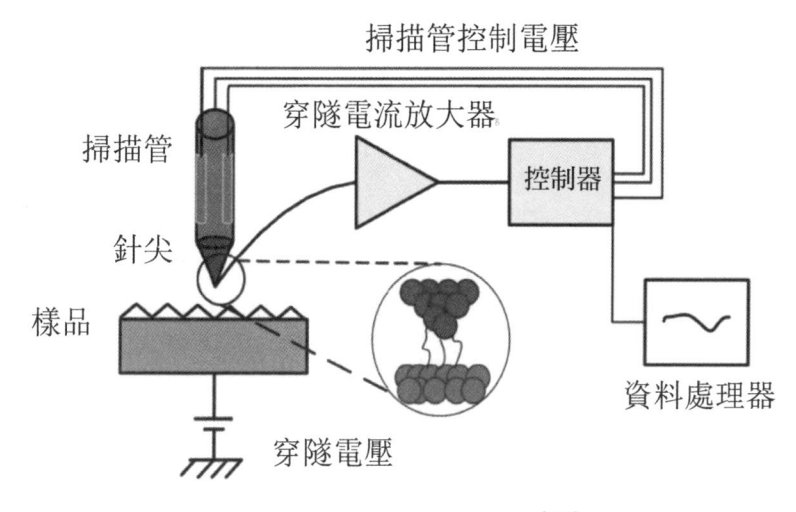

圖 4-43　STM 原理示意圖 [92]

　　常見的 STM 工作模式通常有兩種，分別爲恆電流模式和恆高度模式。恆電流模式指的是利用回饋電路保持隧穿電流的大小恆定。當探針在樣品表面掃描時，爲了保持隧穿電流不變，針尖與樣品表面的相對高度就要保持不變，因而針尖就會需要隨著樣品表面形貌的變化進行相應的高低起伏變化，這樣也就實現了對樣品表面形貌的掃描；在恆高度模式下，探針在掃描過程中的絕對高度不變，當探針沿物質表面掃描時，因樣品表面原子凹凸不平，使探針與物質表面間的距離不斷發生改變，從而引起電流不斷發生改變，將電流的這種改變影像化即可得到樣品表面原子級的形貌影像。

　　此外，值得一提的是，STM 不但可以作爲量測設備使用，在低溫下（4K）其還可以利用探針尖端實現對原子的精準操縱。

(4) 原子力顯微鏡

原子力顯微鏡（atomic force microscopy, AFM）使用矽、鎢或碳奈米管製作成奈米尖端，當奈米尖端由任何固體表面掃過時，尖端接近金屬表面 1 nm 以下時會產生作用力，這種作用力稱為範德瓦爾斯力，利用如圖 4-44 的壓電材料來控制尖端隨物體表面高低起伏而上下移動，使雷射反射後的位置也上下移動，將雷射反射後的位置記錄下來，並且利用電腦類比物體表面三維高低起伏而繪出相對應的三維圖形。AFM 可以測量任何固體表面，解析度與奈米尖端的尺寸有關，可以用來觀察大約 1nm 的結構，因此可以看到由電腦模擬的原子影像。

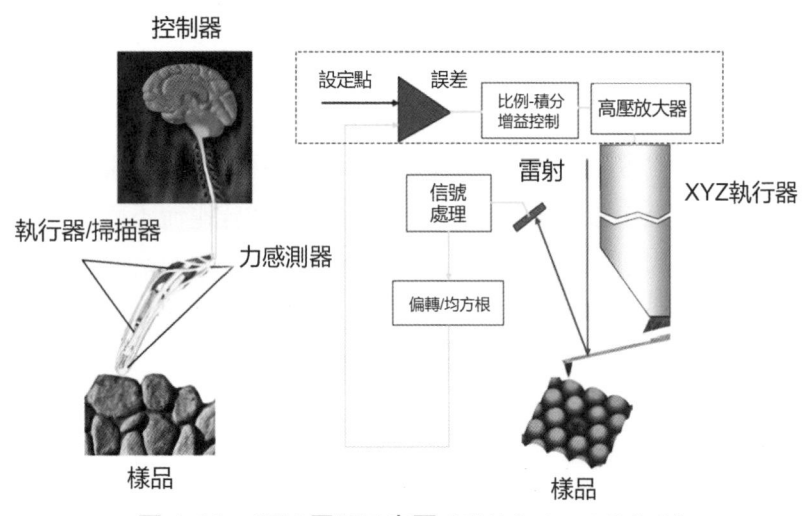

圖 4-44　AFM 原理示意圖（資料來源：亞科電子）

這裡特別說明一下，STM 與 AFM 的原理相似，但是 STM 必須利用奈米尖端與固體表面的隧穿電流，因此只能量測金屬固

體表面，而AFM只是利用奈米尖端與固體表面的範德瓦爾斯力，因此可以量測任何固體表面。

4.6.3 微影疊對與缺陷檢測

（1）微影疊對檢測

半導體製造過程中，微影疊對對準是決定元件性能和可靠性的關鍵因素。隨著晶片尺寸的不斷縮小，微影疊對的要求變得越來越嚴格。而層疊精度檢測設備（如「Overlay」設備）則說明檢測不同層之間的對準情況，確保每個圖案能夠精準疊加，以提高最終產品的性能和良率。此外，缺陷檢測也是不可忽視的一環，它能說明識別由製造誤差或環境因素導致的潛在缺陷。以下是常用的套刻精度度檢測設備以及缺陷檢測技術的介紹。

Overlay設備主要用於半導體製造過程中，檢測不同曝光圖層（或薄膜層）之間的對準精度。在多層結構的製造中，任何微小的對準誤差都可能導致電路連接失效或性能下降。因此，Overlay設備通過高精度測量圖層之間的對準誤差，確保每一層的圖案能夠與底層完美對接，進而提升最終產品的品質與良率。其主要應用包括多層結構對準檢測、曝光製程控制、良率提升以及高精度微型化製造，尤其適用于奈米級別的半導體製程節點。

如圖4-45所示，Overlay設備的工作原理基於高精度光學或電子成像技術，通過掃描樣品表面獲取每一層圖案的影像，並與設計圖進行對比分析。設備通過計算圖案之間的平移、旋轉和縮放誤差，量化對準偏差，並生成精確的誤差報告。常用的檢測方法包括光學成像、雷射掃描干涉以及影像識別演算法等。這些技

術能夠以微米或奈米級的精度檢測圖案的對準情況，即時回饋偏差資料，說明工程師調整生產製程。

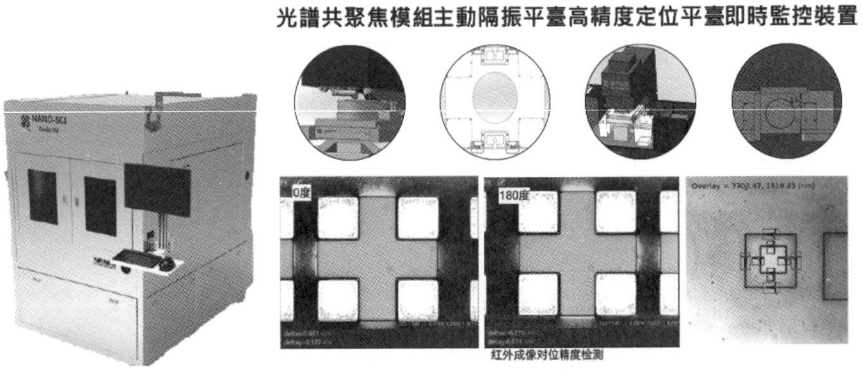

圖 4-45　overlay 設備結構示意圖（資料來源：奈米科學公司）

Overlay 設備的基本結構包括光學或電子成像系統、定位與對準模組、資料獲取與處理單元、顯示與回饋介面以及控制系統。光學或電子成像系統負責獲取高解析度的影像，定位模組確保樣品與探測系統精確對接，資料獲取單元將影像資料傳輸至電腦進行處理。設備的回饋介面顯示誤差報告，並通過控制系統即時調整生產參數。該設備常與其他生產設備（如曝光機）整合，實現全流程的精密控制，確保每個圖層的對準精度符合製造要求。

（2）缺陷檢測

自動缺陷檢測設備（Automated Optical Inspection, AOI）是半導體製造過程中的關鍵檢測工具，主要用於自動化識別和定位

生產過程中產生的微小缺陷。隨著晶片尺寸的不斷縮小，傳統的人工檢測已無法滿足高精度、大規模生產的需求，而 AOI 設備通過高效的影像處理與分析技術，能夠即時檢測晶圓表面和內部的缺陷。AOI 設備可應用於晶圓的多個製造環節，尤其是在曝光、蝕刻、薄膜沉積等過程中，及時發現並修復潛在缺陷，提高生產的良品率。其廣泛應用於晶片生產、顯示元件製造等領域，說明確保產品品質和性能穩定。

AOI 設備的工作原理主要基於高解析度的影像採集與處理技術。設備通過高清相機或掃描系統獲取晶圓表面或薄膜的影像，並使用影像處理演算法對圖案進行分析。這些演算法可以識別圖案中的缺陷類型，如劃痕、顆粒、裂紋、偏移、缺失等，並與設計圖進行對比，計算偏差值。AOI 系統通常採用機器視覺、光學成像、雷射掃描等技術，結合深度學習或機器學習演算法，在大規模生產環境下提供高效、精確的缺陷檢測。通過這些技術，設備能夠以微米或奈米級的精度檢測出即使是極小的缺陷。

如圖 4-46 所示，AOI 設備的基本結構包括影像採集模組、影像處理單元、缺陷識別模組、回饋系統及控制介面。影像採集模組通常由高解析度的相機、照明系統等組成，確保影像採集的高品質。影像處理單元負責將採集到的影像進行即時分析，利用影像處理演算法識別潛在缺陷。缺陷識別模組則通過與設計圖的對比，精確識別缺陷的類型和位置。設備的回饋系統將檢測結果即時回饋給操作人員，控制介面則提供直觀的缺陷報告和修復建議。AOI 設備可與生產線其他設備整合，形成閉環監控系統，通過自動化調整製程參數，實現全流程的缺陷防控。

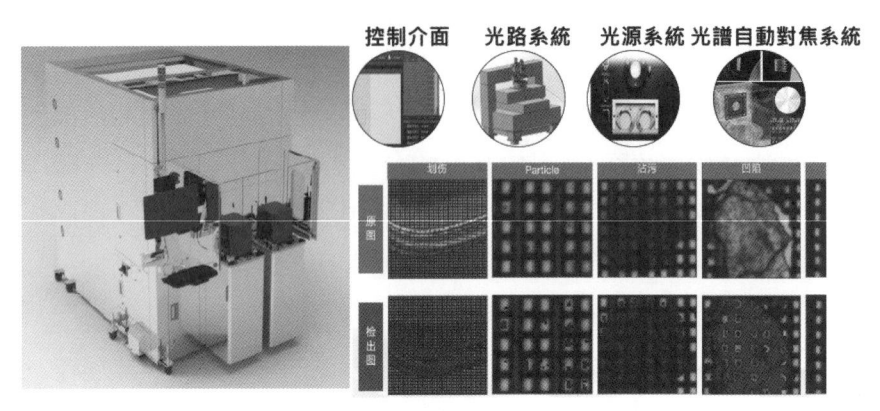

圖 4-46　自動缺陷檢測設備結構示意圖（資料來源：奈米科學公司）

（3）電學性能檢測分析設備

　　元件電學性能檢測分析是半導體行業中一類重要的分析與測試手段，主要用於評估材料和元件的關鍵電氣參數。這些檢測分析技術通過精準的測量，為晶圓製造、元件優化以及製程控制提供了必要的資料支援，涵蓋了導電性、載子濃度、缺陷特性、擊穿電壓、電容特性等多個方面。在生產製造的不同階段，電學性能的檢測分析說明工程師發現潛在問題並進行製程優化，從而確保元件的穩定性和可靠性。

　　電學檢測分析所使用的設備種類豐富，各自針對不同的電學性質展開測試。例如，擴展電阻測試儀（Spreading Resistance Profile, SRP）和四探針電阻率測試儀主要用於測量材料的導電特性；深能階暫態頻譜（Deep Level Transient Spectroscopy, DLTS）和微光發電七參量測試儀可用於分析材料中的缺陷分佈及其影響；電容電壓測試儀（Capacitance Voltage, CV）系列（如

空載 CV 測試儀和電導載子 CV 測試儀）用於分析元件的電容特性和載子濃度分佈。此外，結構光電壓測試儀和高壓測試儀可分別對薄膜特性和材料擊穿電壓進行評估；而表面電荷電阻率測試儀則適用於表面電阻率的測量。

這些設備在不同測試技術的基礎上，能夠為半導體材料的導電機制分析、製程程式控制和元件可靠性評估提供全面支援。例如，在高性能元件研發中，結合深能階暫態頻譜（DLTS）的缺陷分析與擴展電阻測試儀（SRP）的載子遷移率測試，可以更加深入地揭示材料中的電學特性與缺陷之間的關係，優化元件設計。在大規模生產中，這些檢測分析技術的自動化、精確化特點，有效提高了生產線的品質監控效率。

由於上述檢測分析設備價格昂貴，動輒上百萬甚至千萬，這也就催生出了半導體協力廠商檢測這樣一個行業。半導體協力廠商實驗室檢測行業經歷了多年的發展，市場規模不斷擴大。2016 年中國半導體協力廠商實驗室檢測出具報告數 20 萬份，到 2021 年增長到了 93.2 萬份，市場規模達到了 46.8 億元。近年來，隨著半導體產業的快速發展，對檢測服務的需求不斷上升，行業呈現出穩定增長的態勢。這一增長主要受益於中國半導體產業的快速發展，以及半導體產品在設計、生產、封裝等環節對檢測服務的需求不斷增加。目前，協力廠商檢測服務呈現百家爭鳴的局面，行業競爭格局呈現出多層次的特點。擁有國家級科研實力背景的中國賽寶、北軟檢測、廣電計量以及台資背景的京隆科技位於第一梯隊，檢測技術較為先進。這些企業憑藉其雄厚的技術實力、豐富的行業經驗和良好的品牌形象，在市場中佔據了較大份

額。蘇試試驗、閎康、利揚晶片位於第二梯隊，它們在某些領域具有一定的技術優勢和市場競爭力。勝科奈米、季豐、金鑑、確安科技等位於第三梯隊，這些企業近幾年有明顯擴張，在特定領域也有一定的發展潛力。隨著市場競爭的加劇，各企業紛紛加大研發投入，提升技術實力，拓展市場管道，以鞏固自身在行業中的地位。

4.7 空無一物的科學：真空科技

空，是一個大概念；空者，空空如也矣，這裡面的道理深不可測也。宇宙，就是個大大的空者！空，才能容納，有容乃大；空，才能運轉，才有生氣。佛家，講空，空的道理讓釋迦摩尼研究了一生，宣傳了一生，為之奮鬥了一生。人類現在研究宇宙的組成，推測宇宙大部分可能是暗物質，實際也是研究空空如也的世界，所以真空技術已經在我們的生活無所不在。當然，真空技術更是光電與半導體科技突飛猛進的動力之一，所以，了解真空科技，你對薄膜、蝕刻、磊晶、擴散與離子佈植的這些技術與設備將不再陌生。

4.7.1 真空的基本概念

真空是一個特殊的環境空間，裡面有相對較低的氣體分子密度，可以提供一個較純淨不受氣體分子干擾的環境，如降低氣體分子間碰撞、降低活性氣體分子的污染等，以利研究或產品生產。自托里切利在水銀柱大氣壓力實驗中訂出毫米汞柱氣壓單位

以來（torr，一個大氣壓為 760torr），歷經數百年的發展，真空已成為一專門的學問。但在早期受限於組件材料、抽氣器械的發展遲緩而沒有突破性的進展，直到 50 年前，高真空仍是一項十分困難的技術。現今由於材料科學、真空幫浦技術及真空應用研究與產業的蓬勃發展之賜，不但超高真空技術已被廣泛使用，極高真空技術也已不再是科學殿堂中遙不可及的科技。

真空依字面上解釋應為空無一物，即在某一特定空間中不存在任何物質。事實上這種情形並不存在，即使在外太空也還存在少許的氣體分子和粒子等。目前科技所能達到之真空極限為 10^{-12} Pa（N/m^2，牛頓/平方米），在 1 升的容器中至少仍存在有 10^5 個氣體分子，所以真的空是不存在的。

現實世界中沒有任何包覆空間的容器是絕對不漏氣的，所以在地球表面附近的真空容器只要不持續將氣體分子排出，經過一段時間，容器內之氣體壓力必然升高，最終與周邊環境達成平衡。

為了維持容器內的真空程度，必須不斷地排氣，這個排氣的工具一般使用真空幫浦。由於氣體分子的運動行為依不同溫度、不同種類、不同濃度而有極大差異，真空幫浦的排氣方式即是依據不同真空程度之氣體分子的運動行為來進行設計，以現代科技而言，尚無法運用單一一種排氣原理所設計的幫浦來從事涵蓋整個真空領域的抽氣工作。

由於使用真空幫浦對真空容器抽氣，自然必須有精確的測量儀器進行容器內真空程度的偵測，這些測量儀器稱為真空計。如同真空幫浦一樣，真空計是依據在不同真空環境下之氣體整體行

為與氣體個別行為所顯現的物理特性與化學特性上的差異而設計的,自然也無法使用單一一種偵測原理所設計的真空計即可測量整個真空領域。

(1) 真空的定義
①絕對真空:即空無一物,也可稱為理想真空。
②相對真空:即一般所謂的真空,表示某一特定空間內氣體壓力小於一大氣壓。
③自然真空:存在於自然界的真空,如外太空、月球表面。
④人造真空:以人為力量造成的真空,如利用真空幫浦對某一特定空間排氣而達到之相對真空。

(2) 真空之等級的介紹
①粗略真空:760～1 torr
②中度真空:1～10^{-3} torr
③高真空:10^{-3}～10^{-7} torr
④超高真空:10^{-7} torr 以下

(3) 氣體之壓力
①氣體壓力之定義:氣體壓力是由氣體分子碰撞受壓面而產生。
②標準大氣壓之定義:在 0°C時,大氣施以 760 毫米汞柱的壓力稱之。
③一標準大氣壓力 = 1 atm = 760 mmHg = 760 torr =

1.013×10^5（10 的 5 次方）Pa = 1013 mbar = 14.7 psi。

4.7.2 真空中之氣流特性

氣體在真空中的運動行為（或稱為氣流）是隨著壓力不同而有極大之差異，也就是說隨著氣體分子稀薄程度的改變，其氣流特性也會隨著改變。真空幫浦和真空計是針對氣體在某一真空範圍內所呈現的特性而設計的，這也就是為什麼會需要這麼多不同類型的真空幫浦和真空計的原因。下表為氣體分子在各真空壓力範圍內之特性：

表 4-13 氣體分子在不同真空壓力範圍下的特性

	粗略真空	中度真空	高真空	超高真空
壓力（torr）	760～1	1～10^{-3}	10^{-3}～10^{-7}	< 10^{-7}
平均自由徑（cm）	< 10-2	10^{-2}～10	10～10^5	> 10^5
氣流形式	黏滯流	過渡流	分子流	分子流
物理特性	氣體熱對流現象與壓力有關	氣體熱傳導隨壓力之變化極為明顯	氣體在空間中之碰撞率顯著降低	以表面之現象與效應為主

表 4-13 為氣體分子在各真空壓力範圍內的特性，其中的名詞定義與解釋如下。

碰撞率：氣體分子每秒鐘之內與其它氣體分子之平均碰撞次數。

平均自由徑：氣體分子與其它氣體分子連續兩次碰撞間所運動之平均距離。

黏滯流：在粗略真空時氣流運動是呈黏滯流狀態，主要是由

氣體分子與氣體分子間頻繁的碰撞來決定它的一些特性：

（a）分子平均自由徑遠小於管路直徑。

（b）氣體分子間之碰撞次數遠大于碰撞管壁次數。

（c）氣體分子間受黏滯力作用，運動時具有方向性，並且沿著抽氣方向運動，所以在此氣流狀態中可以防止幫浦油氣回溯，如圖 4-47 所示：

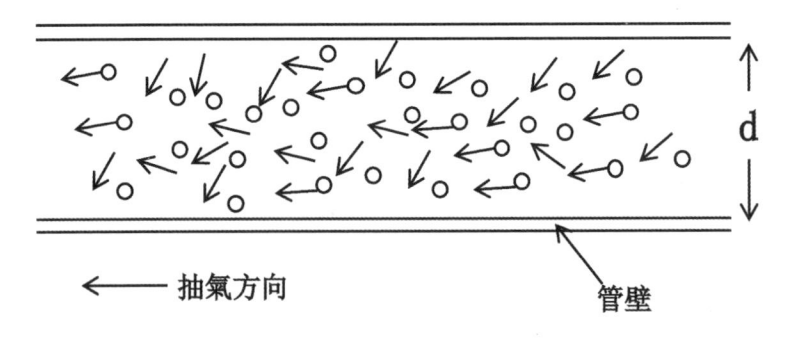

圖 4-47　黏滯流氣體分子運動

過渡流：在中度真空時氣流運動為過渡流狀態，其運動特性介於黏滯流與分子流之間，此時分子平均自由徑大約等於管路直徑。

分子流：在高真空或超高真空時氣流運動以分子流狀態為主，此時氣體分子呈自由運動狀態，在真空系統中它的特性有：

①分子平均自由徑大於管路直徑。

②氣體分子碰撞管壁機會要比彼此碰撞機會多。

③氣體分子在管路中呈自由運動狀態，不受抽氣方向影響如圖 4-48 所示：

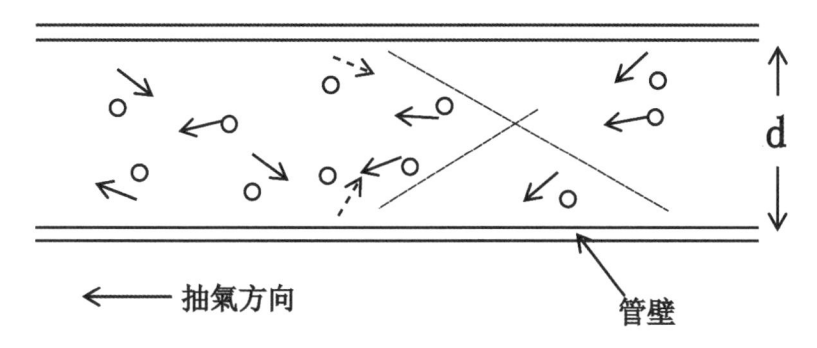

圖 4-48　分子流氣體分子運動

4.7.3 真空系統

真空系統是依特定應用需求而提供一個與外界隔絕之真空環境，它主要是由負責氣體分子排除的真空幫浦、真空度偵測的真空計、真空環境進出與操控的真空閥門與真空引入及一些管路、接頭等配件所組合而成，真空系統性能的好壞則取決於材料的選擇和系統性能的要求及次系統組件之搭配選擇。

(1) 真空組件與材料

真空材料：真空材料一般可分為金屬、陶瓷、玻璃、橡膠、塑膠及油脂等六類，使用上主要考慮因素包括機械強度、漏氣率、加工焊接、價格、抗溫、抗腐蝕等。

真空封合：真空系統中含有可拆卸封合與連接之元件，在中、低真空主要使用彈性墊圈封合如 O 形環，如圖 4-49。在超高真空以上應用領域時，則使用金屬墊圈封合如無氧銅墊圈刀刃封合等，如圖 4-50。

圖 4-49　O 形環封合

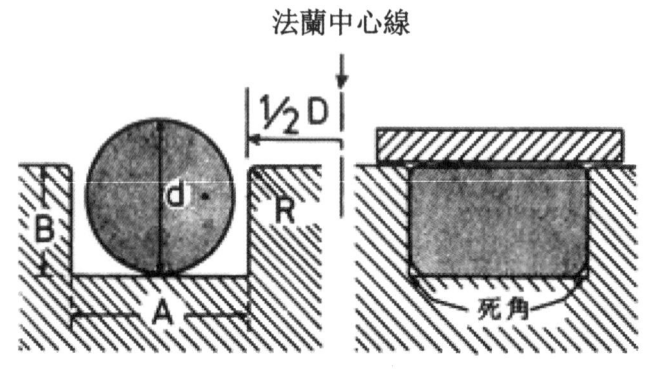

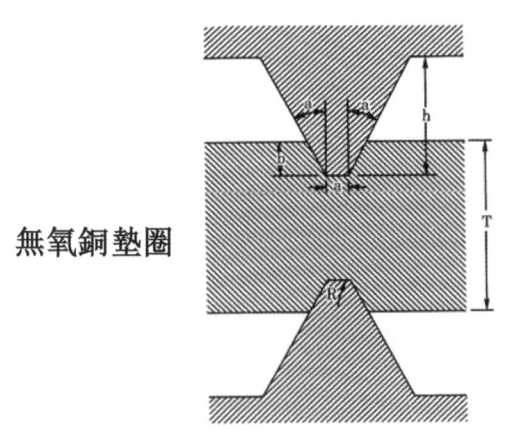

圖 4-50　無氧銅墊圈刀刃封合

　　真空閥門：真空閥門作為調節或隔絕真空系統內外之氣體分子流動，其必要條件為不漏氣、氣導大且本身逸氣率小。包括用於粗抽低真空之閥門如盤形閥、球閥，見圖 4-51 和圖 4-52；用於高真空之閥門如閘閥，見圖 4-53；用於進氣之閥門如針閥，見圖 4-54；用於高溫烘烤之閥門，如圖 4-55。

Part 4 關鍵半導體設備

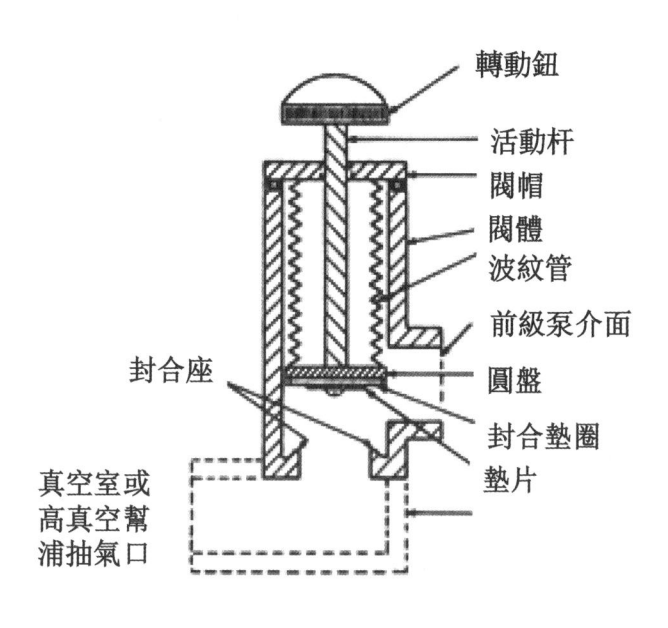

圖 4-51 盤形閥

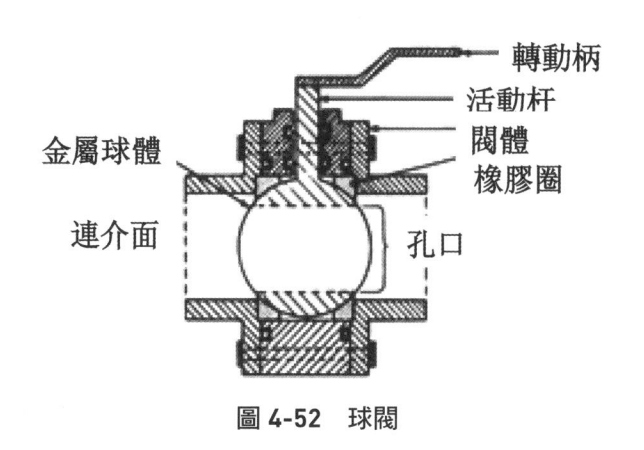

圖 4-52 球閥

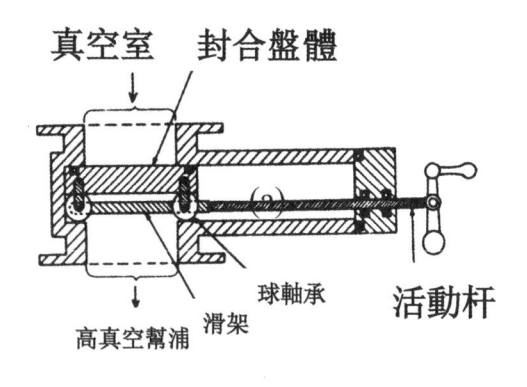

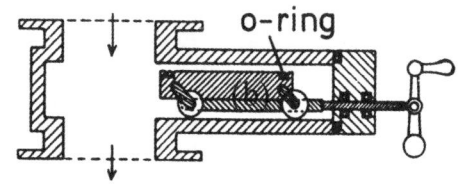

圖 4-53 閘閥（a）閥門關閉，（b）閥門開啟

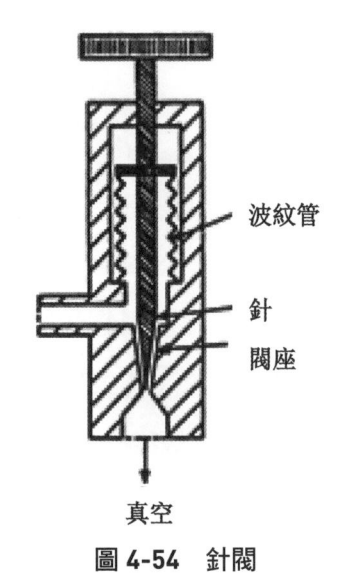

圖 4-54 針閥

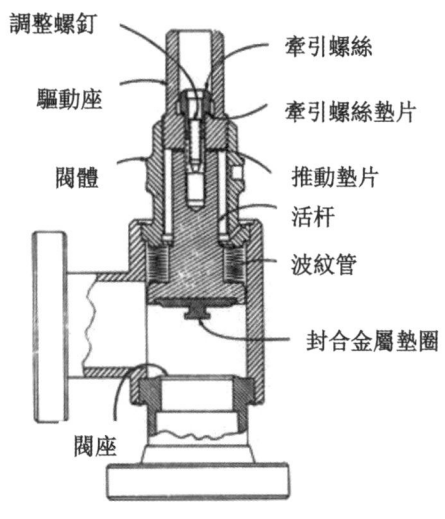

圖 4-55　可烘烤之全金屬閥門

真空引入：這種真空元件是用於真空系統內外訊號、電源供應及機械動作等之傳輸，而且不會破壞真空狀態，一般可分為電力與訊號傳送的電引入，如高電壓或電流引入、熱電偶引入、射頻引入等；機械引入包括轉動運動引入、線性運動引入、流體引入等。如圖 4-56 所示。

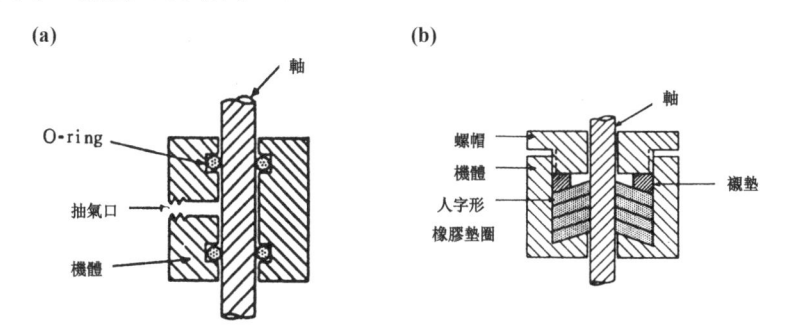

圖 4-56　傳動機械引入機構（a）O 型環墊圈封合（b）人字形墊圈封合

(2) 真空幫浦

定義：真空幫浦是指可將容器內的氣體分子排除而造成相對真空狀態之工具。

真空幫浦之分類

依抽氣方式劃分：

①排氣式幫浦：將氣體分子直接從真空容器中抽出而且排至大氣。

②儲氣式幫浦：利用物理吸附或化學吸附將氣體分子從真空容器中抽出，但不直接排至大氣而是暫時或永久儲存在幫浦系統中。此類幫浦有儲氣容量之限制，需以再生等方式恢復儲氣功能。

依工作原理劃分：

①氣體壓縮原理：利用一次或多次壓縮作用，將真空容器內氣體分子排至大氣，如活塞幫浦、旋片幫浦、魯式幫浦等。

②動量移轉原理：利用動量傳遞方式將氣體分子從低壓區送至高壓區。可分為黏滯牽曳，如蒸汽幫浦；擴散牽曳，如擴散幫浦；分子牽曳，如渦輪分子幫浦。

③物理吸附或化學吸附原理：利用低溫凝結、化學反應、掩埋等方式將氣體分子固著，達到降低真空容器氣體分子數目的效果，如冷凍幫浦、離子幫浦、吸附幫浦等。

依工作壓力的範圍劃分：

幫浦依使用壓力範圍可區分為粗略真空用的抽吸幫浦、活塞幫浦；用於粗略真空至中度真空的滑片幫浦、魯式幫浦、吸附幫

浦等；高真空幫浦如渦輪分子幫浦、油擴散幫浦及冷凍幫浦；超高真空幫浦有渦輪分子幫浦、冷凍幫浦、離子幫浦、鈦昇華幫浦，如圖 4-57 所示。

超高真空 $<10^{-7}$ torr	高真空 $10^{-3}\sim 10^{-7}$ torr	中度真空 $1\sim 10^{-3}$ torr	粗略真空 $760\sim 1$ torr	
			────	抽吸幫浦
			────	活塞幫浦
			── ──	膜片幫浦
			────	液環式幫浦
		────		滑片幫浦
		── ────		多葉片式幫浦
		── ──		旋轉柱塞幫浦
	── ────			魯氏幫浦
		── ────		氣環式幫浦
────				渦輪分子幫浦
	────			液體噴射幫浦
	────			蒸氣噴射幫浦
────				擴散幫浦
	────────			擴散噴射幫浦
	── ──			吸附幫浦
── ────				鈦昇華幫浦
────				離子幫浦
────				冷凍幫浦

圖十二　各類真空幫浦之工作壓力範圍

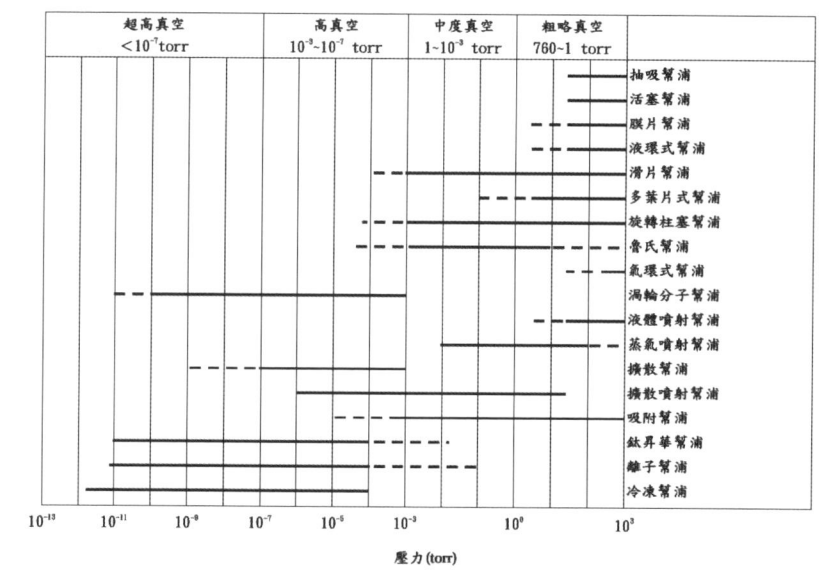

壓力(torr): 10^{-13}　10^{-11}　10^{-9}　10^{-7}　10^{-5}　10^{-3}　10^0　10^3

圖 4-57　各類真空幫浦的工作壓力範圍

真空幫浦的性能要素

由於真空幫浦的工作原理、抽氣方式與適用工作壓力範圍有極大的差異，因此在選擇真空幫浦時必須注意以下幾個要素，並考慮其間搭配串聯抽氣之合宜性。

①終極壓力：指幫浦抽氣所能達到最低氣壓之極限。終極壓力之大小由幫浦本身氣體逆流之大小或所用抽氣媒介（幫浦油）之蒸汽壓來決定。

②工作壓力範圍:指幫浦在此段壓力範圍內具有足夠之抽氣速率,適合作抽氣工作。如圖 4-58 所示。

③抽氣速率:幫浦的抽氣速率是隨壓力不同而變化,一般是指最大抽氣速率。

④排氣口壓力:指排氣真空幫浦的排氣口壓力,一般初級幫浦是直接排入大氣,排氣口壓力即為大氣壓,但如為高真空幫浦則可能要提高至 0.5 ~10-2 torr 不等。

⑤幫浦之組合:要達到高真空及超高真空領域的需求,目前尚無法以單一幫浦勝任,一般皆以初級幫浦搭配高真空幫浦,或是以初級幫浦、中繼幫浦再搭配高真空幫浦組合而成。如圖 4-58 所示。

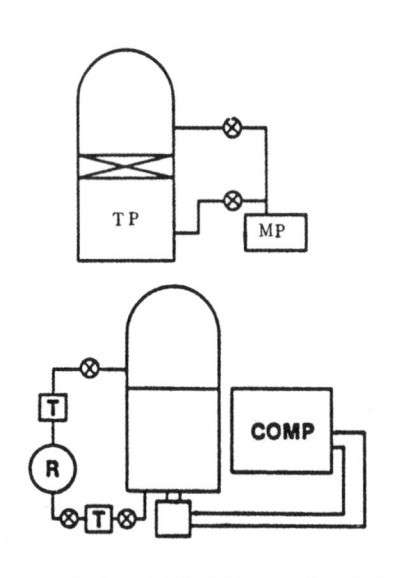

圖 4-58　高真空幫浦系統之組合及優缺點

(3) 真空計

真空計是依據在不同真空程度下氣體分子的行為差異，運用各種物理原理直接或間接測量氣體的壓力或分子數目。真空計和真空幫浦相同的一點是，兩者都是利用氣體在不同壓力下所呈現的物理特性來加以運用，同樣的，真空計在不同的壓力範圍下也需使用不同種類的真空計，到目前為止尚無一種真空計可以測量從一大氣壓至極高的真空領域。

4.7.4 真空系統的應用

真空是一個特殊的環境，它可提供純淨不受氣體分子干擾的空間，以進行科學研究或產品生產，這些工作主要是利用在真空條件下呈現的某些物理上或化學上的特性：

(1) 物理特性

①真空與大氣壓力間的壓力差所造成之吸附效果。

②真空中氣體分子平均自由徑加長，分子間碰撞減少，有利於電子、離子長距離運動。

③真空中氣體稀薄可降低熱傳導、提高電絕緣。

(2) 化學特性

①真空中氣體分子數目少，有助於防止水汽、氧氣對物件的破壞、污染。

②真空中可形成持續之電離效應，有助於使用等離子反應以進行鍍膜、蝕刻、材料化合等工作。

4.7.5 真空技術的應用範圍

真空技術的應用可以將之區分為學術研究與工業生產兩大部分,在學術研究方面包括有質譜儀、分子束裝置、粒子加速器、電子顯微鏡、薄膜成長、電漿研究、表面物理研究、太空類比研究等。在工業生產方面涵蓋了機械工業之金屬退火、除氣、金屬熔接、表面硬化處理、精密鑄造等;化學工業之藥品製造貯存、蒸餾分餾、乾燥成型等;食品工業之真空包裝、乾燥、真空填充、脫水貯存等;電子工業之離子佈植、真空鍍膜、真空蝕刻、真空管、雷射等。

真空是一門很特別的學問,它好像跟所有科學與技術都沾得上邊,但是實際上相關性又是這麼的薄弱,真空技術之於科學技術就像拼音之於文字,它是基礎,也是捷徑,了解真空技術,從事高科技行業研發與製造的你將會順風順水。

4.8 附錄

本章相關名詞的中英文對照表

英文名詞	中文翻譯(大陸地區翻譯)
3D NAND	3D 儲存型快閃記憶體(三維閃存)
ALD	原子層沉積
Anti-Reflective Coatings	抗反射鍍膜(增透塗層鍍膜)
Atmospheric Pressure CVD	大氣壓化學氣相沉積
AXCELIS	亞舍立公司
Batch ALD	批量原子層沉積
Bosch	博世
CCP	電容耦合電漿(電容耦合等離子體)
CMP	化學機械研磨(化學機械拋光)

Part 4　關鍵半導體設備

英文名詞	中文翻譯（大陸地區翻譯）
CVD	化學氣相沉積
ECR	電子迴旋共振
Equipment front-end module, EFEM	晶圓移載系統（設備前端模塊）
Electrostatic chuck, ESC	靜電吸盤
EPI（Epitaxy）	磊晶（外延生長）
Etch	蝕刻（蝕刻）
Flexible Electronics	柔性電子
ICP	感應耦合電漿（感應耦合等離子體）
ion implantation	離子佈植（離子注入）
LPCVD	低壓化學氣相沉積
Magnetron Sputtering	磁控濺射
Mass flow controller，MFC	質量流量控制計
MEMS	微機電系統
MOCVD	金屬有機化學氣相沉積
OES（Optical Emission Spectrometer）	光學發射光譜儀
Optoelectronics	光電元件（光電器件）
PEALD	電漿增強原子層沉積（等離子體增強原子層沉積）
PECVD	電漿增強化學氣相沉積（等離子體增強化學氣相沉積）
Plasma	電漿（等離子體）
Precursor	前驅物（前驅體）
Pump	幫浦（泵）
PVD	物理氣相沉積
Self-Limiting Reactions	自限性反應
Spatial ALD	空間原子層沉積
TFT	薄膜電晶體（薄膜電晶體）
Thermal ALD	熱型原子層沉積
TSV	垂直互連矽穿孔（垂直互連硅通孔）
ULVAC	日本真空（愛發科）
Veeco Instruments	威科儀器（維易科精密儀器）

Part 5

先進製程介紹

随著晶片尺寸的不斷微縮，摩爾定律面臨著物理極限的挑戰，製程難度和成本也隨之上升[93-97]。如圖 5-1 所示，為了維持甚至超越摩爾定律所帶來的性能提升，人們一方面通過採用更高精度的製造技術和更複雜的結構設計，將積體電路的電晶體數量和性能進一步提升；另一方面則致力於開發先進封裝技術方案，以解決尺寸縮小、功能整合和散熱等問題。可以說先進製程與先進封裝技術是當下推動半導體技術繼續發展進步的關鍵因素，本章將先在 5.1 到 5.3 小節對當下熱門的積體電路先進製程、結構以及實現這些先進製程所需要的關鍵設備（EUV/DUV 微影曝光機以及原子層蝕刻設備）進行介紹，然後在 5.4 小節到 5.6 小節對先進封裝技術及相關設備予以詳細的說明。

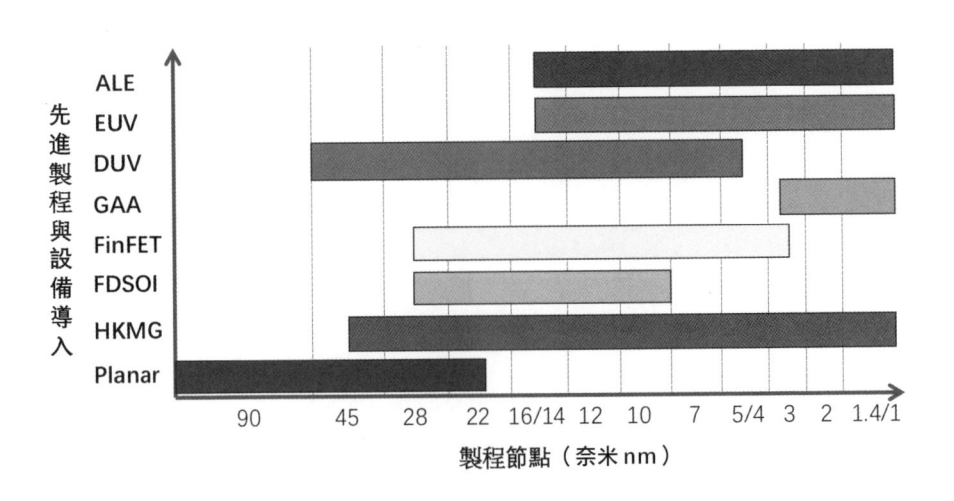

圖 5-1　先進製程與設備導入的製程節點

5.1 積體電路先進製程介紹

隨著積體電路的不斷發展,傳統的矽基製程逐漸在性能、功耗和可靠性方面顯現出瓶頸。為了解決漏電流增大、閘極控制能力不足等問題(這些問題都會導致電晶體的開關作用變弱甚至失效),也為了保證摩爾定律的進一步延續,業界開始在材料和結構方面進行創新,並逐步發展出了高介電常數金屬閘極(High-k Metal Gate, HKMG)、全空乏絕緣上覆矽(fully depleted silicon-on-insulator, FDSOI)、鰭式場效電晶體(fin field-effect transistor, FinFET)和環繞式閘極場效電晶體(gate all around, GAA)等技術,本小節將對這些先進製程技術予以介紹。

5.1.1 HKMG

HKMG 的商業化應用可以追溯到 2007 年,當時 Intel 公司為了降低漏電並加強閘極的電場控制能力,在其 45 nm 製程節點中引入介電常數較高的氧化鉿(HfO_2)作為閘極介電層,此後包括三星電子、美光等在內的記憶體大廠都將目光投向了 HKMG。這裡將分兩部分對 HKMG 進行探討,一部分是關於高介電常數介電層的探討,另一部分則是關於金屬閘極的討論。

或許你會疑惑,怎麼用高介電常數的材料做閘極介電層就可以解決漏電和電場控制能力的問題?這個問題的整體思路是這樣的:漏電和電場控制能力是與閘極介電層的厚度、電容相關的,而這些因素又和閘極介電層的介電常數相關聯,這樣漏電流、電場控制能力的問題就和閘極介電層的介電常數產生了關聯。接下

來就來具體探討一下為什麼用高介電常數的閘極介電層可以很好的解決前述的漏電流和電場控制能力的問題。以下將按照這樣的思路順序展開討論：一、什麼是介電常數？二、為什麼隨著閘極尺寸的減少，會產生漏電增大、電場控制能力減弱的問題？三、為什麼高介電常數的閘極介電層可以很好的解決漏電增大以及電場控制能力不足的問題？

首先，什麼是介電常數呢？通俗的講，介電常數是一個描述介電材料對電場影響能力大小的物理量。怎麼理解呢？我們來簡單回想一下我們學過的電磁學，如圖 5-2 所示，當在兩個平行金屬板之間施加電壓時，兩個金屬板之間自然而然的會產生電場，不妨把這個電場記作 E_0。在不改變兩端電壓的情況下，向兩個電極板之間填充電介電材料，那麼此時介電材料中的正負電荷在電場的作用下便會輕微地偏離平衡位置（位移型），或者發生偶極矩的有序化排列（弛豫型），這就是我們經常聽說的介電極化現象。由於介電極化，正電荷會沿電場方向移動，負電荷則向與電場相反的方向移動。這會在介電質內部產生一個抵消部分外部

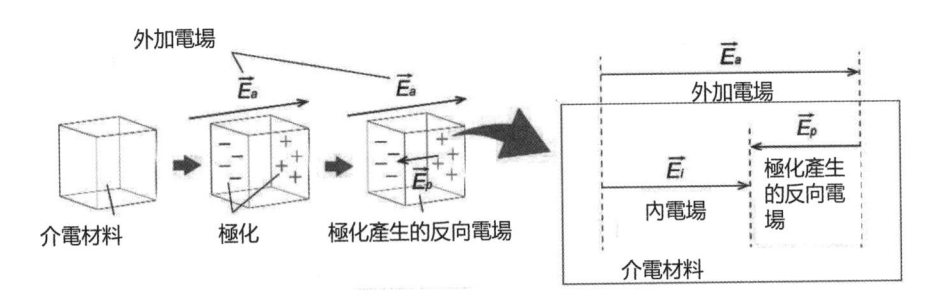

圖 5-2　介電常數原理示意圖

電場強度的電場，所以相比於前述 E_0，介電材料內部電場將會小一些，不妨將其記作 E_1。上述 E_0 與 E_1 的比值，也就是這裡所討論的介電常數了，在物理學中通常將其記作為 k。

為什麼隨著閘極尺寸的減少，會產生漏電流增大和電場控制能力減弱的問題呢？你可以先簡單的這樣理解：漏電流與閘極介電層的厚度有關，厚度越薄，越容易產生漏電流；電場控制能力與電容值有關，同樣的電壓條件下，電容值越大，電場控制能力越強。此外，你還應該了解，材料的電容值與介電常數的關係（公式 5-1），其中 C 代表材料的電容值，k 為介電常數，A 為介電層的面積，d 為介電層的厚度。

$$C = \frac{0.0884kA}{d} \qquad (5\text{-}1)$$

在建立這些基本的認知後，可以來看一下為什麼隨著閘極尺寸的減少，會產生漏電流增大和電場控制能力減弱的問題了。半導體前段製程的挑戰，不外乎是不斷微縮閘極線寬，在固定的單位面積之下增加電晶體數目。對應公式 5-1，線寬的減少，意味著 A 的減小，那麼在不改變介電材料（即 k 不變）的情況下，為了保證電場控制能力不變（即 C 不變），只能把介電層的厚度（d）也變小，而 d 又和漏電流有關，當 d 減小到一定程度後，漏電會過大；為了不讓漏電過大，不減小介電層厚度（d）怎麼辦呢？沒錯，這樣隨著閘極線寬的減小，介電層的電容值會越來越小，而這意味著電場控制能力的減弱。

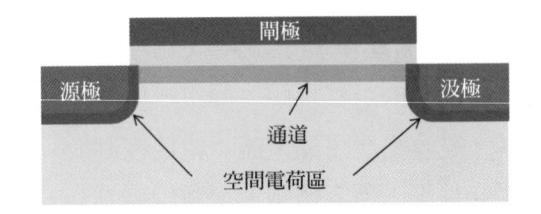

長通道元件　　　　　　　　　　短通道元件

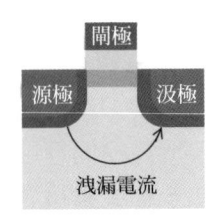

圖 5-3　MOSFET 尺寸縮小帶來的影響示意圖

　　在 65 nm 製程節點中，電晶體中的閘極介電層（SiO_2）已經縮小到僅有 5 個氧原子的厚度了，作為阻擋閘極和下層半導體的絕緣體，其已經不能再進一步縮小了，否則產生的漏電會讓電晶體無法正常工作，導致絕緣效果降低。這時候，我們再看一下公式 5-1，顯然我們還有一個參數沒有動用，那正是材料的介電常數 k，顯然當閘極線寬減小（A 對應減小）時，可以使用更高 k 值的材料，來保證 C 不變，並且如果 k 值足夠高的話，甚至可以在保持 C 值滿足要求的情況下，適當增大 d 的值，這正是使用高介電常數閘極介電層可以很好的解決漏電增大以及電場控制能力不足的問題的原因。所以，在 45 nm 及以下節點中，為了繼續實現製程的微縮，在保持優異的電場控制能力的同時減少漏電流，高介電常數材料（例如前述的 HfO_2）常被用做閘極介電層。作為參考，這裡將常見的高介電（High-k）材料及其介電常數在表 5-1 中列出，供各位讀者了解。

表 5-1　常見的高 k 材料與相應的介電常數

High-k 材料	介電常數
氧化鉿（HfO_2）	25
氧化鈦（TiO_2）	30-80
氧化鋯（ZrO_2）	25
五氧化二鉭（Ta_2O_5）	25-50
鈦酸鋇鍶（BST）	100-800
鈦酸鍶（STO）	230+
鋯鈦酸鉛（PZT）	400-1500

解釋完高介電常數介電層，我們再來簡單聊一下為什麼要用金屬閘極，而不用多晶矽閘極。首先，多晶矽會與 HfO_2 中的 Hf 反應造成介面缺陷，這不是人們所期望看到的；同時，如果使用多晶矽做閘極的話，靠近閘極介電層的多晶矽會被耗盡，這會導致閘極的電容值減小，這也不是人們想看到的。而如果使用金屬閘極的話則可以很好的避免這些問題，此外，相比於多晶矽閘極，金屬閘極的電阻率更低，電路的開關速度會更快。

5.1.2 FDSOI

FDSOI 是胡正明教授在 2000 年所設計提出的，同樣是針對電晶體尺寸微縮所導致的漏電流過大、閘極控制能力不足的問題。如圖 5-4 所示，由於在關閉狀態，電晶體源極到汲極之間的漏電主要發生於距離閘極較遠的位置，為了解決這個問題，胡正明教授設計了 FDSOI 這樣的結構，將通道做的足夠薄的同時，在 CMOS 和矽基板之間加一層很薄埋入氧化層（buried oxide layer），該埋入氧化層可以有效的「堵住」距離閘極較遠的漏電通道。

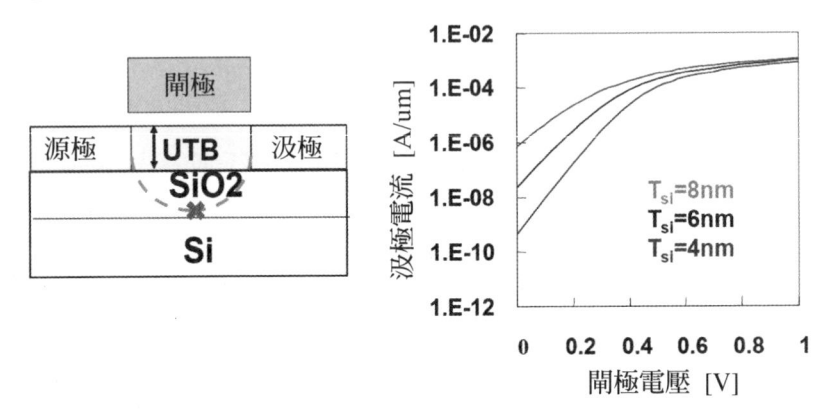

圖 5-4 FDSOI 示意圖

那麼怎麼理解 FDSOI 中的全耗盡（fully depleted, FD）的含義呢？這裡「全耗盡」一詞和在 MOSFET 的介紹中所提及的耗盡型 MOSFET 中「耗盡」一詞的含義是不同的，這裡「全耗盡」指的是只有在施加閘極電壓時，通道才會形成導電通道，而在沒有施加電壓於閘極的情況下，通道變為絕緣狀態，無法導電。為了實現「全耗盡」這樣的特點，通道就需要做的足夠薄（大約十幾個原子的厚度），所以這個結構有另一個別稱 UTBSOI，我們稱為超薄型矽覆蓋絕緣層，也正是因為通道足夠薄，所以不會對其進行摻雜，因為即使是幾個摻雜原子的引入，也會對通道的性能產生很大的影響。

值得一提的是，正如在圖 5-5 所看到的，FDSOI 仍然是屬於平面製程，所以其生產製程較為簡單，而且與傳統的 CMOS 製

程有較好的相容性，儘管 FDSOI 所使用的晶圓並不便宜，但是相比於後面要介紹的 FinFET 和 GAA 這樣的三維結構，FDSOI 仍然有明顯的成本優勢。當然 FDSOI 作為平面製程，其在電晶體尺寸微縮上表現出的價值，很難與接下來要探討的 FinFET 和 GAA 這樣的三維結構相競爭，但是這並不意味著 FDSOI 會出局，對於那些不需要極限性能的應用條件中，FDSOI 有望通過更高的性價比站穩市場。

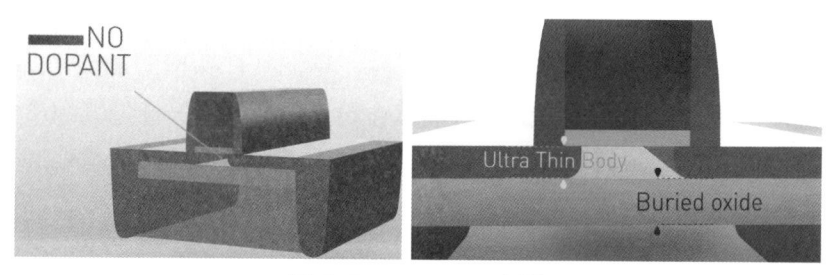

圖 5-5　FDSOI 示意圖

5.1.3 FinFET

FinFET 結構同樣也是胡正明教授所設計提出的，不過不同於 FDSOI 的平面結構，FinFET 採用三維結構。根據增加氧化絕緣層電容達到在閘極縮小之後減低短通道效應的理論，增加絕緣層的表面積亦是一種改善漏電流現象的方法。如圖 5-6 所示，FinFET 就是通過增加絕緣層的表面積來增加電容值、降低漏電流。FinFET 製程的導入保證了積體電路製程在 28 nm 之後得以微縮線寬及延續摩爾定律，直至目前的 3 nm 節點，這主要得益於 FinFET 的魚鰭（Fin）結構，增加了閘極對通道的控制面積。

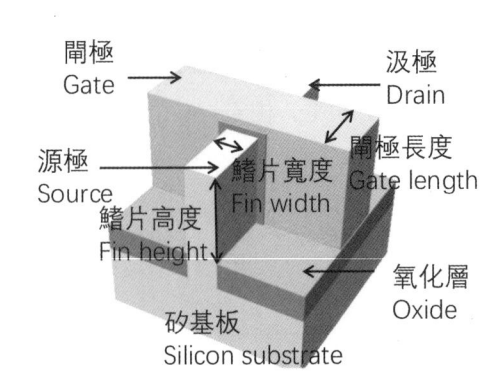

圖 5-6 FinFET 結構示意圖

為了進一步改善 FinFET 的性能，單個元件結構的 Fin 可以做成多個，這樣與閘極的接觸面積會更大，源極與汲極之間的電阻與閘極的長度成正比，與面積成反比，多 Fin 的設計更有利於提高元件的開關速度，如圖 5-7 所示：

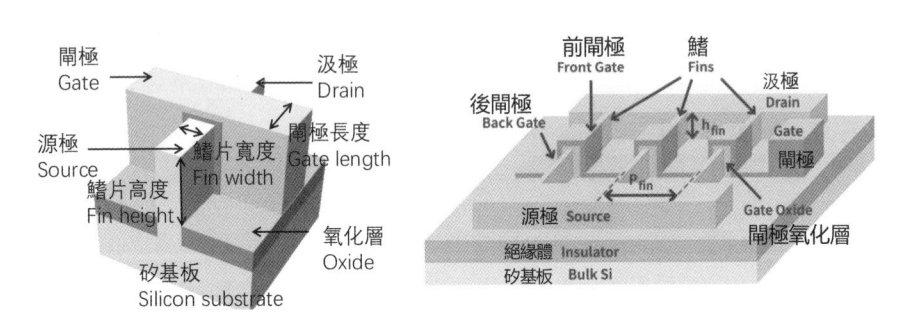

圖 5-7 單個 Fin 與多個 Fin 結構示意圖

目前 FinFET 的製程已經相當成熟，以至於台積電 3 nm 都繼續沿用了 FinFET 的製程流程，但隨著元件結構的進一步微縮，FinFET 的弊端也逐步顯現出來。在實際的元件製作中，鰭式電

晶體的尺寸縮小的一個重要衡量參數就是鰭線（Fin Line）和閘線（Gate Line）的重複週期，隨著元件往 5 nm 以下發展，閘極之間的間距在 40 nm 以下後，FinFET 的靜電問題限制元件性能的提升，出現寄生電容及電阻問題，如果要繼續縮小電晶體的尺寸，做到比 3 nm 節點還要小的製程，FinFET 似乎已經是強弩之末，新的電晶體結構呼之欲出。

5.1.4 GAA（Gate All Around）環繞式閘極場效應電晶體

GAA 全稱是 Gate All Around，即環繞式閘極場效電晶體，如圖 5-8 所示，相比 FinFET 結構的閘極三面控制，GAA 的閘極控制面進一步增加為四面控制，隨著通道寬度與邊數的增加，元件有著更好的電學性能。

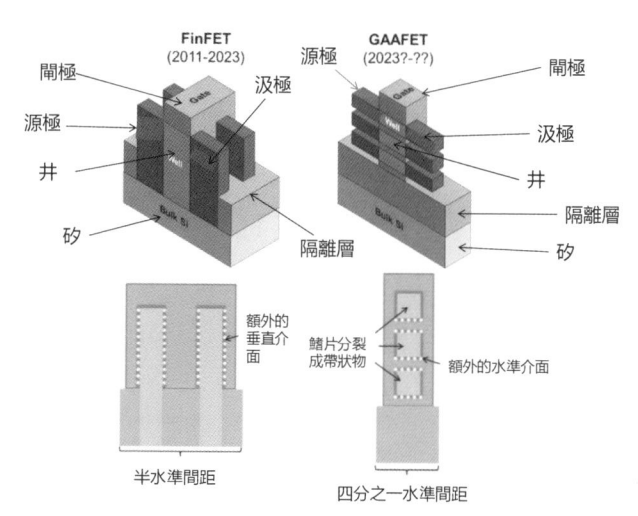

圖 5-8　FinFET 與 GAA 結構對比

GAA 通常有兩種結構，如圖 5-9 所示分別為奈米線和奈米片結構，兩者大同小異，閘極都是 4 面控制，奈米片結構的接觸面積會更大一些，因此做成奈米片狀結構對電流的控制會更好，使用 GAA 結構，不僅元件響應速度更快，而且功耗更低，更低的電壓即可控制元件的運行，提高了電源效率。

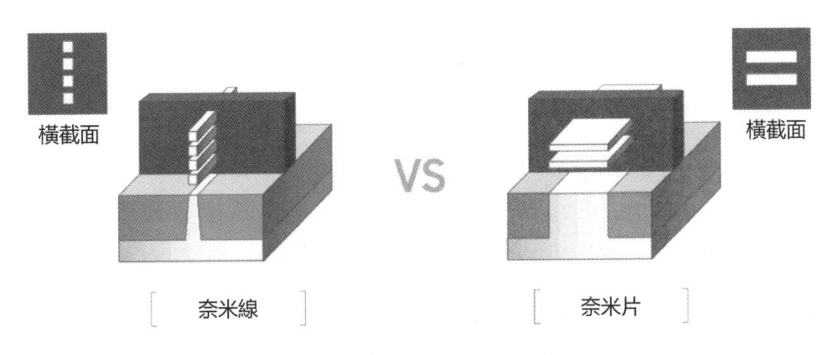

圖 5-9　GAA 的兩種結構

GAA 是下一代先進半導體製程的主流結構選擇，優點很明顯，唯一的缺點就是製程的難度較大，而且更為複雜，這也是台積電 3 nm 都沒有引入 GAA 的原因，不過目前來看 GAA 的產業化已經具備條件，良率是最需要克服的問題，三星大幅度落後台積電，GAA 製程導入不順利，良率太低是最大原因，因為相比 FinFET，GAA 因為要反覆精確開槽等製程、疊加元件之間的間距需要精確控制，精確檢測也非常關鍵，尤其是電子束檢測製程更是需要耗費大量人力與設備，因而難度與製程步驟都大幅度增加，相信未來只要解決這些問題，GAA 很快就可以成為最新一代的電晶體微縮最重要的技術。

5.1.5 先進製程展望

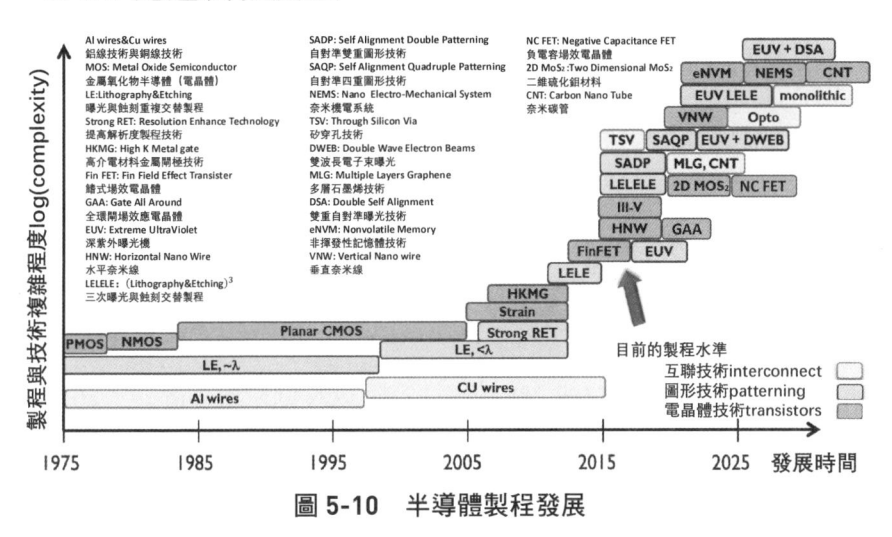

圖 5-10 半導體製程發展

如圖 5-10 所示，摩爾定律由 1975 年一直延續到現在，主要得益於這期間各類半導體製程及設備技術的發展。當下，除了後面要介紹的先進封裝以外，可以保證摩爾定律延續的方法（不管是材料還是製程）都越來越難，成本也越來越高，例如將碳基材料的奈米碳管（CNT）、及三五族半導體材料引入矽基半導體結構的方案，都因為它們與矽基材料不相容，需要克服介面缺陷密度過高、晶格不匹配的應力與缺陷問題而受阻；而使用 EUV 微影曝光機加上重複曝光技術（EUV+DSA）與雙波長電子束曝光（DWEB：Double Wave Electron Beam）技術，所需要投入的設備成本都是天價，導入先進晶片製程後，性價比更難滿足摩爾定律的要求，技術與市場需求的矛盾將會越來越嚴重。

值得一提的是，二維材料（2D material）似乎為我們帶來了

一絲曙光，尤其是最近最受矚目的二維過渡金屬二硫化物半導體（2D TMDs：two-dimensional transition metal dichalcogenides）材料，原子級厚度的二維半導體材料具有無懸掛鍵的性質，即使在厚度低於 1 nm 的情況下，這些范德華材料也能表現出高遷移率，並顯著降低漏電流。此外，2D 材料的超薄厚度實現了卓越的閘極可控性，有助於進一步將閘極長度縮小到小於矽 Si 的縮放極限。同時，2D 材料可以獨立製造，這為單片 3D 集成製程的候選者帶來了巨大的潛力。而一直以來科學界都對 2D 半導體寄予厚望，卻苦於無法解決 2D 材料高電阻以及低電流等問題。2022年，MIT 團隊發現在 2D 材料上混搭半金屬鉍的電極，能大幅降低電阻並提高傳輸電流，隨後台積電研究將鉍沉積製程進行優化，之後臺灣大學團隊運用氦離子束曝光微影系統（Helium-ion beam lithography）將元件通道成功縮小至奈米尺寸，終於獲得這項突破性的研究成果。

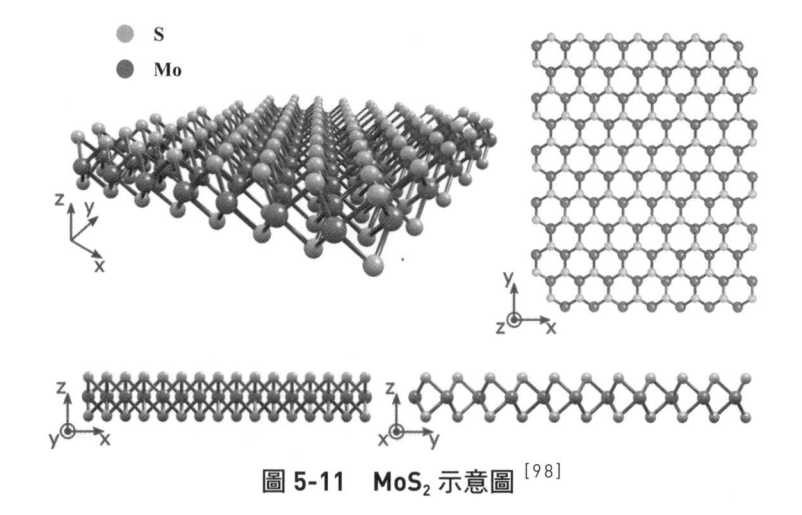

圖 5-11　MoS$_2$ 示意圖 [98]

Part 5 先進製程介紹

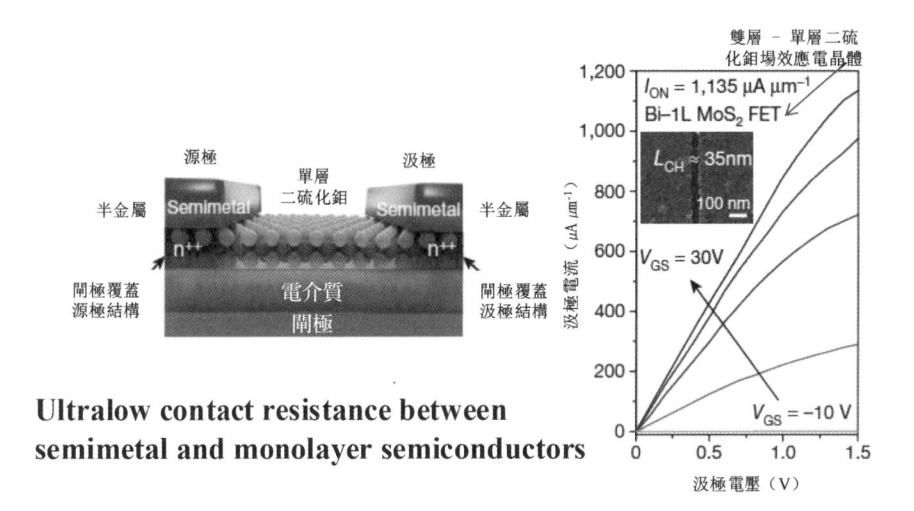

Ultralow contact resistance between semimetal and monolayer semiconductors

圖 5-12 台大、台積電、MIT 研發的二維半導體材料 [99]

使用鉍為接觸電極的關鍵結構後，2D 材料電晶體的效能不但與矽基半導體相當，而且有潛力與目前主流的矽基製程技術相容，有助於未來突破摩爾定律的極限。過去半導體使用三維材料，物理特性與元件結構發展到 2 nm 節點，這次三個團隊的研究計畫改用 2D 材料，厚度可小於 1 nm（1~3 層原子厚），更逼近固態半導體材料厚度的極限，而半金屬鉍的材料特性，能消除與 2D 半導體接面的能量障礙，且半金屬鉍沉積時，也不會破壞二維材料的原子結構。

以後還有什麼次奈米製程會再出來？我們已經無法預測，所以何時是摩爾定律的終結點只能用時間來證明了！不過，2030 年前後的 1 nm～2 nm 的節點也許將是矽基材料摩爾定律的終點。

5.2 先進製程及其關鍵設備：曝光機與相關設備介紹

提及半導體先進製程技術，沒人能繞開微影曝光技術，其一直被奉為當今世界技術含量、技術壁壘最高的半導體製造技術。本小節將先介紹曝光製程，在介紹完曝光製程後，將進一步的對曝光機進行簡單的介紹。

5.2.1 曝光製程介紹

在介紹曝光製程之前，有必要先了解一些相關的材料和設備，比如光罩、光阻、上光阻與顯影設備。

光罩：光罩（大陸地區通常稱為光刻掩膜版），早期的曝光技術通常使用接觸式曝光系統，光罩被稱為 mask，但是隨著步進投影曝光機的出現，光罩又習慣被叫作 reticle。光罩通常為石英材質，版子上有透光與不透光（一般都是用濺射鍍膜技術鍍上金屬鉻）的線路圖形，光罩的作用類似於「底片」，在曝光過程中，光罩的圖案被通過曝光機投影到矽晶圓的光阻層上，從而完成電路的複製和圖形轉移。

光阻：光阻的英文為 photo resistor，即我們經常提到的 PR，其一般為有機高分子材料，其在電子束或紫外光等高能照射下會發生化學反應，繼而溶解度提高，更容易溶解於顯影液，這其中，電子束或紫外曝光所需要的時間通常由光罩圖形的複雜程度來決定。目前積體電路可能含有數億個到數百億的 CMOS 電晶體，曝光的精密度越來越複雜，需要的光阻要求越來越高，先進製程所需要的光阻大部分是從日本進口。

Part 5 先進製程介紹

上光阻與顯影設備：上光阻/顯影機是曝光製程的輸入（曝光前光阻塗覆）和輸出（曝光後圖形的顯影），如圖 5-13 所示，主要由盒站單元 CS、盒站機械手臂 CSR、製程機器人手臂 PSR、上光阻單元 COT、顯影單元 DEV、熱烘/冷卻 OVEN 單元、對中單元 CA 等部分構成，通過機械手使晶圓在各系統之間傳輸和處理，從而完成晶圓的光阻塗覆、固化、顯影、硬烤等製程步驟，其不僅直接影響到曝光工序細微曝光圖案的形成，顯影製程的圖形品質對後續蝕刻和離子佈植等製程中圖形轉移的結果也有著深刻的影響，是積體電路製造過程中不可或缺的關鍵處理設備。

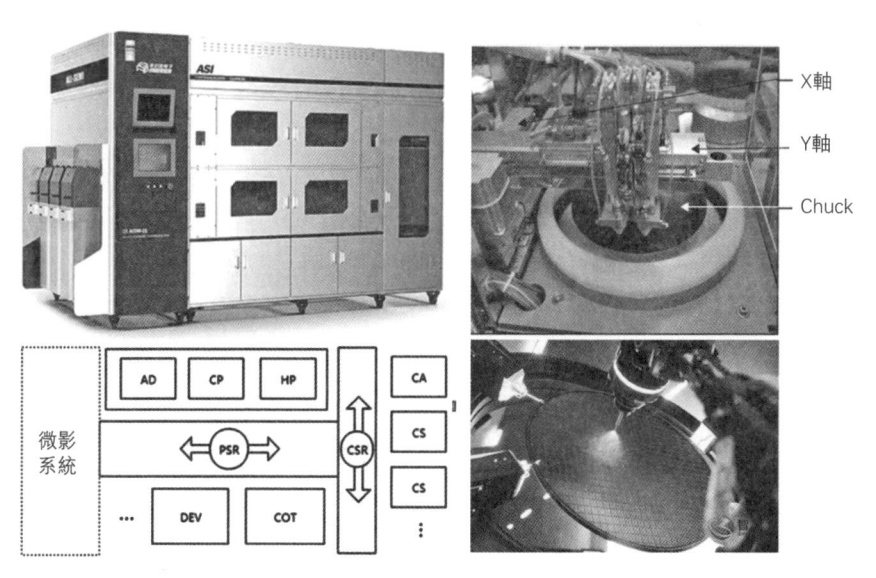

圖 5-13　上光阻顯影設備圖（資料來源：全芯微電子）

有了對光罩、光阻以及上光阻顯影設備的基本了解，接下來我們可以談一談曝光製程技術了。簡單來講，將光罩上的圖形轉

移到矽晶圓上所使用的方法就是曝光技術（photolithography），這裡不妨以經典的氧化矽/矽晶圓的結構來講一講曝光以及圖形轉移的基本流程。

(1) 塗底、光阻塗佈與軟烤

在光阻塗佈前，通常要先在 SO2/Si 晶圓表面塗覆一層粘附促進劑（通常使用六甲基二矽胺，即 HMDS）以增強基底對光阻粘附性，這一步被稱作塗底。這之後，就可以使用圖 5-14 所示的光阻塗佈機（spin coater），進行光阻塗佈，將 SO2/Si 晶圓放入光阻塗佈機；由 SO2/Si 晶圓正上方滴入光阻液體（photo resist, PR），在 SO2/Si 晶圓上高速旋轉，在表面形成光阻層（PR 的厚度與轉速相關，轉速越快，厚度越薄）。光阻塗佈完成後，需要將 PR/SO2/Si 晶圓放入圖 5-14 所示的烤箱中或烤盤上加熱，使光阻中的溶劑揮發，這一步被稱為軟烤（soft baking）。

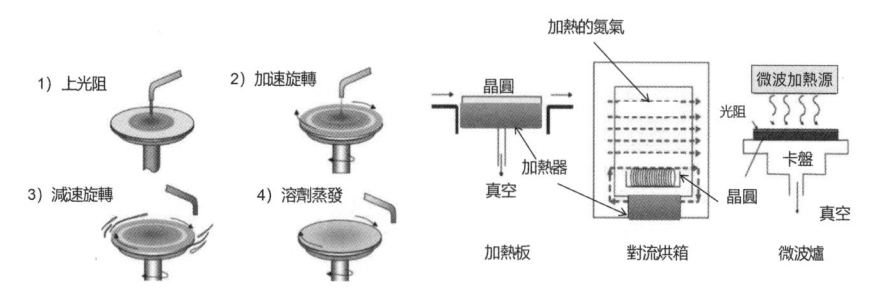

圖 5-14　塗底、曝光塗佈與軟烤示意圖

(2) 曝光製程

如圖 5-15 所示，將軟烤後的 PR/SO2/Si 晶圓放置在光學曝

光系統的下方,當紫外光照射到光罩時,有金屬薄膜的區域會如同鏡子一般將光線反射回去;沒有金屬薄膜的區域會讓光線通過,進而投射在光罩下方的凸透鏡上,在凸透鏡的聚光作用下,光線通過凸透鏡後會在 PR/SO2/Si 晶圓表面投射一個與光罩圖形相似但是縮小的影像,這也正是積體電路按照設計圖縮小的方法。

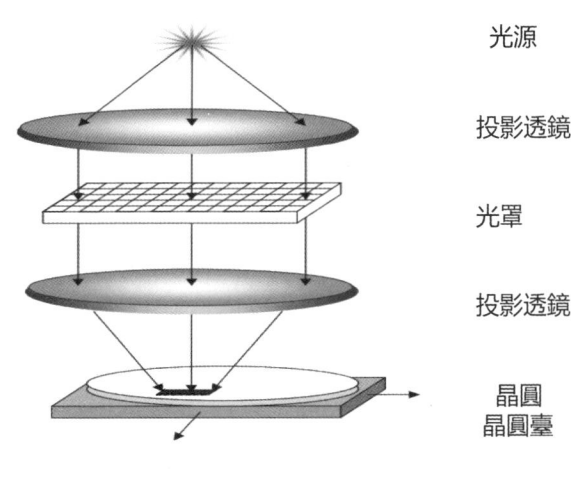

圖 5-15　曝光製程示意圖

(3)後烤與顯影

在曝光製程完成後,將 PR/SiO$_2$/Si 晶圓放入烤箱中或烤盤上再加熱一次,以使光阻中殘留的溶劑揮發,並且使光阻變硬,這一步被稱爲後烤(hard baking)。如圖 5-16 所示,後烤後將晶片放入顯影液中反應以溶解去除被曝光過的光阻,正如在之前關於光阻的介紹內容中所提及的,光照後的 PR 溶解度會提高,其更容易溶解於顯影液(通常爲有機溶劑),進而被去除,這樣

就實現了去除曝光區域的 PR，而保留未曝光區域的 PR。

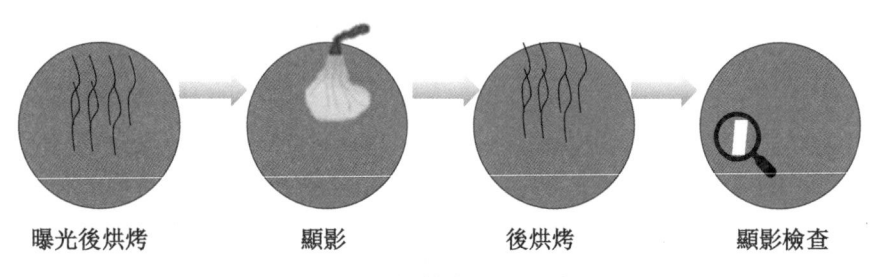

| 曝光後烘烤 | 顯影 | 後烘烤 | 顯影檢查 |

圖 5-16　後烤與顯影示意圖

（4）圖形轉移

後烤顯影後 PR/SiO$_2$/Si 晶圓的結構如圖 5-17 所示，接下來就可以進行圖形轉移了，將上述 PR/SiO$_2$/Si 晶圓放入乾式或濕式蝕刻設備，沒有光阻保護區域的 SiO$_2$ 會被蝕刻掉，有光阻保護區域的 SiO$_2$ 則由於光阻的保護作用而不會被去除，蝕刻後將上述 PR/SiO$_2$/Si 晶圓放入濕式去光阻或乾式去光阻設備（Striper）中，所有殘留的光阻均會被去光阻設備去除。其實，由於環保與成本因素，濕式去光阻的使用越來越少，目前去光阻製程大部分採用電漿乾式去光阻。

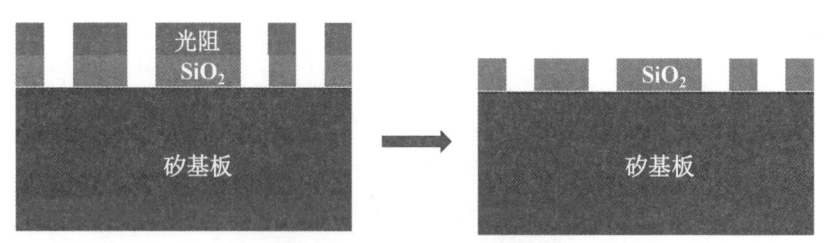

圖 5-17　圖形轉移示意圖

5.2.2 曝光機介紹

現在大家應該對曝光製程已經有了初步的了解了,接下來跟大家介紹曝光製程最關鍵的設備—曝光機,尤其是近來最受大家關注的深紫外(DUV)與極紫外(EUV)曝光機。首先我們先了解一下曝光機的總體結構,如圖 5-18 所示,曝光機主要由以下幾部分組成:光源系統、stage 系統、鏡頭組、傳送系統、校準系統、溫控系統等等。其中,光源系統和鏡頭組系統是曝光機的關鍵核心;

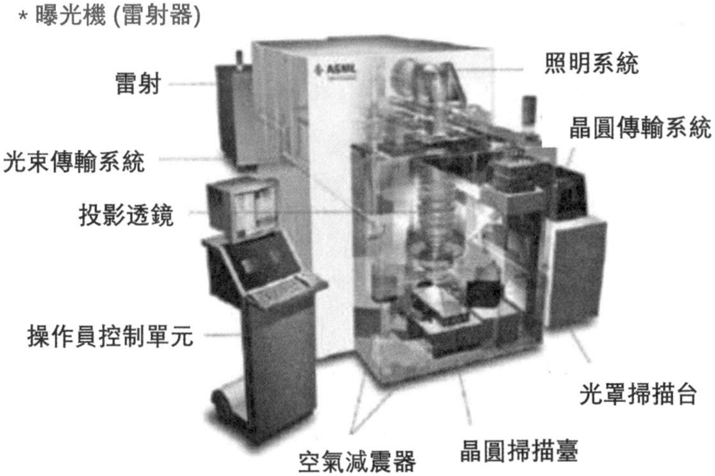

* 曝光機 (雷射器)

圖 5-18　曝光機及關鍵元件

stage(工作臺)系統包括光罩台(reticle stage)和晶圓臺(wafer stage);傳送系統(transport system)包括晶圓傳送裝置(wafer handler)和光罩傳送裝置(reticle handler);對準(alignment)系統包括雷射步進對準(laser step alignment,

LSA)、晶片增強全域對準（wafer global alignment, WGA）以及場成像對準（field image alignment, FIA）；另外半導體曝光機的工作溫度必須保持在23℃，要保證晶圓（wafer）在恆溫和無顆粒（particle）的環境，必須要有恆溫和控制顆粒（particle）、靜電放電（ESD）的工作腔體（chamber）。

如圖5-19所示，曝光機的原理就是用光來投射到光罩reticle上產生衍射，然後鏡頭收集到光彙聚到晶圓wafer上，形成圖形，所以光是產生圖形的必要條件。

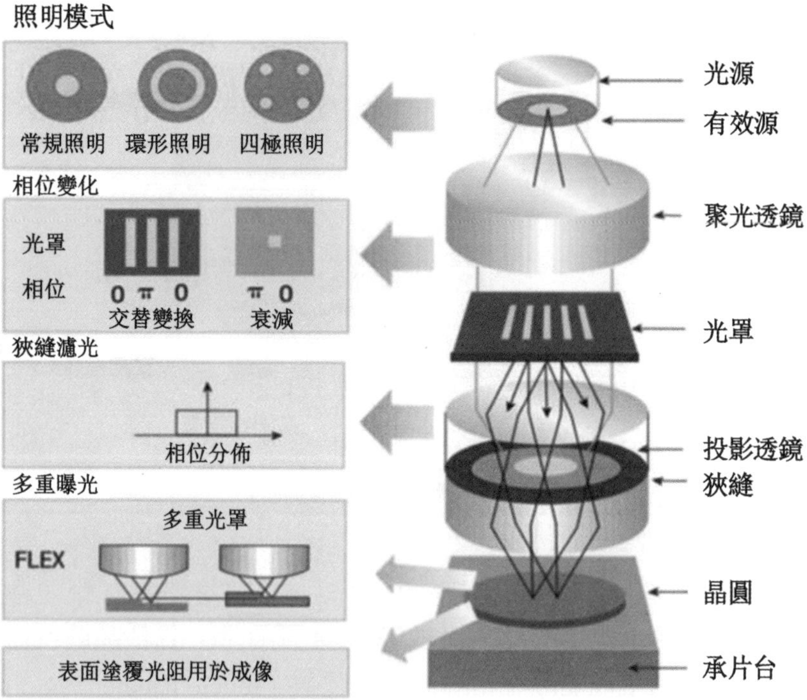

圖 5-19　曝光原理示意圖

曝光機主要技術指標：

例如準分子雷射掃描步進投影曝光機最關鍵的三項技術指標是：曝光解析度（Resolution）、微影疊對（Overlay）和產能（Productivity）。

曝光機的性能指標：支持晶圓的尺寸範圍、解析度、對準精度、曝光方式、光源波長、光強均勻性、生產效率等。

曝光解析度的計算公式為：$CD = K1 \cdot \lambda / NA$

① λ 為曝光機的光源波長，K1 為製程係數因數，NA 為投影曝光物鏡數值孔徑。

②提高曝光解析度可以通過縮短光源波長、降低製程係數因數 K1 和提高投影曝光物鏡數值孔徑 NA 等來實現。

③縮短光源波長將涉及到光源種類、光學系統設計、光學材料、光學鍍膜、光路污染以及曝光抗蝕劑等系列技術問題。

④低製程係數因數 K1 值成像，只有當光罩設計、照明條件和抗蝕劑製程等同時達到最佳化才能實現，為此需要採用離軸照明、相移光罩、光學鄰近效應校正、光瞳濾波等系列技術措施。

⑤投影曝光物鏡的數值孔徑則與光源波長及光譜頻寬、成像視場、光學設計和光學加工水準等因素有關

⑥微影疊對精度與曝光解析度密切相關。如果要達到 0.10μm 的曝光解析度，根據 33% 法則要求疊對精度不低於 0.03μm。

表 5-2　曝光機類型匯總

光源類型		曝光波長	數值孔徑	可實現製程
UV	g-line	436nm		→0.5um
	i-line	365nm		0.25um~0.6um
DUV	KrF	248nm	0.75 NA	0.11um~0.18um
	ArF dry	193nm	0.93 NA	0.11um~65nm
	ArFi	193nm	1.35 NA	45nm~7nm
EUV		13.5nm	0.33 NA	7nm←
		13.5nm	0.55 High NA	2nm~1.0nm
		13.5nm	0.75 Hyper NA	1.0nm←

曝光機的曝光系統光源介紹：

①最初的兩代曝光機：採用汞燈產生的 436 nm g-line 和 365 nm i-line 作為曝光光源，可以滿足 0.8-0.35 um 製程晶片的生產。最早的曝光機採用接觸式曝光，即光罩貼在晶片上進行曝光，容易產生污染，且光罩壽命較短。此後的接觸式曝光機對接觸的曝光模式進行了改良，通過氣墊在光罩和晶片間產生細小空隙，光罩與晶片不再直接接觸，但受氣墊影響，成像的精度不高。

②第三代曝光機：採用 248 nm 的 KrF（氟化氪）准分子雷射作為光源，將最小製程節點提升至 350-180nm 水準，在曝光製程上也採用了掃描投影式曝光，即通用的曝光模式，光源通過光罩，經光學鏡頭調整和補償後，以掃描的方式在晶片上實現曝光。

③第四代 ArF 曝光機：最具代表性的曝光機產品。第四代

曝光機的光源採用了 193nm 的 ArF（氟化氫）准分子雷射，將最小製程一舉提升至 65nm 的水準。第四代曝光機是目前使用最廣的曝光機，也是最具有代表性的一代曝光機。由於能夠取代 ArF 實現更低製程的曝光機遲遲無法研發成功，曝光機生產商在 ArF 曝光機上進行了大量的製程創新，來滿足更小製程節點和更高效率的生產需要。

④第五代的 ASML 曝光機使用波長為 13.5 奈米的極紫外光（EUV），實現 14 奈米、10 奈米和 7 奈米製程的晶片生產，而通過技術升級，也可以實現 5 奈米、3 奈米乃至 2 奈米等製程的晶片生產。獲取波長為 13.5nm 的光是實現 EUV 曝光的一個重要步驟。雷射電漿（Laser-produced Plasma）極紫外光源（LPP-EUV 光源）由於其功率可拓展的特性，成為了 EUV 曝光最被看好的高功率光源解決方案。EUV 曝光機上市時間表的不斷延後主要有兩大方面的原因，一是所需的光源功率遲遲無法達到 250 瓦的工作功率需求，二是光學透鏡、反射鏡系統對於光學精度的要求極高，生產難度極大。這兩大原因使得 ASML 及其合作夥伴難以支撐龐大的研發費用。2012 年 ASML 的三大客戶三星、台積電、英特爾共同向 ASML 投資 52.59 億歐元，用於支持 EUV 曝光機的研發。此後 ASML 收購了全球領先的準分子雷射器供應商 Cymer，並以 10 億歐元現金入股光學系統供應商卡爾蔡司，加速 EUV 光源和光學系統的研發進程，這兩次並購也是 EUV 曝光機能研發成功的重要原因。

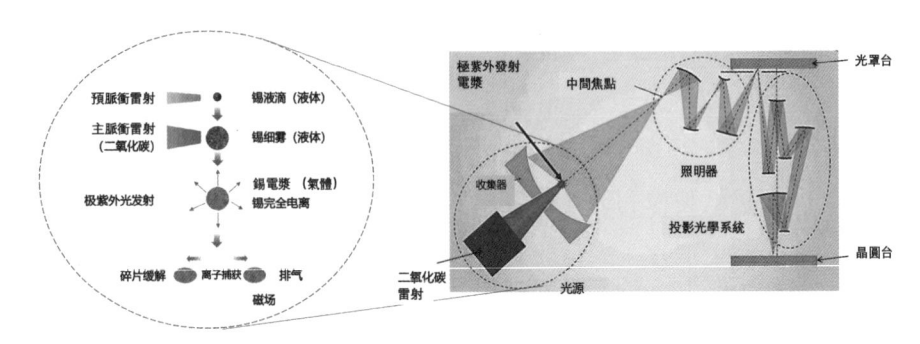

圖 5-20　EUV 原理示意圖

美國如何利用 EUV 曝光機牽制中國半導體的發展：如圖 5-20 所示，極紫外曝光機的核心技術就是通過每秒 5 萬次二氧化碳雷射轟擊以極高頻率滴下的液態錫（錫的熔點 232℃較低，這有助於在曝光過程中維持錫的穩定狀態），雷射激發液態錫形成錫電漿（錫在 13.5 nm 波段的反射率最高，不會有光吸收的問題），錫電漿利用多層膜反射鏡多次反射淨化能譜，獲得 13.5nm 的 EUV 光源來做曝光，在晶圓上刻畫電路，相關的工作零部件主要包括大功率 CO_2 雷射器、多層塗層鏡、負載、光收集器、光罩、投影光學系統。其中 CO_2 雷射器，一般採用 TRUMPF（原美國大通雷射）或者 Cymer（原美國公司，已經在 2012 被 ASML 併購）研製的雷射發射器，美國除了用政治來牽制荷蘭政府，還控制雷射系統，牽制 ASML 將 EUV 賣給中國廠家。當然蔡司 Zeiss 為 EUV 曝光機提供的鏡片是地球上最光滑的東西，負責為光源創造光路，沒有這樣精密的鏡片，EUV 設備的問世，可能還要再等幾年，值得慶幸的是這家公司是德國的。

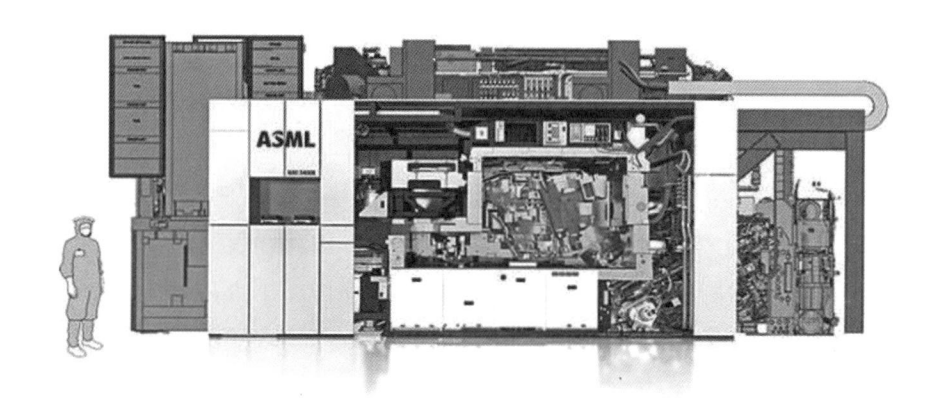

圖 5-21　EUV 示意圖

5.2.3 中國大陸國產曝光機的進展

由於美國的步步緊逼，除了 EUV 曝光機禁止販售給中國半導體公司，甚至美國還施壓荷蘭政府與 ASML 公司，不可以將浸潤式 DUV 曝光機賣到中國，如果屬實，除先進製程外，落在 45-28 nm 區間的大多數數位晶片、顯示驅動晶片、車規 MCU/CIS、小容量記憶體晶片，短期無法擴產，中長期被迫用 DUV 乾式設備生產，帶來成本上升（乾式生產成本更高且需重新學習製程），競爭力下降。因此，中國大陸曝光機國產化刻不容緩，2024 年 9 月 9 日，中國國家工信部發佈了首台（套）重大技術裝備推廣應用指導目錄（2024 版）。官宣的中國大陸國產曝光機，是一個微影疊對精度 ≤8 nm，解析度 65 nm，使用波長 193 nm 的 ArF DUV 乾式曝光機（圖 5-22），這幾個指標千萬不要被誤導，只要關注 65 nm 解析度就可以了，這表示量產線寬 65 nm 以上的產品絕對沒有問題，如果在多重曝光製程下，65 nm 解析

度在多重暴光後量產做出 28 nm 的製程問題不大,只是成本會高一點,良率會低一點,這表示中國未來利用國產設備生產成熟製程的晶片可以完全自主化。很多人被微影疊對精度(overlay)≤8 nm 誤導了,疊對是指在多次曝光過程中,新圖案與之前圖案對齊的精確度。這裡的 8 nm 是指曝光機在多次曝光過程中最大對齊誤差,微影疊對精度越高(數位越小),製造出的晶片性能越穩定,良品率越高,很多人不了解什麼叫微影疊對精度,以為大陸國產曝光機已經可以做到 8 nm 製程了,以訛傳訛,誤導普通老百姓,所以給老百姓傳授科普知識非常重要,這也是我寫這本書的初衷。

圖 5-22　國產 ArF 乾式曝光機（資料來源：上海微電子 SMEE 官方網頁）

5.2.4 自對準多重圖形化技術

沒有 EUV 設備也可以做 7nm 製程！自對準多重圖形化技術（SADP,SAQP）

目前在積體電路深亞微米製造製程中,有兩種方式能夠獲得 14nm 或者更小的特徵尺寸:一種方法是使用先進的極紫外曝光 EUV 技術,極紫外曝光技術能夠獲得解析度更好的小線寬互連導線。另一種方法是在現有的 193 nm 浸潤式曝光技術的基礎

上結合圖形技術，使得金屬線或閘極長度獲得更小的線寬。

如圖 5-23 所示，多重曝光（multinle patterming）技術可顯著提高曝光解析度。曝光 - 蝕刻 - 曝光 - 蝕刻（litho-etch-litho-etch，LELE）技術將曝光圖形拆分到兩個光罩上，通過兩次曝光降低線寬，在此基礎上還發展出三次曝光的 LELETE 技術。

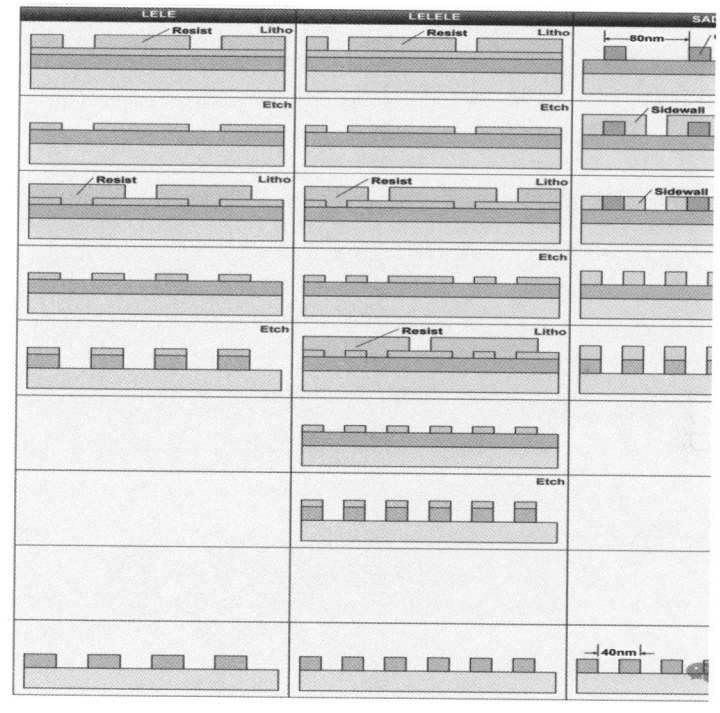

圖 5-23　多重曝光技術示意圖

但由於多次曝光存在對準問題，最終精度和良率顯著受到曝光機微影疊對精度上限的約束。為解決這一問題，自對準雙重或者四重圖形技術（SADP/SAQP：Self - Aligned Double

Patterning，Self - Aligned Quadruple Patterning）被提出並應用於曝光製程，利用自對準特性實現 2 倍 /4 倍的圖案密度。

「SADP」指「自對準雙重圖案化」技術。即一次曝光後形成芯軸圖形（第一次曝光形成的圖形，我們這裡稱為芯軸），刻蝕芯軸材料後在芯軸圖形兩側沉積形成側壁，去除芯軸圖形保留側壁，最後利用單大馬士革技術，以側壁為阻擋層 mask，在金屬或介電層上蝕刻溝槽形成最終圖形的自對準圖形技術。如圖 5-24 所示：

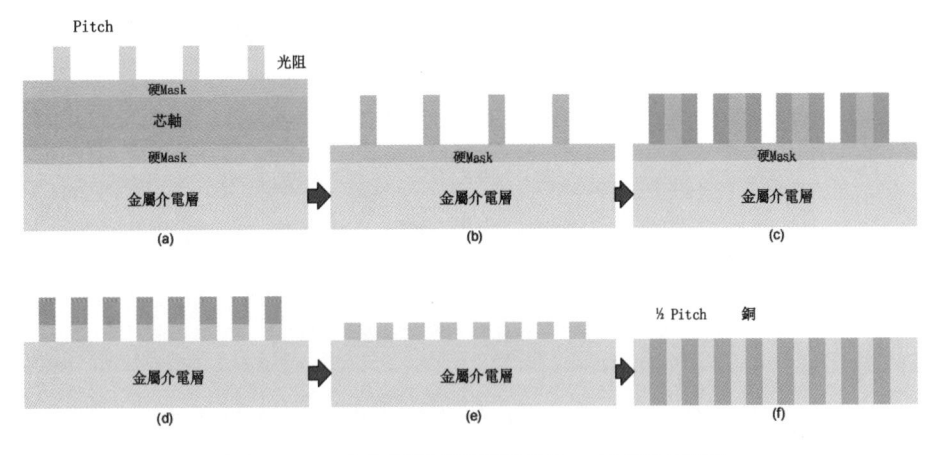

圖 5-24　「自對準雙重圖案化」技術示意圖

製程說明如下：

① 曝光顯影留下所需圖形。

② 蝕刻核心芯軸（ICP 或 ALE 蝕刻機），形成了犧牲層芯軸。

③ 利用沉積製程沉積一層間隔側壁（低溫 PE ALD 設備沉積 SiO_2），再經蝕刻製程（ALE）去除芯軸頂層和晶圓表面的間隔材料。

④清除掉芯軸材料,僅留下側壁。

⑤側牆完成圖形轉移後隨即清除,經過再次蝕刻後傳遞給金屬介電層形成最終圖形。

⑥經過 ECP 電化學鍍銅後完成金屬線的製造,經 CMP 後獲得平整的平面。

SADP 技術可以將 pitch(線寬與間隔寬度之和)縮小為原來的二分之一,從而獲得更加緊密的金屬線分佈和更小的線寬。

自對準四重圖形(SAQP)技術是在 SADP 技術基礎上再次縮小線間距和線寬的技術,浸潤式 193nm 曝光製程結合四重圖形技術能夠實現 14nm 或 7nm 製程節點,如下圖所示:

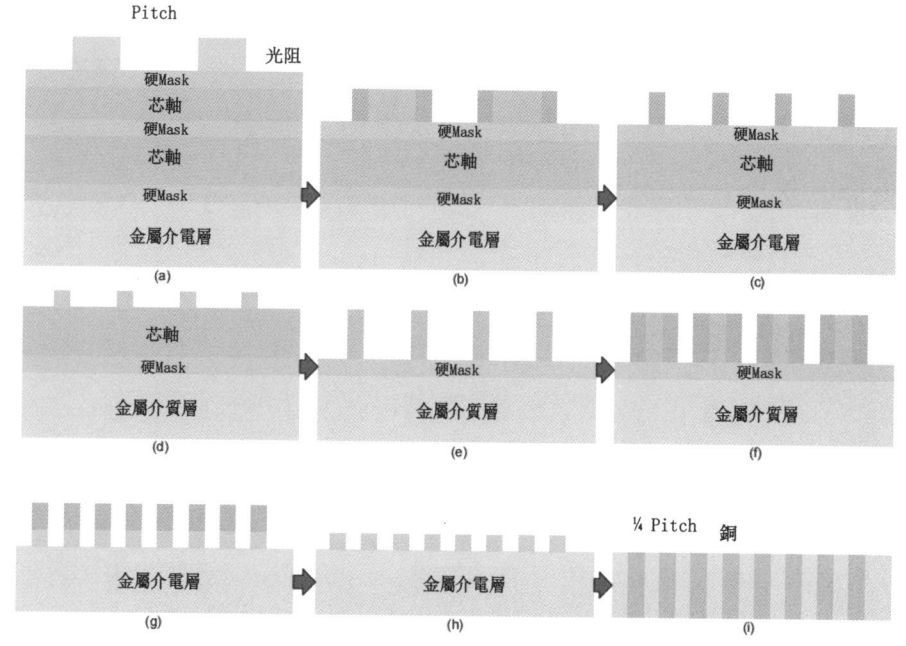

圖 5-25　自對準四重圖形(SAQP)技術示意圖

製程說明如下：

①經過曝光顯影後留下的光阻構成所需圖形。

②利用光阻蝕刻芯軸材料，將圖形轉移到芯軸，沉積側牆材料覆蓋芯軸，完成第一層犧牲芯軸的蝕刻和間隔側壁材料的沉積，再次經過蝕刻製程去除芯軸頂層和晶圓表面的間隔側料，暴露芯軸；

③去除芯軸，將原有的兩條線分割成四條，pitch 降低為原來的二分之一。

④將間隔材料的圖形轉移到下層硬阻擋層（Hard Mask）材料上，並去除間隔材料。

⑤在硬阻擋層的阻擋作用下，完成對第二層芯軸材料的蝕刻。

⑥沉積側壁，蝕刻側壁，暴露芯軸。

⑦去除芯軸材料，經蝕刻將圖形轉移到硬阻擋層，完成圖形形貌修飾。

⑧清除側壁材料。

⑨將圖形從硬阻擋層轉移至金屬介電層，並完成銅沉積，形成最終圖形。

SAQP 技術需要兩步側牆沉積技術完成圖形蝕刻，較 SADP 製程步驟更加複雜多變，製程精准度要求更高，製程餘裕度更小。經過 SAQP 圖形技術後，原曝光圖形的 pitch 可以降為四分之一。

前面的曝光機章節提過曝光解析度的計算公式為：$CD=K1 \cdot \lambda /NA$，多重曝光可等效降低 k1 從而顯著提高曝光機解析度。

例如數值孔徑 1.35NA 的氟化氬浸潤式 ArFi 曝光機單次曝光至多能夠實現 28nm 邏輯節點，ArFi 加上雙重曝光可實現 22-14nm 製程節點，ArFi 加上三重/四重曝光技術可達到 10-7nm。若將多重曝光提高解析度的效果歸功於製程係數因數 k1 的下降（此時的 k1 將多重曝光看成一個整體而言，而非單次曝光下的 k1），k1 便可突破傳統意義上 0.25 的物理極限。但多重曝光大幅增加了曝光、蝕刻、沉積等圖案化製程步驟，晶圓製造的成本和良率控制難度也隨之提升，從而顯著增加了對高性能蝕刻設備和薄膜沉積設備的需求。

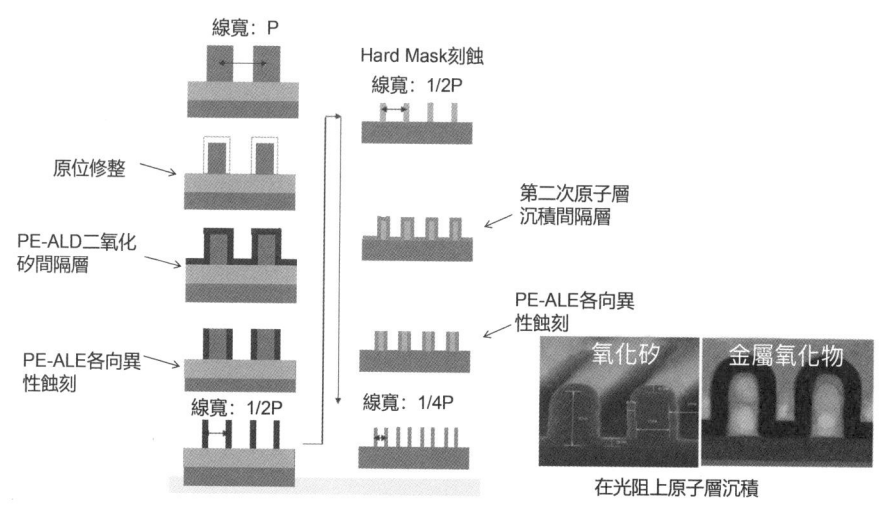

圖 5-26　SADP 技術示意圖及相關 SEM 圖 [100]

雖然 SADP（也稱為 SDDP）或 SAQP（SDQP）會造成成本與良率的問題，但是中國大陸目前因為 13.5nm 曝光波長的極紫外 EUV 曝光機在美國的施壓下，ASML 禁止銷售給中國大陸，

目前中國大陸廠家可以拿到最先進的曝光機設備就是 DUV 的 ArFi 的型號設備，中國大陸的 7nm 晶片就是利用 DUV 曝光機搭配 SADP 與 SAQP 製程做出來的，中芯國際先進晶片的良率確實與台積電有差距，但是他們只能咬牙自立自主，用 ArFi 浸潤式 193nm 的曝光機做 7nm 的晶片，同時在設備上等待他們的國產曝光機突破，目前的中國大陸國產化進度只能做到 ArF 非浸潤式曝光機！

5.3 先進製程及其關鍵設備：原子層蝕刻介紹

5.3.1 ALE 製程介紹

奈米級元件結構對製程尺寸誤差的要求非常嚴格，一般約為其自身尺寸的 10%。例如，寬度為 5 nm 的電晶體閘極結構允許的誤差僅為 0.5 nm，這僅相當於幾個原子層的厚度，傳統的電漿蝕刻技術難以滿足這種高精度的要求，同時像 FinFET、3D NAND 等具有複雜三維結構的元件也對蝕刻製程提出了極高的要求，亞奈米乃至原子尺度的蝕刻技術越來越關鍵，因此原子層蝕刻（atomic layer etching, ALE）將在半導體先進製程中扮演越來越重要的角色[102-104]。本小節將對 ALE 製程和 ALE 設備進行介紹。

什麼是 ALE 呢？ALE 其實和本書第四章中所介紹的 ALD 有相似之處，都是利用前驅體與基底表面的自限制性半反應循環，實現對材料表面的原子級的加工與修飾，只不過 ALD 是「增材」製造，而 ALE 則是「減材」製造。和 ALD 相似，ALE 也

可以分為兩類：熱型 ALE（thermal ALE）和電漿增強型 ALE（plasma enhanced ALE, PE-ALE）[105-107]，以下將分別對熱型 ALE 和 PE-ALE 的原理進行簡單介紹。

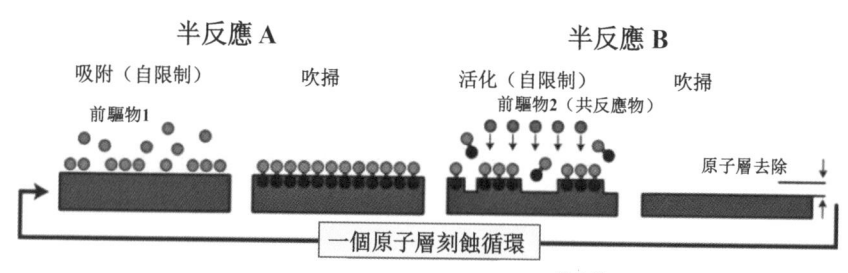

半反應 A　　　　　　　　　　**半反應 B**
吸附（自限制）　吹掃　　活化（自限制）　吹掃
前驅物1　　　　　　　前驅物2（共反應物）
　　　　　　　　　　　　　　　　　　原子層去除
一個原子層刻蝕循環

圖 5-27　ALE 原理示意圖[101]

一個完整的 PE-ALE 反應過程如圖 5-27 所示，主要包括兩個半反應，每個半反應包含兩個步驟，在第一個半反應中，先將反應氣體 1 引入反應腔中，與材料表面發生化學反應，形成一層自限制層，隨後停止通入反應氣體 1，並將多餘的反應氣體 1 和副產物從反應腔中排出；然後進行第二個半反應，先引入低能量的離子（通常為氬離子 Ar^+）轟擊表面，或者引入第二種氣體 3，通過物理或化學作用去除自限制層，最後停止引入低能離子或反應氣體 3，並清除刻蝕過程中產生的副產物及多餘的離子或氣體 3。重複上述步驟，便可以實現對基底表面的逐層原子的去除。

這裡以電漿增強原子層蝕刻 PE ALE 矽 Si 來舉例[102]，如圖 5-28 所示：

半反應 A：這裡化學氣體 1 使用氯氣（Cl_2），Cl_2 以化學吸附的方式與最表面一層的矽原子的一個懸鍵（Dangling Bond）結合，形成結合力較強的 Si-Cl 鍵（4.2 eV），這會弱化該矽原

子與另外 3 個矽原子的 Si-Si 鍵，使其結合力從 3.4 eV 降到 2.3 eV。

半反應 B：使用 Ar 電漿進行轟擊。在偏壓功率的作用下，氬離子的轟擊動能調至 2.3-3.4 eV，僅有表面被弱化的矽原子層會被轟擊去除，而下一層未被弱化的矽原子則不受影響。

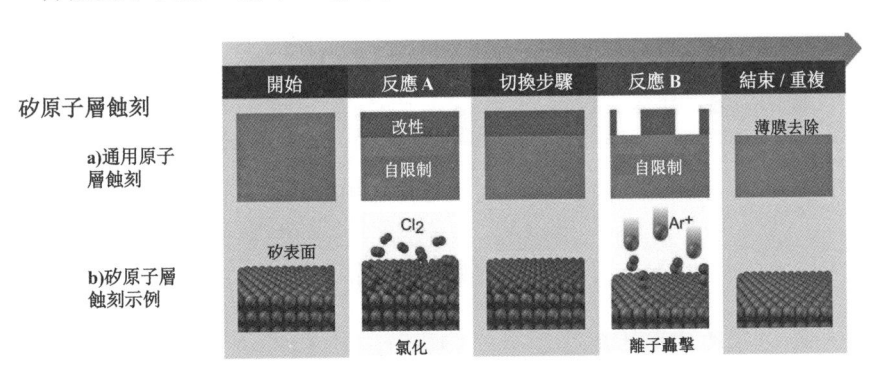

圖 5-28　ALE 蝕刻 Si 的示意圖

熱型 ALE 的實現過程與上述 PE-ALE 的過程類似，同樣是利用兩個半反應，只不過在第三步中不是用電漿的離子提供能量，而是利用熱能啟動反應氣體 3 與晶片表面自限制層的反應，進而實現對晶片表面的原子層去除，這裡以熱型 ALE 刻蝕 SiO$_2$ 的過程來舉例，如圖 5-29 所示：

半反應 A：反應氣體 1 主要由氨氣（NH$_3$）和三氟化氮（NF$_3$）組成，在遠端電漿源中解離成活性粒子（如 NH$_2$F 或 NHF、HF），下行擴散至圓片表面，與氧化矽反應，反應生成物是固態的 (NH$_4$)$_2$SiF$_6$ 和氣態的 NH$_3$ 和 H$_2$O，這是一個自限制的過程。

半反應 B：汽化過程使晶圓接近處於高溫的反應腔頂板，以

使其溫度驟升至可使（NH_4）$_2SiF_6$ 昇華的溫度（約為 150℃），並充入稀有氣體（不參與反應），以利於將昇華了的氣態化合物一起抽出反應腔。

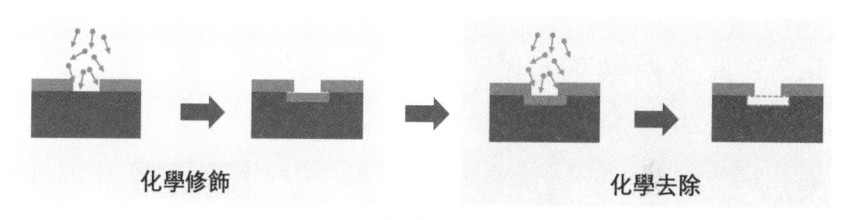

圖 5-29 熱型 ALE 示意圖

得益于 ALE 獨特的工作原理，其具備自限制性、高度可控性、選擇性、低損傷、高選擇比等特點，以下是對每個特點作簡單說明。

①自限制性：ALE 依靠自限制的蝕刻機制，每個循環過程只能去除一個原子層，避免了過度蝕刻和精度損失；

②高度可控性：ALE 單個循環僅去除單原子層的厚度，這使得其蝕刻可控度極高，通過調節 ALE 循環數，可以對材料實現奈米乃至亞奈米級的精準去除；

③選擇性：通過合適的反應氣體與參數設定，ALE 能夠在複雜的材料堆疊中實現對目標材料的精準蝕刻，同時避免對其他材料的損害；

④低損傷：ALE 的低功率與自限制蝕刻反應，可以讓被蝕刻材料幾乎沒有蝕刻損傷；ALE 所用到的電漿功率相當弱，電漿攜帶的紫外輻射和電荷量都很小，所以對元件的電性損傷非常小。

值得一提的是,相比於常見的電漿乾式蝕刻技術,ALE 的缺點也非常明顯,那就是材料去除速率較慢,通常僅為每分鐘蝕刻 0.1 到幾個奈米。

5.3.2 原子層蝕刻技術的應用

ALE 的應用範圍非常廣泛,如要求對矽表面零損壞的介面氧化物(Interfacial Onide)蝕刻及鰭狀閘極(FinFET)相關蝕刻、要求去除極少量材料的鰭結構和淺槽隔離(ST)結構的修整(Trim)、以及很多三維快閃記憶體和動態隨機記憶體的蝕刻應用。

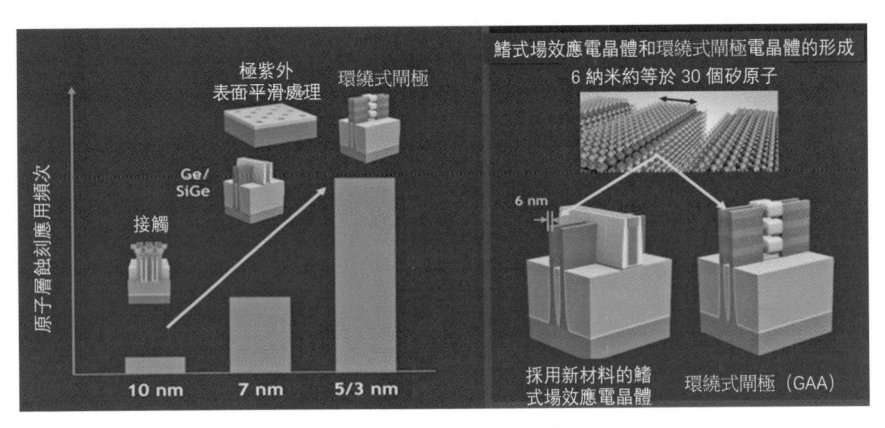

圖 5-30　ALE 應用示意圖

5.3.3 ALE 未來用於化合物半導體的潛力無窮

目前化合物半導體在光電顯示、射頻與電力電子元件扮演非常重要的角色,尤其是 AR 眼鏡的 Micro LED、5G 通訊基地台使用的氮化鎵射頻元件與新能源汽車使用的碳化矽 MOSFET

元件。隨著製程要求越來越高，無損傷蝕刻技術越來越受到重視，使用原子層蝕刻無損傷的特性剛好可以滿足上面這些元件的要求，如圖 5-31 所示，溝槽型碳化矽（Trench type MOSFET）結構目前因為 ICP RIE 蝕刻後表面介面態問題，一直無法成為主流，但是它的優越特性目前吸引眾多大廠如英飛凌、意法半導體與三菱電機等大廠的關注，原子層蝕刻搭配原子層沉積可以降低溝槽型 SiC MOSFET 元件介面態密度和提高載流子遷移率特性方面起到一定的推動作用。LED 晶粒越做越小，ICP RIE 蝕刻後的表面損傷會導致缺陷密度擴大，非輻射複合比例變大導致發光效率降低，如圖 5-31 所示，原子層蝕刻製程可以修補缺陷，降低缺陷密度，如果加上原子層沉積 ALD 優異的臺階覆蓋特性，除了保護介面，也可以防止金屬離子遷移，對 Micro LED 的發光效率與可靠性改善非常明顯。目前氮化鎵 HEMT 元件主流技術是 Gate Recess 平臺的結構，閘極對通道二維電子氣（2DEG：2 dimensional Electron Gas）控制非常重要，原子層蝕刻技術可以防止蝕刻過程中對材料的離子損傷導致二維電子氣通道受到破壞，可以讓 HEMT 元件汲極源極電流（Ids）密度與動態導通電阻（Rds）特性更優越。未來，隨著原子層蝕刻設備國產化的普及，會有更多的半導體元件使用原子層蝕刻技術，如下圖中間圖形所示，未來 ALE 將利用真空互聯（Cluster）ICP-RIE 蝕刻設備與 CVD 與 ALD 沉積設備，配合客戶不同製程要求，讓元件性能更優越，可靠性更好，良率更高。

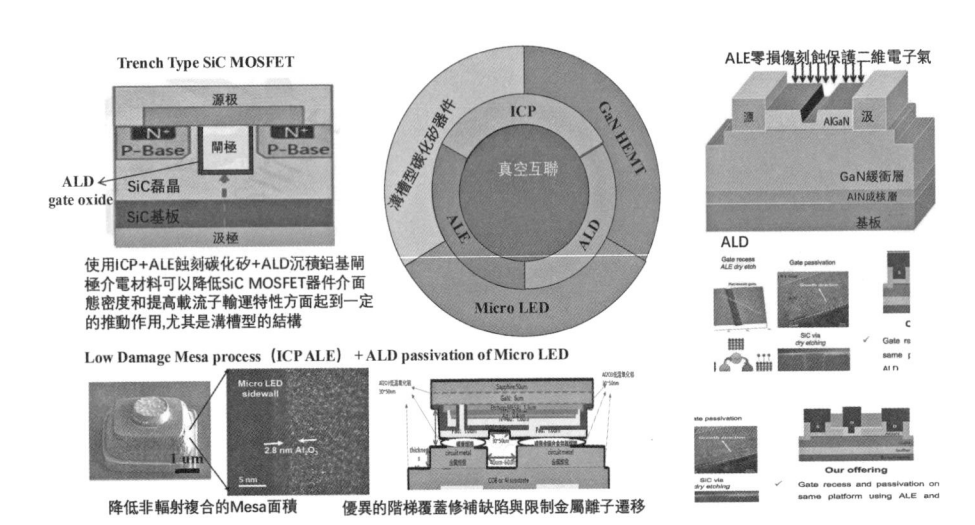

圖 5-31　ALE 應用實例

5.3.4 ALE 設備與市場競爭介紹

　　ALE 設備結構圖 5-32 所示，整體設備的構造與上一章的 ICP RIE 配置類似，但是不同之處是 ALE 配置了一些新功能，第一個是通過對同步射頻脈衝技術的進一步完善和採用射頻波形調製（Waveform Modulation）方法，獲得離子能量區間的窄化和極精確的調控能力（最低一瓦的高精度射頻電源）。第二是通過特殊的過濾技術，從電漿中萃取大流量中性粒子流。第三是在蝕刻方式的純循環模式上，脈衝時間需要精確控制，關鍵反應氣體的流量計 MFC 的設計會更精確，蝕刻精度也會更高；第四是 PLC 控制模組回應速度 ≤1 ms（毫秒）。

Part 5 先進製程介紹

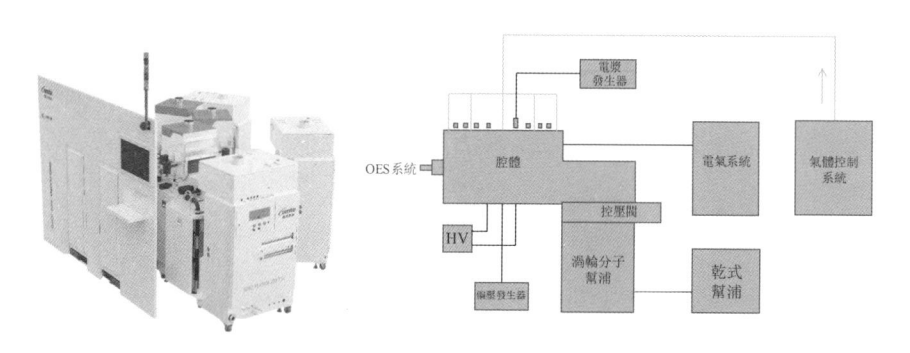

圖 5-32　ALE 設備圖（資料來源：邑文科技）

　　ALE 設備以國際巨頭為主，科林 Lam、東京威力 TEL 與應用材料 AMAT 掌握了大部分先進製程市場（28 nm 節點以下製程），牛津儀器 Oxford 在科研與化合物半導體市場也佔據了一定的市場份額。目前中國大陸國產蝕刻設備公司也開始加入了這個賽道，北方華創與中微半導體都有開始進軍 12 寸先進製程 ALE 設備的消息，另外像邑文科技與魯汶半導體在科學研究市場也有不錯的進展，相信國產替代會比曝光機的進度更快一點。

(1) SAC 技術

　　在對曝光和 ALE 技術有了一定了解後，我們可以來聊聊自對準接觸窗技術（self-aligned contact, SAC）[108-109]。SAC 技術是一種通過 ALE 蝕刻和曝光技術，將 MOSFET 或 CMOS 電晶體的源極和汲極區域中的接觸部分（接觸窗口）與其他關鍵製程膜層（如閘極電極）對準，形成精確對準的技術。這個製程稱為自對準接觸窗 SAC Self-Aligned Contact SAC 技術，主要用於電

晶體的微細加工，SAC 的製程步驟如下：

①形成電晶體；

②沉積 SiO_2 膜，埋入電晶體；

③通過 CMP（化學機械平坦化）平坦化 SiO_2 膜；

④通過曝光形成窗口的光阻圖案；

⑤通過原子層蝕刻開孔形成接觸窗口；

⑥移除光阻並清洗窗口底部；

⑦沉積鎢（W）；

⑧移除多餘的鎢，完成填充鎢的接觸窗口。

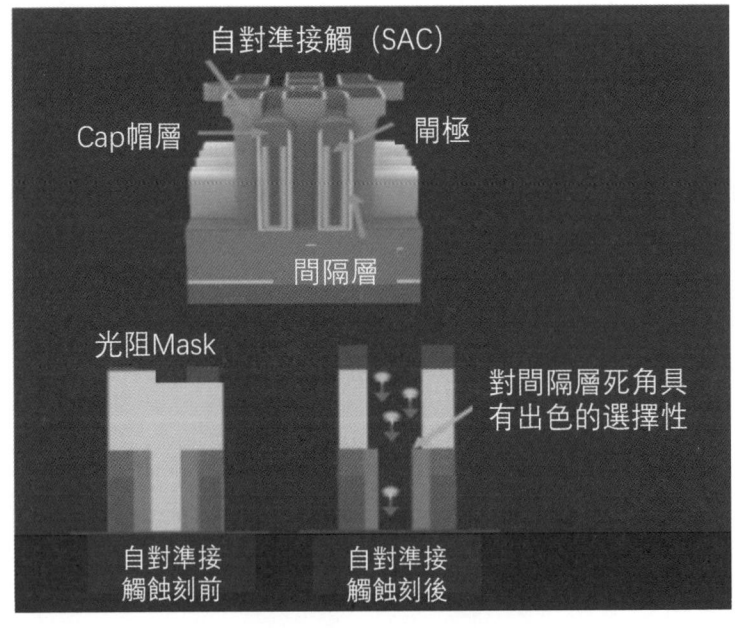

圖 5-33　SAC 蝕刻

(2) SAC 的主要特點與優點

①**空間利用率提高**：通過使用 SAC 技術，可以縮短源極、汲極和閘極之間的距離，促進元件縮放，進而提升集成密度，實現更小的半導體晶片和更高的性能。

②**製程簡化**：傳統接觸形成過程中，閘極與源極、汲極區域的對準較為困難，容易出現誤差，而 SAC 通過自對準製程提高了接觸蝕刻的精度，簡化了製造流程。

③**高精度和高良率**：SAC 最大化利用曝光的精度，能夠精確形成微小的接觸窗，從而提高了量產效率。

SAC 在微細 CMOS 電晶體的製造中扮演著重要角色。隨著半導體技術的不斷進步，SAC 等先進加工技術對於突破微縮極限至關重要。

該製程的一個顯著特點是，即使曝光圖案的中心沒有對準兩個電晶體的中心，SAC 製程仍能通過氮化矽 SiN 保護閘極電極，避免在乾蝕刻接觸窗時暴露閘極。如果閘極暴露，填充了鎢的接觸窗可能與閘極電極接觸，導致漏電，進而影響電晶體的正常工作。

5.4 先進封裝技術

正如在前邊的內容所提及的，在過去半個多世紀中，整個半導體產業在摩爾定律的推動下不斷發展，到今天以台積電、三星電子與英特爾為代表的企業已經將電晶體的關鍵製程節點微縮到 3 nm 甚至 2 nm，可以說，電晶體的關鍵製程已經逼近物理極

限,摩爾定律放緩已是必然,因此,整個半導體產業未來的發展趨勢非常清楚:「IC 的邏輯晶片與記憶晶片技術整合將會是繼 HKMG 和 FinFET 之後,積體電路的再一次技術大革命」。我們一直遵循著電腦之父馮-諾依曼(John von Neumann)將電腦分成記憶與邏輯兩個部分,所以積體電路公司也分成 IC foundry 與 DRAM 廠,兩個平行線始終無法交集,但是人類的大腦卻是不分開的,記憶與思考邏輯始終都在同一個地方運轉著,為什麼我們不能把它們整合在一起呢?DRAM 最強的三星開始做 IC 晶圓代工,TSMC 覬覦著高頻寬記憶體(High bandwidth memory, HBM)這塊大餅,他們想整合這兩種晶片在一起嗎?這樣的整合會是突破摩爾定律的另一個革命嗎?這兩種技術如何整合在一起影響著人工智慧的進化的速度,更影響著人類對未來世界的塑造,先進封裝技術的發展適時的到來,似乎可以解決這個問題。本章的下半部分想和人家探討一下目前最火熱的 2.5D 與 3D 的先進封裝技術。

封裝技術的演進

　　本小節重點想和各位讀者們弄清以下幾個問題:
　　什麼是半導體封裝?
　　半導體封裝技術都有哪些?
　　這些半導體封裝技術走過了哪些階段?
　　在眾多半導體技術中哪些屬於當下熱議的先進封裝技術?
　　怎麼區分 2D、2.5D、3D 封裝?
　　首先,什麼是半導體封裝?儘管從上世紀 60 年代到今天,

半導體封裝在技術層面上已經取得了巨大的進步，但是其自始至終就是在做這樣一件事：把製作好的晶片安置到基板上，將晶片電路與基板電路互連，同時也將晶片保護起來。一個簡單的半導體封裝過程如圖 5-34 所示，包括切割、貼片、引線鍵合和塑封這四個步驟。其中切割指的是將整片晶圓分割成單個晶片這一過程；貼片是指將切割好的裸晶片固定在封裝基板上；引線鍵合是指將晶片電路與外部引線框架連接的過程；塑封則是指使用塑膠或其它封裝材料將晶片完全包覆起來，形成保護。當然，實際生產中半導體封裝的實現過程會更為豐富、有趣，其往往涉及到對包括力、熱、電、光等在內多種因素的綜合考量。可以說，半導體封裝技術是基礎科學與工業製造技術結合的產物，優秀的封裝工程師既需要對力、熱、電、光等物理理論有深刻的理解，又需要對各種製造流程如數家珍。

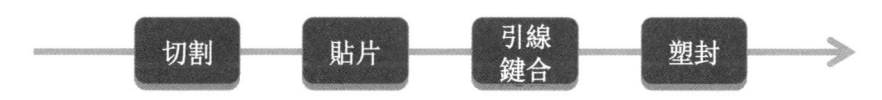

圖 5-34　半導體封裝流程示意圖

半導體封裝技術都有哪些呢？這裡（表 5-1）對常見的半導體封裝技術進行羅列，以供各位讀者了解。封裝型式與種類較多，為了讓大家更深入的了解，接下來的內容會按照時間線，分階段對半導體封裝技術進行詳細的介紹。

表 5-1　常見的半導體封裝技術及其所處的技術階段

封裝技術階段	相關封裝技術
第一階段 （20 世紀 70 年代前 ~80 年代末）	電晶體封裝（transistor outline, TO）、雙列直插封裝（dual in-line package, DIP）、表面貼裝型封裝技術（surface mount technology, SMD）、塑膠引線晶片載體封裝（plastic leaded chip carrier, PLCC），塑膠四邊引線扁平封裝（plastic quad flat package, PQFP）、無引線四邊扁平封裝（quad flat no-lead package, QFN）、小外形電晶體封裝（Small Outline Transistor, SOT）、雙邊扁平無引腳封裝（dual flat no-lead package, DFN）
第二階段 （20 世紀 90 年代）	球柵陣列封裝（ball grid array, BGA），晶圓級封裝（wafer level package, WLP）、晶片級封裝（chip scale package）
第三階段 （21 世紀前 10 年）	多晶片組封裝（multi-chip module, MCM）、系統級封裝（system in package, SiP），三維立體封裝 3D、晶片上製作凸塊（Bumping）
第四階段 （2015 年後~目前）	微電子機械系統封裝 MEMS、晶圓級系統封裝 - 矽穿孔（TSV）、表面活化室溫連接（SAB）、扇出型積體電路封裝（Fan-Out）與扇入型積體電路封裝（Fan-in）
第五階段 （2023 年~未來）	混合鍵合技術（Hybrid Bonding）、SoIC 技術

如圖 5-35 所示，業內通常把封裝技術的演進分為五個階段。儘管本書的內容側重于當前封裝技術所處的第四、五階段（即先進封裝技術）相關的內容，但是對整個封裝技術的發展歷程有一個宏觀的了解是有必要的，因為新的封裝技術出現，並不意味著原先封裝技術的徹底消失，事實上當下不同「代」封裝技術在不同的應用產品下是「和諧共生」的。

Part 5 先進製程介紹

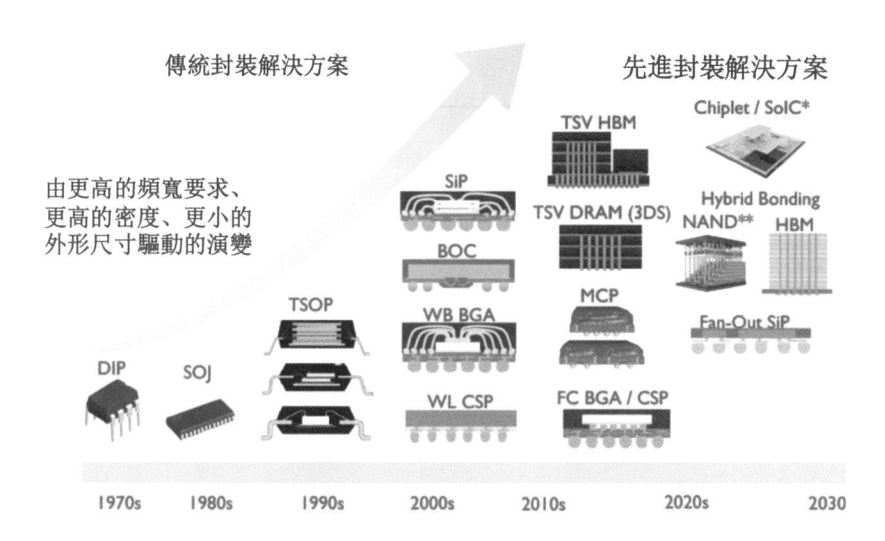

圖 5-35 封裝技術演進示意圖

　　第一階段（平房階段）：我將這個階段比作「平房階段」，這一階段封裝技術相對簡單，就像我們住的平房內的家電與電源通過外露的電線連通，晶片與封裝基板通過打線相連接，這樣的方式看起來相對「簡陋」，也缺乏一點美感，算是剛開始「溫飽生活」的階段。這個技術發展是在 20 世紀 70 年代以前，典型的封裝型式如圖 5-36 所示，以通孔插裝技術（through-hole technology）為主，也被稱作直插式封裝，包括電晶體封裝（transistor outline, TO）和雙列直插封裝（dual in-line package, DIP），其中雙列直插封裝又可以根據材質分為陶瓷雙列直插封裝（ceramic dual in-line package, CDIP）與塑膠雙列直插封裝（plastic dual in-line package, PDIP）。80 年代後，為了縮小封裝體積，提升功率密度，表面貼裝型封裝技術（surface mount technology, SMT）順勢而起，衍生出了多種封裝形式，例如塑膠引線晶片載體封裝（plastic leaded chip carrier, PLCC）、塑膠四邊引線扁平封裝（plastic quad flat package, PQFP）、無引線四邊扁平封裝（quad flat no-lead package, QFN）、小外形電晶體封裝（Small Outline Transistor, SOT）與雙邊扁平無引腳封裝（dual flat no-lead package, DFN）等。

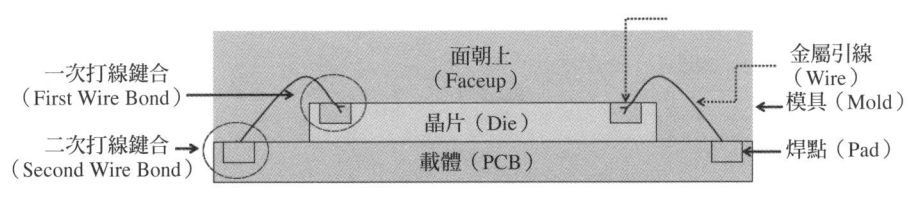

圖 5-36　傳統引線封裝示意圖

第二階段（透天厝階段）：我把這個階段比作「透天厝階段」，封裝基板技術與晶片技術開始有比較好的搭配，就像透天厝內的家電與電器的連結線路，在蓋房前都是埋在地板或裝修的牆上，再跟總開關連接，功能都一應俱全，外表看起來相對簡潔，比外露明線更具美感，算是「小康」階段，但是人均住房面積大，有點浪費居住空間。在 20 世紀 90 年代，典型的封裝形式如圖 5-37 所示，球柵陣列封裝（ball grid array, BGA）、晶圓級封裝（wafer level package, WLP）與晶片級封裝（chip scale package）都是這個階段發展出來的技術。這其中，BGA 技術還衍生出了塑膠焊球陣列封裝（plastic ball grid array, PBGA）、陶瓷焊球陣列封裝（ceramic ball grid array, CBGA）、帶散熱器焊球陣列封裝（ehanced ball grid array, EBGA）與覆晶焊球陣列

封裝（flip chip ball grid array, FCBGA）的封裝技術，CSP 技術衍生出引線框架 CSP 封裝，柔性插入板 CSP 封裝，剛性插入板 CSP 封裝與圓片級 CSP 封裝。值得一提的是，這一階段發展出的覆晶（Flip Chip）技術是最重要的無引線技術，其通過將晶片金屬焊點覆晶到基板的金屬焊盤，讓封裝體積大幅度的縮小。

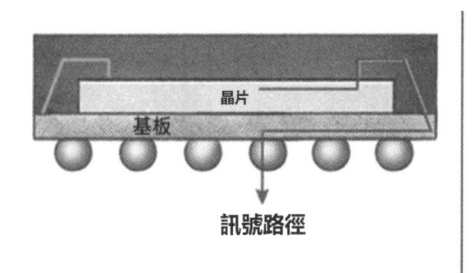

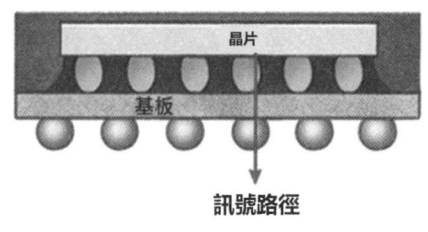

圖 5-37　傳統 BGA 封裝及 FCBGA 示意圖

第三階段（不帶電梯高樓）：我把這個階段比作「不帶電梯高樓階段」，多層封裝基板技術與晶片技術有更好的搭配，就像我們住在高樓一樣，多層基板連接就像樓梯連接各樓層一樣，樓層內各戶的家電與電器的連結線路，在蓋房前都是埋在地板或裝修的牆上，共用的功能也都均勻的攤分在各個家庭，大樓總開關無縫的連接到各戶的總開關，就像各種功能的晶片與多層封裝基板的連結一樣，功能都一應俱全，外表看起來非常簡潔，人均住房面積相對合理，空出來的居住空間可以做綠化與休閒功能，算是城市中產階級住房階段。從 21 世紀前十年開始，晶片與基板或晶片的鍵合技術是這個階段最關鍵的技術，典型的封裝形式如圖 5-38 所示，多晶片組封裝（multi-chip module, MCM）及其衍

生出的多層陶瓷基板式 MCM、多層薄膜基板式 MCM、多層印製板式 MCM，還有系統級封裝（system in package, SiP），三維立體封裝 3D，晶片上製作凸塊（Bumping）都是這個階段的關鍵技術。

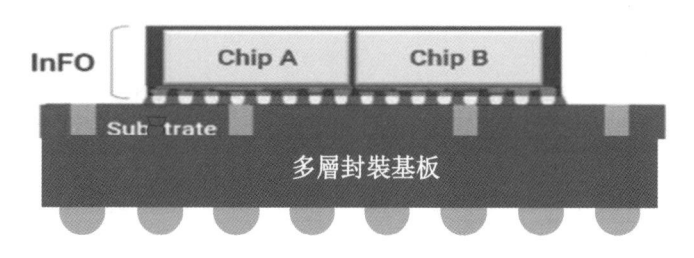

圖 5-38　MCM 封裝示意圖

第四階段（帶電梯高樓）：這裡我把這個階段比作「帶電梯高樓階段」，多層封裝基板技術利用矽穿孔技術與先進晶片有更完美的連接，就像我們住在電梯高樓一樣，高樓內各戶的家電與電器的連結線路，就像矽中介板（interposer）功能一樣，都精緻的埋入樓層間，電梯好比矽穿孔（through silicon via, TSV），快速連接樓層之間的溝通與交流，就像各種功能的晶片與封裝基板透過 TSV 堆疊連結一樣，功能都一應俱全，外表看起來更簡潔，人均住房面積更高，空出來的居住空間更大，是城市中產與富裕階層住房的進階階段。這個階段是先進封裝技術開始的時代，直到現在還是熱火朝天，從 2015 年開始到現在，陸續發展了微電子機械系統封裝 MEMS、晶圓級系統封裝 - 矽穿孔（TSV）、表面活化室溫連接（SAB）、扇出型積體電路封裝（Fan-Out）與扇入型積體電路封裝（Fan-in）技術，這些技術讓元件功能更快

速更高效，封裝技術在這個階段也開始受到更大的重視與關注。

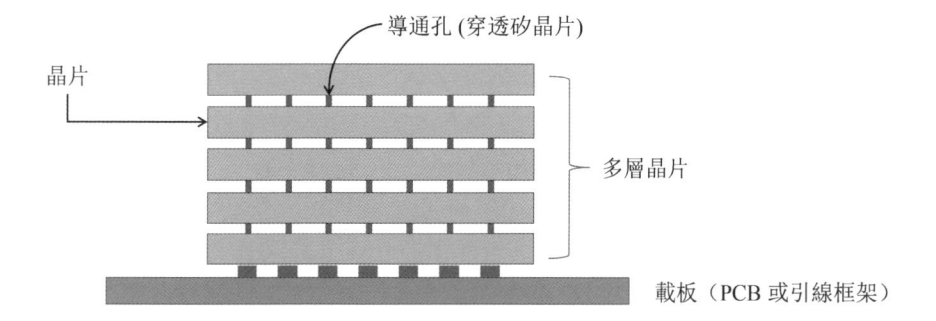

```
              導通孔(穿透矽晶片)
晶片
                            多層晶片


                            載板（PCB 或引線框架）
```

圖 5-39　採用 TSV 技術的多層封裝技術示意圖

第五階段（智慧型大樓）：我把這個階段比作「智慧型大樓」階段，多層封裝基板，先進晶片技術都利用 TSV 技術完美的連接，跟高樓電梯階段不同，智慧型大樓可以根據客戶需求定制化的給客戶不同的房型與居住面積，就像高檔住宅區的大樓一樣，電梯有私人使用（晶片間的 TSV）與公共使用（基板或中介層的 TSV），也可以使用更高檔的建築材料（玻璃基板），各戶的家電與電器的連結線路既精緻（RDL）又隱私（no bump 鍵合技術），快速連接樓層之間的溝通與交流，就像各種功能的晶片與封裝基板透過 TSV 堆疊連結一樣，功能都一應俱全，外表看起來極致的簡潔，人均住房面積更合理，空出來的居住空間更大，是城市高級富裕階層住房的終極階段。從 2018 年開始的混合鍵合技術（Hybrid Bonding）的發展，是這個階段最重要的里程碑，典型的封裝形式如圖 5-40 所示。目前，這一階段的 SoIC 技術吸引了更多技術從業者的目光，跟凸塊鍵合的 3D IC 的製程有所差

異，SoIC 的關鍵就在於實現沒有凸塊的鍵合結構，直接通過極微小的 TSV 來實現多層晶片之間的互連，並且其 TSV 的密度也比傳統的 3D IC 密度更高。

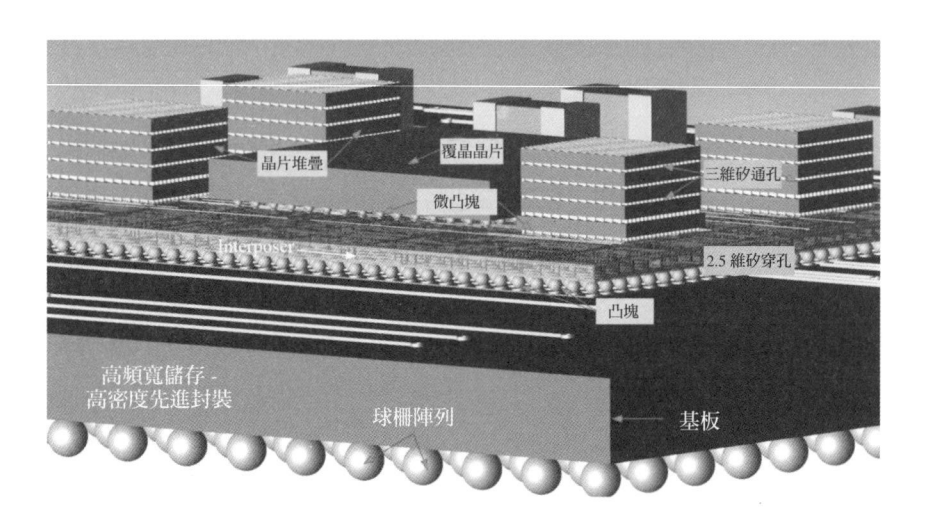

圖 5-40　智慧型大樓階段

5.5 先進封裝製程與設備介紹

　　封裝技術發展到第四與第五階段，對製程的要求也越來越高，如圖 5-41 所示，當前先進封裝製程涉及了凸塊（Bumping）製造技術、重佈線（RDL）技術、穿孔（TSV，TGV）技術、鍵合（Bonding）技術，本小節將對這些先進封裝技術與相關設備予以介紹。

Part 5 先進製程介紹

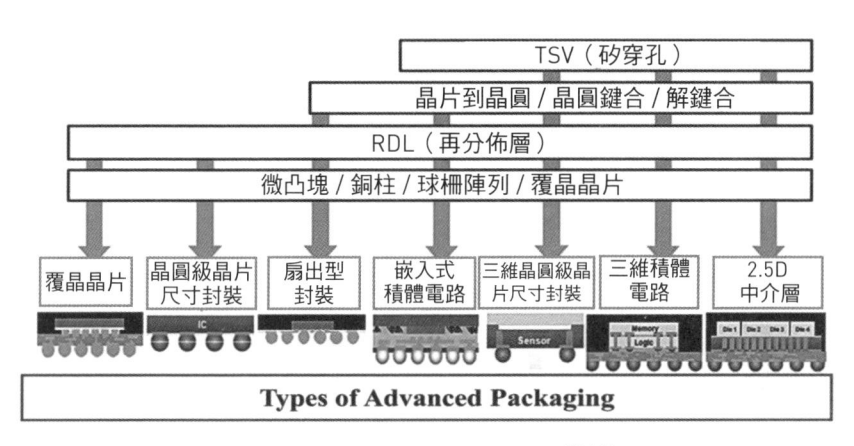

```
┌─────────────────────────────────────────────────┐
│           TSV（矽穿孔）                          │
├─────────────────────────────────────────────────┤
│      晶片到晶圓 / 晶圓鍵合 / 解鍵合              │
├─────────────────────────────────────────────────┤
│           RDL（再分佈層）                        │
├─────────────────────────────────────────────────┤
│   微凸塊 / 銅柱 / 球柵陣列 / 覆晶晶片            │
└─────────────────────────────────────────────────┘
```

| 覆晶晶片 | 晶圓級晶片尺寸封裝 | 扇出型封裝 | 嵌入式積體電路 | 三維晶圓級晶片尺寸封裝 | 三維積體電路 | 2.5D中介層 |

Types of Advanced Packaging

圖 5-41　主流先進封裝類別 [110]

5.5.1 Bumping 技術

凸塊製造技術（bumping）是各類先進封裝技術得以進一步發展演化的基礎，在積體電路封裝中具有重要意義。覆晶（FC）、扇出型（Fan-out）封裝、扇入型（Fan-in）封裝、晶片級封裝（CSP）、三維立體封裝（3D）、系統級封裝（SiP）等先進封裝結構與製程實現的關鍵技術均涉及凸塊製造技術，矽穿孔技術（TSV）、晶圓級封裝（WLP）、微電子機械系統封裝（MEMS）等先進封裝結構與製程均是凸塊製造技術的演化和延伸。

凸塊製造技術起源於 IBM 在 20 世紀 60 年代開發的 C4 製程 [112-115]，即「可控坍塌晶片連接技術」（Controlled Collapse Chip Connection），該技術使用金屬共熔凸塊將晶片直接焊在基板的焊盤上，焊點提供了與基板的電路和物理連接，該技術是積體電路凸塊製造技術的雛形，也是實現覆晶技術的基礎，但是由於在當時這種封裝方式成本極高，僅被用於高端 IC 的封裝，因

而限制了該技術的廣泛使用。C4 製程在後續演化過程中逐漸被優化，如採用在晶片底部添加樹脂的方法，增強了封裝的可靠性。這種創新使得低成本的有機基板得到了發展，促進了覆晶（FC）技術在積體電路以及消費性電子元件中以較低成本使用。此外，無鉛材料得到了廣泛的研究及應用，凸塊製造的材料種類不斷擴充。在 20 世紀 80 年代到 21 世紀初，積體電路產業由日本轉移至韓國與臺灣，積體電路細分領域的國際分工不斷深化，凸塊製造技術也逐漸由蒸鍍製程轉變為濺鍍與電鍍相結合的凸塊製程，該製程大幅縮小了凸塊間距，提高了產品良率。

近年來，隨著晶片集成度的提高，細節距（Fine Pitch）和極細節距（Ultra Fine Pitch）晶片的出現，促使凸塊製造技術朝向高密度、微間距方向不斷發展。凸塊製造技術是諸多先進封裝技術得以實現和進一步發展演化的基礎，經過多年的發展，凸塊製作的材質主要有金、銅、銅鎳金、錫等，不同金屬材質適用於不同晶片的封裝，且不同凸塊特點、涉及的核心技術與上下游應用等方面差異較大，具體情況如下：

表 5-3　凸塊技術特點與應用領域匯總

凸塊種類	主要特點	應用領域
金凸塊	由於金具有良好的導電性、機械加工性（較為柔軟）及抗腐蝕性，因此金凸塊具有密度大、低感應、散熱能力佳、材質穩定性高等特點，但是金凸塊原材料成本相對較高	主要應用於顯示驅動晶片、感測器、電子標籤等產品封裝

凸塊種類	主要特點	應用領域
銅鎳金凸塊	銅鎳金凸塊可適用于不同的封裝形式,可提高鍵合的導電性能、散熱性能、減少阻抗,大大提高了引線鍵合的靈活性;雖然材料成本較金凸塊低,但製程複雜,製造成本相對較高	目前主要應用於電源管理等大電流、需要低阻抗的晶片封裝
銅柱凸塊	銅柱凸塊具有良好的電性能和熱性能,具備窄節距的優點,同時可以通過增加介電層或 RDL 提升晶片可靠性	應用領域較為廣,主要應用於處理器、影像處理器、記憶體晶片、ASIC、FPGA、電源管理晶片、射頻前端晶片、基頻晶片、功率放大器、汽車電子等產品或領域
錫凸塊	凸點結構主要由銅焊盤和錫帽構成,一般是銅柱凸點尺寸的 3~5 倍,球體較大,可焊性更強	應用領域較廣,主要用於圖像感測器、電源管理晶片、高速器件、光電器件等領域

5.5.2 重佈線技術

重佈線技術(RDL)是實現晶片水平方向互連的關鍵技術[116-118],可將晶片上原來設計的 I/O 焊盤位置通過晶圓級金屬佈線製程變換位置和排列,形成新的互連結構。借鑒 PCB 銅佈線製程,RDL 可通過加成法、半加成法等方法加工。

目前主流的 RDL 製程主要有兩種,第一種基於感光高分子聚合物,並結合電鍍銅與蝕刻製程實現;另一種則採用銅大馬士革製程結合 PECVD 與化學機械研磨(Chemical Mechanical Polishing, CMP)製程實現。

基於感光高分子聚合物的 RDL 製程如圖 5-42 所示。首先,通過旋轉在晶圓表面塗覆一層 PI 或 BCB 光阻材料,加熱固化後使用曝光製程在所需位置進行開孔,之後進行蝕刻。接著,在

去除光阻後通過物理氣相沉積製程（Physical Vapor Deposition，PVD）在晶圓上濺射 Ti 與 Cu，分別作為阻擋層與種子層。下一步，結合曝光與電鍍 Cu 製程在暴露出的 Ti/Cu 層上製造第一層 RDL，然後去除掉光阻並蝕刻掉多餘的 Ti 與 Cu。重複上述步驟即可形成多層的 RDL 結構。該方法目前在工業界中運用更為廣泛。

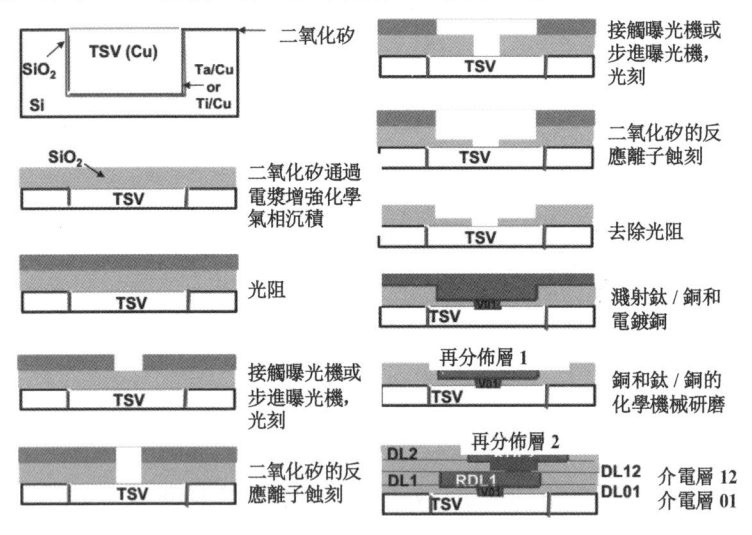

圖 5-42　基於感光高分子聚合物的 RDL 製造流程示意圖

另一種製造 RDL（Redistribution Layer）的方法主要基於銅大馬士革製程，並結合了 PECVD 和 CMP 製程。該方法與基於感光高分子聚合物的 RDL 製程有顯著不同：在製造每一層時的第一步，首先通過 PECVD 沉積 SiO_2 或 Si_3N_4 作為絕緣層。接著，利用曝光和反應離子蝕刻在絕緣層上形成視窗。隨後，分別濺射 Ti/Cu 的阻擋層和種子層，以及銅導體層。最終，通過 CMP 製程將導體層減薄到所需的厚度，從而形成一層 RDL 或穿孔層。

圖 5-43 展示了基於銅大馬士革製程構建的多層 RDL 的剖面示意圖與照片。從圖中可以觀察到，TSV（矽穿孔）首先連接到穿孔層 V01，然後從下至上按 RDL1、穿孔層 V12 和 RDL2 的順序依次疊加。每一層 RDL 或穿孔層均按照上述流程逐層製造。然而，由於該 RDL 製造流程需要使用 CMP 製程，導致其製造成本高於基於感光高分子聚合物的 RDL 製程，因此其應用範圍相對較窄。

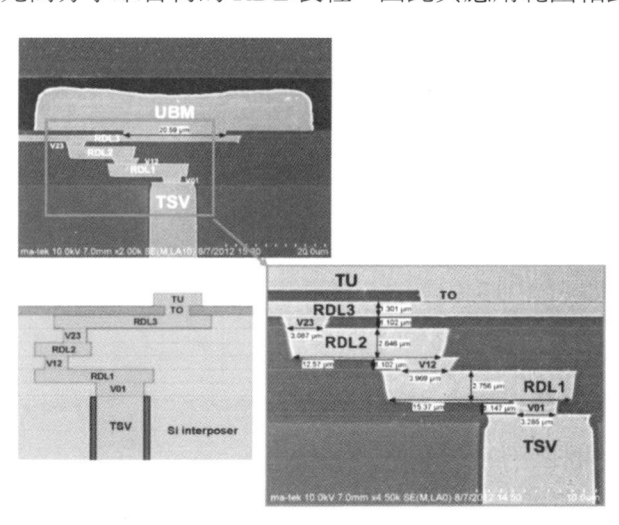

圖 5-43　基於銅 Cu 大馬士革製程構建的多層 RDL 製造流程示意圖

5.5.3 矽穿孔技術

（1）TSV 概念

矽穿孔（through silicon via, TSV）技術是當下垂直互連製程的關鍵技術，其通過在矽（Si）上打通孔進行晶片間的互連，無需引線鍵合，有效縮短互連線長度，提高訊號速度和頻寬，降低功耗和封裝體積。2000 年，Savastiou 在其論文中使用

through silicon via 了這一名詞[119]，這是矽穿孔概念的首次亮相。2004 年，出於對 TSV 未來應用前景的看好，Savastiou 成立了 ALLVIA 公司專注於 TSV 代工製造。2005 年，10 層堆疊的記憶體晶片被研製出來。2007 年集成 TSV 的 CIS 晶片由 Toshiba 公司量產商用，同年 ST Microelectronics 和 Toshiba 一起推出 8 層堆疊的 NAND 快閃記憶體晶片。2013 年第一款 HBM 記憶體晶片由韓國 Hynix 推出。2015 年，第一款集成 HBM 的 GPU 由 AMD 推出，TSV 逐漸被應用於更廣泛的領域，包括圖像感測器、3D 積體電路、光電元件等。

（2）TSV 製程介紹

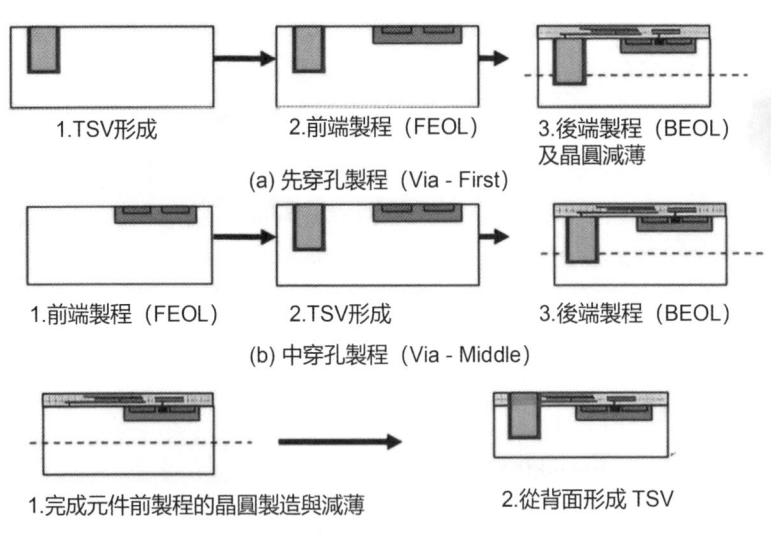

1.TSV形成 → 2.前端製程（FEOL） → 3.後端製程（BEOL）及晶圓減薄
(a) 先穿孔製程（Via - First）

1.前端製程（FEOL） → 2.TSV形成 → 3.後端製程（BEOL）
(b) 中穿孔製程（Via - Middle）

1.完成元件前製程的晶圓製造與減薄 → 2.從背面形成 TSV
(c) 後穿孔製程（從背面）（Via - Last (from backside)）

圖 5-44　via-first、via-middle 以及 via-last TSV 技術示意圖

如圖 5-44 所示，TSV 製程的實現需要綜合運用蝕刻、沉積、CMP 等多種半導體技術。根據穿孔形成的階段，TSV 製程可以分為先穿孔（via-first）、中穿孔（via-middle）和後穿孔（via-last）。以下是關鍵製程的具體介紹：

孔成型：孔成型的方法包括雷射打孔、乾式蝕刻和濕式蝕刻。其中，基於深矽刻蝕（Deep Reactive Ion Etching，DRIE）的 Bosch 製程是目前最廣泛使用的技術。反應離子蝕刻（Reactive Ion Etching，RIE）結合物理轟擊和化學反應進行蝕刻，而 Bosch 製程通過蝕刻和保護的交替操作，提高了 TSV 的各向異性，確保矽穿孔的垂直度。

沉積絕緣層：TSV 孔內的絕緣層用於實現矽基板與孔內傳輸通道的絕緣，防止漏電和串擾。TSV 孔壁的絕緣介電層通常選擇無機介電材料，常見的製程方法包括 PECVD、SACVD、ALD 和熱氧化。

沉積阻擋層 / 種子層：在 2.5D TSV 的中介層製程中，通常使用銅作為 TSV 內部的金屬互聯材料。在電鍍銅填充 TSV 通孔之前，需要在孔內製造阻擋 / 種子層，常用材料有 Ti、Ta、TiN、TaN 等 [120-122]。電鍍種子層的作用是與電鍍電極連接，並支持 TSV 孔的填充。

電鍍填充製程：TSV 深孔的填充技術是 3D 集成的關鍵，直接影響後續元件的電學性能和可靠性。常見的填充材料包括銅、鎢和多晶矽等。

CMP（化學機械研磨）製程和背面露頭製程：CMP 技術用於去除矽表面的二氧化矽介電層、阻擋層及種子層。背面露頭技

術是 2.5D TSV 轉接基板的關鍵步驟，包括晶圓減薄以及乾 / 濕式蝕刻等製程。

晶圓減薄：晶圓表面平坦化後，需要對背面進行減薄以露出 TSV。傳統晶圓減薄技術包括機械磨削、CMP 和濕式腐蝕。當前主流方案是將磨削、拋光、保護膜去除、膜粘貼及切割晶片等步驟集合到單一設備中完成。

5.5.4 玻璃穿孔 TGV 技術

值得一提的是，自從英特爾於 2023 年 9 月宣佈支援封裝晶片的玻璃基板以來，人們對玻璃基板越發感興趣。與有機基板相比，玻璃基板的優點是：玻璃中介層的表面更光滑、更平坦；玻璃中介層允許波導將光傳輸到光子積體電路（PIC）設備；玻璃中介層具有卓越的光學特性；玻璃中介層具有更好的熱、機械和尺寸穩定性；玻璃中介層具有更高的互連密度；玻璃中介層提高了訊號傳送速率、功率傳輸和設計規則。因此，TGV 作為 TSV 的低成本替代方案逐漸受到廣泛關注 [123-125]。

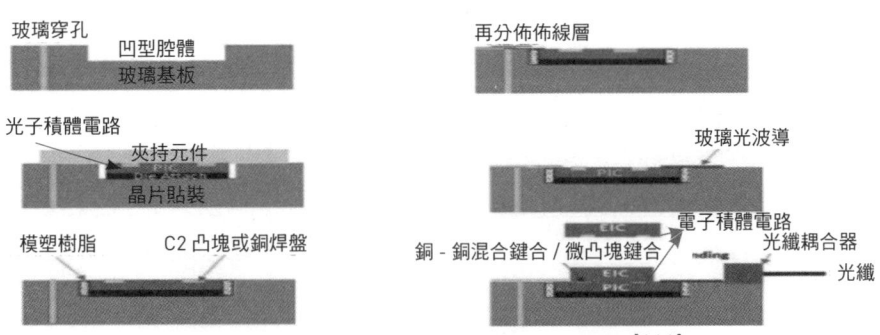

圖 5-45　典型的 TGV 封裝過程示意圖 [111]

TGV 封裝過程如圖 5-45 所示。首先，蝕刻一個槽並在玻璃基板上製作 TGV。然後將帶有晶片連接的光子積體電路（PIC）放入帶有固定裝置的凹型腔中。PIC 可採用帶有 C2 微凸塊的設計，或使用裸露的銅焊盤，焊盤具有 3 μm 的凹槽。隨後，用模具樹脂填充間隙，再進行 RDL 製造。完成後，通過光纖組裝光纖耦合器。最後，在 EIC 和 PIC 之間進行微凸塊鍵合或 Cu-Cu 混合鍵合。

然而，TGV 穿孔技術可能因雷射打孔技術的不穩定性而損傷玻璃，導致表面不夠光滑。此外，大多數 TGV 加工方法效率較低，難以實現大規模量產。TGV 結構的電鍍成本和時間比 TSV 略高，同時玻璃基板表面黏附性較差，容易引發 RDL 金屬層的異常。而玻璃材料本身的易碎性和化學惰性也為製程開發增加了難度。

5.5.5 Hybrid Bonding
（1）混合鍵合概念

什麼是混合鍵合（hybird bonding）呢？從本質上講，混合鍵合是半導體互連技術的一類，其與本書前述的引線互連、凸塊連接等技術的核心目標是一致的，即實現半導體元件間機械與電氣的連接。相比於傳統的互連技術，混合鍵合可以實現更高的互連密度、更快的訊號傳輸速率，並且可以顯著縮小封裝體積，其在 3D 堆疊、異構集成等方向被廣泛應用[126-128]。在一些資料中，混合鍵合技術也被稱作直接鍵合連接（direct bond interconnect），其發展最早可以追溯到上世紀 80 年代，美國三

角研究所（Research Triangle Institute, RTI）Paul Enquist、Q. Y. Tong 和 Gill Foutian 最先提出了混合鍵合技術的構想，當時他們將該技術命名為 ZiBond 技術，他們三人後來在 2000 年成立了公司 Ziptronix，而後在 2005 年和 2011 年分別發佈了 10 um 和 2 um bump 間距的混合鍵合方案。2016 年索尼在其 CMOS 圖像感測器中率先使用混合鍵合技術，此後混合鍵合技術作為關鍵的 3D 封裝技術被台積電、英特爾等半導體大廠廣泛採用。

（2）混合鍵合製程介紹

如圖 5-46 所示，目前，混合鍵合技術主要可以分為兩類，一類是晶圓對晶圓（wafer to wafer, W2W）的鍵合，另一類是晶片對晶圓（die to wafer, D2W）的鍵合[129-131]。其中 W2W 通常適用於晶片良率較高的情況，而 D2W 則更適合於晶片良率較低或高價值晶片的應用，因為 D2W 能夠實現對單個晶片的精確放置和鍵合，有效降低材料浪費。此外，這兩種技術在具體實施時各有優勢和限制。W2W 技術具有較高的生產效率，適用於大批量生產，但對晶圓表面平整度和尺寸匹配要求較高。相比之下，D2W 技術靈活性更強，可以實現異構集成，支持不同材料和製程的晶片互聯，但由於涉及逐片操作，生產效率較低。

混合鍵合的關鍵步驟如圖 5-47 所示，包括鍵合表面準備、鍵合以及退火處理[132,133]。以下分別就這些關鍵步驟做簡單的介紹。

①鍵合表面準備：包括去除表面污染物與氧化層、降低表面粗糙度（RMS < 0.5 nm）以及表面活化處理；

晶圓對晶圓混合鍵合

- 晶片保留在晶圓上
- 啟動、清潔，然後鍵合
- 研磨和減薄，送去封裝

晶片對晶圓集體混合鍵合

- 待鍵合的晶片經製備、切割，然後放置在載片晶圓上
- 啟動、清潔，然後鍵合
- 移除載片晶圓，使鍵合後的晶片留在目標晶圓上

晶片對晶圓順序混合鍵合

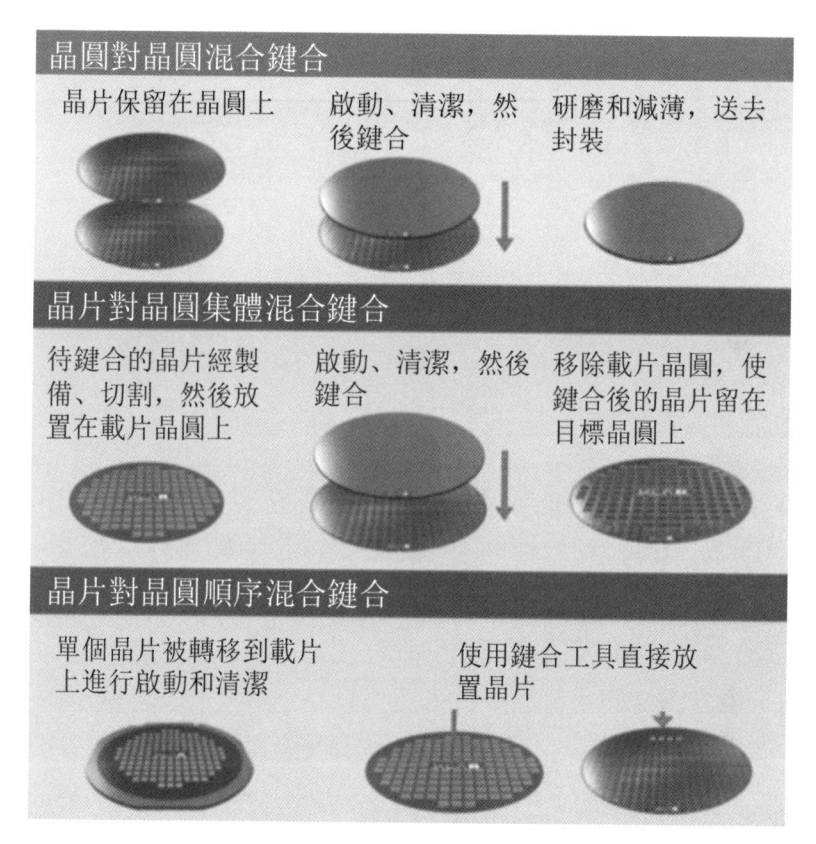

- 單個晶片被轉移到載片上進行啟動和清潔
- 使用鍵合工具直接放置晶片

圖 5-46　混合鍵合技術分類

②鍵合：將兩個晶片或晶圓精確對準，在適當的溫度和壓力條件下，通過熱壓過程將兩個晶片的表面分子層進行接觸，利用表面原子之間的化學反應實現鍵合，經過這一步製程之後，介電層（通常為 SiO_2）可以實現很好的鍵合；

③退火處理：這一步主要是為了讓金屬（Cu）在內部壓力與退火溫度的作用下實現很好的鍵合。

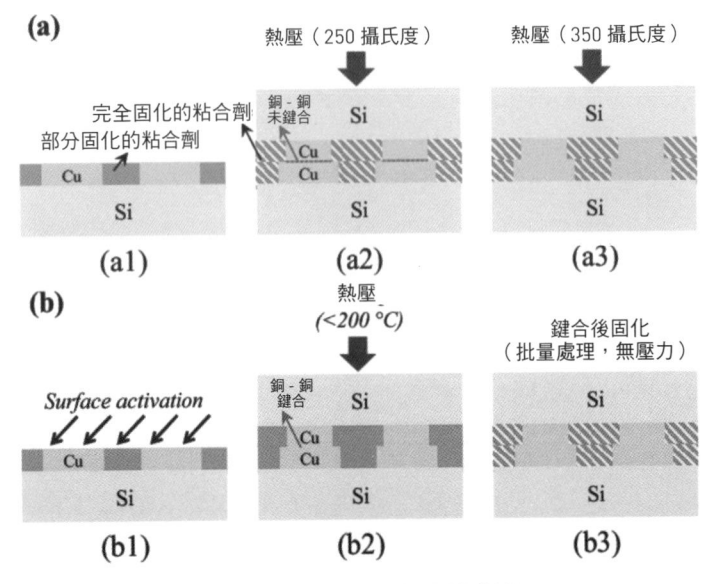

圖 5-47　混合鍵合關鍵步驟

(3) 混合鍵合應用

從 2016 年索尼公司在其 CMOS 圖像感測器的製造流程中引入混合鍵合技術開始，眾多半導體巨頭紛紛加入混合鍵合技術行列，台積電的 SoIC、三星 X-cube 與長江存儲 X-tacking 等技術方案中均涉及到混合鍵合技術。表 5-4 對目前混合鍵合技術的應用領域進行了匯總，包括 CIS、NAND、DRAM、logic、HBM 以及 chiplet 等領域。不同領域對混合鍵合技術的需求各有側重。例如，在 CIS（CMOS 圖像感測器）領域，混合鍵合技術用於提升畫素密度和訊號傳輸性能，從而實現更高的圖像解析度和感光性能；在 NAND 和 DRAM 中，混合鍵合則主要助力於構建更高層數的儲存單元，提高儲存密度和資料傳輸速度。

表 5-4　當下混合鍵合技術的應用場景[134]

應用	圖像感測器	NAND 快閃記憶體	動態隨機記憶體	邏輯電路		先進封裝	
堆疊器件	BSI 背照式 + 感光層 邏輯	三維 NAND 快閃記憶體 單元 + 外設	三維動態隨機記憶體 單元 + 外設	背面電源分配網路 單元 + 邏輯	順序互補場效應電晶體 單元 + 邏輯	高頻寬記憶體 動態隨機(　) 邏輯晶片	分離/小晶片
鍵合	晶片對晶圓 銅混合鍵合	晶圓對晶圓 銅混合鍵合	晶圓對晶圓 銅混合鍵合	晶圓對晶圓 氧化物混合鍵合	晶圓對晶圓 氧化物混合鍵合	晶片對晶圓微凸貼 →銅混合鍵合	晶片對晶圓/晶片 對晶片銅混合鍵合
三維輸入輸出間距	3um →1um	1um →0.5um	1um →0.5um	Sub um (nTSV)	Sub um (nTSV)	40um →25um	10um →1um
結構			Source: TEL 3D DRAM structure				Chip partition (Chiplet) Chip Stacking Source: TEL
狀態	量產	從研發到量產	研發	研發	研發	研發	從研發到量產

（4）關鍵設備與市場情況

如圖 5-48 所示，鍵合設備通常主要由對準系統、鍵合頭、壓力載入系統、溫控系統以及真空腔體等部分組成。這其中，對準系統和真空環境的性能會直接影響混合鍵合的精度和介面品質。以下分別對混合鍵合機的關鍵部分進行簡單介紹。

①真空系統：用於在低氣壓或真空環境中完成鍵合操作，以避免鍵合介面形成氣泡或污染，進而提高互聯的電氣性能和介面可靠性。

②對準系統：通常採用高精度光學和圖像識別技術，以確保晶片與晶圓（D2W）或晶圓與晶圓（W2W）的亞微米級甚至奈米級對齊。

③壓力載入系統：通過精密機械或氣動控制實現壓力的均勻分佈，溫控系統則通過加熱或冷卻功能為鍵合介面提供合適的製程溫度。

④鍵合頭：負責將壓力和熱量均勻施加到待鍵合區域，確保在溫度和壓力的雙重作用下實現牢固的物理接觸和介面化學鍵形成。

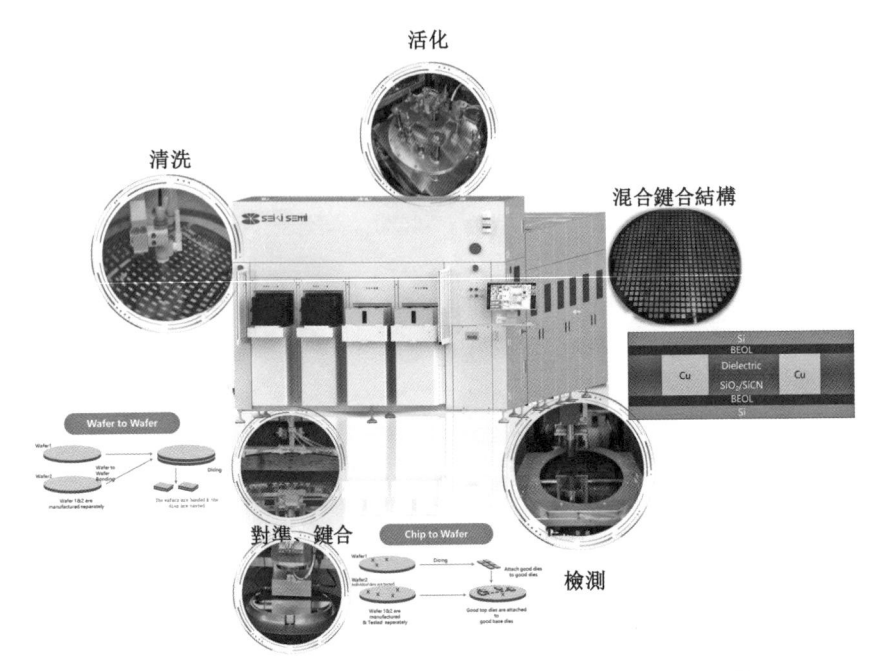

圖 5-48　鍵合機實物圖以及關鍵組件（圖片來源：青輝半導體）

（5）鍵合設備市場競爭與國產化狀況

目前鍵合設備市場相對集中，如表 5-5 所示，90% 的市場主要集中在歐洲與日本廠商，國產設備除了上海微電子有一定的市占率之外，後起之秀也不容忽視，尤其是拓荊科技與青禾晶元在先進封裝設備國產化的大潮之下，開始有國內先進封裝大廠使用並得到不錯的驗證結果，其它的國產設備商如芯睿科技與華卓精科在臨時鍵合市場站穩腳步之後，開始進軍先進封裝市場，這些國產設備公司都值得大家期待。

表 5-5　主要的鍵合設備廠商及相關新消息匯總

國家 / 廠商	市場份額	主要應用領域
奧地利 EV Group	59%	IC、先進封裝、MEMS、CIS
德國 SUSS MicroTec	12%	先進封裝、MEMS、CIS
日本 TEL	7.5%	IC、先進封裝、MEMS、CIS
英國 AML	5.5%	MEMS、CIS
日本 Mitsubishi	4.4%	IC、MEMS、CIS
日本 Ayumi Industry	4.2%	IC、MEMS、CIS
中國 SMEE	3.9%	IC、先進封裝、MEMS
中國香港 ASMPT	1.8%	先進封裝
中國 青禾晶元	~1%	先進封裝、MEMS 與臨時鍵合
中國 拓荊科技	~1%	IC、先進封裝
中國 芯睿科技	←1%	臨時鍵合
中國 華卓精科	←1%	臨時鍵合

IC 包含 NAND、DRAM 與 logic，先進封裝包含 HBM、SoIC 與 Chiplet
（資料來源：青輝半導體）

5.6 先進封裝技術的進展與趨勢

在介紹一系列的先進封裝技術之前，讓我們先來思考一個問題：為什麼要發展先進封裝技術？正如本章開篇所提及的，在電晶體尺寸逼近物理極限，摩爾定律放緩，在這樣的情況下，發展先進封裝技術的目的在於提升功能密度，縮短互連長度，提升系統性能，降低整體功耗。所以在最近的十年，發展出很多我們很難在字面上看懂的英文專有名詞，比如 FOWLP、HMC、CoWoS、HBM、INFO、FOPLP、EMIB 等等，方便起見，這裡將這些技術在表 5-6 中進行了匯總。上述提及的技術都屬於先進

封裝技術,儘管這裡我們列舉了非常多的先進封裝技術,從宏觀的角度來看,這些技術無非是兩類:一類是基於 XY 平面延伸的先進封裝技術,主要通過 RDL 進行訊號的延伸和互連;訊號延伸的手段或技術主要通過 RDL 層來實現,通常沒有基板,其 RDL 佈線時是依附在矽基板的載體上,或者在附加的 Molding 上。因為最終的封裝產品沒有基板,所以此類封裝都比較薄,目前在智慧手機中得到廣泛的應用。另一類則是基於 Z 軸延伸的先進封裝技術,主要是通過 TSV 進行訊號延伸和互連。

表 5-6 世界大廠的先進封裝技術匯總

先進封裝技術	技術特點	2D/2.5D/3D	功能密度	應用	公司
FOWLP Fan-out Wafer Level Package 扇出型晶圓級封裝	在封裝過程中大部分製造流程都是對晶圓進行操作,即在晶圓上進行整體封裝,封裝完成後再進行切割分片	2D	低	智慧手機、5G 與 AI	英飛凌 Infineon、恩智浦 NXP
HMC Hybrid Memory Cube 混合儲存立方體封裝	目標市場是高端伺服器市場,尤其是針對多處理器架構,HMC 使用堆疊的 DRAM 晶片實現更大的記憶體頻寬。另外 HMC 通過 3D TSV 集成技術把記憶體控制器(Memory Controller)集成到 DRAM 堆疊封裝裡	3D	高	高端伺服器、高端娛樂主機與高速運算電腦 HPC	美光、三星、IBM、安某 ARM、微軟
CoWoS Chip-on-Wafer-on-Substrate	是把晶片封裝到矽轉接板(中介層)上,並使用矽轉接板上的高密度佈線進行互連,然後再安裝在封裝基板上	2.5D	中	高端伺服器、高端娛樂主機與高速運算電腦 HPC	台積電
HBM High-Bandwidth Memory 高頻寬記憶體	主要針對高端顯卡市場。HBM 使用了 3D TSV 和 2.5D TSV 技術,通過 3D TSV 把多塊記憶體晶片堆疊在一起,並使用 2.5D TSV 技術把堆疊記憶體晶片和 GPU 在載板上實現互連	3D+2.5D	高	圖形處理器 GPU、高速運算電腦 HPC	AMD、輝達、海力士、英特爾、三星

Part 5 先進製程介紹

先進封裝技術	技術特點	2D/2.5D/3D	功能密度	應用	公司
INFO Integrated Fan-out 集成扇出型封裝技術	是在 FOWLP 製程上的集成，可以理解為多個晶片 Fan-Out 製程的集成	2D	中	i-phone 手機、5G 與 AI	台積電
FOPLP Fan-out Panel Level Package 面板級封裝	借鑒了 FOWLP 的思路和技術，但採用了更大的面板，因此可以量產出數倍於 12 寸矽晶圓的封裝產品。因此被稱為 FOPLP 封裝技術，目前採用了如 24×18 英寸（610×457mm）面積	2D	中	移動終端、5G 與 AI	三星
EMIB Embedded Multi-Die nterconnect Bridge 嵌入式多晶片互連橋先進封裝技術	EMIB 是屬於有基板類封裝，EMIB 理念跟基於矽中介層的 2.5D 封裝類似，因為沒有 TSV，因此 EMIB 技術具有正常的封裝良率、無需額外製程和設計簡單等優點	2D	中	圖形處理器 GPU、高速運算電腦 HPC	英特爾
Foveros 3D Face to Face Chip Stack for heterogeneous integration 三維面對面異構集成晶片堆疊	適用於小尺寸產品或對記憶體頻寬要求更高的產品	3D	中	高端伺服器與高速運算電腦 HPC	英特爾
Co-EMIB	Co-EMIB 是 EMIB 和 Foveros 的綜合體，EMIB 主要是負責橫向的連結，Foveros 則是縱向堆疊，就好像蓋高樓一樣，每層樓都可以有完全不同的設計，比如說一層為健身房，二層當寫字樓，三層作公寓	3D+2D	高	高端伺服器與高速運算電腦 HPC	英特爾
TSMC-SoIC System-on-Integrated-Chips 集成片上系統	SoIC 的關鍵就在於實現沒有凸塊的接合結構，並且其 TSV 的密度也比傳統的 3D IC 密度更高，直接通過極微小的 TSV 來實現多層晶片之間的互聯	3D	特別高	5G、AI 與穿戴或移動終端產品	台積電
X-Cube eXtended-Cube	此 3D 封裝允許多枚晶片堆疊封裝，使得成品晶片結構更加緊湊，可以在較小的空間中容納更多的記憶體，並縮短單元之間的訊號距離	3D	高	5G、AI 與穿戴或移動終端產品	三星

5.6.1 系統級封裝技術

系統級封裝技術（System in Package, SiP）是將多個功能晶片（如處理器、記憶體等）以及電容、電阻等元件集成到一個封裝中（圖 5-49），從而壓縮模組體積、縮短電氣連接距離，提升整體功能性和靈活性。SiP 技術的主要優勢之一是能夠促進異構元件的集成，例如類比、數位和混合訊號 IC，以及電阻器、電容器和電感器等被動元件。這種級別的集成允許創建高度複雜的系統，這些系統可以執行廣泛的功能，同時保持較小的空間與面積。

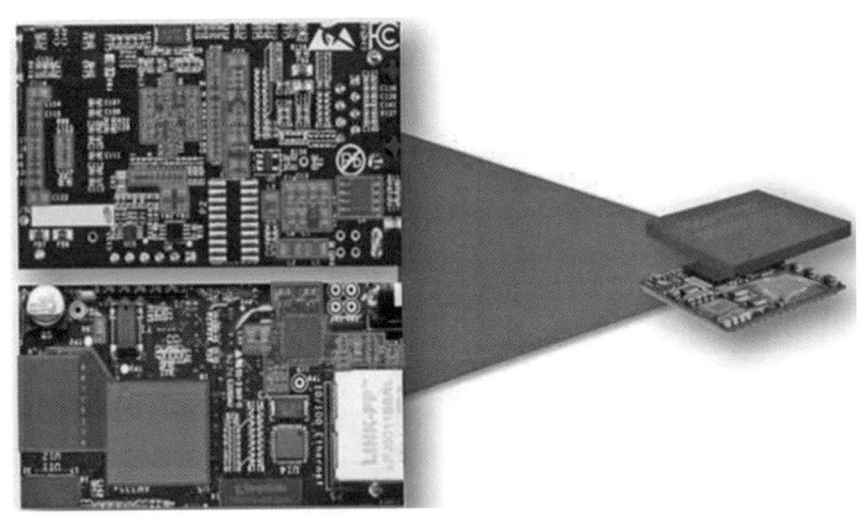

圖 5-49　系統級封裝

5.6.2 HBM 技術介紹

　　HBM（High Bandwidth Memory，高頻寬記憶體）是一種創新的高性能記憶體技術，通過將多個 DRAM 晶片垂直堆疊，並利用矽穿孔（TSV, Through-Silicon Via）技術實現晶片層間的高速電氣連接，顯著提高了記憶體的頻寬密度與能效。HBM 能夠滿足高性能計算、人工智慧、圖形處理和資料中心等領域對記憶體性能的嚴苛需求，成為傳統 DDR 記憶體的重要補充甚至替代方案。隨著人工智慧技術的快速發展，對高性能計算資源的需求不斷增加，HBM 作為一種先進的儲存方案，憑藉其優異的資料傳輸速率、低功耗和緊湊設計，已成為支撐 AI 應用的核心技術之一。

　　HBM（High Bandwidth Memory）是一種三維堆疊的 DRAM 技術，通過高密度矽穿孔（TSV）和微凸塊（microbump）技術，將多層 DRAM 晶片垂直互聯。此設計顯著提升了記憶體的頻寬與容量，同時縮小了記憶體模組的物理尺寸。與傳統的 GDDR5 記憶體相比，HBM 因其緊湊的結構和高效的資料傳輸，展現出更低的功耗。

　　HBM 的優勢主要體現在以下幾個方面：
①高頻寬：滿足高性能計算需求。
②高密度：支援更多資料儲存。
③低功耗：適用于能效要求高的場景。
④緊湊設計：節省物理空間。

（1）HBM 產品的發展歷程

① HBM 技術已歷經多個反覆運算，從第一代 HBM 到最新的 HBM3E，逐步實現頻寬、密度和能效的跨越式提升：

② HBM1：初代產品，頻寬高達 128GB/s，主要用於高端 GPU。

③ HBM2：頻寬和儲存密度進一步提升，廣泛應用於 AI 訓練、雲計算和資料中心。

HBM3：支援超過 800GB/s 的頻寬，採用更高密度的堆疊設計，滿足下一代計算和儲存需求。

④ HBM3E：HBM3 的擴展版本，性能進一步優化。

⑤ HBM 的堆疊層數目前支援 2/4/6/8 層，最多可堆疊至 12 層。韓國廠商正研發 HBM4，預計 HBM4 將實現最多 16 層堆疊，但其標準尚未確定。

TSV（矽穿孔）是 HBM 的核心技術，通過在矽基板中創建直徑為 1-5 微米、深度為 10-50 微米的垂直導電通道，晶片間可實現直接連接。TSV 技術不僅支援高密度垂直互連，還顯著減少訊號延遲，提高資料傳輸速率。

HBM 作為一種先進的儲存方案，憑藉其在頻寬、密度和能效方面的優勢，正日益成為推動高性能計算和 AI 發展的關鍵技術之一。

（2）HBM 的結構與製造流程

HBM 幾乎將先進封裝製程發揮到了極致，下面我將通過 HBM 製程詳細介紹先進封裝的關鍵技術。首先，在前中段互連

Part 5 先進製程介紹

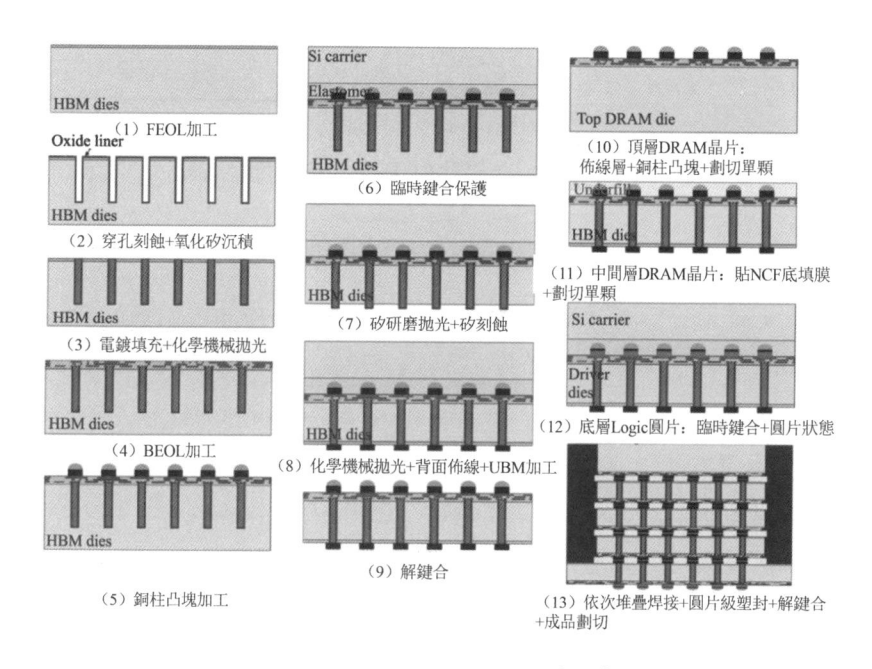

(1) FEOL加工
Oxide liner
(2) 穿孔刻蝕+氧化矽沉積
(3) 電鍍填充+化學機械拋光
(4) BEOL加工
(5) 銅柱凸塊加工
(6) 臨時鍵合保護
(7) 矽研磨拋光+矽刻蝕
(8) 化學機械拋光+背面佈線+UBM加工
(9) 解鍵合
(10) 頂層DRAM晶片：佈線層+銅柱凸塊+劃切單顆
(11) 中間層DRAM晶片：貼NCF底填膜+劃切單顆
(12) 底層Logic圓片：臨時鍵合+圓片狀態
(13) 依次堆疊焊接+圓片級塑封+解鍵合+成品劃切

圖 5-50　HBM 製造流程[135]

製程中，完成所有金屬佈線和接觸孔填充等步驟。這些製程確保了晶片內部電路的連接和功能的實現。接下來，對晶圓表面進行鈍化層蝕刻，暴露出焊盤（bond pads），這些焊盤將在後續的 TSV 連接中起到至關重要的作用，確保晶片之間能夠通過 TSV 實現電氣互聯。最後，使用膠帶從晶圓正面覆蓋，以保護已經製造好的電路，避免在後續的背面減薄製程中造成損壞。通過這些精密的製程步驟，HBM 能夠實現高效的封裝和強大的性能。

圖 5-51　電鍍填充與化學機械研磨後的示意圖

背面減薄

從晶圓背面開始減薄，直至暴露出 TSV 銅插頭。對於標準的 300 毫米矽晶圓（初始厚度約為 775 微米），為了暴露出 50 微米深的 TSV，需要從背面去除至少 725 微米的矽材料。

減薄方法：常用的減薄方法包括機械研磨（grinding）、化學機械拋光（CMP）和濕式蝕刻（wet etching-stripe）。這些方法可以精確地控制減薄的厚度，確保 TSV 銅插頭完全暴露。

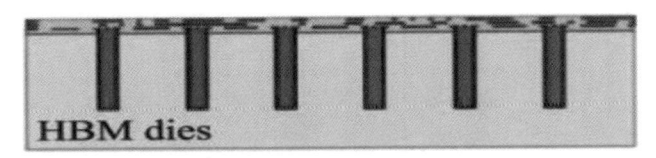

圖 5-52　BEOL 加工後的示意圖

TSV 插頭暴露與金屬凸塊形成

絕緣層沉積與去除：在減薄後的晶圓背面沉積一層絕緣層，然後通過蝕刻製程再次暴露出 TSV 銅插頭。這一步驟確保 TSV 插頭在後續的金屬凸塊形成過程中不會受到污染。

金屬凸塊形成：在暴露出的 TSV 銅插頭上形成金屬凸塊（bumps）。這些凸塊將用於後續的晶片堆疊過程中實現晶片之間的電氣連接。常見的金屬凸塊材料包括銅、金、錫等，凸塊的形成通常採用電鍍或蒸鍍製程。

圖 5-53　金屬凸塊形成後的示意圖

晶圓鍵合

鍵合準備：將帶有凸塊的減薄晶圓與一個未減薄的承載晶圓（handling wafer）鍵合。承載晶圓用於提供機械支撐，防止在後續製程中損壞減薄的晶圓。

鍵合製程：鍵合製程包括熱壓鍵合（thermal compression bonding）、共晶鍵合（eutectic bonding）和熔融鍵合（fusion bonding）等。這些鍵合方法確保了晶片間的可靠連接。

移除保護膠帶：移除減薄晶圓正面的保護膠帶，並對晶圓進行清潔，確保表面無污染。這一步驟為後續的多晶圓堆疊做好準備。

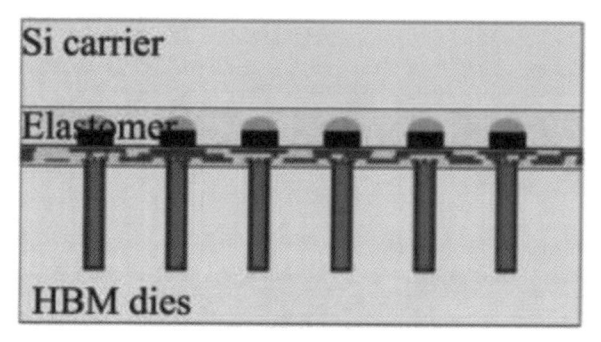

圖 5-54　臨時鍵合示意圖

多晶圓堆疊

第一層：將帶有凸塊的減薄 DRAM 晶圓與承載晶圓進行鍵合。

第二層：去除第一層 DRAM 晶圓正面的保護膠帶，並清潔其表面。

第三層：將另一片帶有凸塊的減薄 DRAM 晶圓與第一層 DRAM 晶圓完成鍵合。

第四層：重複上述操作，持續鍵合更多的 DRAM 晶圓，直至達到所需層數。

堆疊方式：可根據具體需求選擇不同的堆疊方式，例如面對面（Face-to-Face, F2F）或背對背（Back-to-Back, B2B）鍵合。

堆疊示例：圖 5-55 展示了四個 DRAM 晶圓通過 TSV 技術堆疊的示例。每個晶圓都按照上述步驟處理後，通過 TSV 技術完成堆疊，具體堆疊過程如圖所示。

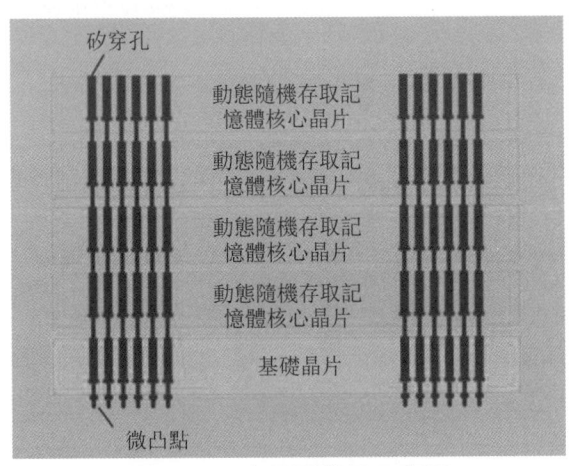

圖 5-55 多晶圓堆疊示意圖

集成到基板：堆疊完成的 HBM 模組通常採用微凸塊（Microbump）技術，與高性能處理器（如 GPU、FPGA 或 ASIC）一同安裝在矽中介層（Interposer）上，形成緊湊的多晶片集成系統。這種方式不僅顯著提升頻寬，還有效降低訊號延遲。

封裝與測試：在實現晶片互聯後，HBM 模組會進行封裝，並接受全面的功能測試，以確保其在各種複雜應用場景下的高可靠性和優異性能。

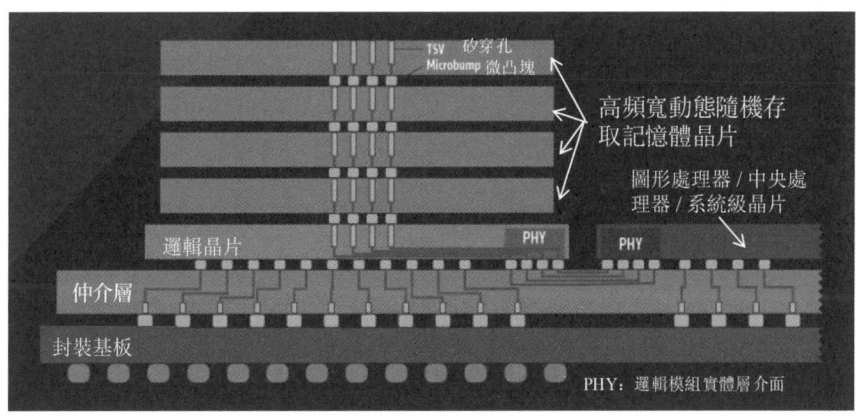

圖 5-56　HBM 結構示意圖

（3）HBM 市場情況

目前，全球 HBM 市場由三家公司主導。根據臺灣市場研究機構 TrendForce 發佈的研究報告，截至 2024 年，海力士佔據 HBM 總市場份額的 50%，其次是三星（40%）和美光（10%）。預計這兩家韓國公司將在 2025 年和 2026 年佔據 HBM 市場的類

似份額，合計佔據約95%的份額。據臺灣官方中央社援引美光公司高管Praveen Vaidyanatha採訪的報導，美光公司的目標是到2025年將其HBM市場份額提高到20%至25%之間。HBM的高價值使得所有製造商都將相當一部分製造能力用於更先進的記憶體晶片。TrendForce高級研究副總裁Avril Wu表示，從2024年開始，HBM預計將占標準記憶體晶片總市場的20%以上，到2025可能超過30%。最後我們介紹行業三巨頭的最新進展狀況：

SK海力士，HBM技術的主要開發商之一，處於領先地位，該公司不僅參與了HBM的早期開發，還不斷推動該技術的更新換代，如HBM2、HBM2E和HBM3。SK Hynix在HBM技術上的創新和量產能力使其成為輝達人工智慧晶片HBM的主要供應商，市場佔有率最高。

三星電子，全球領先的半導體公司之一，在HBM技術方面也擁有強大的研發和生產能力，預計三星與SK海力士在HBM3領域的市場份額差距將大幅縮小。

美光科技，雖然進入HBM市場的時間晚於SK海力士和三星電子，但它直接從HBM3E起步，迅速增強了技術實力，對現有的市場格局構成了挑戰。輝達在H200中採用美光的技術，是對其實力的極大認可。

（4）HBM技術挑戰與未來展望

製造成本：HBM製程複雜，涉及多個高精度步驟，增加了製造成本。為了降低成本，需要不斷優化製造流程和材料選擇。

良率控制：HBM 製程中的每一個步驟都需要嚴格控制，以確保高良率。良率的提升是實現大規模生產的前提條件。

熱管理：多層堆疊晶片會產生更多的熱量，需要有效的熱管理方案。常見的熱管理方法包括散熱片、冷卻液和熱管等。

可靠性：多層堆疊晶片的可靠性是一個重要問題。需要通過嚴格的測試和驗證，確保晶片在各種工作條件下的穩定性和壽命。

5.6.3 CoWoS 技術（Chip-on-Wafer-on-Substrate）

CoWoS 技術通過將多個功能晶片垂直堆疊，並實現晶片之間的直接互連，在晶圓級和基板級上完成集成，達到高密度、高性能和高可靠性的封裝目標（圖 5-57）。CoWoS 技術不僅解決了空間限制問題，還提升了電氣性能、減少了訊號延遲，提高了頻寬，適應了現代計算、通訊、AI 和資料中心等領域對晶片性能的要求。

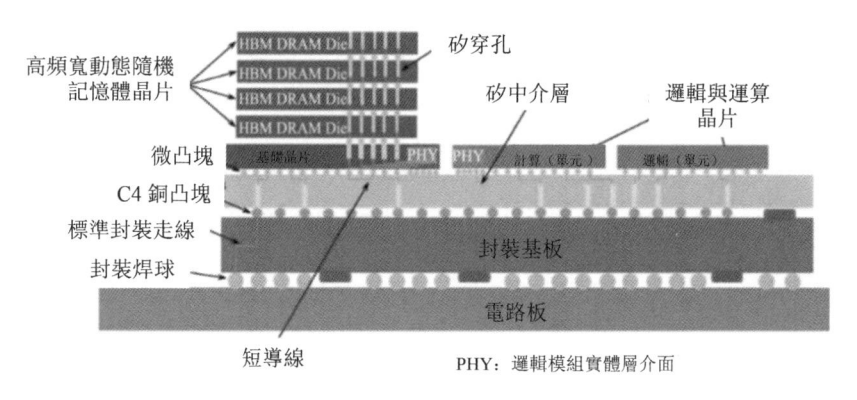

圖 5-57　CoWoS 示意圖

CoWoS 的製造流程主要包括以下幾個步驟：

晶片製造與切割：在最初的階段，多個功能晶片分別使用傳統的半導體製程（如 CMOS、FinFET 等）進行製造。之後，這些晶片通過切割（Dicing）從晶圓上分離出來。

晶圓上的晶片鍵合（C2W Chip to Wafer Bonding）：將晶片鍵合到一個晶圓級基板（通常是矽或其他高密度互聯材料），這個過程稱為「晶片鍵合」或「晶圓鍵合」。基板提供了晶片的支撐結構，同時為晶片提供互連線路。

矽穿孔（TSV）和互連：在晶片和基板之間實現互聯的關鍵技術是矽穿孔（TSV，Through-Silicon Via）。TSV 技術通過在矽晶圓鑽孔，然後通過銅或其他導電材料填充這些孔，實現晶片層之間的垂直電氣連接。除了 TSV 外，還可能使用其他微連接技術如微凸塊（Micro bumping）或微引線（Micro-wires）等。

封裝與進一步集成：完成晶片和基板的互聯後，後續製程包括封裝和封裝基板的進一步處理。這包括晶片的塑封（Molding）、鍵合（Bonding）以及最終的焊接等步驟。封裝完成後，CoWoS 封裝模組可以通過標準的 PCB（印刷電路板）進行安裝和連接。

測試與驗證：最後，通過功能測試和品質控制，確保所有晶片和封裝模組的功能符合要求，並且在長期使用過程中能夠保持良好的性能。

目前正在使用的 CoWoS 技術有以下三類：

CoWoS-S：該技術使用單片矽中介層和矽穿孔（TSV），以促進晶片和基板之間高速電訊號的直接傳輸。然而，單片矽中介

層存在良率問題。

CoWoS-R：該技術用有機中介層取代了 CoWoS-S 的矽中介層。有機中介層具有細間距 RDL，可在 HBM 和晶片之間甚至晶片和基板之間提供高速連接。與 CoWoS-S 相比，CoWoS-R 提供了卓越的可靠性和良率，因為有機中介層本身具有柔韌性，可充當應力緩衝的介質，並減輕由於基板和中介層之間的熱膨脹係數不匹配而引起的可靠性問題。

CoWoS-L：它使用局部矽互連（LSI）和 RDL 中介層一起形成重組中介層（RI）。除了 RDL 中介層之外，它還以矽穿孔（TSV）的形式保留了 CoWoS-S 的吸引力。這還可以緩解由於在 CoWoS-S 中使用大型矽中介層而產生的產量問題。在一些實踐中，它還可以使用絕緣體穿孔（TIV）代替 TSV 來最大限度地減少插入損耗。

SoIC 技術：目前很多人也稱它為 TSMC-SoIC，是一種系統集成在晶片上（System-on-Integrated-Chips）的技術。究竟什麼是 SoIC？所謂 SoIC 是一種創新的多晶片堆疊技術，能對 10 奈米以下的製程晶片進行晶圓級的集成。該技術最鮮明的特點是沒有凸塊（no-Bump）的鍵合結構，因此具有有更高的集成密度和更佳的運行性能。SoIC 包含 CoW（Chip-on-wafer）和 WoW（Wafer-on-wafer）兩種技術形態，SoIC 就是 WoW 晶圓對晶圓或 CoW 晶片對晶圓的直接鍵合（Bonding）技術，屬於 Front-End 3D 技術（FE 3D），而之前提到的 InFO 和 CoWoS 則屬於 Back-End 3D 技術（BE 3D）。

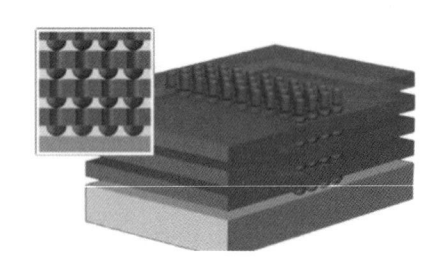

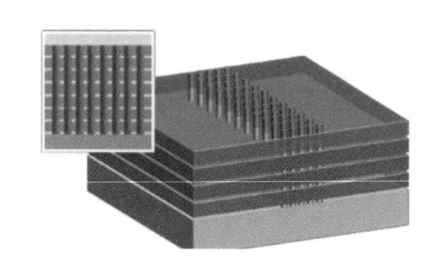

圖 5-58　3D IC 和 TSMC-SoIC 示意圖

具體的說，SoIC 和 3D IC 的製程有些類似，SoIC 的關鍵就在於實現沒有凸塊的接合結構，並且其 TSV 的密度也比傳統的 3D IC 密度更高，直接通過極微小的 TSV 來實現多層晶片之間的互聯。如圖 5-58 所示是 3D IC 和 SoIC 兩者中 TSV 密度和凸塊 Bump 尺寸的比較。可以看出，SoIC 的 TSV 密度要遠遠高於 3D IC，同時其晶片間的互聯也採用無凸塊 no-Bump 的直接鍵合技術，晶片間距更小，集成密度更高，因而其產品也比傳統的 3D IC 有更高的功能密度。

台積電的 SoIC 是推動異構小晶片集成領域的關鍵技術支柱，具有更小的尺寸和更高的性能。它具有超高密度垂直堆疊功能，可實現高性能、低功耗和最小的寄生 RLC（電阻-電感-電容）。SoIC 將主動和被動元件的晶片集成到一個新的集成 SoC 系統中，形成一個晶圓級系統封裝（SiP），該系統在電氣上與原生 SoC 相同，以實現更好的外形尺寸和性能。

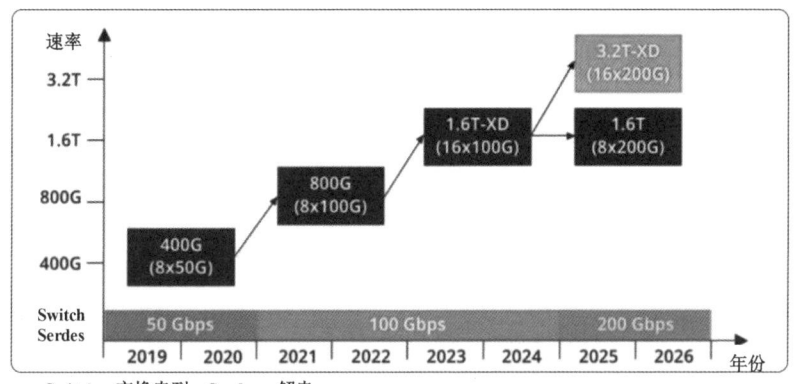

5.6.4 CPO（Co-Packaged Optics）矽光子共同封裝技術

圖 5-59 資料中心連接速率路線圖

Switch：交換串列；Serdes：解串

傳統的光模組通常作為獨立單元，與交換晶片通過銅纜或光纖相連。在低速的資料傳輸時，這種方式的功耗和訊號損耗尚在可控範圍內，但隨著資料速率的顯著提升，這種獨立架構的劣勢逐漸暴露。在高速訊號傳輸過程中，較長的電氣通道會帶來更高的功耗和更大的訊號損耗，同時增加系統複雜性。尤其是在需要多次中間轉換（如過孔、連接器等）的情況下，訊號完整性問題更加突出。這一挑戰促使研究者們探索新的方法，將光學元件移動至交換晶片內部或盡可能靠近交換晶片的位置，以最小化電氣通道長度，從而有效地解決高頻寬和低功耗需求下的訊號完整性難題。

CPO（Co-packaged Optics）技術應運而生，作為一種新興的先進封裝技術，它通過將光模組直接與交換晶片封裝在一起，將傳統的光電模組的物理分離形式整合為一體化設計。通過這種方式，CPO 技術能夠顯著縮短訊號從交換晶片到光模組的傳輸

距離，從而降低電光轉換和傳輸過程中的能量損耗，並減少訊號延遲和干擾。更短的電氣路徑也簡化了訊號的完整性管理，使得系統整體功耗大幅下降，並提升了資料傳輸速率的可靠性和一致性。在具體實現方面，CPO 技術通過將光模組和交換晶片封裝在同一基板上，使得光電元件之間的通訊更加緊密。一個典型的 CPO 封裝的例子如圖 5-60 所示。這種封裝方式不僅大幅優化了性能，還節省了空間，尤其在面對未來資料流程量激增的情況下，提供了重要的技術保障。CPO 技術通常依賴高精度封裝製程、複雜的熱管理方案以及高性能光電元件的協同工作，其對製程的要求也體現了技術的先進性。

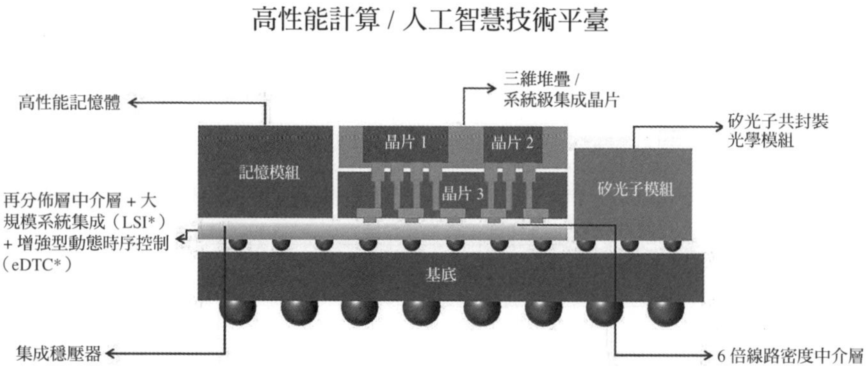

高性能計算 / 人工智慧技術平臺

圖 5-60　CPO 封裝示意圖

CPO 的優勢在於其適應了對頻寬、功耗和資料傳輸速率要求極高的現代應用場合。在資料中心領域，伺服器之間的高速資料傳輸對訊號品質和功耗提出了極高的要求，而傳統電氣互連在多通道和高資料速率下的性能瓶頸逐漸顯現。通過採用 CPO 技

術,資料中心的交換機架構可以顯著減少每比特傳輸所需的能量,從而實現更高效的能耗比(PUE)。此外,CPO技術在高性能計算(HPC)領域也展現了巨大潛力。隨著人工智慧(AI)、機器學習(ML)等新興技術的快速發展,高性能計算對低延遲和高頻寬的需求不斷增長,而CPO技術可以通過集成光模組實現這些需求。

在通訊網路中,CPO技術有助於支援下一代通訊標準(如6G)所需的超高頻寬和低延遲特性,同時優化網路設備的功耗水平。在光子學領域,CPO技術為光電元件的集成提供了一種全新的架構,使光電互連更加高效。在人工智慧領域,面對大規模資料傳輸和平行計算的複雜場合,CPO技術不僅提升了資料傳輸的效率,還為優化算力佈局提供了可能。

未來,隨著資料流量的持續爆炸式增長,CPO技術的應用範圍將進一步擴大,其發展還需克服封裝複雜性、散熱難題及成本控制等方面的挑戰。但可以預見的是,CPO技術將成為高頻寬、低功耗、高性能計算和通訊系統中不可或缺的重要組成部分,為推動數位化和智慧化轉型注入新的活力。

表 5-7 世界大廠的矽光子產品發展狀況

廠商	矽光子技術發展說明
Intel	400 G矽光子收發模組目前可以做到500 m傳輸,100 G光收發模組可以傳輸達10 km,用於資料中心之間的通訊。
MACOM	矽光子產品獨居優勢在矽光子平臺引入了具有專利的端面蝕刻技術(EFT)和自對準技術(SAEFT),其雷射晶片無需氣密封裝,可顯著降低最終元器件的尺寸和成本,並且允許矽光子積體電路直接結合於模組電路板上,從而增大了矽光子可實現的互連密度。

廠商	矽光子技術發展說明
Acacia（Cisco）	Acacia（Cisco）在 2014 年就發佈了首款具有完整 100 G 相干光收發模組功能的單晶片矽光子積體電路（PIC），同時，公司也是第一個在市場上發佈 400 G 轉發器的供應商，在矽光子領域具有全球領先實力。
Luxtera	2018 年 3 月：Luxtera 宣佈與 TMSC 合作，兩家公司旨在建立一個增強的矽光子平臺
NeoPhotonics	發展矽光子收發模組 QSFP28 應用低成本非氣密性封裝的高功率 1310 nm 雷射及陣列產品。
Cisco	2019 年 12 月思科系統股份有限公司錢小山首席技術顧問分享光交換技術與全光網的發展趨勢，表示思科矽光子已發展到 400 G 以上，並發展 SSON（Spectrum Switched Optical Networks）全光譜切換光網路系統。
華為海思	早在 2013 年，就通過收購比利時矽光子公司 Caliopa 加入光通訊晶片戰場，後來又收購了英國矽光子集成公司 CIP。
亨通光電	亨通光電與英國洛克利（Rockley）公司共同出資成立江蘇亨通洛克利，亨通洛克利委託洛克利開發 400 G 矽光子晶片及光子收發模組技術。
南通寶樂光電	展示 Silicon Photonics 400 G DR4 chip。

5.7 附錄

本章相關名詞的中英文對照表

英文	中文翻譯（中國大陸翻譯）
Aligner	曝光機（光刻機）
Bumping	凸塊（凸點）
Cassette Handling Robot, CSR	盒站機械手臂
Cassette Station, CS	盒站單元
Centering Aligner, CA	對中單元
Chemical mechanical polishing, CMP	化學機械研磨（化學機械拋光）
Chip on wafer on substrate, CoWoS	堆疊晶片封裝在基板上（基板上硅上芯片）

Part 5 先進製程介紹

英文	中文翻譯（中國大陸翻譯）
CNT	奈米碳管（碳納米管）
Coating, COT	上光阻單元（塗膠單元）
Co-package optics, CPO	矽光子共同封裝技術（共同封裝光學模組技術）
DEV（develop）	顯影單元
FDSOI	全空乏絕緣上覆矽（完全耗盡型絕緣體上硅）
Photolithography	微影製程（光刻工藝）
Field image alignment, FIA	場成像對準
flip chip ball grid array, FCBGA	覆晶球柵陣列封裝（倒裝球柵陣列封裝）
High bandwidth memory, HBM	高頻寬記憶體（高帶寬內存）
High-K metal gate, HKMG	高介電常數金屬閘極（高介电金属栅极）
HMDS	六甲基二矽亞胺（六甲基二硅亞胺）
Laser step alignment, LSA	雷射步進對準（激光步進對準）
mask or reticle	光罩（光刻掩模版）
Nano meter, nm	奈米（纳米）
Overlay	微影疊对或层叠（套刻）
Photo Resist, PR	光阻（光刻胶）
Photonic integrated circuit, PIC	光子積體電路（光子集成電路）
Process Handling Robot, PHR	製程機器人手臂（工藝機器人手臂）
Programmable Logic Controller, PLC	可程式設計邏輯控制器（可編程逻辑控制器）
SADP/SAQP：Self-Aligned Double（Quadruple）Patterning	自對準雙重或四重成像技術（自對準雙重或者四重圖形技術）
Self-Aligned Contact, SAC	自對準接觸窗（自對準接觸孔）
Silicon photonics	矽光子（硅光）
Stepper	步進式曝光機（步進式光刻機）
System in package, SIP	系统级封
UTBSOI	超薄基体绝缘上覆矽（超薄体绝缘体上硅）
Wafer global alignment, WGA	矽片增強全域對準（硅片增强全域對準）

Part 6

我對未來科技的看法

6.1 中國半導體未來發展的趨勢與看法

6.1.1 臺灣對中國大陸產業的貢獻

兩岸交流從 1988 年開放探親已經 37 年了,回望過去,臺灣的產業、資金與人才在中國大陸這塊土地發展茁壯,培育出很多的國際級企業與培養了無數的產業人才,我認為臺灣企業與人才經歷了五波的西進風潮,每一波都帶動了大陸的產業升級,現在,就以我的觀點來跟大家介紹這段歷史吧。

第一波西進潮是傳統行業與勞力密集電子業的大陸佈局,從開始的兩岸交流到 1995 年,燈飾、鞋子、紡織、玩具與電腦組裝等產業,富士康與寶成鞋業是典型的公司,我之前工作過的一家臺灣公司真明麗集團(已經被大陸公司合併,目前公司名稱是同方友友),創始人曾經跟我說過他當時拿著一筆錢與海外的訂單隻身闖進大陸發展,由於有一樣的語言與相同的文化,他們來這裡如魚得水,而臺灣男孩子都有當兵經驗,軍事化的管理讓生產線很快就可以產出產品出貨給客戶,因此,第一波來這裡的老闆都是把勞力密集的產業帶過來,原因很簡單,臺灣的勞動力成本太貴了,當時臺灣的社會風氣有點像 2010 年~2018 年的大陸,此時的臺灣房價飛漲,大家都在炒房炒股票,找投機事業玩樂透,工人無心上班,而當時的大陸在各方面都是這些臺灣中小企業夢想的寶地,不用錢的土地,便宜與聽話的勞工,還有地方政府對港澳臺老闆的支持,所以就像乾柴遇烈火,一拍即合,臺灣傳統的中小企業開始了一發不可收拾的西進大潮。因為這一波來大陸的都是傳統行業,勤奮與節儉是這個時期台商與台幹比較

突出的優點,但是節儉過頭就是小氣,因此血汗工廠的惡名一直套在臺灣的老闆身上,由於大部分都是不帶家眷來大陸投資,包二奶本來源自於香港商人包養小老婆,結果被臺灣人發揚光大,由此可見當時在大陸的台商或臺灣人給大陸人的印象是多麼的複雜,我總結那時的台商就這幾個字:很勤奮,非常節儉,有點風流,太小氣了。

第二波過來的是傳統電子或零配件產業,大約是1995年以後,由於下游的組裝製造都在大陸,所以零配件都要從海外進口,這樣無法有更好的競爭力,所以第一波台商為了強化更好的競爭優勢,開始將他們的供應鏈也吸引到大陸來了,配件廠、模具廠與電子零件廠,當然還有LED封裝廠與支架廠,這些供應鏈隨著最終出海口的需要都紛紛過來了,所以產生了東莞與昆山這樣台商聚集非常多的地方城市,甚至把臺灣的小吃都帶過來了,也帶來了大量帶有技術背景的台商與台幹,這些臺灣人學歷雖然不高,但是都有很專業的技術與管理經驗,因為當時大陸相對落後,要請他們過來需要花比在臺灣多出一倍以上的薪水,很多臺灣人就這樣過來發展了。這批臺灣人培養了很多大陸的徒弟,目前很多具有技術背景的大陸老闆都是那時候臺灣師傅的徒弟,他們學會了技術,也傳承了很多這批臺灣四年級(1951年後出生)與五年級(1961年後出生)的特質:學歷不高,但是專業與專注,說話風趣很有幽默感,由於很多台幹是單身漢,所以也產生了很多兩岸婚姻,據臺灣的內政部門的統計,兩岸婚姻目前至少有三十萬對,其中在這個時期因為戀愛而產生的婚姻應該是非常多的。當然這一波西進潮也帶來了一些臺灣做生意的陋

習，就是月結的生意模式，由於是一個分工的供應鏈，後面欠中間的，中間欠前面的，月結時間越來越長，目前的大陸廠商更是把這個陋習發揚光大，月結 180 天加上半年的承兌匯票（銀行兌現）比比皆是，越大的公司越喜歡壓榨供應商，做生意很痛苦，稍一不慎，工廠將步入萬劫不復之地比比皆是，很多老闆都是這樣周轉不過來跑路的。

　　第三波西進潮我稱之為第一波高科技行業的跳槽熱，大約是 2000 年以後，跟臺灣過去很像，中下游產業發展到一定的程度，上游最關鍵的技術也非常需要，大陸開始關注上游的高科技產業，但是大陸的本土研究院或名牌大學沒有產業化經驗，他們的科研很厲害，但是請他們搞工廠，很多都變成一場災難，而海外的優秀留學生根本不想回來，除非公司被大陸老闆收了，當初有一家美國做 LED 晶片的 AXT 公司就是被大陸老闆收購之後回來了很多海歸人才，但是這畢竟是少數，大部分的高科技行業都是先找台幹進行產業化工作，因為他們比較有產業化經驗，這個時期大陸科技業有不錯的起步，但是跟臺灣的差距還是很大，為什麼呢？因為那個時候不管是半導體積體電路 IC，TFT-LCD 面板或 LED 產業都處於技術持續進步的狀態，很多臺灣人都不願意過來大陸放棄自己在臺灣技術提升的機會，因為他們認為來大陸就意味著技術進步的中斷，價值會遞減，所以一流的臺灣人才是不會過來的，但是重賞之下必有勇夫，高薪加上直線上升的職位，很多像我這種非一流人才還是過來了，最典型的就是中芯國際在張汝京博士號召之下在上海張江聚集大量臺灣 IC 人才，還有聯華電子的蘇州和艦科技，當然 LCD 與 LED 晶片人才也來了

不少,這一波人才被淘汰率極高,經過幾年之後,有人退隱江湖,有人因為價值遞減還在苦苦奮鬥養家糊口,我也是這一波的人群之一,我呢?好像沒有大好也沒有大壞,算是歷史的見證者吧,所以只能在這裡賣老臉跟大家分享過去的經歷與經驗,也算是大家對我的肯定與厚愛吧。

第四波西進潮我稱之為第二波高科技行業大遷移,2008年,兩岸開放三通直航,所謂的三通就是雙向通郵通商與通航,在開放三通之前,臺灣只能經過第三地或港澳進入大陸的城市,所以交通非常不方便,大家想想為什麼廣東是改革開放之後最發達的地方,很簡單,因為之前沒有三通,這裡離港澳最近,地理優勢太明顯了,我記得我早期來大陸工作的時候都要在香港轉機,香港人當時普通話不好,你要跟他們說廣東話或英語他們才會理你,所以很多兩岸的同胞在香港轉機都會有一股怨氣,現在香港沒有以前風光了,很多大陸人與臺灣人對香港幸災樂禍的態度估計跟當時受到的歧視產生的怨氣有關。三通之後臺北到上海的時間跟當時臺北到高雄坐高鐵的時間差不多,三通促進了兩岸交流,大陸也開始計劃性的扶持科技產業,對人才的渴求非常急迫,很多臺灣科技新貴來這裡卡位,有優渥的薪水,加上有更大的舞臺與更先進的設備可以讓他們發揮所長,想不來都很難。講到這裡我就要說一段臺灣人被挖角的趣事,據說獵人頭公司去臺灣挖人都是直接問他們臺灣領多少台幣,然後把台幣薪水直接轉換成人民幣問對方是否有興趣來大陸工作,當時的匯率接近一比五,很多臺灣人聽到這個條件就毫不遲疑跳槽了,所以這一波幾乎把臺灣一大批一流的高科技人才帶來了,效果非常明顯,大陸

現在的面板與 LED 產業幾乎已經全面趕超臺灣了，而此時的臺灣人才，我想除了台積電的工程師之外，他們都渴望接到獵人頭的電話，深怕錯過了機會，這就不得不再說一件趣事。2010 年之前，臺灣的工程師都很怕接到大陸獵人頭的電話，因為公司技術與管理還處於絕對領先，他們怕被懷疑忠誠而無法再接觸核心技術了，但是 2010 年之後，很多工程師開始渴望接到電話了，甚至有人因為擔心訊號不好錯過獵人頭打過來的電話而改用訊號接收比較好的手機或門號，雖然是笑話，但是兩岸的天平就是從這個時候開始傾斜的。

最後一波在 2015 年以後，也就是第五波的臺灣年輕人的西進潮，我先說說我看到的現象，我想很多臺灣人來大陸之後都會有微信群，我也有幾個微信群，我是清華大學畢業的，我們有一個群叫臺灣清華大學畢業校友交流群，群裡面的人都是清華畢業後來大陸工作讀書與生活的，2016 年這個群只有一百多人，才兩年左右，這個群有多少人大家知道嗎？因為微信群的上限是五百人，現在這個交流群因為人數太多已經發展成兩個群，大約接近九百個人，而且新進來的群友都是八年級以後（1991 年後）的清華校友，這說明什麼？如表 6-1 所示，臺灣的年輕一代在這一波已經大舉西進了。這一波大潮因為疫情中斷了三年，雖然還沒有回溫，但是未來還是會持續非常久的時間，最後會將兩岸年輕人之間的隔閡慢慢消除，我認為兩岸年輕人未來會從誤會，互相看不順眼到交流，最後理解與良性互動，我想這將會是兩岸年輕人融合的過程吧。

這就是我整理的五波臺灣人來大陸發展的脈絡，從產業遷移

到科技人才西進,最後是臺灣年輕人追尋夢想的西進大潮,臺灣產業從絕對優勢到相對優勢,最後幾乎已經沒有什麼優勢了,而現在兩岸年輕人已經平等的來這裡追尋夢想了,我想這應該是中國大陸改革開放最大的成就吧?

表 6-1　臺灣科技人才在中國大陸發展與分佈的狀況

(資料來源:臺灣各大學大陸校友會)

從事的高科技行業	人員占比	工作的公司
終端組裝與產品	10.5%	富士康、廣達(達豐)、友達、群創、比亞迪、華為、OPPO、小米、歌爾
顯示技術	9.6%	京東方、華星、天馬、海信、三安光電、康佳、維信諾
半導體晶片製造	61.3%	台積電、中芯國際、聯電、華力半導體、長江存儲、粵芯半導體、長鑫、三安集成、積塔半導體、合肥晶合、華潤微、長電
IC 設計	13.7%	聯發科、海思、展訊、紫光展銳、瑞芯微、豪威科技、華大半導體、兆易創新
半導體設備與材料	4.9%	北方華創、中微半導體、邑文科技、盛美半導體、上海精測、上海新昇、中環、華特氣體、南大

6.1.2 我的半導體之路與中國啟蒙

　　我到中國大陸的第一站是兩千年初的上海,當時我因所服務的公司的股票分紅制度發了一筆小財,除了籌到了日本留學的經費,也很想去看看我以前地理與歷史課本上讀到的中國大陸與關於她的種種。

　　我的中國大陸啟蒙是我的大學時代,我遇到了一個我的歷

史啟蒙老師，清華大學歷史研究所張元教授，他為了培養我們獨立思考的能力，讓我們看大陸的歷史書，透過大陸與臺灣不同觀點的激盪解除我中學時期被束縛的思想，讀簡體字的能力，兩岸的不同觀點培養獨立思考的能力與大中國的史觀造就開闊的視野，我跟中國大陸產生了莫名的連結。人生真得很奇妙，清華大學畢業三十年後的我，回想我的大學生涯，真的對我受益無窮的東西，除了我的物理與工程科學專業知識外，張元老師的歷史啟蒙，無疑對我人生起了無法估量的作用。

來大陸之後，共同的語言、但略為差異的文字，對我而言卻是反掌之易，這裡是我驗證所學最好的地方，也是實踐自己的廣闊天地，在臺灣培養的不受羈絆的思想，讓我體會到中國南方人為何喜歡往海外開拓，江南地區為何多名士，北方為何總是樂天知命，以及西北人在惡劣環境下的那種韌性。如果沒有三十三年前那一學期中國通史的啟發，我的人生也許會跟現在大部分的同輩一樣朝九晚五平平淡淡的生活著。我常常在想，能在中國大陸成功的臺灣人不就是因為他們比外國人或大陸人更了解中國的歷史、地理與文化嗎？只有深刻了解這塊土地的歷史與文化，你才有在這裡長遠打算的計畫，你才會用心經營你的事業與人脈關係，這樣的你如果還有一定的能力，你不想成功都很難，更何況因為你有長遠的打算，你也許早期會在這裡買房子（當然現在不是買房子的好時機），你更見證與享受了中國大陸經濟高速增長的紅利：房地產飛漲的暴利。

上海就這樣與我產生了深深的連結，2005年我帶著家人定居上海，此時的上海，發光二極體LED晶片廠與先進的半導體

積體電路 IC 廠都處於萌芽發展階段，浦東張江有上海藍光與中芯半導體（SMIC），松江有藍寶光電與台積電（TSMC）第十廠。幾乎同時起跑的晶片產業，為什麼在上海會有截然不同的結果，我覺得跟上海的城市性格有密切的關係，上海的基因是什麼？跟其他地方相比，上海人比較見過世面，就算不富有也要很體面，比較崇尚洋品牌與西方外資與外國人。很多上海人自認為是中國的天選之子，雖然我不是很苟同，但是他們是中國最幸運的人一點也不為過。因為如此，他們對小投資比較看不上眼，他們熱衷大建設與大投資，所以幾百億級的積體電路是高大上的產業，就算不賺錢也要體面的維持著，幾十億投資的 LED 晶片產業，剛開始也許是高科技，但是不賺錢又規模小，上海政府看不上眼，支持力度更沒有其他城市優厚，除了搬走或結束投資，在上海的 LED 產業好像沒別的選擇！而積體電路晶圓廠符合上海人高端大氣的要求，所以就算不賺錢，上海也要體面的撐住它。一樣都是半導體的發光二極體 LED 與積體電路 IC，在這裡就可以看出它們在上海最大的區別！

上海是中國半導體夢想開始的地方。

中國大陸半導體產業開始的並不晚，1965 年就研製出第一個積體電路，由於西方對技術的封鎖，因此發展不易。上海領風氣之先確實是中國半導體夢開始的地方，上海貝嶺與上海先進半導體（ASMC）是 90 年代的少數半導體廠，但是落後西方技術好幾個世代，當時的技術是六寸晶圓的 0.5 微米制程。進入 21 世紀，上海迎來半導體第一波高潮，在第一個十年雖然一直在燒錢，也大肆招攬臺灣的工程師，中芯國際象徵著中國大陸追趕西

方的決心，這樣的學費中國大陸付得起，他們也認為非常值得！

進入 21 世紀的第二個十年，中國以市場換投資，吸引了科技巨頭英特爾、三星與海力士的巨額先進製程半導體晶圓廠投資，中芯國際（SMIC）也在政府的支持下逐漸壯大，目前最先進的十二寸製程也只落後西方一到兩個世代，技術能力已經超越了聯華電子（UMC）與格羅方德（Global Foundry），在中美科技戰的大環境下尤其是在華為的需求下，已經可以量產 7nm 技術節點的晶片，可見市場力量與政策決心是多麼大的驅動力，推動著中國半導體產業大步前進。

6.1.3 中國高科技產業的格局

中國的高科技產業，尤其是半導體積體電路產業，是政治力量與市場經濟推擠與融合後，發展出來的成果，這個成果的版圖也決定了未來全世界高科技產業的板塊。看看這張地圖，如圖 6-1 所示，中國東部經濟的版圖就像射向太平洋的弓箭，中國的海岸線就像弓箭的弓背，弓弦與弓背的連接點北邊是北京天津，南邊是廣州與深圳；上海的位置就像弓箭的箭頭，聚集了中國所有財富與資源力量，上海在中國大陸的地位不言可喻。同樣的道理，中國的高科技產業就像這支弓箭一樣，各自分工著，核心的半導體技術將會在以上海為中心的華東，以北京為核心的北方會是中國半導體設備的中心，跟韓國一樣，半導體設備自製是中國發展半導體產業另一個最重要的工作；華南的深圳與廣州將會是光電產業與電子產業應用的中心，這裡有廣大的電子產品出海口與創新的電子與設計產業，在這裡的中國高科技終端產品將助力半導

體產業市場大爆發。

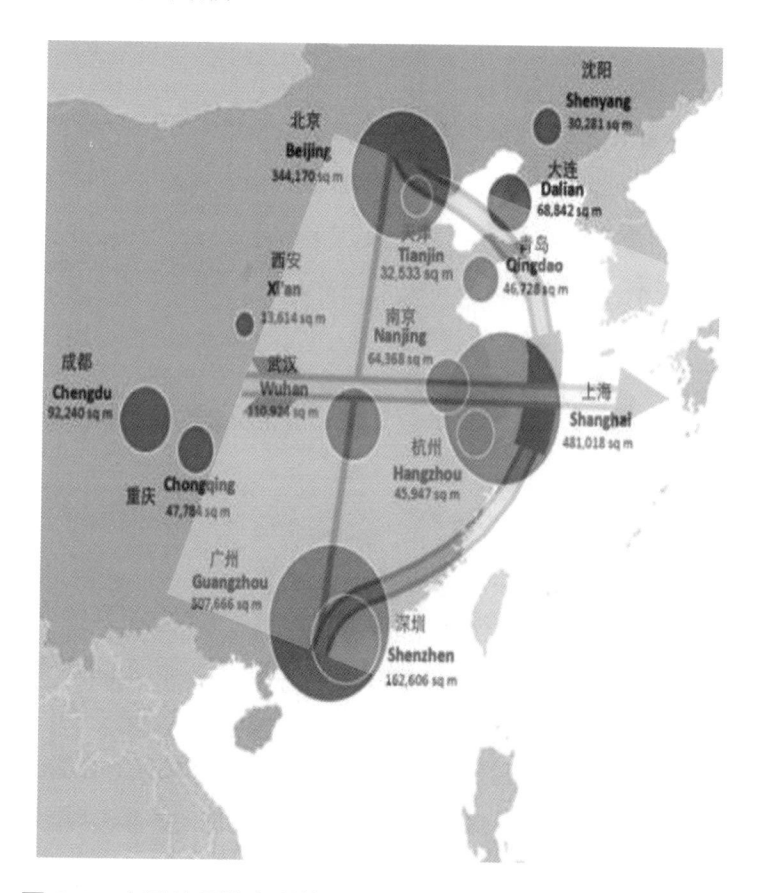

圖 6-1　中國的經濟與科技力量就像這把弓箭，蓄積實力射向世界

（1）以北京為核心的華北將會是半導體設備中心

由於北方是中國政治、教育與基礎科學中心，這樣的資源最適合做什麼呢？當然就是設備與基礎科研，半導體設備是半導體產業發展最重要的工具，非常需要最高端的人才，但是前期的

燒錢也是很令人頭痛，北京聚集了中國最好的高校與研發機構，東北更有重工業家底，軍工也非常發達，這些資源都是現成的，只是以前中國的制度沒有好好利用而白白浪費了，在中美科技戰的機遇下，中國的半導體設備商可以利用這個機會，學習日本或韓國之前發展的經驗，將科研與產業找出一個最好的合作機制，如果再加上像發展高鐵一樣的政策支持，最高端的中國半導體設備製造將不會只是一個夢，未來也會產生一到兩家像應用材料（AMAT）、科林（Lam）、科磊（KLA）或東京威力（TEL）這樣的世界級設備製造商。

圖 6-2　北方華創 NAURA 與中微半導體 AMEC 設備，誰會是中國未來的應用材料 AMAT 和 LAM 呢

（2）華東地區將是積體電路製造中心

如圖 6-3 所示，沿著長江流域，就像珍珠項鍊一樣，晶圓廠就像珍珠一樣被串起來，上海就是這一串項鍊裡面的海洋之心，富庶的江南與深厚的市場經濟底蘊，加上這個地區自古就是富饒之地，這裡的人追求的不再是溫飽，而是最高品味的生活與事

業，中國最有名的畫家、書法家、詩人與科舉進士都出自這裡，當然在古代也產生了一個比現在蘋果手機利潤更高的絲綢產業，這樣的底蘊沉澱出來的慎密與細心的特質，是中國發展積體電路最好的土壤，細細的蠶絲纏繞成珍貴的絲綢，讓中國在當時賺盡了世界的白銀與財富，幾奈米線寬的電晶體連接成驅動高科技產品的積體電路，這樣的傳承不在這裡，在中國還會有什麼地方呢？

中國大陸12寸晶圓廠分佈圖

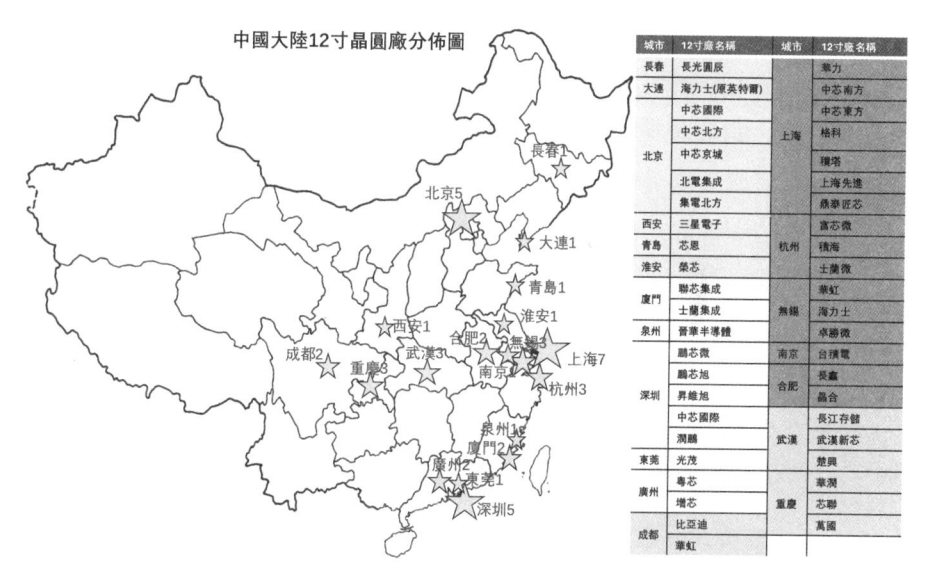

城市	12寸廠名稱	城市	12寸廠名稱
長春	長光圓辰		華力
大連	海力士(原英特爾)		中芯南方
	中芯國際		中芯東方
北京	中芯北方	上海	格科
	中芯京城		環塔
	北電集成		上海先進
	集電北方		鼎泰匠芯
西安	三星電子		富芯微
青島	芯恩	杭州	積海
淮安	榮芯		士蘭微
廈門	聯芯集成		華虹
	士蘭集成	無錫	海力士
泉州	晉華半導體		卓勝微
	鵬芯微	南京	台積電
	鵬芯旭	合肥	長鑫
深圳	昇維旭		晶合
	中芯國際		長江存儲
	潤鵬	武漢	武漢新芯
東莞	光茂		楚興
廣州	粵芯	重慶	華潤
	增芯		芯聯
成都	比亞迪		萬國
	華虹		

長春1、北京5、大連1、青島1、西安1、淮安1、成都2、重慶3、武漢3、合肥2、無錫5、南京2、上海7、杭州3、泉州2、廈門2、廣州1、東莞1、深圳5

圖 6-3　目前中國大陸 12 寸晶圓廠的分佈圖，長三角地區幾乎占了一半

（3）南方將會是高科技應用創新的出海口

　　廣東人與福建人比較務實，他們比較沒有遠大的理想，只想實實在在的過生活，我的客家人祖先由於祖居地廣東梅縣山多田

少，生活不下去了，他們不會選擇造反去反對政府，他們會務實地用腳投票離開祖居地，找一個可以安身立命的地方，也許是地理的原因，也許是自古從中原逃難留下的基因造成的，他們沒有華麗的口號，也不想配合政府做什麼大戰略。

做對自己有利益的實業，賺穩當的錢是他們的特質，所以他們適合做看得見的東西，因為只有看得見，他們覺得投資才可以安心，光電是關於人類感官享受的產業，除了廣東人與福建人來做，捨我其誰！所以華南地區將會是面板產業與光電產業重鎮，廈門因地利之便，吸引了臺灣光電產業與半導體產業的投資，深圳是中國大陸應用科技產業大本營，這裡聚集了中國最不受束縛的大腦，開發出全球最前沿與最創新的科技產品，比亞迪、華為、大疆無人機、騰訊、傳音控股都聚集在這裡，將中國科技實力展現給全世界。廣州有人才有政策，未來大投資與大戰略的核心產業將會在這裡落腳。所以這裡將以深圳為中心，廈門與廣州為兩翼，具有人類感觀體驗的高科技將在這裡輻射全球。

6.1.4 中國半導體設備的崛起之路：LED 設備產業犧牲利潤的練兵，是為了 IC 設備的國產化鋪路

LED 從來不是半導體業的主角，但是 LED 產業是半導體設備產業的練兵場，沒有 LED 的蓬勃發展，中國半導體設備也許還在幼稚園階段，我先給大家看看製造 LED 的設備，由於 LED 晶片是四寸制程，相比積體電路產業，LED 有點像是半導體初級班，就算如此，早期 LED 設備也幾乎 90% 是進口的。由於 IC 產業進入門檻高，那些早期想進入積體電路 IC 產業的大陸半導

體設備廠家，在進展遲緩鮮少突破的窘境下，開始關注 LED 產業，幾乎是五年一個週期，LED 設備開始國產化的征程：

第一階段國產化的設備有晶片清洗機 wet bench，蒸鍍機 e-beam evaporator，點測機 prober，分類機 sorter，固晶機 die bonder，分光分色機。

第二階段是雷射切割機 laser scriber，研磨拋光機 lapping and polishing，ICP 電漿蝕刻機（ICP RIE），電漿加強化學氣相沉積機（PECVD），打線機 wire bonder，分光編帶機，光阻塗布顯影機 coater and developer。

最後一個階段，中國大陸設備廠對相對難度更大的設備：氮化鋁 AlN 或氧化銦錫 ITO 物理氣相沉積的濺鍍機（PVD sputter），原子層沉積（ALD）與有機金屬氣相磊晶設備 MOCVD 也可以自製了。

就這樣，中國大陸的半導體設備產業利用 LED 的土壤漸漸茁壯，北京的北方華創與上海的中微半導體設備就是最好的例證，中國半導體設備正一步步的複製 LED 設備的腳步，開始蠶食著積體電路 IC 這塊大餅，目前在半導體蝕刻機 ICP-RIE 與化學氣相沉積機 CVD 已經達到世界水準，其他制程設備正努力追趕中。我認識的很多設備商抱怨 LED 設備毛利低，不賺錢，這樣的犧牲我想對半導體工業的發展是值得的，這應該也是 LED 產業對中國半導體業的最大貢獻，幾乎犧牲了每個環節的利潤，除了加快了 LED 照明普及的時代，也讓中國半導體設備製造國產化縮短了五年的時間。不久的將來，當中國的積體電路產業都是用國產設備製造的時候，LED 產業應該是最大的功臣之一。

（1）中國大陸積體電路的未來？

一直以來所有的代工產業，不論是高科技的筆記型電腦或低技術的 Nike 球鞋，都只能賺取微薄的利潤，因為代工的價格是決定在客戶手中，代工廠只有挨打的份。但是晶圓代工產業卻是例外，晶圓代工不但可以維持一定的利潤，而且代工的價格決定在代工廠手中，甚至在旺季連產能也是決定在代工廠手中，是什麼原因讓晶圓代工產業可以這麼吃得開的呢？

技術門檻較高

雖然半導體的制程設備任何人都可以買到，但是並不是所有的晶圓廠都可以做晶圓代工，因為晶圓代工與 IC 設計的線路有關，不同的客戶有不同的線路，因此比較複雜。中芯國際剛開始做晶圓代工的時候，還是問題很多，良率不高，無法得到客戶信任，那個時候一直處於虧損狀態；臺灣之前發展的動態隨機記憶體 DRAM 廠商每年都要虧幾百億，難道他們不想轉行做晶圓代工嗎？他們不是不想，而是晶圓代工沒有那麼容易，冒然去做只會虧更多錢。

資金需求量大

一座 12 吋晶圓廠的投資金額大約 50 億美元，如果是 14 奈米或 7 奈米的先進製程，則投資金額將近 100 億美元，沒有一定的實力還真的玩不起，因此一般的 IC 設計公司一定不會把這麼大筆的資金投入晶圓廠，更有趣的是，連原本的整合元件製造商（IDM）都玩不下去了，例如：2007 年德州儀器公司（Texas

Instruments）決定停止 45 奈米以下先進制程的獨立開發，而是改變策略與晶圓代工廠合作，換句話說，不必再把大筆的資金壓在建造晶圓廠，可以將資金運用在 IC 設計的研發，這個意思等於把資金風險轉嫁到晶圓代工廠，但是對晶圓代工廠的依賴也會更深，顯然晶圓代工產業的未來仍然有很大的發展空間。

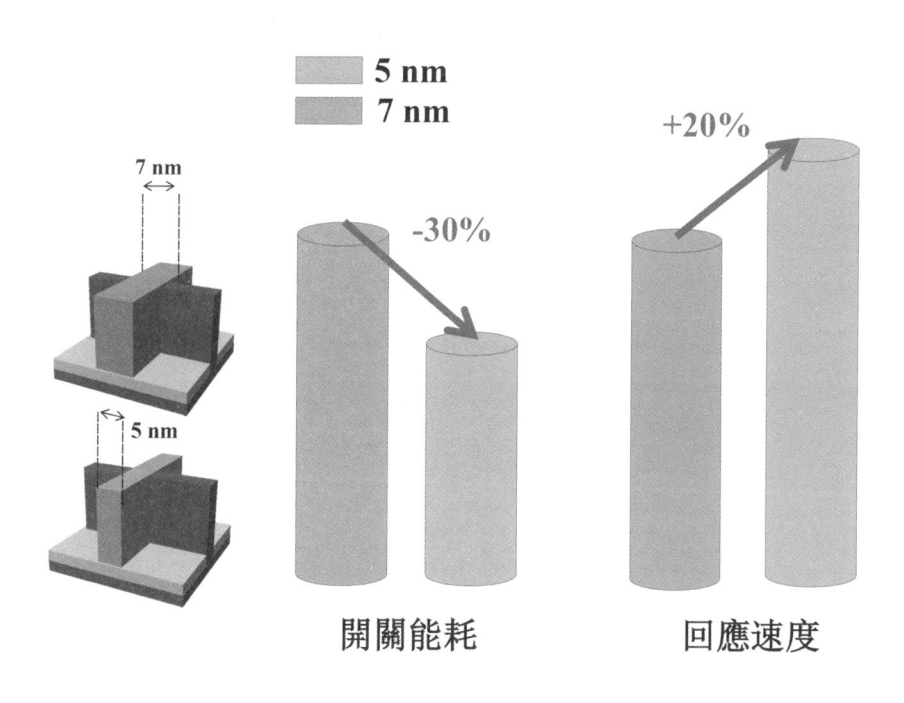

圖 6-4　7nm 與 5 nm 的開關能耗對比

積體電路的晶圓代工雖然前景很好，但是投資風險也要把控一下，過去中國大陸有很多成功發展的高科技專案，例如液晶面板 LCD、光伏、發光二極體 LED、碳化矽功率元件與鋰離子電

池，這些項目在後期吸引大量投資導致產能過剩的問題。所以，對於發展晶圓代工，如果中國大陸政府沒有長遠的規劃，放任各地方政府盲目扶持這個產業，價格崩塌的泡沫也會像過去光伏面板與 LED 一樣的出現，而且時間會更長，光伏與 LED 投資金額跟 IC 相比不算太大，中國大陸政府可以承受，但是幾百億幾千億的晶圓廠如果產能過剩，這樣的浪費不是中國大陸政府想要的結果，也不是做先進積體電路最好的發展模式！

我一直認為，沒有中國人辦不到的事情，只是看你有沒有找到方法，如表 6-2 所示，這是中國大陸近三十年來重要的科技突破，有些已經是世界第一，有些跟美國互有勝負，有些還在追趕中，這些突破都證明每一種產業發展模式會不一樣，只要方法對了，持之以恆，當然如果加上天時地利人和，中國都可以做出來。

以前中國在積體電路走了一點彎路，現在看來已經導正回來了，這三年來，中國大陸政府對放任性的地方投資，已經看到一些惡果，再加上美國制裁的極限施壓讓他們看到半導體發展的短板，大陸政府已經開始比較理性的規劃半導體發展，尤其是針對半導體的重大投資專案，戰略性的開始集中力量鼓勵與支持龍頭企業，一些中小專案，國務院發改委（類似臺灣的經建會）也開始專業的審批，不再放任地方政府隨意補助造成重複投資浪費資源，所以目前中國大陸的半導體產業逐漸步上理性軌道，在各個領域已經出現希望的火苗了，如表 6-3 所示：

表 6-2　近 30 年來中國重要的科技突破

產業	中國地位與目標	中國關鍵企業	對標龍頭	中美差距
6G 網路	利用 5G 優勢奠定 6G 標準，中國專利占世界 4 成	華為、中興、信科	高通	中國全面領先
新能源	核能、風電、太陽能總裝機容量均世界第一，通過一帶一路出售 30 座核電廠	國家能源集團、中核集團	通用電氣、NextEra	中國產能領先
造船	已成世界造船廠，占過半產量、逾 7 成新訂單，2035 年至少有 6 艘航母	中國船舶集團	現代重工	中國產能占全球 51%，遠超美國 0.1%
低空飛行	力推電動垂直起降飛機（eVTOL），生產成本僅歐美一半，2035 年市場規模估計達人民幣 3.5 兆元	萬豐奧威、宗申動力、中信海直	Joby Aviation、Archer Aviation	中國市場規模與生產力佔優勢
生成式 AI	應用方面領先全球，且企業採用率達 83%，世界最高	百度、阿里巴巴、位元組跳動、月之暗面、MiniMax、Deepseek	OpenAI	美國大語言模型領先，其他中國略勝
量子技術	投資金額目前世界最高，但仰賴公共資金，量子通訊商業化領先全球	國儀量子、昆峰、本源、中國電信	IBM	量子計算美國領先，其他領域中國略勝
人形機器人	工業機器人安裝量世界最大，估 2029 年人形機器人市場規模占全球 1/3	優必選、宇樹科技、傅裡葉智慧	特斯拉、波士頓動力	中國綜合技術領先，具備生產成本優勢，美國軟體技術暫時領先
生物製造	為世界最大醫藥原物料出口國，全球 8 成製藥公司與中國合作	國藥集團、百濟神州	強生、羅氏	整體落後於美國，原物料生產中國佔優勢
飛機製造	中國國產軍用接近領先，民用商飛逐漸趕上，至今已交付 11 架 C919、預計 2035 年超過 1000 架	中國航空工業集團（AVIC）、中國商飛	波音、洛克希德馬丁	中國國產能力強化，但整體仍落後
特高壓輸電	中國特高壓輸電技術領先全球	國家電網	美國電力、美國南方電力等	中國完勝美國，遙遙領先

表 6-3　中國大陸半導體產業各領域代表公司及所對標的世界龍頭公司

領域	公司	地位	對標世界龍頭
晶圓製造	中芯國際	中國大陸最大晶圓代工廠、營收世界第 3	台積電、三星
	盛合晶微	中國大陸技術領先的先進封裝廠	台積電
	長電科技	中國大陸最大封測廠、營收世界第 3	日月光
	長江存儲	中國大陸快閃記憶體 NAND FLASH 龍頭企業	三星、美光
	長鑫存儲	中國大陸記憶體 DRAM 龍頭企業	海力士、三星
	華大九天	中國大陸自製晶圓片設計軟體（EDA）龍頭	新思科技
人工智慧 AI	海光信息	中國大陸國產 AI 晶片、處理器（DCU、X86CPU）龍頭	輝達
	景嘉微	中國大陸國產高性能 GPU 晶片供應商（偏軍用）	輝達
工業、車用半導體	兆易創新	中國大陸國產 MCU、記憶體晶片廠商（偏車用）	英飛凌
	韋爾	中國大陸國產 CIS 圖像感測器龍頭，世界第 3 大	索尼
	三安光電	中國大陸最大的化合物半導體公司	穩懋科技
	斯達	中國大陸國產功率半導體、IGBT 器件（偏工業、車用）	英飛凌
半導體設備	北方華創	中國大陸泛半導體設備龍頭，營收世界第 6 設備商	應用材料
	拓荊科技	中國大陸國產薄膜沉積設備龍頭，技術達世界水準	應用材料、ASMI
	中微半導體	中國大陸第二大設備廠，國產刻蝕設備世界領先，台積電都是客戶	科林
	上海微	中國大陸國產光刻機龍頭，但技術還在 55 nm，規模不大	ASML（艾斯摩爾）、尼康、佳能

這裡的每個半導體細分領域，他們都有實力與潛力兼備的公司，目前跟世界巨頭或許有一定的差距，但是如果按照他們規劃的發展節奏，加上大陸國內市場的培養與美國的繼續打壓，他們的龍頭企業衝出世界只是時間問題，至於在什麼時間呢？大約是五年吧，我認為是 2030 年！

6.2 我看未來科技的趨勢

6.2.1 半導體積體電路技術的極限

最近的一段時間裡，隨著製程的進一步演進，業界又開始產生了對電晶體能否繼續微縮下去產生了疑惑，這個疑慮不是現在才開始的，早在將近 26 年前的 1999 年，當電晶體閘極 gate 寬度進入 45 奈米的時候，人們就開始擔憂摩爾定律的終結，高介電常數金屬閘極（High-K Metal Gate HKMG）和鰭式場效應電晶體（Fin-FET）技術的出現對摩爾定律的延續發生了重要的作用，並一再打破了過去專家對行業的預測，尤其是美國加州伯克萊大學胡正明教授發明的 Fin-FET 技術，對摩爾定律能延續至今居功至偉，進入 2025 年的今天，大家關注點跟 26 年前很像，就是摩爾定律是否又要終結了？還是繼續？也只有 26 年前創造奇跡的 IC 技術大神可以跟大家解惑吧，在最近的一次半導體論壇大會上，他發表了「Will Scaling End？What Then？」的演講，吸引半導體業界所有的目光，也是大家最想得到的答案。

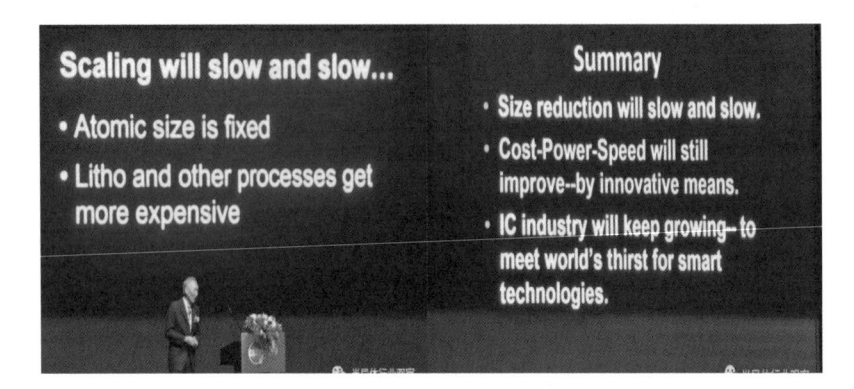

圖 6-5 胡正明教授的主題演講：半導體科技已經進入中國軌道了嗎？胡教授隱約給出了答案。

技術細節可能不是大家所關注的，所以我略去技術細節的說明，不過胡教授的結論出乎大家預料，一般做技術的人比較執著，會一直繼續挑戰極限，用今日之我挑戰昨日之我，君不見藍光 LED 發明人 2014 年諾貝爾物理獎得主中村修二教授認為雷射二極體 LD 會取代 LED，繼續挑戰海茲定律 Haitz Law，結果有點為技術而太執著，鑽進了只看技術不看成本與效益的死結；但是胡教授表示，電晶體的微縮會變得越來越慢，一方面因為原子的尺寸是固定的，會達到物理極限；另一方面曝光微影和其他製造技術變得越來越昂貴，所以再挑戰極限對 IC 的發展已經意義不大了，他認為通過元件的其它創新，成本功耗速度 Cost-Power-Speed 能夠繼續改進，也就是積體電路性價比會一直提高，這個 Cost-Power-Speed 不就是中國製造的強項嗎？

半導體三雄的競爭已經類似軍備競賽，尤其是貴的離譜的 ASML 曝光機設備，正如胡教授所言，物理尺度的極限與曝光微

影技術的投資，電晶體微縮技術將不再是 IC 的主旋律。這就是我認為的高科技產業進入了中國軌道，根據胡教授的說法，我認為 IC 這個行業已經跟 LED、光伏與 LCD 一樣即將進入科技業的中國軌道了，什麼是科技業的中國軌道？這是我發明的名詞，就是一個高科技行業，在發展到一定程度之後，當技術突破已經接近極限，但是因為價格原因還是無法被一般老百姓享受高科技產生的果實，這個行業一定會進入中國軌道，只要進入中國軌道，全球的普羅大眾都可以享受這項高科技帶來的產品與服務。最近的 Deepseek 也是如此，當全世界都在吹捧高昂的硬體投資堆砌出來的 OpenAI 等西方的 AI 公司時，中國的 Deepseek 團隊用 5% 的硬體投資做出了媲美 OpenAI 的開源 AI 模型，不但戳破了 AI 泡沫，未來也必將造福全世界的一般民眾。

有時候我會想，中國高科技產業透過性能與成本創新，讓全世界落後的國家或地區都可以享受高科技產品，得到跟先進國家老百姓同步的資訊與知識，讓他們擺脫貧窮的宿命，這不就是中國對世界的最大貢獻嗎？

6.2.2 科技的終極目標與人類的未來

人類是個很有趣的動物，中國人說生肖跟我一樣屬豬的人最有福氣，因為他們說豬不用工作，只要吃與無憂無慮過日子就好了，人類的發展不就是往這個方向走嗎？從狩獵到農牧，農牧到工業，工業再到資訊時代，資訊時代再進化到萬物互聯的大數據時代，最後可能到終極的人工智慧 AI 時代，每個時代的進步，象徵著人類有更多餘的時間來利用，很可惜，大部分的人都是庸

半導體大時代

庸碌碌無所事事,但是少部分的精英與天才利用這些多出來的時間繼續創造與發明,繼續將人類多餘的時間最大化,一直到現在還沒有停止。我以前認為,發展科技的目的是釋放人類在重複無聊的工作與無意義時間的浪費,讓人去做更有意義的事情,可惜現在的科技發展卻往相反的方向,大部分人的價值越來越低,只有非常少的人掌握資源,他們利用科技掌握一切,讓大部分的人越來越無用,越來越像是中國十二生肖的最後一個,越來越多的宅男宅女,越來越多的低頭族與鍵盤俠,越來越多無事可做的人尤其是年輕人,科技進步本來是要讓人類有更多的時間做更有意義的事情,但是結果卻相反的讓人類不知如何打發時間,只能沉迷在虛擬與越加孤立的自我世界,我想這應該不是當初科學家想要的結果吧!難怪史帝芬霍金先生要人類警惕人工智慧,如圖

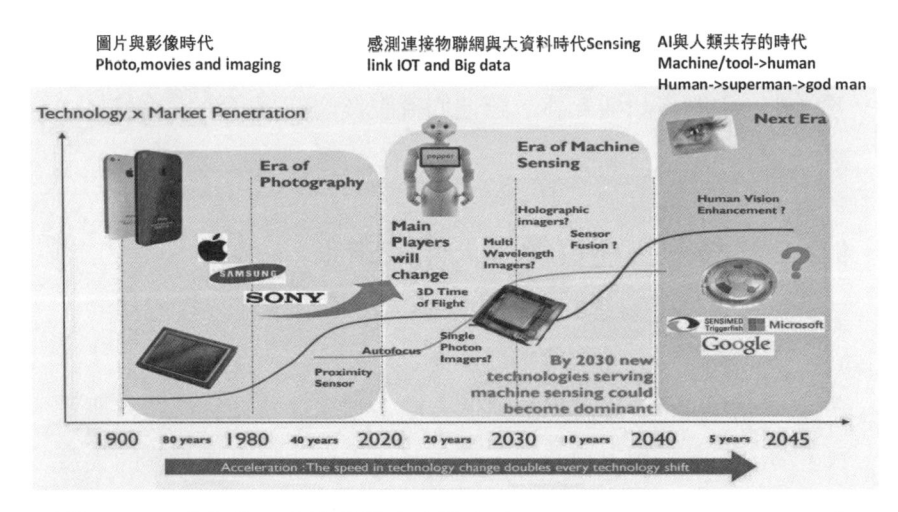

圖 6-6 三十年內,人類會像未來簡史(a brief history of tomorrow)所描述的樣子嗎?

6-6所示,隨著時間進展,人類會越來越退化,思考會越來越鈍化,而人工智慧卻可以經過深度學習的淬煉,越來越像超人或神一樣的主宰著我們未來的人類,這不是危言聳聽,而是很多先知的警示良言!

我一直認為科技應該是去開拓人類無法企及的邊界,而不是像現在的科技,只是在挖掘人類的貪婪享受與欲望,特斯拉Tesla的馬斯克Elon Musk之所以跟其他科技巨頭的創業者或科學家不一樣,就是他可以突破現有科技的局限與束縛,帶領我們人類去開拓未知的領地,讓人類繼續超越自己,就算千夫所指也在所不惜。

人類何去何從?

最後,我給大家講講我的兩個認為:

我第一個認為是人類的科技目前已經導向了對人類自己感官享受的滿足,無法在短期內有重大革命性突破。對此我深深的感到擔憂,因為在我的有生之年,我會很遺憾的只能看到人類科技突破僅僅只是滿足人類享受與方便的這些小突破,看看去年的諾貝爾獎就很清楚了,物理與化學獎幾乎都是頒給跟人工智慧AI相關的科學家,AI的出現或許跟人類的弱化會息息相關!回到我們人類的宏觀物理趨勢,我在想什麼時候人類才能有顛覆性的突破,就像20世紀初的相對論與量子力學橫空出世!看看現實,人造太陽的核融合還是遙遙無期,但是石化能源對人類環境的破壞卻步步進逼,相對論與重力波的理論還是離我們人類科技的應用非常遙遠,量子力學與相對論的不相容還是無法統一成萬物定理,人類好像跟三體這本書描寫的一樣,被智子鎖定,基礎

科學發展被鎖死，只能做基礎科學的小修正與應用技術的創新，到底什麼時候可以突破，估計在我有生之年都很難看到！

我第二個認為是人類對科技的依賴已經無法回頭，除非我們遠離喧囂，遁入山林過著桃花源記般遺世獨立的生活，否則你永遠離不開這樣的世界。尤其是科技將要主宰我們每一個人的時候，我們理應檢討一下到底科技與人性要如何取得和諧的平衡，我們應該去探索與實踐不同的社會與人文環境，透過法律、教育與社會制度的試驗，將隱私與安全、團體與個人、發展與公平、道德與法律以及工作與生活都得到最適合人類永續發展的狀態，打造一個和諧平衡科技與人文歷史環境的社會，走出一條人類最適合發展的道路！

目前我們華人最有機會完成這個實驗，因為世界上以華人為主體的社會，有中國大陸、香港澳門、臺灣與新加坡四個不同的制度與社會環境可以驗證，而且二十年內就可以揭曉，我們沒有悲觀與樂觀的權利，因為我們已經身在其中，希望我可以活到那個時候親眼見證這個偉大時刻！

6.3 附錄

本章相關名詞的中英文對照表

英文名詞	中文翻譯（大陸地區翻譯）
AMEC	中微半導體
ASML	艾斯摩爾（阿斯麥）
Coater and developer	上光阻顯影機（勻膠顯影機）
die bonder	固晶機
e-beam evaporator	電子束蒸鍍機（電子束蒸發台）
Global Foundry	格羅方德，格芯
Gravitational wave	重力波（引力波）
Haitz's Law	海茲定律
Holography	全像攝影（全息技術）
IDM	垂直整合製造商（集成器件製造商）
ITO	氧化銦錫
KLA	科磊
Lam	科林（泛林）
Lapping and polishing	研磨拋光機（晶圓減薄機）
Laser scriber	雷射切割機（激光劃片機）
NAURA	北方華創
Nike	耐吉（耐克）
Prober	點測機（探針台）
Sorter	分類機（分選機）
TEL	東京威力（東京電子）
TI	德州儀器
Trump	川普（特朗普）
Wet bench	濕式清洗機（濕法清洗台）
Wire bonder	打線機（焊線機）

參考資料

[1] J. Krupka, Contactless methods of conductivity and sheet resistance measurement for semiconductors, conductors and superconductors, Meas. Sci. Technol., 2013, 24: 062001.

[2] L. Leontie, I, Druta, R. Danac, M. Prelipceanu, G.I. Rusu, Electrical properties of some new high resistivity orgranic semiconductors in thin films, Progress in Organic Coatings, 2005, 54(3): 175-181.

[3] M. Fraraday, Experimental researches in electricity: thirtieth series, Proceeding of the Royal Society of London, 1856, 7(0).

[4] A. S. Mokrushin, N. A. Fisenko, P. Y. Gorobtsov, T. L. Simonenko, O. V. Glumov, N. A. Melnikova, et al., Pen plotter printing of ITO thin film as a highly CO sensitive component of a resistive gas sensor, Talanta, 2021, 221(1): 121455.

[5] R. A. Butera, D. H. Waldeck, The dependence of resistance on temperature of metals, semiconductors, and superconductors, J. Chem. Educ., 1997, 74(9): 1090.

[6] Nobel prize in physics for 1956: Dr. W. Shockley, Prof. J. Bardeen and Dr. W. H. Brattain, Nature, 1956, 178.

[7] K. Zhu, C. Wen, A. A. Aljarb, F. Xue, X. Xu, V. Tung, The development of integrated circuits based on two-dimensional materials, Nature Electronics, 2021, 4: 775-785.

[8] Y. W. Wang, M. Z. Zheng, Invention and technological processes of integrated circuits, Handbook of Integrated Circuit Industry, Singapore: Springer Nature Singapore, 2023: 3-23.

[9] H. Jin, The history, current application and future of integrated circuit, Hightlights in Science, Engineering and technology, 2023, 31: 232-238.

[10] M. A. Khan, H. M. Ali, T. Rehman, A. Arsalanloo, H. Niyas, Composite pin-fin heat sink for effective hotspot reduction, Heat Transfer., 2024, 53: 1816-1838.

[11] N. Zhang. Moore's law is dead, long live Moore's law. arXiv preprint arXiv: 2022, 2205, 15011.

[12] A. E. Brenner, Moore's law, Science, 1997, 275(5306): 1401-1404.

[13] 李威，詹姆斯·麦肯齐，摩尔定律或将触碰物理和经济边界，世界科学，2023，(12):51-55.

[14] L. R. Thoutam, Y. S. Song. Advacnements in back end of line technology: enhancing semiconductor manufacturing efficiency, Handbook of Emerging Materials for Semiconductor Industry. Singapore: Springer Nature Singapore, 2024: 731-742.

[15] Pearton S J, Yang J, Cary P H, et al. A review of Ga2O3 materials, processing, and devices[J]. Applied Physics Reviews, 2018, 5(1).

[16] Rogalski A. Infrared detectors: an overview[J]. Infrared physics & technology, 2002, 43(3-5): 187-210.

[17] Lie D Y C, Mayeda J C, Li Y, et al. A review of 5G power amplifier design at

cm-wave and mm-wave frequencies[J]. Wireless Communications and Mobile Computing, 2018, 2018(1): 6793814.
[18] Billah M R, Blaicher M, Hoose T, et al. Hybrid integration of silicon photonics circuits and InP lasers by photonic wire bonding[J]. Optica, 2018, 5(7): 876-883.
[19] Cheng C H, Shen C C, Kao H Y, et al. 850/940-nm VCSEL for optical communication and 3D sensing[J]. Opto-Electronic Advances, 2018, 1(3): 180005.
[20] Cahoon N, Srinivasan P, Guarin F. 6G roadmap for semiconductor technologies: Challenges and advances[C]//2022 IEEE International Reliability Physics Symposium (IRPS). IEEE, 2022: 11B. 1-1-11B. 1-9.
[21] Higashiwaki M, Sasaki K, Murakami H, et al. Recent progress in Ga2O3 power devices[J]. Semiconductor Science and Technology, 2016, 31(3): 034001.
[22] Kim H, Tarelkin S, Polyakov A, et al. Ultrawide-bandgap pn heterojunction of diamond/β-Ga2O3 for a solar-blind photodiode[J]. ECS Journal of Solid State Science and Technology, 2020, 9(4): 045004.
[23] Hasan M N, Swinnich E, Seo J H. Recent progress in gallium oxide and diamond based high power and high-frequency electronics[J]. International Journal of High Speed Electronics and Systems, 2019, 28(01n02): 1940004.
[24] Y. Singh. Semiconductor devices, IK International Pvt Ltd, 2013.
[25] B. J. Baliga. Trends in power semiconductor devices, IEEE Transactions on electron devices, 1996, 43(10): 1717-1731.
[26] J. Singh. Semiconductor devices: basic principles, John Wiley Sons, 2000.
[27] D. A. Neamen. An introduction to semiconductor devices, 2006.
[28] M. Fukuda. Optical semiconductor devices, John Wiley & Sons, 1998.
[29] B. Anderson, R. Anderson. Fundamentals of semiconductor devices, McGraw-Hill, Inc., 2004.
[30] D. T. Wang. Modern dram memory systems: performance analysis and scheduling algorithm, University of Maryland, College Park, 2005.
[31] Y. Li. 3D NAND memory and its application in solid-state drives: architecture reliability, flash management techniques, and current trends, IEEE Solid-State Circuits Magazine, 2020, 12(4): 56-65.
[32] C. S. Karthik, V. Aishwarya, K. Jamal, Y. S. S. Sravanthi, P. C. Ch, M. Suneetha. VI-characteristics and transisent analysis of an EEPROM device, 2023 7th International Conference on Trends in Electronics and Informatics (ICOEI), IEEE, 2023: 308-315.
[33] C. J. Jhang, C. X. Xue, J. M. Hung, F. C. Chang, M. F. Chang. Challenges and trends of SRAM-based computing-in-memory for AI edge devices, IEEE Transactions on Circuits and Systems I: Regular Papers, 2021, 68(5): 1773-1786.
[34] Y. Feng, B. Chen, J. Liu, Z.Sun, H. Hu. J. Zhang, et al. Design-technology co-optimizations (DTCO) for general-purpose computing in-memory based on 55 nm NOR flash technology, 2021 IEEE International Electron Devices Meeting (IEDM). IEEE, 2021: 12.1.1-12.1.4.
[35] Buffolo M, Favero D, Marcuzzi A, et al. Review and outlook on GaN and SiC power devices: Industrial state-of-the-art, applications, and perspectives, IEEE Transactions on Electron Devices, 2024, 71(3): 1344-1355.

[36] Tan, G.J.; Huang, Y.G.; Li, M.C.; Lee, S.L.; Wu, S.T. High dynamic range liquid crystal displays with a mini-LED backlight. Opt. Express 2018, 26, 16572–16584.
[37] Deng, Z.; Zheng, B.; Zheng, J.; Wu, L.; Yang, W.; Lin, Z.; Shen, P.; Li, J. High dynamic range incell LCD with excellent performance. In SID Symposium Digest of Technical Papers;Wiley Online Library: Hoboken, NJ, USA, 2018; Volume 49, pp. 996–998.
[38] AUO's Full Series of Mini LED Backlit LCDs Make Stunning Appearance to Establish Foothold in High-End Application Market. Available online: https://www.auo.com/cnglobal/New_Archive/detail/News_Archive_Technology_180522
[39] [Display Week 2018 Show Report]-Mini LED Backlight Business Opportunities Boost. Available online: https://www.ledinside.com/showreport/2018/5/display_week_2018_show_report_mini_led_backlight_business_opportunities_boost
[40] Tian, P.; McKendry, J.J.D.; Gu, E.; Chen, Z.; Sun, Y.; Zhang, G.; Dawson, M.D.; Liu, R. Fabrication, characterization and applications of flexible vertical InGaN micro-light emitting diode arrays. Opt. Express 2016, 24, 699–707.
[41] Zhang, K.; Peng, D.; Lau, K.M.; Liu, Z. Fully-integrated active matrix programmable UV and blue micro-LED display system-on-panel (SoP). J. Soc. Inf. Display 2017, 25, 240–248.
[42] Zhang, L.; Ou, F.; Chong, W.C.; Chen, Y.J.; Li, Q.M. Wafer-scale monolithic hybrid integration of Si-based IC and III-V epi-layers A mass manufacturable approach for active matrix micro-LED micro-displays. J. Soc. Inf. Display 2018, 26, 137–145.
[43] Cok, R.S.; Meitl, M.; Rotzoll, R.; Melnik, G.; Fecioru, A.; Trindade, A.J.; Raymond, B.; Bonafede, S.; Gomez, D.; Moore, T.; et al. Inorganic light-emitting diode displays using micro-transfer printing. J. Soc. Inf. Display 2017, 25, 589–609.
[44] Corbett, B.; Loi, R.; Zhou, W.D.; Liu, D.; Ma, Z.Q. Transfer print techniques for heterogeneous integration of photonic components. Prog. Quantum Electron. 2017, 52, 1–17.
[45] Chanyawadee, S.; Lagoudakis, P.G.; Harley, R.T.; Charlton, M.D.B.; Talapin, D.V.; Huang, H.W.; Lin, C.H. Increased color-conversion efficiency in hybrid light-emitting diodes utilizing non-radiative energy transfer. Adv. Mater. 2010, 22, 602–606.
[46] Zhuang, Z.; Guo, X.; Liu, B.; Hu, F.; Li, Y.; Tao, T.; Dai, J.; Zhi, T.; Xie, Z.; Chen, P.; et al. High color rendering index hybrid III-nitride/nanocrystals white light-emitting diodes. Adv. Funct. Mater. 2016, 26, 36–43.
[47] Kang, C.-M.; Lee, J.-Y.; Park, M.-D.; Mun, S.-H.; Choi, S.-Y.; Kim, K.; Kim, S.; Shim, J.-P.; Lee, D.-S. Hybridmintegration of RGB inorganic LEDs using adhesive bonding and selective area growth. In SID Symposium Digest of Technical Papers; Wiley Online Library: Hoboken, NJ, USA, 2018; Volume 49, pp. 604–606.
[48] Huang H H, Huang S K, Tsai Y L, et al. Investigation on reliability of red micro-light emitting diodes with atomic layer deposition passivation layers[J]. Optics Express, 2020, 28(25): 38184-38195.
[49] M. Grabherr. New applications boost VCSEL quantites: recent developments at

Philips, Vertical-Cavity Surface-Emitting Lasers, 2015, 9381: 938102.
[50] P. Zhou, W. Quan, K. Wei, Z. Liang, J. Hu, L. Liu, et al. Application of VCSEL in bio-sensing atomic magnetometers, Biosensors, 2022, 12(12): 1098.
[51] B. D. Padullaparthi, J. Tatum, K. Iga. VCSEL industry: Communication and Sensing, John Wiley & Sons, 2021.
[52] M. Dummer, K. Johnson, S. Rothwell, K. Tatah, M. Hibbs-Brenner. The role of VCSEL in 3D sensing and LiDAR, Optical Interconnects XXI. SPIE, 2021, 11692: 42-55.
[53] Lu I C, Wei C C, Chen H Y, Chen K Z, Huang C H et al. Very high bit-rate distance product using high-power single-mode 850-nm VCSEL with discrete multitone modulation formats through OM4 multimode fiber. IEEE J Sel Top Quantum Electron 21, 1701009 (2015).
[54] Puerta R, Agustin M, Chorchos L, Toński J, Kropp J R et al.107.5 Gb/s 850 nm multi- and single-mode VCSEL transmission over 10 and 100 m of multi-mode fiber. In Optical Fiber Communications Conference and Exhibition (OFC) 1–3 (IEEE, 2016)
[55] Tsai C T, Peng C Y, Wu C Y, Leong S F, Kao H Y et al. Multi-mode VCSEL chip with high-indium-density InGaAs/AlGaAs quantum-well pairs for QAM-OFDM in multi-mode fiber. IEEE J Quantum Electron 53, 2400608 (2017).
[56] Kao H Y, Tsai C T, Leong S F, Peng C Y, Chi Y C et al. Comparison of single-/few-/multi-mode 850 nm VCSELs for optical OFDM transmission. Opt Express 25, 16347–16363 (2017).
[57] Kao H Y, Chi Y C, Tsai C T, Leong S F, Peng C Y et al. Few-mode VCSEL chip for 100-Gb/s transmission over 100 m multimode fiber. Photon Res 5, 507–515 (2017).
[58] Nakamura, T. et al. High performance SiC trench devices with ultra-low Ron. In IEEE International Electron Devices Meeting (IEDM) 26.5.1–26.5.3 (IEEE, 2011).
[59] Peters, D. et al. Performance and ruggedness of 1200V SiC-Trench-MOSFET. In IEEE International Symposium on Power Semiconductor Devices and ICs (ISPSD) 239–242 (IEEE, 2017). The state-of-the-art trench gate SiC metal oxide semiconductor field-effect transistors with low Ron,sp and high short-circuit ruggedness.
[60] Takaya, H. et al. A 4H-SiC trench MOSFET with thick bottom oxide for improving characteristics. In IEEE International Symposium on Power Semiconductor Devices and ICs (ISPSD) 43–46 (IEEE, 2013).
[61] Gajewski, D. A. et al. Reliability and standardization for SiC power devices. Mater. Sci. Forum 1092, 179–186 (2023).
[62] Wei, J. et al. Review on the reliability mechanisms of SiC power MOSFETs: a comparison between planar-gate and trench-gate structures. IEEE Trans. Power Electron. 38, 8990–9005 (2023).
[63] Zanoni, E. et al. Reliability and failure physics of GaN HEMT, MIS-HEMT and p-gate HEMTs for power switching applications: Parasitic effects and degradation due to deep level effects and time-dependent breakdown phenomena. In IEEE Wide Bandgap Power Devices and Applications (WiPDA) 75–80 (IEEE, 2015).

[64] Moens, P. et al. On the impact of carbon-doping on the dynamic Ron and off-state leakage current of 650V GaN power devices. In IEEE Intenational Symposium on Power Semiconductor Devices and ICs (ISPSD) 37–40 (IEEE, 2015).
[65] Fu, H., Fu, K., Chowdhury, S., Palacios, T. & Zhao, Y. Vertical GaN power devices: device principles and fabrication technologies 一 part II. IEEE Trans. Electron. Dev. 68, 3212–3222 (2021).
[66] Jones, E. A., Wang, F. & Ozpineci, B. Application-based review of GaN HFETs. In IEEE Wide Bandgap Power Devices and Applications (WiPDA) 24–29 (IEEE, 2014).
[67] Huang, X., Liu, Z., Li, Q. & Lee, F. C. Evaluation and application of 600 V GaN HEMT in cascode structure. IEEE Trans. Power Electron. 29, 2453–2461 (2014).
[68] J. He, W. C. Cheng, Q. Wang, K. Cheng, H. Yu, Y. Chai. Recent advances in GaN-based power HEMT devices, Advanced electronic materials, 2021, 7(4): 2001045.
[69] I. A. Abdalgader, S. Kivrak, T. Özer, Power performance comparison of SiC-IGBT and Si-IGBT switches in a three-phase inverter for aircraft applications, Micromachines, 2022, 13(2): 313.
[70] C. Langpoklakpam, A. C. Liu, K. H. Chu, L. H. Hsu, W. C. Lee, S. C. Chen, et al. Review of silicon carbide processing for power MOSFET, Crystals, 2022, 12(2): 245.
[71] Nakahata H, Fujii S, Higaki K, et al. Diamond-based surface acoustic wave devices[J]. Semiconductor science and technology, 2003, 18(3): S96.
[72] Riezenman M J. Wanlass's CMOS circuit[J]. IEEE spectrum, 1991, 28(5): 44.
[73] Fetahović I S, Dolićanin E C, Lazarević Đ R, et al. Overview of radiation effects on emerging non-volatile memory technologies[J]. Nuclear technology and radiation protection, 2017, 32(4): 381-392.
[74] Kim S K, Kim K M, Jeong D S, et al. Titanium dioxide thin films for next-generation memory devices[J]. Journal of Materials Research, 2013, 28(3): 313-325.
[75] Nojiri K. Dry etching technology for semiconductors[M]. Cham: Springer International Publishing, 2015.
[76] Van Gelder W, Hauser V E. The etching of silicon nitride in phosphoric acid with silicon dioxide as a mask[J]. Journal of The Electrochemical Society, 1967, 114(8): 869.
[77] Pearton S J, Norton D P. Dry etching of electronic oxides, polymers, and semiconductors[J]. Plasma Processes and Polymers, 2005, 2(1): 16-37.
[78] Oehrlein G S. Dry etching damage of silicon: A review[J]. Materials Science and Engineering: B, 1989, 4(1-4): 441-450.
[79] Lawrence E O, Livingston M S. The production of high speed light ions without the use of high voltages[J]. Physical Review, 1932, 40(1): 19.
[80] Williams J S. Ion implantation of semiconductors[J]. Materials Science and Engineering: A, 1998, 253(1-2): 8-15.
[81] 王阳元. 集成电路产业全书 [M]. 电子工业出版社, 2018.
[82] MichaelQuirk, JulianSerda 等. 半导体制造技术 [M]. 电子工业出版社, 2015.
[83] Hartmann J M, Papon A M, Barnes J P, et al. Growth kinetics of SiGe/Si superlattices on bulk and silicon-on-insulator substrates for multi-channel

[84] 韩跃斌, 蒲勇, 施建新. 化学气相沉积法碳化硅外延设备技术进展 [J]. 人工晶体学报, 2022, 51(7): 1300. HAN Yuebin, PU Yong, SHI Jianxin. Advances in Chemical Vapor Deposition Equipment Used for SiC Epitaxy[J]. Journal of Synthetic Crystals, 2022, 51(7): 1300.
[85] Suntola T, Antson J (1977) Method for producing compound thin films. Google Patents
[86] Profijt H, Potts S, Van de Sanden M, Kessels W (2011) Plasma-assisted atomic layer deposition: basics, opportunities, and challenges. J Vac Sci TechnolA Vac Surf Films 29(5):050801
[87] George S, Ott A, Klaus J (1996) Surface chemistry for atomic layer growth. J Phys Chem 100(31):13121–13131
[88] Lee SM, Pippel E, Knez M (2011) Metal infiltration into biomaterials by ALD and CVD: a comparative study. ChemPhysChem 12(4):791–798
[89] Sundqvist J, Harsta A (eds) (2003) Growth of SnO2 thin films by ALD and CVD: a comparative study. In: Chemical vapor deposition XVI and EUROCVD 14 electrochemical society, 2003, Paris, France.
[90] Mai L. Investigation of amino-alkyl coordinated complexes as new precursor class for atomic layer deposition of aluminum, tin and zinc oxide thin films and their application[D]. Dissertation, Bochum, Ruhr-Universität Bochum, 2020, 2020.
[91] Netzband C M. Maximizing the Chemical Removal of Ceria Abrasives in CMP for Silicon Oxide and Metal Polishing[D]., 2020.
[92] 李剑桥, 施玉书, 王芳, 等. SI 单位变革下原子尺度扫描探针显微术的计量空间 [J]. 计量科学与技术, 2024, 68(6):49-54.
[93] K. J. Kuhn. Moore's law past 32 nm: future challenges in device scaling, 2009 13th International Workshop on Computational Electronics, IEEE, 2009: 1-6.
[94] M. S. Lundstrom, M. A. Alam. Moore's law: the journeay ahead, Science, 2022, 378(6621): 722-723.
[95] C. Edwards. Moore's law: what comes next, Communication of the ACM, 2021, 64(2): 12-14.
[96] R. K. Cavin, P. Lugli, V. V. Zhirnov. Science and engineering beyond Moore's law, Proceeding of the IEEE, 2012, 100(Special Centennial Issue): 1720-1749.
[97] S. Borkar. Getting gigascale chips: challgenges and opportunities in continuing moore's law, Queue, 1(7): 26-33.
[98] Sengupta J, Hussain C M. Cutting-Edge MoS2-Based Biosensing Platforms for Detecting Contaminants in Food Samples[J]. TrAC Trends in Analytical Chemistry, 2025: 118239.
[99] Shen P C, Su C, Lin Y, et al. Ultralow contact resistance between semimetal and monolayer semiconductors[J]. Nature, 2021, 593(7858): 211-217.
[100] High productivity solutions for advanced wafer processing with new materials. ASM International Analyst and Investor Technology Seminar Semicon West July 10, 2018.
[101] Qin-Min G, Zhi-Hui Q. Development and application of vapor deposition technology in atomic manufacturing[J]. Acta Physica Sinica, 2021, 70(2).

[102] K. J. Kanarik, T. Lill, E. A. Hudson, S. Sriraman, S. Tan, J. Marks, et al. Overview of atomic layer etching in the semiconductor industry, J. Vac. Sci. Technol. A, 2015, 33(2): 020802.
[103] A. Agarwal and M. J. Kushner. J. Vac. Sci. Technol. A, 2009, 27, 37.
[104] K. J. Kanarik, S. Tan, J. Holland, A. V. V. Eppler, J. Marks, and R. A. Gottscho. Solid State Technol., 2013, 56, 14.
[105] S. M. George. Mechanisms of thermal atomic layer etching, Accounts of Chemical Research, 2020, 53(6): 1151-1160.
[106] T. Ohba, W. Yang, S. Tan, K. J. Kanarik, K. Nojiri. Atomic layer etching of GaN and AlGaN using directional plasma-enhanced approach, Japanese journal of applied physics, 2017, 56, 06HB06.
[107] R. J. Gasvoda, A. W. van de Steeg, R. Bhowmick, E. A. Hudson and S. Agarwal. Surface phenomena during plasma-assisted atomic layer etching of SiO_2, 2017, 9(36): 31067-31075.
[108] S. H. Gerritsen, N. J. Chittock, V. Vandalon, M. A. Verheijen, H. C. M. Knoops, W. M. M. Kessels, et al. Surface smoothing by atomic layer deposition and etching for the fabrication of nanodevices, Applied Nano Materials, 2022, 5(12): 18116-18126.
[109] D. I. Sung, H. W. Tak, H. J. Kim, D. W. Kim, G. Y. Yeom. Characteristics of clean SiO_2 atomic layer etching based on C6F6 physisorption, Appied Surface Science, 2024, 160574.
[110] Chen Z, Zhang J, Wang S, et al. Challenges and prospects for advanced packaging[J]. Fundamental Research, 2023.
[111] Lau J H. Flip Chip, Hybrid Bonding, Fan-In, and Fan-Out Technology[M]. Springer, 2024.
[112] S. K. Kang, P. Gruber, D. Y. Shin. An overview of Pb-free, flip-chip wafer-bumping technologies, Jom, 2008, 60, 60-70.
[113] D. Clegg, R. Cole, J. Franka, D. Mitchell, D. Wontor. C4 makes way for electroplated bumps, Solid State Technology, 2001, 44(3): S4-S4.
[114] J. G. Ryan, R. M. Geffken, N, R. Poulin, J. R. Paraszczak. The evolution of interconnection technology at IBM. IBM Journal of Research and Development, 1995, 39(4), 371-381.
[115] P. Totta, G. Rinne, P. Elenius, M. Varnau, T. Oppert, E. Zakel, et al. Wafer bumping, Area Array Interconnection Handbook, 2001, 39-116.
[116] C. Chen, S. J. Cherng, C. He, C. C. Chung, S. Wang, Y. T. Huang, S. P. Feng. Nanotwinning-assised structurally stable copper for fine-pitch redistribution layer in 2.5D/3D IC packaging, Journal of Materials Research and Technology, 2023, 27, 4883-4890.
[117] J. H. Liu, Y. Q. Wan, L. Y. Gao, X. W. Cui, Z. Q. Liu. Influence of macroscale dimension on the electrocrystallization of Cu pad and redistributed layer in advanced packaging, Advanced Engineering Materials, 2024, 2400304.
[118] M. van Soestbergen, Q. Jiang, J. J. M. Zaal, R. Roucou, A. Dasgupta. Semi-empirical law for fatigue resistance of redistribution layers in chip-scale packages, Microelectronics Reliability, 2021, 120, 114096.
[119] S. Savastiouk. Moore's Law—the z dimension, Solid State Technology, 2000,

43(1): 84-84.
[120] D. Malta, P. Garrou, M. Koyanagi, P. Ramm. TSV formation overview, Handbook of 3D integration, Wiley-VCH verlag GmbH & Co. KGaA: Weinheim, 2014, Germany, 65-78.
[121] Z. Wang. Microsystems using three-dimensional integration and TSV technologies: fudamentals and applications. Microelectronic Engineering, 2019, 210: 35-64.
[122] P. Kumar, I. Dutta, Z. Huang, P. Conway. Materials and processing of TSV, 3D microelectonic packaging from architectures to applications, 2021, 47-70.
[123] A. B. Shorey, R. Lu. Progress and application of through glass via (TGV) technology, In 2016 Pan Pacific Microelectronics Symposium (Pan Pacific), IEEE, 2016.
[124] A. B. Shorey, S. Kuramochi, C. H. Yun. Though glass via (TGV) technology for RF applications, In International Symposium on Microelectronics, International Microelectronics Assembly and Packaging Society, 2015, 1: 000386-000389.
[125] V. K. Bajpai, D. K. Misha, P. Dixit. Fabrication of through-glass vias (TGV) based 3D microstructures in glass substrate by a lithography-free process for MEMS applications, Applied Surface Science, 2022, 584, 152494.
[126] H. W. Hu, K. N. Chen. Development of low temperature CuCu bonding and hybrid bonding for three-dimensional integrated circuits (3D IC), Microelectonics Reliability, 2021, 127: 114412.
[127] Y. C. Huang, X. Y. Lin, C. K. Hsiung, T. H. Hung, K. N. Chen. Cu-based thermocompression bonding and Cu/dielectric hybrid bonding for three-dimensional integrated circuits (3D ICs) Application. Nanomaterials, 2023, 13(17): 2490.
[128] Z. J. Hong, D. Liu, H. W. Hu, C. K. Hsiung, C. I. Cho, C. H. Chen, et al. Low-temperature hybrid bonding with high electromigration resistance scheme for application on heterogeneous integration, Applied Surface Science, 2023, 610, 155470.
[129] H. Ren, Y. T. Yang, G. Ouyang, S. S. Iyer, Mechanism and process window study for die-to-wafer (D2W) hybrid bonding. ECS Journal of Solid State Science and Technology, 2021, 10(6), 064008.
[130] A. Zhou, Y. Zhang, F. Ding, Z. Lian ,R. Jin, Y. Yang, et al. Research progress of hybrid bonding technology for three-dimensional integration, Microelectonics Reliability, 2024, 155, 115372.
[131] G. Gao, L. Mirkarimi. Hybrid bonding process technology, Direct Copper Interconnection for Advanced Semiconductor Technology, 2024, 54-115.
[132] Y. Xu, Y. Zeng, Y. Zhao, C. Lee, M. He, Z. Liu. A review of mechanism and technology of hybrid bonding, Journal of electronic packaging, 2025, 147(1): 010801.
[133] A. Elsherbini, K. Jun, R. Vreeland, W. Brezinski, K. H. Niazi, Y. Shi, et al. Enabling hybrid bonding on Intel process, IEEE International Electron Devices Meeting (IEDM). IEEE, 2021, 34.3.1-34.3.4.
[134] Tokyo Electron/SEMICON West 2022 IR Meeting/July 12, 2022.
[135] 兵, 李洋, 姚昕, 等. 基于硅通孔互连的芯粒集成技术研究进展[J]. 电子与封装, 2024, 24(6):95-108.

NEXT 331

半導體大時代

作　　者─葉國光、唐元亭、葉晏瑋
圖表提供─葉國光、唐元亭、葉晏瑋
主　　編─謝翠鈺
企　　劃─鄭家謙
封面設計─陳文德
美術編輯─趙小芳

董 事 長─趙政岷
出 版 者─時報文化出版企業股份有限公司
　　　　　108019台北市和平西路三段二四○號七樓
　　　　　發行專線─(○二)二三○六六八四二
　　　　　讀者服務專線─○八○○二三一七○五
　　　　　　　　　　　　(○二)二三○四七一○三
　　　　　讀者服務傳真─(○二)二三○四六八五八
　　　　　郵撥─一九三四四七二四時報文化出版公司
　　　　　信箱─一○八九九　臺北華江橋郵局第九九信箱
時報悅讀網─http://www.readingtimes.com.tw
法律顧問─理律法律事務所 陳長文律師、李念祖律師
印　　刷─勁達印刷有限公司
一版一刷─二○二五年九月五日
定　　價─新台幣四八○元
（缺頁或破損的書，請寄回更換）

時報文化出版公司成立於一九七五年，
並於一九九九年股票上櫃公開發行，於二○○八年脫離中時集團非屬旺中，
以「尊重智慧與創意的文化事業」為信念。

半導體大時代/葉國光, 唐元亭, 葉晏瑋作. -- 一版.
-- 臺北市 :時報文化出版企業股份有限公司, 2025.09
　　面；　公分. -- (Next ; 331)
ISBN 978-626-419-710-6(平裝)

1.CST: 半導體 2.CST: 半導體工業 3.CST: 產業發展

448.65　　　　　　　　　　　114010325

ISBN 978-626-419-710-6
Printed in Taiwan